KB016471

스베친의 전략론 그리고 작전술

스베친의 전략론 그리고 작전술

초판 1쇄 발행 2018년 7월 23일

지은이 | 스베친(Свечин Александр Андреевич)
옮긴이 | 전갑기
펴낸이 | 윤관백
펴낸곳 | 도서출판 선인

등 록 | 제5-77호(1998.11.4)
주 소 | 서울시 마포구 마포대로 4다길 4(마포동 324-1) 곶마루 B/D 1층
전 화 | 02)718-6252 / 6257
팩 스 | 02)718-6253
E-mail | sunin72@chol.com

정가 29,000원
ISBN 979-11-6068-194-9 93390

· 잘못된 책은 바꿔 드립니다.
· www.suninbook.com

스베친의 전략론 그리고 작전술

스베친(Свечин) 지음 · 전갑기 옮김

한국어판 추천사

전략가는 미래를 합리적으로 예측하여 여러 방안을 제시하는 사람이다. 1차 세계대전 이후 러시아에서 혁명이 일어났다. 그때 러시아군이 1차 세계대전에서 패한 이유를 분석하여 전략적 대안을 제시한 사람이 알렉산드르 스베친이다. 그는 소련군 총참모대학 전략학 교수로 재직하면서 전쟁사와 국제관계를 분석하여 국가전략 및 군사전략 등 안보와 관련하여 총체적이고도 분석적인 대안을 제시하였다.

본서에서도 논파하고 있듯이 그는 페테르부르크의 공업시설을 비롯한 모스크바 서쪽의 군수시설은, 향후 독일이 러시아를 공격할 경우 전쟁 개시와 동시에 생산을 중단하고 이전해야 하는 상황이 예상되므로 모스크바와 우랄산맥 사이에 배치해야 한다고 건의하였다. 스탈린은 이를 무시했고 독일이 러시아를 공격했을 때 그가 예측한 대로 사태가 전개되었다.

러시아군 용병술 체계의 이론과 실제는 러시아 혁명 이후 스베친이 기본 토대를 정립하고 그것이 오늘날까지 계승되고 있다. 본인이 러시아 연방군 총참모대학 유학시절 학습했던 러시아군의 전략과 작전술은 스베친이 세웠던 이론적 바탕을 현대적으로 각색한 것이었다. 그가 오래전에 정립한 이론이 소련군과 러시아군 용병술의 뼈대가 된 것이다. 북한군의 용병술도 소련군의 아류이며 용어도 러시아군 용어를 번역, 차용한 것이 대부분이다.

러시아 혁명 와중에 프룬제와 투하체프스키 그리고 게루아 등 군사적 걸물들이 많이 출현했다. 스베친은 게루아와 더불어 러시아 작전술을 새롭게 정리하고 전략이 나아갈 방향을 제시하고 작전술의 현대적 의미를 정립했다는 평가를 받고 있다. 그는 전술은 작전술 차원의 도약을 위한 발판을 제공하며 전략은 그 방향을 지시하며, 작전술은 전술과 전략을 연결하는 군사행동을 수행하기 위한 술과 과학이라고 했다.

역사상 전략을 소모전략과 섬멸전략으로 구분한 사람은 병법사를 저술한 한스 델브뤽이다. 그는 '섬멸전략은 적의 병력을 쓰러뜨리는 것을 유일한 목적으로 하고 소모전략은 전투의 극과 기동의 극이라는 양극 사이에서 융통성있게 움직이는 전략을 말하는데, 스베친을 소모전략의 대표자로 평가한다'고 하였다. 그러나 스베친이 주장한 수세 피폐전략은 공세 섬멸전략을 주장한 투하체프스키의 이론과 대립하였다.

스베친은 1차 세계대전과 혁명 내전으로 소련의 국력이 약화되었고 방어가 공격보다 강력한 형태이기 때문에 소련은 수세전략을 택해야 한다는 소모전략을 주장하였다. 이는 나폴레옹전쟁을 분석한 결과 내린 결론이었다. 투하체프스키가 공세 섬멸전략을 주장한 이유는 소련군의 존재 목적이 외부 공격을 방어하는 것이 아니라 사회주의 혁명을 다른 나라로 확산해야 하기 때문이라는 것이었다. 그러나 두 사람은 스탈린에게 숙청당했다. 투하체프스키는 1937년 6월 12일에, 스베친은 제국주의 첩자로 재판에 회부되어 같은 해 7월 29일 처형되었다.

스베친은 전략을 논하면서도 전략과 정책 그리고 전략을 중심으로 한 제반 관계에 대하여, 본서에서 논하는 바와 같이, 전략과 역사의 본질적인 연관성을 논하고 있다. 전략에 관한 서구의 책자들이 작전전략에 중점을 두고 논하는 데 반하여, 스베친의 전략은 경제와 전쟁 그리고 그 외에 전략에 영향을 미치는 요소 상호간의 상관성을 심도있게 논하고 있다.

그는 베제티우스가 한 말을 되풀이하면서도 그 이유를 현대적으로 해석하였다. 특히 "불의에 습격당하지 않으려면 평시에 전쟁수행 성공을 위해 산업과 경제 발전의 전제조건들 간의 특정한 합의를 이루어야 함"을 강조하였다. 그의 이론이 주목을 받기는 했으나 투하체프스키가 1925년부터 28년까지 소련군 총참모장을 지내면서 종심전투 이론을 주장했고 소련군의 당시 시대상황이 요구했던 신경제정책(NEP)에 따라 종심작전으로 확장되면서 어떤 면에서 보면 이론의 타당성보다 정치적 환경이 스베친의 이론을 배척했을 뿐이다. 그 결과 2차 세계대전에서 소련은 엄청난 인명 손실과 물자 파괴라는 큰 손실을 입었다.

이 책이 비록 1차 세계대전 후에 집필되었고 90년 전의 것이긴 하나, 오늘날 우리가 당면하고 고민하는 전략과 작전에 관한 에센스를 다룬다는 면에서 우리말로 소개가 늦은 감이 있다. 특히 강대국과 동맹을 맺고 있는 우리에게 전쟁의 정치적 작전적 차원에서 동맹을 어떻게 관리해야 하며 동맹국과의 전략 일치를 어떻게 달성할 것인가에 대한 그의 설명은 주목할 만하다. 당시의 전략적 작전적 배경을 이해하면 본서는 정말 귀중한 가르침을 주는 책이다.

전략과 작전술을 총체적이고 비판적으로 접근한 본서를 번역한 전갑기 대령은 능력과 직책, 타이밍, 세 가지 면을 두루 갖추었다. 그는 러시아 연방군 마리노프스키 기갑군사대학을 수료했고 장교들에게 러시아어를 강의했다. 성공한 장교의 삶을 보여준 전갑기 대령은 전역을 앞두고 있다. 그는 군에서 배운 지식과 받은 은혜에 어떻게 군에 보답할까 고민하다, 용병술 발전에 큰 자양분이 될 이 책을 소개하는 것이 가치가 있다고 생각하고 이 기념비적 군사 저작을 묵묵히, 훌륭하게 번역하였다. 그의 노고에 경의를 표하며 후배들께 일독을 권한다.

2018년 7월
한국전략문제연구소 부소장
예비역 준장 주은식

제1판 머리말

몰트케 전략의 마지막 사례인 프랑스-프러시아(보불) 전쟁과 워터루에서 끝난 나폴레옹의 마지막 작전, 그리고 스당 작전과 현재는 각각 55년의 시간 간격이 있다.

그 후 전쟁술의 진화 속도가 느려지고 있다고 말할 수는 없다. 나폴레옹의 유산으로 남은 전략적 작전적 사고를 몰트케가 수정할 이유가 있었다면, 우리 시대에는 몰트케가 유산으로 남긴 전략적 사고에 수정을 가할 이유가 더욱 많다. 왜냐하면 지금은 전략술(the art of strategy)에 대한 새로운 관점을 요구하는 또 다른 사실들을 인용할 수 있기 때문이다. 이를테면, 몰트케 시대에 초기의 작전적 전개에서 중요한 역할을 한 철도를 들 수 있다. 지금은 철도를 이용한 기동이 모든 작전과 관계되고 이의 중요한 일부가 되었다. 분쟁의 경제적 정치적 최전선인 후방의 중요성 증대, 전쟁에서 고도의 전략적 긴장의 기간을 20일에서 수개월로 연장시키는 군사적 동원의 영속성 등을 주목할 것이다.

몰트케 시대에는 아주 합당했던 진리가 지금은 유물이 되었다.

나폴레옹의 현란한 군사적 창의성 덕분에 조미니와 클라우제비츠가 전략에 관한 이론서를 쉽게 작성했다. 조미니의 저작은 나폴레옹이 행한 실재에 대한 이론서에 불과하다. 대(大)몰트케의 능숙한 결심들로 이루어진 아주 풍부한 자료가 정리되지 않은 상태로 슐리히팅(Schlichting)에게 남겨졌다. 세계전쟁과 내전(1918년~1920년 러시아의 '붉은 군대'와 백군 간 무력충돌－역자 주) 경험에 의존하여 현대 전략을 연구하는 우리에게도 새로운 역사 자료가 적지 않다. 그러나 이의 연구는 조미니와 슐리히팅이 경험했던 것보다 훨씬 어렵다. 세계대전이나 내전은 새로운 상황으로 제기된 높은 요구수준을 보이지 않았고, 능숙하게 결심하여 승리를 이룬 권위로 전략이론을 새로운 설명으로 뒷받침한 실제적인 실천가는 나타나지 않았다. 루덴도르프와 포쉬, 내전을 수행한 군인들은 사태를 장악하지 못하고, 곧 그 소용돌이에 휩싸여버렸다.

현재의 전략 저술가들은 이들과는 연관성이 낮다. 아마 저술가는 작업에 엄청난 노력을 기울여 자기 견해를 증명하고 확인하는 과정에서 나타나는 많은 어려움을 자기 의지로 극복해야 할 것이다. 우리는 많은 이들이 전장의 실재에 아직은 존재한다고 보는 전략의 상당히 많은 선입견에 대해 비판적이다. 새로운 현상은 새롭게 정의하고 새로운 용어를 만들어야 한다.[1] 수학에서는 숫자와 공식이 아주 정확한 의미를 지닌다. 그러나 전략에서는 용어가 대단히 다양한 내용을 담는 공식이다. 우리는 새로운 발견을 오용하지 않으려 했다. 옛 용어와 혼동되지 않게 조심스럽게 접근할 때, 용어가 생존력을 지닐 수 있다. 전혀 다른 의미를 지닌 "방어선"이라는 용어 대신에 "작전선"이라는 용어를 사용했다는 비난을 받은 마흐몽(Marmont) 원수는 군사용어를 군사행동과 일치시키려 한, 박식한 체하는 인물로 불리는 무례를 당했다.

이 책의 특징은 우리의 견해를 증명하기 위해 전문가들을 인용하려 하지 않는 것이다. 만약 전략이 순수한 위치를 가리는 "군인의 정중함"일 뿐이며 거칠고 촌스러운 이야기라고 비난하자면, 여러 시대의 위대한 인물과 저술가에게서 차용한 경구를 모아 현란하고 편집된 책들이 전략의 위신을 떨어뜨리는 데

[1] 이는 양도할 수 없는 필자의 권리이다. 수학에서 숫자와 공식은 아주 정확한 의미를 지닌다. 그러나 전략에서 용어는 아주 다양한 내용을 빈번히 포함하는 공식이다.

중대한 역할을 했다고 말할 수 있다. 우리는 어떤 전문가도 인용하지 않는다. 우리는 비판적 사고를 키우려고 노력한다. 우리가 인용한 것은 우리가 이용하는 사실 자료의 출처를 보여주거나 우리 이론에 스민 아주 특정한 사고의 창안자를 알려 주는 것뿐이다. 우리의 최초 구상은 어떤 것도 인용하지 않고 전략에 관해 저술하는 것이었다. 그래서 우리는 금언을 나열하는 것을 혐오스럽게 생각했다. 현대전의 모든 실재를 의심하고 전쟁에 관한 학설을 세우려 했다. 그러나 이러한 구상은 완전히 성공하진 못했다. 우리는 실패하지 않으려고 논쟁을 벌였다. 그래서 우리와 특정 저자의 정의와 해석 간의 모순을 강조하지 않았다. 애석하게도 이 글에는 아주 원천적인 저작으로 인정받기 위해 요구됐던 것보다 이런 모순이 훨씬 많다. 그래서 이를 피상적으로 읽으면 이해하기 힘들 것이다.

전쟁술의 역사에 관한 우리 저작들, 2년에 걸쳐 강의했고 몇몇 주제에 관한 강좌는 아주 인기 있는 전략 학습과정을 익히면 이러한 어려움은 줄어들 것이라고 생각한다.

현대 전쟁을 모든 가능성을 열어두고 살펴보지만, 우리 이론을 소비에트 전략 교리의 초안으로 삼으려 하진 않는다. 소련이 포함된 전쟁환경을 예측하기는 상당히 어렵고, 전쟁에 대한 전체적인 연구에는 아주 신중하게 접근해야 한다. 각 전쟁에 대한 전략적 행동의 특수한 방침을 만들어야 하고, 모든 전쟁은 '붉은 군대'의 전쟁이라 할지라도 어떤 판에 박힌 것이 아니라, 특수한 논리를 요구하는 구체적인 경우를 나타낸다. 이론이 현대 전쟁의 모든 내용을 광범위하게 다룰수록, 이론은 해당 상황을 더욱 빨리 해석하는 데 도움이 된다. 대개 편협한 교리는 생각을 알려주는 것보다는 생각을 혼란시킨다. 그래서 기동훈련만이 일방적이고 전쟁은 항상 쌍방적인 현상이라는 것을 잊어서는 안 된다. 전쟁을 이해하고 상대편 입장에서 적이 지향하는 목표와 목적을 알 수 있어야 한다. 이론은 충돌(실제)보다 발전되고 아주 냉정해야 도움이 된다. 몇몇 젊은 비판자들이 과도한 객관성을 대할 때 격분함에도 불구하고, 우리는 "군사문제에서 미국인 관찰자의 태도"를 취했다. 학문적인 객관성을 거스르는 것은 우리가 확고하게 고수하기로 한 변증법적 방법을 거스르는 것이다. 현대 전쟁에 관한 폭넓은 연구에서 변증법이 해당 상황에서 선택할 필요가 있는 전략적 행동 노선을 아주 명확하게 나타내게 할 것이다. 이 때 해당 상황만을 염두에 둔 이론만이 이렇게 할 수 있다. 사람은 차이만을 인식한다.

전략의 자질구레한 문제들을 모두 다루는 전략 여행안내서와 유사한 것은 하나도 쓰지 않기로 했다. 그러나 모든 전략 개념을 논리적 일관성으로 구체화한 전략 해설사전 형태였던 여행안내서 구성의 이점을 부정하지는 않는다. 이 글은 더욱 실질적인 시도이다. 중요한 문제 190개를 다루고 이를 18절(節)로 나누었다. 우리의 설명이 한편으로는 아주 심오하고 심사숙고한 것이고 다른 한편으로는 아마도 주마간산격인 이 책은 방호, 전쟁의 특정한 견해에 대한 선전, 전쟁준비와 군사행동의 지도, 전략적 지휘 방법을 제시한다. 백과사전적인 특성은 이 책과는 거리가 멀다.

이 책에는 특별히 의도된 편향이 자주 언급되고 많은 역할을 하는 정치적인 문제에 대한 표현이 나타난다. 난해한 연구로 인해, 저술가들은 레닌과 라덱(Radek)이 엄청난 권위와 확신을 가지고 전쟁과 제국주의에 관해 발전시킨, 강하고 명료한 사고를 빈약하고 저속하게 반복하게 된다. 마르크시즘의 현대적 해설 문제에 관한 우리의 권위주의는 애석하게도 쓸모없거나 논쟁거리가 되고 있다. 이러한 반복은 확실히 유익하지 않다. 그래서 전쟁의 상부 구조와 경제 기반의 관계를 기술할 때, 군사 전문가가 그리는 관점에서만 정치적인 문제를 검토하기로 했다. 우리는 스스로 명료하게 이해하고, 빵 가격, 도시와 농촌, 전쟁 비용의 지출 등 정치적 성격의 문제에 관한 우리의 결론은, 정치가가 이러한 문제를 결심할 때 따라야 하는 많은 동기 중의 하나라는 것을 독자들에게 미리 알린다. 제화공이 유명한 화가의 그림을, 거기에 그려진 구두의 관점에서 비판하는 것은 잘못이 아니다. 이런 비판은 화가에게도 유익할 것이다.

이 책에 전쟁사적 사실을 구체적으로 표현하지 않고, 아주 적은 분량을 담았고 여기에 인용하는 것으로 제한했다. 전쟁사 자료의 이러한 평가에도 불구하고, 이 책은 최근 전쟁 사례에 대한 고찰이다. 결코 우리의 결론을 믿으라고 하진 않는다. 인용한 것을 독자가 분석하여 명확한 수정을 가하게 할 것이다. 독자들이 스스로 저술 작업을 하고 다양한 작전에서 인용하는 항목들을 나누고 이들을 숙고한 후에 여기에 제시하는 주제와 자신의 생각 및 결론을 비교한다면, 전략 이론의 진짜 실험적인 연구가 이루어질 것이다. 전략에 관한 이론적인 노력은 이를 연구하는 독자적인 학습 범위를 제공해야 한다. 역사는 독자적인 검토 자료가 되어야 하며, 학습을 위한 예증(例證)이나 빈번히 왜곡된 척도가 되어서는 안 된다.

아마 많은 사람이 이 책에 공격과 섬멸의 이점에 대한 설득이 없는 것에 동의하지 않을 것이다. 이 책은 공격과 방어, 섬멸과 소모, 기동전과 진지전을 완전하고 객관적으로 취급한다. 이의 목표는 고대부터 내려오는 쓰레기와 악의의 열매를 제거하고 전체적인 관점을 능력에 맞게 넓히되, 어떤 전략적 사고에 대한 맹목성을 키우지 않는 것이다. 이 책에는 이상도 전략적 낙원도 없다. 언젠가 빅토르 꾸장(Victor Cousin)은 도덕적 유용성이 철학적 진실에 우선한다고 하였다. 공격을 숭배했던 많은 전략가들이 전쟁 현상에 대한 객관적인 접근을 기피하고 그러한 관점을 신뢰하고, 그들의 관점을 알리기 위해 사실들을 (왜곡하기 위해) 취사선택하였다. 우리는 전략 이론이 어떤 수준에서든 군에 공격을 충동하는 것에 대한 책임이 있다고 생각하지 않는다. 공격 충동은 완전히 다른 원천에서 나온다. 방어를 전쟁의 가장 강력한 형태라고 표명한 클라우제비츠가 독일군을 망치지는 않았다.

우리는 구체적인 것을 추종하는 것을 거부하며 법칙을 제공하지 않는다. 구체적인 것을 연구하는 것은 전략과 관계되고, 각 국의 조직 · 동원 · 보충 · 보급 · 전략의 특성에 관한 문제가 구체적이고 상세히 기술하는 원칙에 관한 과제이다. 법칙은 전략에 어울리지 않는다. 중국 속담에 지혜는 현명한 자를 위해 만들어졌고 법은 현명하지 못한 자를 위해 만들어졌다는 말이 있다. 그런

데 전략 이론은 쓸데없이 이러한 길을 가려했고 전략 문제를 자율적으로 심도 깊게 익히고 근본을 꿰뚫어 보는 능력이 없는 사람도 이해할 수 있는 특정한 원칙을 일반에 보급하려 애썼다. 전략의 어떤 문제에서든 이론은 확고한 결심을 할 수 없고 결심권자의 용기에 호소해야 한다.

기술된 내용을 본 독자가 이 글이 장점을 피상적으로 보고 있다고 결론지어서는 절대 안 된다. 우리가 보기엔, 많은 문제에 관한 연구가 합의에 이르지 않았으며 철저하게 탐구되지 않은 것은 확실하다. 일련의 문제에 관한 명실상부한 책을 만들려면 수십 년이 더 필요할 것이다. 전쟁에 관한 연구를 생전에 마치지 못하고 제1장만 최종적인 교정을 마치고도 큰 의미를 지닌 저작을 만든 클라우제비츠는 그가 죽은 다음 세기에도 그 가치를 유지하고 있다. 이러한 전체적인 깊이는 우리 시대와는 맞지 않다. 개념의 진화는 저작을 깊게 연구하는 데 10년 동안 매진한 후에도, 발전과정을 따라잡는 것보다 더 많은 시간이 필요할 것이다. 일반적인 기준에서 이 책은 전략적 일반화에 대한 현재의 요구를 충족시키는 것으로 보인다. 모든 것이 미완성 상태인 책이 전쟁의 현대적 특성을 이해하는 데 도움이 되며, 전략 영역에서 실무를 준비하는 사람들에게는 유익하리라 생각한다.

이 때문에 이 책을 출판하게 되었다. 이 책 전체가 독창적인 것은 아니다. 독자는 여러 곳에서 저작을 통해 알고 있는 클라우제비츠, 폰 데어 골츠(von der Goltz), 블루메(Blume), 델브뤽(Delbrück), 하게노(Raguéneau), 새로운 군사 · 정치 사상가의 사고를 접할 것이다. 우리는 이 책에 체계적으로 깔려 있고 논리적 총합으로서 이 책의 일부분인 사고의 고안자들을 부단히 제시함으로써 문장을 알록달록하게 하는 것은 무익하다고 생각했다.

제2판 머리말

1923년과 1924년에 필자는 전략 강의를 담당하였다. 이 2년간의 활동 결과가 이 책이다. 필자에게는 2가지 과제가 있었다. 첫째는 노력의 중심인 최근 전쟁에 대한 주의 깊은 연구와 최근 65년 동안 전략술이 겪어온 진화의 고찰, 이 진화의 원인이 된 물질적 전제(前提)를 조사하는 것이었다. 둘째는 우리 시대에 관찰되는 실재를 특정한 이론적 뼈대에 포함하고 전략의 실제적인 문제를 심도 깊게 연구하고 숙고할 수 있도록 전파하는 것이었다.

제2판에서 필자는 많은 점에서 문제를 확대하여 구체화했으며 결론에 대한 전쟁사적 기반을 약간 발전시켰다. 필자는 많은 비판적 의견을 진지하게 재검토하였다. 이는 군사 및 정치 담당자들의 기고 형태의 평가나 개인이 작성한 편지 형태의 비평, 지시, 격려, 비난이었다. 필자는 비판자의 관점을 이해하고 터득한 만큼 비판을 이용했고, 이 책에 기울여준 관심에 감사함을 담는다. 전체적으로 전략의 진화에 대한 필자의 생각은 거의 논쟁이 되지 않았다. 그러나 용어, 특히 섬멸(destruction)과 소모(attrition)는 다양한 해설과 반대되는 정의에 부딪혔다.

제2판에서 필자는 쟁점이 된 문제에 관한 이전의 관점을 발전시키고 추가했다. 필자는 섬멸과 소모에 대한 달리 표현된 경계(境界)에는 동의하지 않는다.

더욱 혹평을 받은 관점은, 전쟁의 중심이 경제 및 정치 전선에 있다면 전쟁이 소모전에 이른다는 것이다. 그리고 전쟁의 중심이 무력전선 활동으로 전환된다면 섬멸에 이른다는 것이다. 이는 아마 섬멸과 소모 간의 경계를 무력전선의 외부가 아니라 내부에서 찾아야 하기 때문일 것이다. 섬멸과 소모의 개념은 전략뿐만 아니라 정치와 경제, 복싱 등 여러 투쟁 현상에도 적용된다. 분쟁을 역학적인 측면에서 이해해야 한다.

이 용어들을 표현하지 않아 몇 가지 어려움이 발생한다. 이 개념을 발전시켜 정의한 델브뤽은 최근 한 번의 분석으로 이해할 수 없고, 전쟁의 사실들을 평가할 때 시대에 따라 섬멸 및 소모의 규모를 더하는 전쟁사적인 과거를 이해하는 데 필요한 역사적인 연구 수단을 발견했다. 이러한 현상은 생생하게 존재하고 한 시대와 결합되었으며, 이에 적절한 개념과 용어 없이 취급하면 어떤 전략이 이론을 만들 가능성은 없다고 본다. 우리는 섬멸과 소모에 대한 다른 설명은 하지 않을 것이다.

필자는 클라우제비츠가 특성을 탁월하게 묘사한 섬멸의 범위에 대한 정의에 얽매여 있다고 생각한다. 현재 섬멸이 순수한 모습으로는 적용되지 않는다는 핑계로, 섬멸을 현란하고 훌륭하며 검토와 결론이 풍부한 정의를 어떠한 검토와 결론도 없는 반(半)섬멸 · 소모적 섬멸로 완화된 다른 정의로 변경하려는 시도가 있었다. 필자는 이를 아주 기꺼이 반대하며, 아마 섬멸이 나폴레옹의 실제적인 전략이 전혀 아니었으며 곧 이상화될 것처럼 극도로 명확한 형태를 부여해서 부각시킬 것이다.

이전의 전략 이론가들의 생각은 거의 특별하게 극한적인 섬멸에 매여 있었다. 섬멸 논리를 올바로 이행하기 위해서는 부분적인 승리의 원칙이 상술되고 결심요소들이 발견되고 전략예비를 거부하고 전쟁이 진행되는 동안의 군사력 복원이 무시되었다. 이런 상황 때문에 섬멸전략이 과거의 전략이 되고, 정반대로 필자는 아주 객관성을 추구하고 소모전략을 선호하는 선배들과 강한 공감대를 갖게 되었다. 필자는 섬멸과 소모의 분리는 전쟁을 분류하는 수단으로 본다. 섬멸과 소모 문제는 여러 형태로 이미 3천 년간 토론되었다. 이러한 추상적인 개념이 진화의 외부에 자리한다. 스펙트럼 색깔은 진화하지 않고 대상의 색채가 퇴색하고 바뀌고 있다. 익숙한 전체적인 개념을 진화에서 제외하는 것이 합리적이다. 왜냐하면 이것이 진화 자체를 인식하는 매우 좋은 방법이기 때문이다. 섬멸에서 소모로 진화한다는 것을 인정하는 대신에, 섬멸을 소모로 진화시키는 것이 가치가 없다고 보진 않는다.

차 례

일러두기

1 소주제는 굵은 글씨로 구분하였다.

2 **военное искусство**는 전쟁술 또는 용병술로, **стратегическое искусство**는 전략술로, **стратегия**는 전략으로, 그리고 역사적으로 전투로 통용되는 주요 작전의 명칭은 원문에 따라 '전투' 또는 '작전', '전역'으로 번역했다. 그리고 1차 세계대전을 뜻하는 '세계대전'은 원서의 저술 시기를 고려하여 그대로 표현했다. 부대명칭이 없는 군(군단의 상급제대) 규모의 부대는 '야전군'으로 번역했다.

3 지명은 로마글자 표기법으로 병기하였다. 그러나 첨부된 요도에 제시되거나 반복적으로 언급된 경우에는 이를 생략하였다. 그리고 지명 중에서 로쯔는 우쯔, 스당은 세당, 베흐덩은 베르덩, 플렁드흐는 플랑드르로 표기한 책도 있음을 알린다.

4 역자의 주석은 본문에 또는 각주에 기록하였다. 다만 필자의 주석에 있는 서적명의 번역은 ( )로 처리하였다.

5 그리고 독자의 이해를 돕고자, 주요 전장의 지도와 찾아보기를 추가했다.

I

I.

도입: 군사학에서 전략

전쟁술의 분류. 전쟁술은 폭 넓은 사고를 점하며 모든 군사문제를 다룬다. 전쟁술은 ①무력분쟁을 수행하는 무기와 장비, 방어시설 구축에 관한 연구, ②무력분쟁 수행을 위해 여러 나라에서 사용되는 장비를 평가하고 전통적인 주민 집단과 역사적 경제적 사회적 경향을 조사하고 군사작전이 가능한 전구를 탐색하는 군사지리학의 연구, ③군의 조직 문제와 지휘기구 및 보급 방법을 연구하는 군사행정에 관한 연구, ④마지막으로 군사행동 수행에 대한 연구이다.

군사행동 수행술(遂行術)은 이미 프랑스 대혁명 시기에 전쟁술 개념에 포함되고 제1 항목으로 간주된 군사-기술 문제가 기본적인 내용이었다. 이는 몇몇 전쟁사 연구자만이 이에 주의를 기울였다. 이들은 부대편성, 부대할당, 전투편성 같은 공통적이고 기초적인 쟁점들에 관심을 기울였고, 이는 일상적인 군사훈련 과목으로서 전술학 과정에서 분석되었다.

최근 군사행동 수행과 관련된 문제들이 아주 복잡해졌고 깊이 연구되었다. 지휘요원들이 군사작전 시작과 함께 부여될 임무에 대한 결심도를 사전에 준비하지 않으면, 이제는 준비된 적과의 전쟁을 어느 정도 성공적으로 수행할 수 있다고 생각해서는 안 된다. 전쟁술의 이 부분이 상당히 증가했고, 지금 우리가 좁은 의미에서 바로 군사행동 수행술이라는 의미로 사용할 만큼 독자적인 의미를 얻었다.

군사행동 수행술은 어떤 경계에 의해 완전히 독립적으로 나뉘는 것이 아니라, 섬세하게 묘사된 부분이다. 군사행동 수행술은 전선군과 야전군의 활동을 위해 임무를 부여하고 적에 대한 정찰을 위해 파견한 크지 않은 (기병)척후대를 지휘하는 것과 관련된 하나의 완전체이다. 한편, 군사행동 수행술을 전체적으로 연구하는 것은 아주 난감하다. 이러한 연구는 모든 문제에 합당한 주의를 기울이지 못할 위험이 있다. 우리는 전쟁의 기본적이고 중요한 문제에 관한 세부적인 요구의 관점에서 취급하는 방법을 터득할 수 있었으나, 반대로 아주 오만스럽게, 아주 작은 부대의 군사행동을 일반화한 연구와 아주 기본적인 세항들을 무시했다. 그래서 독립부대들 간에 존재하는 긴밀한 관계를 놓치지 않고 이런 구분의 몇몇 제약성을 잊지 않는 조건에서 이 부대들의 군사행동 수행술을 몇 가지로 구분하는 것이 전적으로 합당하다. 이 구분은 가능한 한 동일한 생각에 의해 해결하는 데 속하는, 다양한 부분들 간의 문제들을 세분하지 않도록 해야 한다. 군사행동 수행술이 아주 자연스럽게 전투 · 작전 · 전쟁 수행술로 나누어진다고 생각한다. 현대의 전투 · 작전 · 전쟁이 총체적으로 제기하는 요구는 상대적으로 명확하고, 요구에 따라 아주 자연스럽게 전쟁술 분류의 근거를 구성하는 3계단이다.

전술. 전술은 전쟁술의 다른 요소보다 협소하며, 전투적 요구와 관계된다. 특별한 장비, 전쟁을 수행하는 국가의 문화적 여건, 전쟁이 이루어지는 전장 상태 및 전쟁 기간에서 전투적 요구는 다음과 같은 사항이 알려져 있다. 전술은 현대의 전역 구역에서 하나의 전투를 완전히 수행하는 개별적이고 기술적인 행동을 조율하는 것이다. 전투적 요구와 관련하여, 전술은 모든 전쟁 기술을 합리화하고 부대의 조직 · 무기 · 급양 및 행군, 휴식, 정찰과 경계에 관한 표준을 만든다. 전술 이론은 다름 아닌, 현대전이 전체적인 여건에서 기술적인 요소들로 구성된다는 시각에서 개별적이 아니라 복합적으로 바라보는 기술적

인 쟁점들(이동기술 등)이다.[1)]

전투적 요구에 따른 기술의 적용인 전술의 핵심을 정의할 때, 전술의 범위를 이전에 존재하던 정의와 비교하면 아주 축소된다. 옛 정의의 기저에는 전역 수행술이 전술 영역과 관계가 있던 대(大)전역 개념이 있었다. 대전역은 지금은 실제로 존재하진 않는다. 전투행동은 시간과 공간에 따라 작전을 구성하는 일련의 개별 전투로 나뉘고, 이의 연구는 전술의 대상이 될 수 없다. 전술은 하나의 도로를 따라 이동하는 부대의 전개에서 시작되는 개별 전투에 관심을 기울여야 한다. 이처럼 전술은 사단을 초과하는 조직적인 제병협동부대의 행동 연구를 목표로 할 수 없다. 사단 범위의 과업 연구는 필요하다. 왜냐하면 사단은 다양한 병과와 장비를 충분히 보유한 최소의 조직적인 협동부대이기 때문이다. 예를 들면 보병연대처럼 작은 부대의 행동을 연구할 때, 전술적 기반에 집중할수록 전투가 보병의 단독 결투가 아니며 적의 모든 장비에 대한 우리의 모든 장비가 결합된 과업이라는 것을 망각하지 않을 것이다.

작전술(оперативное искусство). 전술적 창의성은 당연히 작전술에 좌우된다. 전투행동은 전혀 독립적인 의미를 지닌 것이 아니며, 작전을 구성하는 기본적인 수단일 뿐이다. 아주 드물게 군사행동의 최종목표를 달성하는 방법일 수는 있다. 그러나 일반적으로 최종목표에 이르는 길은 일련의 작전으로 나누어진다. 작전은 시간적으로 약간은 상당한 시간 공백(休止)이 있고, 여러 전장 구역에서 이루어지며, 부대가 달성하려고 일시적으로 노력을 기울이는 중간목표의 차이 때문에 이들은 아주 명확하게 구분된다. 전쟁간에 군사행동의 특정한 전장구역에서 특정한 중간목표를 달성하기 위해 부대의 노력을 쉼 없이 집

1) 이때 전략은 목표 실현을 위해 노력하고 전술은 임무를 수행한다. 우리는 목표를 비교적 큰 표적으로 간주한다. 큰 목표에 이르는 길은 다음과 같다. 하나의 목표를 달성하기 위해서는 몇 가지 임무를 해결해야 하고, 부여된 임무는 가까이에서 증대되며, 특히 절박하다는 특성을 지닌다. 그래서 전략의 본질이 시대의 조망과 관계가 있지만, 전술은 시대에 따라 거의 변하지 않는다는 것을 강조하고 싶다. 전략이 전투 수행을 특정한 단계로 나누면, 이 단계는 아주 가까이 그리고 빠르게 이어진다는 것이다.

중하는 이런 군사행동을 작전이라고 칭한다. 작전은 아주 다양한 행동의 집성체이다. 이러한 행동에는 작전계획의 작성, 물적 준비, 최초위치에 부대의 집결, 방호설비의 구축, 행군, 직접적인 점령 그리고 포위의 긴급한 돌파와 적 부대의 격멸 또는 특정 계선이나 지리적 구역을 지탱하는 방법으로 이루어지는 전투수행 등이다. 전술 및 운영이 작전술의 재료이다. 작전전개의 성공은 부대가 개별적인 전술적 문제의 성공적인 해결, 최종목표를 달성할 때까지 부단한 작전수행에 필요한 부대에 대한 물적 지원에 좌우된다. 작전술은 작전목표에서 시작하여 일련의 전술적 임무를 제시하고 후방부(군수, 인사 지원부대－역자 주) 기구들의 활동을 위한 일련의 임무를 설정한다. 작전술은 어떤 전술적 수단들도 아무렇게나 사용할 수는 없다. 보유한 물자, 여러 전술적 임무를 해결하기 위해 할당할 수 있는 시간, 전투를 위해 특정한 전선에 전개할 수 있는 병력 그리고 작전 자체의 성격에 따라 작전술은 전술의 행동방식에 대한 방침을 전술에 지시한다. 전투현장에 객관적으로 존재하는 여건이 의지보다 완전히 우세하다고 주장할 수는 없다. 전투행동은 작전이 제시하는 상위 체계의 일부일 뿐이며, 전투행동의 성격은 예정된 작전의 성격에 따라야 한다. 1917년 4월 니벨르(Nivelle)와 1918년 3월 루덴도르프는 서부전선에서 적의 진지방어선 파괴를 목표로 돌파하면서 예정된 작전성격에 맞춰 자기 부대의 전술을 급격하게 변화시키려 하였다.

기술(技術)[2]로서 전략. 그러나 개별 작전에서 승리가 군사행동을 수행할 때 실현하려는 최종목표가 아니다. 독일은 세계대전간 많은 작전에서 승리했으나 결국 전체 전쟁에서 패배했다. 작전술에서 탁월한 성과를 보인 루덴도르프는 독일이 강화조약을 맺을 때 조그마한 긍정적인 성과라도 얻을 수 있게 작전적 승리를 결합하지 못했다. 그의 모든 승리는 결국 독일에 어떤 기여도 하지 못했다.

[2] [역자 주] 기술은 '어떤 일을 효과적으로 할 수 있는 방법이나 능력'을 의미한다.

전략은 전쟁이 추구하는 목표를 달성하기 위해 전쟁 준비와 작전 집단을 결합하는 기술이다. 전략은 최종적인 군사목표를 달성하기 위해 군대와 국가의 모든 자원을 이용하는 것과 관계된 문제들을 다룬다. 작전술이 전선군 후방부가 나타내는 능력을 고려해야 한다면, 전략가는 국가가 나타내는 피아 후방부를 모든 정치적 경제적 능력을 동시에 고려해야 한다. 만약 전략가가 여러 형태의 경제 · 사회 · 지리 · 행정 및 과학기술 정보에 좌우되는 전쟁 성격을 올바르게 평가했다면, 전략가는 성공적으로 활동한 것이다.

전략은 작전술을 의미 없이 대할 수 없다. 전략가가 생각한 전쟁 성격은 부대활동에서 벗어나거나 분리될 수 없다. 전략가는 전쟁의 예상되는 성격에 대한 자신의 개념에서 우리가 이해하는 작전의 실제적인 형태, 범위와 기간, 추구하는 목표, 결과와 부여되는 상대적인 의미를 통제해야 한다. 그렇기 때문에 전략가에게는 기본적인 수행방침을 작전술에 요구하고, 기본적인 작전에 부여되는 특별한 의미가 있는 경우에는 작전을 자신의 직접적인 지휘권에 집중시키는 것이 필요하다.

그러나 전술 및 작전 전문가와 마찬가지로 전략가는 자신의 영역에서 절대 독립적이지 않다. 전술이 작전술의 연속이며 작전술이 전략의 연속인 것처럼, 전략은 정치의 연속이며 그 일부이다. 전쟁은 독립적인 현상이 아니며 국민의 평화로운 삶에 관한 상층 구조일 뿐이다. 전쟁은 특정한 정치 목표를 위해 시작되고, 아래에 제시한 것처럼 주요 특성 내에서 정치에 의해 결정된다. 여기에서 연유한 정치와 전략의 상호관계가 우리가 연구할 특별한 부분이다.

공군 전략, 해군 전략, 식민전쟁 전략 등의 용어를 자주 접한다. 이러한 용어는 확실히 잘못된 것이다. 해양의 군사력은 독립적인 작전목표를 갖기 때문에 우리는 해양 전략에 관해서만 말할 수 있다. 또한 여러 여건에서 항공 전략에 관해 이야기할 수 있다. 공중 전력, 지상 전력과 해상 전력 간의 긴밀한 관계 때문에 독립적으로 운용되는 폭격작전만이 항공 작전술의 대상이다. 그러나 이러한 행동은 당분간 독립적인 의미를 지니지 않고, 중요하긴 하지만 전체 작전의 한 구성 요소이다. 그래서 항공정찰과 전투행동처럼 공군의 폭격을 작전술의 일부로만 간주해야 한다. 여기에서는 전략에 관해 언급할 필요가 없다. 이는 확실히 용어의 악용이다. 식민전쟁 전략도 정확히 그렇다. 즉 제국주의 국가와 힘이 약하고 과학－기술적 · 문화적으로 뒤떨어진 국가가 대결할 때, 전쟁의 식민지 전역 상황에서 전략의 특성에 관해 이야기할 수 있다.

기술(技術) 이론으로서 전략. 군사지도자 활동의 가장 중요한 부분인 실용기술로서 전략은 인류사회가 전쟁을 수행하기 시작한 역사 이전 시대부터 존재해왔다. 그러나 전략 이론의 연구는 정치－경제의 연구(정치경제학)를 학문적으로 시작함과 동시에 150년 전에 시작되었다. 아담 스미스와 같은 교육을 받고 그와 동년배이며 오스트리아 프러시아 러시아 군에서 복무한 영국인 로이드(Llyod)가 7년 전쟁 경험을 바탕으로 군인들이 일반 전술적 계층에서 급하게 제기한 쟁점을 연구하기 시작했다. 그의 저작들은 이미 전략에 심도 깊고 사고가 법칙적이지 않으면서 편향적이지도 않은 특성이 있는 연구를 시작했고 전쟁사상 발전의 새로운 시대를 열었다. 많은 시간과 노력을 전략이 과학인가, 기술 이론인가 하는 문제에 쏟았다. 답은 과학에 대한 우리 개념이 특징짓는, 과학에 대한 요구 정도에 좌우되었다. 전략을 기술로 간주한 클라우제비츠, 빌리젠(Willisen)과 블루메는 필연성(논쟁의 여지가 없는) 그리고 칸트가 "원래 학문"에 요구했던 정확성의 요구에서 출발했다. 논쟁의 여지가 없는 정확성이 군사이론의 귀결은 아니다. 그러나 칸트는 특수한 영역을 이해하는 모든 체계적인 이론과 알려진 원리와 원칙에 따라 무언가를 처리할 수 있는 인식을 과학이라고 했다. 이러한 이론은 제2의 과학이었다. 전략을 이런 범주에 포함시키기 위해 많은 전략 저술가들이 자기 저작의 기반이 되는 영구적이고 견고한 전략 원칙들이 존재한다는 것을 증명하는 데 특별한 관심을 기울였다. 지금은 과학에 대한 관점이 아주 넓어졌다. 우리는 생활과 실재를 이해하기 쉽게 해주는 모든 지식체계를 과학으로 이해하는 경향이 있다. 전략을 포함한 전쟁술 이론은 과학에 대한 이러한 폭넓은 정의에 적합하다.

이론과 실제의 관계. 말할 것도 없이 전략의 실제는 과학적 활동 부문이 아니며, 기술을 응용하는 부문이다. 이 전략 이론은 전쟁 현상을 쉽게 이해하는 체계화된 지식이어야 한다.

인류사회가 전략 이론과 전략학에 대한 이해 없이, 수천 년에 걸쳐 전략 기술을 실천할 수 있었고 전략학이 과도하고 꾸며내고 무익한 군더더기이기 때문에 현 세기의 지적 발전의 산물이라는 것을 증명하지 못하는가? 그렇게 생각하지 않는다. 전체적으로 생존이 인식을 결정짓는다면 실천의 몇몇 복잡한 영역에서는 인식이 생활 성과와 수세기 동안 분리된 것이다. 문법학을 구성하는 언어의 규칙과 법칙이 있다. 정치-경제학을 구성하는 경제적 문법이라는 특정한 경제적 관계가 있다. 또 유명한 사고의 법칙도 있다. 이의 문법은 논리이다. 그러나 문법을 사전에 익힌 것을 정확한 언어라고 보지 않는다. 우리는 정치-경제학이 생기기 전까지 오랫동안 역사적 과거에서 특정한 경제적 이익에 적합한 경제 정책을 탐구하지는 않는다. 논리학 과정을 전혀 거치지 않았지만 건전한 사고를 하는 사람들을 만나지 못하는가? 전쟁에서도 똑같다. 먼 과거에서뿐만 아니라 그렇게 오래되지 않은 내전에서도 전략 이론을 미리 배운 것과 어떤 관련도 없지만 전략의 아주 어려운 문제들의 해법을 관찰할 수 있다. 이러한 사실 때문에 보통교육기관의 프로그램에서 문법을 삭제하기 바란다는 결론을 내리는 것은 아니다. 책임있는 정부 당국자들이 정치-경제학에서 기본적인 정보를 얻어야 한다고 생각한다. 논리학을 배운 사람 편에서 독자적인 사고의 권리를 부정하지 않지만, 우리는 철학-경제학의 기초 지식을 독자적으로 비판하려는 사람의 교육 프로그램에 논리학을 필수적으로 포함시킨다. 문법 정치-경제학 논리학 전략학을 익히면, 해당 분야에서 일할 때 많은 실수를 방지하고 상호관계를 빨리 포착할 수 있다. 그렇지 않으면 어떤 해법을 위해 많은 노력을 기울여야 했고 아무것도 얻지 못한 경우도 있었다.

제시한 의견이 전략 이론과 유창한 대화 이론의 비교가, 아주 유창한 연사들이 어떤 지식도 없는 것으로 잘못 설명되었다. 실질적인 지식이 효력이 없을 수 없다. 지식이 우리 활동에서 아무것도 변화시키지 못한다면 이는 어떤 내용이 빠진 것이다. 실제로 돌아가서, 교과서적인 해법을 만들지 않고 당면한 구체적인 상황 조건에서 해법을 찾기 위해서는 이론을 잊어버려야 하더라도, 이는 위에서 말한 터득된 심사숙고와 이론적 지식의 관점 덕분에 생각이 효과를 낳은 작품이다.

이미 나폴레옹 시대에 장군들은 이론적인 학습이 되어 있지 않다는 말이 있었다. 특히 1813년 시작된 대규모 전쟁 때에 일부 하류층 출신인 나폴레옹의 장군들은 충분히 교육을 받지 못했다. 20년 동안 한 전장에서 다른 전장으로 이동하면서 그들은 탁월한 전술훈련을 받았다. 그들은 어려운 상황에서도 명장답게 당황하지 않았고 적의 포화 속에서도 생각하는 능력을 잃지 않았으며, 나폴레옹이 부여한 목표를 달성하기 위해 전장에서 2만~3만 명의 병사들의 임무를 합목적적으로 조직할 줄 알았다. 그리고 관료들이 정치적 지혜를 익히지 못하는 것처럼, 수십 명이 업무시간에 자기 천막에서 일하였다. 그러나 전략을 수많은 원정에 참가와 많은 전쟁화(戰爭畵) 관찰로 터득할 수는 없다. 나폴레옹의 장군들이 독립적으로 작전을 지휘해야 할 경우가 생기면, 몇 명을 제외하고는 암흑에서 방황하는 사람처럼 자기 임무와 이를 해결할 수 있는 방법을 제대로 이해하지 못하고 미온적으로 행동했다. 나폴레옹과 싸우는 동맹군의 교육을 많이 받은 장군들은 전술에서 이들에 아주 뒤처졌으나, 전략에서는 훨씬 능숙했다. 아주 재능 있는 혁명적인 장군이며 나폴레옹이 천부적인 천재라고 인정한 클레베흐(Clebert)는 "군사적 명성을 누리는 것은 명성을 유지하는 것만큼 어렵진 않다. 이론이 극도로 무시된다면 항상 경험에 보조를 맞추기를 원하는 이론이 조만간에 보복할 것이다."[3]라며 많은 혁명적인 직업의 파멸을 예언했다.

지난 100년 사이에 전쟁 수행이 대단히 복잡해졌다. 지금 이론적인 준비가

3) *Revue d'Histoire 1/VIII*(역사 비평 1/VIII), 1911, p. 197.

상당히 불충분하다고 느낄 것이다. 나폴레옹 이후 시대의, 아주 탁월한 몰트케 같은 이가 그 징후이다. 그는 유소년단에서 얼마 안 되는 기초 교육을 받았다. 이 교육은 오늘날 초등학교 1학년이 습득한 지식을 넘을 정도이다. 중대를 지휘한 후에 그는 야전과는 접촉이 없었다. 그의 지적 호기심은 전쟁과 직접 관계가 있는 문제에서 완전히 벗어났다. 몰트케가 참모총장에 취임했을 때 그는 군 복무를 특이하게 마친 프러시아 장군이었다. 대신에 유럽의 문화와 경제 발전 과정을 배웠던 지리학, 로마 고대사, 철학, 정치학에 아주 뛰어난 진짜 학자였다. 상황의 변덕으로 프러시아 참모총장에 임명된 거의 민간인이 새로운 전략 혼을 깨달았다. 물론 그는 전쟁술에 전환점을 창출하지는 않았다. 전략가의 창의성은 한 개인의 의지를 벗어나 당시에 필요한 수단을 이해해야 발전하는 전쟁술 발전의 요구를 식별하는 것으로 한정된다. 그러나 이미 몰트케의 새로운 기준으로 전략적 임무에 대한 취급태도가 1866년과 1870년의 승리를 위한 큰 진전이었다. 대(大)몰트케의 경력을 연구하게 되면, 실천적인 업무 수행자들은 바빠서 누릴 수 없었지만 그는 많은 문제를 탐구하여 지적으로 성장할 수 있었던 군의 관찰자였고 그가 60세가 넘은 후에도 탁월하게 사고할 수 있었던 요인이었다는 것을 알게 될 것이다. 사실 몰트케는 특이한 인물이다. 드라고미로프(Dragomirov)는 1866년 "몰트케 장군은 군사에 대한 깊은 이론적 학습을 실천과 거의 맞바꾼 우수하고 희귀한 사람에 속한다."[4]라고 그의 특징을 묘사하였다.

드라고미로프의 말을 인용하겠다. 왜냐하면 그는 결코 실제에 해를 끼친 이론을 특별히 옹호하는 인물이 아니기 때문이다. 또한 이론에 대한 드라고미로프의 견해는 실제에 탁월한 베네덱(Benedek)의 특성을 아주 선명하게 나타내기 때문이다. 드라고미로프는 "그의 개인적인 열정에는 의구심이 없다. 그는

---

[4] М. Драгомиров, *Очерки Австро-Прусской войны в 1864 г*(1864년 보오 전쟁 개관), Санкт Петербург : 1867, С. 67.

설정된 목표를 달성하기 위해 부대를 전투에 투입하는 데 대체할 수 없는 인물이다. 그러나 그는 스스로 목표를 설정하는 데는 서툴렀다. 한마디로 매력적인 전술가인 베네덱은 그 정도로 전략가는 아니었다. 그는 마지못해 보헤미아(Bohemia, 체코슬로바키아의 서부 지방－역자 주)로 출발하지만, 그가 말한 것처럼 싸워야 할 전장도 적도 알지 못했다. 이러한 원인이 베네덱이 군사(軍事)에 대한 이론적인 준비를 하지 않았다는 생각을 불러일으킨다. 그의 재능은 이탈리아 전선에서 터득한 실천적인 구습이다. 아마 그는 그곳 전역에서 자기 역량을 현란하게 드러냈을 것이다. 이론적인 준비의 부족이 전략적 통합에서 베네덱의 우유부단함과 연약함의 이유를 여실히 드러낼 뻔했다. 그러나 직무에 대한 실용적인 지식과 개인적인 과단성은 부족하지 않았다."[5]라고 하였다.

군사지도자의 기술인 전략. 전략은 군사지도자의 기술이다. 핵심적으로 말하면, 전쟁 상황에서 대두되는 중요한 문제를 해결해야 하고 이를 수행하기 위해 자신의 전략적 결심을 작전술에 전달하는 인물의 기술이다. 전략은 군 총사령관의 기술이다. 왜냐하면 명료한 전략적 사고가 없다면, 전선군사령관 군사령관 그리고 군단장이 자신의 작전적 과업을 혼자서 처리할 수 없기 때문이다. 작전술이 두 개의 작전적 선택지에서 선택해야 하는 모든 경우에, 실행자가 작전술의 범주에 머물게 되면 어떤 작전 방법이 합리적이지 알지 못할 것이다. 그래서 그는 전략적 단계의 사고로 올라서야 한다.

전술은 요구되는 순간에 결심해야 하기 때문에 의미가 있고 모든 전술 업무가 극도의 급박성의 특성을 지닌다면, 전략은 전쟁의 최종목표를 달성하는 단계인 일련의 차후 목표가 보이는 곳에서 시작된다. 전략은 앞을 광범위하게 보고 아주 넓은 관점에서 미래를 고려해야 한다. 전략가는 작전을 따라 나아간다. 전략의 이 걸음은 시간적으로 몇 주, 나아가 몇 달까지 늘어난다. 작전 전개 초기에 도달했을 때 자신의 지침을 근본적으로 수정하지 않기 위해, 전략

[5] М. Драгомиров, указ. соч. С. 86.

가는 상황과 이의 예상되는 변화를 심도 깊게 고려해야 한다. 전략가는 작전술과 전술이 계획적으로 작동할 수 있도록 멀리 보아야 한다. 독일은, 세계대전 전까지 클라우제비츠 덕분에 다른 군대에서는 이해하지 못한 전략적 혜안을 독점했다. 이 혜안은 넓고 관념적인 시야가 있어야 가능하다. 지적으로 한계가 있는 전술가들을 식별할 수 있지만, 이런 사람들 중에서 출중한 전략가를 찾기는 쉽지 않다. 방안을 보여주는 사령관은 어느 정도는 선지자이다.

많은 사람의 활동을 위해 올바른 목표를 제시하고 윤곽을 현실적으로 그려주는 것은 측정할 수 없을 정도로 중요하다. 노력을 상호 소진시키는 분산된 활동 현상, 무계획에 따른 총체적인 혼란과 의도의 혼돈, 이런 것들은 지휘관이 설정한 목표에 전체적으로 지향할 때 사라진다. 행동들이 정돈되고 목표로 흘러 하나의 큰 물살을 이루는, 크지 않은 하천으로 합류하게 된다. 모든 문제에서 전체 및 각자의 노력이 개별적으로 자연스럽게 지시된 방향을 지향한다. 확실한 목표의 제시는 사고와 의지의 급격한 흐름의 동인이 된다.

중요한 직위의 정치지도자는 전략을 알아야 한다. 전략은 단지 군의 고급지휘요원만 배워야 하는 것이 아니다. 작전을 직접 지도하는 당원들에게 지침을 주는 전략가는 보유한 자산으로 작전술이 달성할 수 있는 한계를 명확하게 알고 자기 부대에 최대로 유리한 여건을 제공하는 예리한 작전적 전술적 혜안이 있어야 한다. 정책이 상황을 좋거나 나쁜 쪽으로 변화시키는 것과 똑같이, 군사행동의 정치 목표를 제시하는 정치인은 보유한 자산으로 전략적으로 달성할 수 있는 것을 명확히 알아야 한다. 전략은 정책의 중요한 수단이다. 평시에 정책은 우방과 적국의 군사능력을 아주 많이 염두에 두어야 한다. 비스마르크가 전역(戰域) 상황을 깊이 알지 못했다면, 프러시아 정책을 그렇게 권위 있게 이끌지 못했을 것이다.[6]

모든 군 간부는 전략을 알아야 한다. 수백 킬로미터 전선에 전개한 엄청난

6) 1866년 8월 프랑스와 전쟁을 하겠다고 위협하는 오스트리아와 평화협상이 그 예이다.

인원이 협력하려면 각 지휘관은 진정한 전략적 준비를 해야 한다. 이 진리가 지휘의 극단적인 중앙집권화에 도움이 되던 세계대전의 진지전 기간에는 약간 망각되었다. 기동전에서 군단장은 작전에 어떤 지향점을 제공하는 중대한 결심을 끊임없이 해야 한다.

1870년 8월 16일 알벤슬레벤(Alvensleben) 장군의 프러시아 제3군단은 메스-베흐덩 대로로 진출했다. 군사령부는 제3군단을 진출시키면서 바젠느(Bazaine)군이 메스에서 베흐덩으로 이미 철수한 후에 군단이 도로로 진출하여 바젠느군을 후미에서 추격할 것이라고 생각했다. 실제로는 알벤슬레벤 장군은 프랑스군 후미에 있지 않고, 그 부대 앞에서 도로를 막고 있었다. 하루 동안만 한 군단의 지원을 받을 수 있음에도 불구하고, 알벤슬레벤은 5개 군단으로 추정되는 전체 프랑스군과 전투(마흐스 라 뚜흐, Mars la Tour)를 치르기로 결심했다. 메스에 있던 바젠느군을 포로로 했던 이 중대한 결심은 상황의 전략적 평가 덕분에 이룰 수 있었다.

더 놀라운 예를 들겠다. 클루크(Kluck) 독일군을 공격했던 우익 대열 앞으로 점차적으로 철수하던 마누히(Manoury)군의 혼성기병사단이 국경 전역과 마른(Marne) 작전의 중간 시기에 레피크(Lepic) 대위의 강력한 기병척후대를 내보냈다. 1914년 8월 31일 11시 30분 콩피에뉴(Compiègne) 북서쪽에 있던 레피크 대위는 놀랍게도 남쪽 에스트르-셍-드니(Estre-St.-Denis)로 계속 이동하는 대신, 꽁삐뉴로 집결하는 엄청난 독일군 대열을 발견했다.

이 놀라운 사실이 레피크 대위의 보고 성격이나 그의 운명에 영향을 미치진 않았다. 보고는 정찰 결과에 이를 포함시킨 통상적인 형태로 이루어졌다. 그러나 사실은, 레피크 대위가 관측한 현상을 전략적으로 명확히 생각했다면 독일군은 파리를 포위구역에 포함하지 않고 파리로부터 공격에 우익을 노출시키면서 전 병력을 베흐덩-파리 사이에 집중시켰다는 것을 알았을 것이다. 프랑스 최고사령부는 이 사실을 80시간 후인 9월 2일 저녁에야 알았다. 그동안에 이 사실은 마른에서 승리를 만들어낸 전제조건이 되는 엄청난 의미가 있었다. 만약 레피크 대위와 모든 상급자들이 그의 보고를 그들의 관점에 따라 생각하기 시작하고 전략적으로 훈련되어 있었다면 아마도 프랑스군 사령부는 체계적으로 준비하여 마른 작전을 이틀 빠른 9월 1일 저녁에 시작할 수 있었을 것이다. 황금 같은 40시간은 아무런 성과 없이 흘러갔다. 지휘관과 참모의 특정한 전략적 무지 때문에 조종사와 기병척후대의 고가치 보고를 세계대전에서 이용하지 못했지 않은가! 삼소노프 작전 시에 우리가 획득했던 독일군 제1군단이 집결하고 있다는 그 많은 정찰 정보도 야전군과 전선군 사령부는 전혀 고려하지 않았다는 것을 기억합시다.

내전 기간에 이따금 통신장비가 부족하고 빈번히 지휘관의 권위가 약할 때도 지휘관의 결심이 전략 부분에서 커다란 역할을 했다. 1920년 바르샤바 작전의 실패에는 전략적 허약함이 큰 영향을 미쳤다. 전략적 실수는 모든 계층의 업무에서 드러났다. 독일군에 비해 '붉은 군대' 사령부의 전략적 예민함이 확실히 부족했다는 것을 확인하는 것은 1920년 8월 15일에서 18일 사이에 '붉은 군대' 제16군의 작전을 1914년 9월 5일에서 7일 사이의 독일 클루크군의 작전과 비교하는 것으로 충분하다. 클루크의 작전이 전혀 흠이 없진 않으나, 측방타격이 임박한 2개 군을 살펴보자. 신중함이 결여된 대규모 병력의 클루크군이 아주 급하게 뒤로 물러났다가 돌아서서 전체 전력으로 프랑스의 공격을 격퇴하지만, 러시아 제16군은 측방을 점령한 사단들이 1열로 소극적으로 따라갔고 이미 1920년 8월 13일 작전이 그야말로 명확하게 예견했을 적에게 격멸되었다.

'붉은 군대'는 전략 문제에 심대한 관심을 기울여야 할 필요가 있다는 것을 강조하는 사례가 또 있다. 사실 외국군은 합리적인 전략 사상을 군에 폭 넓게 전파해야 한다고 인식하고 있다. 카를(Charles) 대공은 1805년에 이미 오스트리아 장군단을 위한 전략 교범을 만들 필요가 있다고 생각했다.[7] 1869년 몰트케는 자신의 사례들을 연구했다. 세계대전 전에 독일군과 프랑스군은 고급 지

[7] *Стратегия в трудах военных классиков Т. II*(군사회보－전략 제2권), C. 69~84.

휘관들을 위한 교범을 발간했고, 영국은 1920년 동일한 의미를 지닌 야전교범 제2권을 제작했다. '붉은 군대'에서도 이와 같은 작업이 진행될 것이다. 사실, 이러한 교범은 주로 작전적 성격을 띠며 전략적인 것은 아니다. 근본적으로 전략을 야전교범으로 성문화하는 것에 반대한다. 그러나 지휘관들의 전략적 사고 수준 향상을 위해 노력할 필요가 있다.

참모본부 같은 크지 않은 간부집단만이 전략을 익히는 것은 "전략 카스트(계급)제도"를 낳을 것이다. 전략의 고립된 지위는 학문적 현학주의를 촉진하고 실제와는 단절되고 간부들에게 전략가와 전술가의 연결선을 따라 극단적으로 부정적인 불화를 야기하고 참모본부와 실무부대 간 상호이해를 해칠 것이다. 전략이 군을 신봉자와 비신봉자로 나누는 라틴어일 필요가 없지 않은가!

전략 공부는 전쟁술의 중요한 학습 초기에 시작해야 한다. 모든 간부가 전략을 공부할 필요성은 중요한 지휘직위에 진출할 때까지 전략 공부를 연기해서는 안 된다는 데서 기인한다. 전략은 학과에서 만들어지는 교범 암기에서, 또 전략 교과서에 포함된 논리체계 통달에서 조금 이격된 원칙들과 관계가 있다. 전략 원칙(기준 교리)에 기초한 교리의 단일성은 단절된 것이다. 전략에서 중심은 무엇보다 진지한 자주성이 요구되는 독창적인 관점을 형성하는 데 있다. 군복무 초기에 전략적인 문제에 관해 전략적 관점에서 전쟁사를 익히고, 체험한 군사적인 사건들을 평가하고, 군사 분야의 현대적 발전을 탐구해야 한다.[8] 전략을 공부하는 것은 전쟁에 책임 있게 참여하려는 각자의 과제이다.

[8] 유행은 파리에서 온다. 그래서 어디에나, 특히 프랑스의 최종 군사적 승리 후에, 프랑스식 최고 군사교육체계와 전략을 거의 가르치지 않는 파리군사학교(사관학교) 프로그램 숭배자들이 있다. 관심 있는 사람들에게 Cordonnier, *La méthode dans l'étude de stratégie*(전략교육 방법론), 특히 Raguéneau, *Les études militaires en France*(프랑스 군사교육), 1913 등을 읽어보길 권한다. 라헤노는 프랑스 학교를 전략 학습이 부족하기 때문에 초등학교라고 생각한다. 포쉬는 1910년 프러시아의 모델에 따라 전략을 가르치기 위한 제3보충 과정을 도입하고 고급지휘관 과정만을 인용하여 이의 성격을 쓸데없이 바꾸려고 했다. Bonnal, *Méthodes de commandement, d'education et d'instruction*(교육, 훈련 및 지휘 방법론)도 똑같이 전투부대 및 고급 간부들에게 아주 다양한 교육이 필요하다는 것을 증명하였다.

기동의 어려움을 극복하려는 군은 약간의 전쟁 사상가들을 할당하여 전략을 교육하려 해서는 안 된다. 야전 기동훈련과 군사 서적에, 군사학계의 보고에 넓은 자리를 전략적 사고에 할당해야 한다. 전쟁사는 사건의 외적 흐름의 커다란 특성을 기술하는 이른바 "전략 개론"에서 전쟁간에 이루어지는 중요한 결심에 대한 실제적이고 철저한 비판으로 전환하기 위해 상당히 강화되어야 한다.

전략 교육과정의 과업. 전략 교육의 임무는 이러한 원칙의 거의 무한한 분야를 철저하게 수행하기 위한 것이 아니라, 장기적이고 자주적인 사고(思考) 활동을 위한 기본 토대를 교육하고 개별적인 노력을 통합할 수 있는 여건을 만드는 방향을 제시하려는 것이다. 유럽뿐만 아니라 전 세계가 완전히 새로운 전략적 형세의 윤곽을 드러내고, 전쟁술이 여러 면에서 전쟁 수행의 새로운 방법과 방식으로 전환되고 사회적 파국이 일어나려는 상황에서 새로운 모형을 창조하는 전환기 동안에 고등군사교육기관에서 전략을 가르치는 것은 특히 중요하다.

이 책의 과제는 소박하다. 과제는 자주적인 전략 업무에 관한 원론을 알려주는 것뿐이다. 또한 독자의 전략적 사고가 한산한 골목길과 막다른 골목에서 직선도로로 신속하게 나오도록 최초 위치를 점령하고 약간 넓은 시야를 독자에게 제공하는 것이다. 이 책에서 전략적 시대성의 중요한 이정표를 세우려 한다. 선행하는 군사(軍事)의 진화를 독자에게 소개하겠다.

전쟁사. 전쟁술의 역사는 이 책에 꼭 필요한 원론이다. 이 원론이 없다면 우리는 제대로 이해하지 못한 모험을 하는 것이다. 사전에 역사의 중요한 군사적 현상에 주의를 기울이지 않고 일련의 전쟁사적 사실을 곰곰이 생각하지 않으면, 전략이론의 추상적인 상황에서 헤매는 위험에 처할 것이다. 역사에서 찾아낸 이익은 전략 수업을 시작하면서 우리가 얻는 경험과 전쟁사적 지식과 비례할 것이다.

비판과 경험은 손에서 손으로 전해져야 한다. 전쟁사에 대한 지식 없이 전략을 공부하는 것은 효과가 적다. 전쟁사에 대한 사상의 인식 작용은 당연히 일정한 전략적 식견의 토대에서만 가능하다. 전쟁사에서 사실들에 대한 하나의 기억으로 언젠가 전쟁을 수행할 때 존재했던 특정한 관행에 관한 개념을 얻을 수 있다. 전쟁사의 가치는 주로 자주적인 연구이다. 전쟁사의 어떤 중요한 순간에 대한 전략을 실제적인 활동을 전체적으로 포함하여, 자주적으로 심각하게 평가하기는 어렵다. 역사적 과거에 관한 이 작업은 전쟁이 진행될 때보다는 오늘날의 상황에서 더 쉽다. 핵심적으로 말하면, 전략의 모든 내용은 전쟁사에 대한 심사숙고의 결과이다. 클라우제비츠의 유훈에 따르면, 전략은 심사숙고의 원칙 · 귀결 · 결론에서 명확하게 전달되는 학설의 딱딱한 바닥(河床)으로 건너뛰어서는 안 된다. 러시아 군사학자는 통상 사건의 사실 기술에 따라 빈번히 제한된 폭과 깊이를 지닌, 자신의 귀결과 결론을 전개하려 애쓴다. 클라우제비츠 학파의 역사가는 사실을 기술하고 그 의미를 심사숙고하는 과정으로 나아간다. 한편으로는 '귀결'과 다른 한편으로는 '심사숙고' 용어와 차이는 이론의 실제적인 생활과의 관계에 대한 상이한 이해를 반영한다.

전쟁사의 쟁점들은 전략을 담당했던 인물들과 특히 가깝다. 전략은 특유의 방법으로 이루어지는 전쟁사에 대한 체계적인 사고이기 때문이다. 역사적 근거에서 벗어나는 것은 전략가에게도, 전술가에게도 위험하다. 영향을 미친 많은 요인과 이와 관계된 복합성 때문에 올바른 해결에 필요한 모든 자료를 이해하지 않는 이론적 사변적 접근은 지독한 실수를 낳는다. 전략 및 정책에서 암탉이 오리새끼를 자주 낳고, 그 결과는 오리새끼를 낳게 한 원인과 전혀 닮지 않았다는 것을 보여준다. 예컨대, 세계대전 이전의 모든 전략 저술가는 군사행동의 전개를 가속시키는 요소인 철도는 최초부터 그들에게 부여된, 특수하게 섬멸전략을 적용할 수 있는 결정적인 특성이라고 생각했다. 이때 모두가 방어에 도움을 주고 공격자와 분리된 이들을 지연시키고 전선의 적 돌파구를 봉쇄하고 모든 국력을 전선에서 이용할 수 있게 하는 철도의 상쇄효과를 간과하였다.

결과적으로 세계대전에서 철로를 이용한 이동속도의 증가는 발현되지 않았고 고정된 방어선과 소모전략에 머물렀다.

애석하게도 전쟁사의 현 상태는 전략의 질박한 상태도 만족시키지 못하고 있다. 불균형적으로 이 책의 첫 부분인 정치와 전략 관계를 강하게 전개한 것은 우리 전쟁술이 학문적으로 쇠약하기 때문이다.[9] 우리는 전쟁사를 전혀 모르고 있다. 좋게 표현하면, 이른바 전쟁사는 작전사일 뿐이다. 이때부터 전쟁사가 전쟁술 역사와 전쟁 역사로 구분되고 전쟁사에 대한 폭 넓은 시각을 갖게 되면서, 정치의 역할을 무시하고 작전의 흐름만을 연구하기 시작하여 전쟁술 역사는 하찮은 것이 되기 시작했다. 전쟁 사건의 인과관계는 순전히 군사적 사고의 관점에서 찾을 수 있다? 이것은 말할 것도 없는 실수다. 교훈적인 것은 없고 착각만 엄청나게 늘어난다. 전략은 군사 사가(史家)에 의한 사건 논리의 왜곡에 고통받고 있다. 전략은 이들의 저작을 인용하지 못할 뿐만 아니라 그들이 씨를 뿌린 편견만 파종하기 위해 추가적인 노력을 낭비한다. 전략에 관심 있는 독자들은 군사 서적들, 특히 "전략 개론"이 아니라 과거 전쟁의 정치사에서 심사숙고를 요구하는 주석들을 찾는다.

기동훈련. 전략 연구는 과거에 대한 심사숙고와 병행하여 현재에 대한 심사숙고도 포함해야 한다. 전략은 인간사에 관한 어떤 경험이든 과거와 관계되고 미래의 예측에 닿아야 한다. 과거 전쟁에서 사건의 전략적 과정을 결정한 많

[9] 전쟁사는 제2제정의 프랑스군이 처참하게 패배한 원인을 알지 못하는 나폴레옹 3세를 자주 벗어나지 못하고 있다. 강한 의지와 지혜가 쇠약해지고 꽤 영리한, 그러나 병든 나폴레옹 3세는 스당으로 전진하는 프랑스군 후미에서 말을 타고 이동할 때, 열의가 없는 병사들이 뒤처지고 많은 짐마차들이 힘들게 이동하고 후방에 무질서하고 난잡한 분위기가 형성되는 것을 보았다. 그래서 1870년 9월 2일 프러시아왕의 포로가 된 나폴레옹 3세에게 패배의 원인이 무엇이라고 보느냐고 물었을 때 마지막으로 "훈련이 부족하고 전우애가 부족하고 규율이 약하고, 병사의 군장이 너무 무겁고 장교들이 시대에 너무 뒤져 있다."라고 대답했다. M. Welschinger, "*La guerre de 1870, Causes et responsabilités T. I*(1870년 전쟁, 원인과 책임 제1권)", p. 315). 나무에서는 숲을 쉽게 보지 못한다.

은 전제조건들이 지금은 사라졌다. 그 자리에 새로운 전제조건들이 생겨났다. 아주 드문 경우에만 전제조건의 효과를 판단하기 위해 전쟁이 발발하기 전에 실험을 할 수 있다. 말하자면, 프랑스 장군 라발(Laval)은 독일 국경에 모든 보병과 기병 그리고 야전포병을, 현존하는 직통 도로를 보급과 중포병 수송을 위해 남겨두기 위해 도로도 없이 행군을 통해 이동시켜야 하는 정면 1㎞당 1만 5천~2만 명의 밀도로 전략적으로 집중할 가능성을 경험적인 방법으로 증명하였다. 작전술에서는 전혀 현대적이지 않은 형태로 대규모 기동이 실험 역할을 할 수 있다. 이 실험에서는 현대 과학기술 여건에서 대규모 부대의 이동, 넓은 전선에서 통신망의 조직과 지휘기술을 연구할 수 있다. 그러나 보급과 공중정찰, 평시에는 전시에 기능을 수행할 후방부를 완전히 편성할 수 없기 때문에 기동실험을 진행할 수 없다. 전투행동과 관계된 아주 중요한 작전적 문제인 정면, 전투행동의 지속기간, 화기의 탄약소모 기준, 공격 구역에서 수적 우세는 평시에 광범위하고 비용이 많이 드는 실험 결과를 검토하고, 어쨌든 확인할 수 있다.

전략적 기동 경험을 더욱 작게 생각할 수 있다. 언젠가 군 훈련에서 큰 의미를 도출했던 대규모 기동은 대규모 전술적 행군, 군의 숙련도와 전투능력 과시라는 특성을 띤다.

워 게임. 기동간 모의훈련이 실제 군사행동과 아주 다르다면, 현지 연습에서 도상(圖上) 연습으로 전환할 수 있다. 전술을 익힐 때 지도에서 전술적 임무를 수행하는 방법이 기본이다. 똑같이 이 방법은 작전술을 익히는 데도 많은 도움이 될 것이다. 그러나 이러한 방법의 중요한 가치는 새로운 문제를 연구하는 것이 아니라, 교관이 학생들에게 당장 필요한 것을 재빨리 가르치고 실무적인 기술을 전달하는 데 있다. 계획상의 임무들은 부가적으로 익히고, 원칙적인 문제들이 아니라 기술(技術) 기법을 주로 배울 수 있다. 그래서 전략에서는 지도상에서 임무 해결이 또 다른 가치가 있다. 전략적 기술은 아주 어려운 것이 아니다.

원칙적인 문제들을 다루려면 워 게임 방법으로 건너뛰어야 한다. 즉, 지도에서 쌍방 연습을 진행하는 것이다. 이 경우에 기술은 그렇게 중요하지 않다. 연습은 최종적인 토론을 위해 관심 있는 지형 여건에서 당시에 주어진 조직과 장비를 이용하여 알려진 정보를 어떻게 선택하는지 관찰해야 한다. 이러한 토론의 가치는 주관자의 숙련도에 달려 있다. 워 게임은 특정한 전략적 작전적 사고방식을 전파하는 강력한 도구이지만, 문제의 연구방법 등에는 적절치 않다. 워 게임 주관자는 과제 자체와 주어진 과정에 따라 최종적인 토론을 위한 정보를 뒤섞어 놓을 때만이 제 역할을 수행하는 것이다. 속이지 않는, 공정한 심판으로는 워 게임에서 아무것도 얻을 수 없다.

야외 훈련과 야외 기동훈련은, 본질적으로 계획상의 과제이고 워 게임[10]이며 과업을 더욱 효과적인 조건으로 옮겨놓은 것뿐이다. 현지 관찰을 충분한 통신장비와 함께 계획한다면 참가자들이 전장의 중요한 지역을 숙지하는 훌륭한 참모부 실습이 될 것이다. 그러나 전략 측면과 여기에서는, 작전적 전개의 실제적인 가정이 포함된 기동 과제와 일치보다 더 중요한 의미를 지니는 토론을 계획할 수 있을 뿐이다.

이와 같이 전략에서 실용적인 방법은 특정한 전략 사상을 지휘요원들에게 일반화하고, 예민한 전략적인 문제들에 대한 현존하는 관점들을 설명하는 의미가 있다.

고전 공부. 충분하고 전체적인 군사교육에서 현대의 전략적 활동에 대한 자신의 관점을 심화시키는 수단으로는 전략에 관한 고전을 고찰하는 것이 있다. 고전은 출중한 저자들의 사고는 얼마나 강력했고, 전략 이론의 역사가 짧았음(150년으로 추정)에도 불구하고 전략의 진화가 이 모든 저작들이 역사 속으로 밀려날 정도로 진행되고, 인간의 사고에 의해 이미 진행된 속도를 말해준다.

10) 유용한 연구 수단인 "Kriegsspiel(크릭크슈필)" 워 게임은 프랑스 저자들이 독일어 단어에 삽입하는 인용부 안에 불변적으로 넣는 풍자적인 뉘앙스가 있다.

군사적 충돌 기간은 전략에는 순간이며, 군사적 충돌 정면은 전략에는 점에 불과하며, 의심의 여지없이 클라우제비츠마저도 여러 면에서 구식이 되었다. 작전은 그에게 시공간적 척도가 아니었기 때문에 그는 작전술을 아직 알지 못했다. 그래서 의미가 전체적으로 남아있는 관점에만 관심을 기울이지 않고, 현재 완전히 만족하지 못하고 오늘날 완전히 사라지거나 실제적으로 변해야 하는 관점에 관심을 기울인다면 고전을 배우는 것은 특별한 가치가 있다. 우리가 잘 알고 있는 내전 및 제국주의 전쟁 경험을 예전에 이 전쟁에 관해 글을 썼던 아주 저명한 전략 저술가들의 관점에 맞춰보면, 현대 전략을 특징짓는 새로운 것을 확실히 느낄 수 있다.

존경한다는 표현도 없이 그리고 인용구와 경구를 최대로 받아들이려 애쓰지 않고, 옛날 전문가들을 어느 정도 비판적으로 대하기를 권한다. 그렇게 하면 과도한 겸손은 차치하고 진실을 추적하는 자의 외관상 몰염치를 터득하여 위대한 전략 사상가에게 많은 것을 얻게 될 것이다. 또한 개인적으로 공부하는 것보다 동아리에서 세미나나 토론을 하는 것이 더욱 좋고, 고전을 단순히 읽는 것이 아니라 진지하게 비판적으로 익혀야 한다.

전략적 결심은 천성적으로 급진적이다. 전략적 평가는 근저에 있는 쟁점들을 다루어야 한다. 전략에는 독립성과 완전성, 사고의 자유가 요구된다. 전략에서 사소한 것을 문제로 인식하는 사고는 보잘것없는 결과 이상을 얻지 못한다. 나폴레옹의 유산에서 전략 계율(전략 관료의 전형)을 보는 교조주의자의 신앙심은 전략적 용기를 심하게 조롱하는 것이다.

Ⅱ.

전략과 정치

1. 정치와 경제

역사적 기준에서 공격과 방어. 부동성(不動性)과 인류 집단의 균형 상태는 몇몇 평화주의자와 후진국 정부 지도자가 제기하는 착각(환상)이다. 경제생활 발전의 다양한 템포와 방향으로 인해 한 국가와 민족이 다른 국가와 민족보다 우세해진다. 이러한 우세는 다양하게 표출된다. 예컨대, 경제활동의 확대, 원료 채취, 주민의 대규모 증가, 영토에 우수한 기술설비 구축, 대규모이고 우수하게 장비된 군대의 유지 능력, 강력하고 중앙집권화된 권력 조직과 국가 완전성의 강화, 이념적 지지자와 외국에 있는 일종의 이중국적 주민이 증가한 다른 국가가 자국에서 분리된 독립성 확대의 모습이다. 이러한 우세는 부단히 미래를 획득하는 집단들의 역사적인 공격 과정, 아주 불리한 역학관계에서 그들이 차지하려는 위치를 방호해야 하는 다른 이들의 역사적인 방어에서 표출된다. 그래서 우리는 13세기에서 18세기에 게르만 민족의 엘베(Elbe)강 서쪽에 대한 역사적인 공격, 16세기~19세기 러시아 민족의 볼가(Volga)강 동쪽에 대한 공격, 아직 끝나지 않았고 현재 전 세계에 걸쳐 약한 저항선을 따라 이루어지고 있는 앵글로-색슨족의 공격에 주의를 기울일 수 있다. 프랑스 대

혁명을 야기한 18세기 부르주아의 공격 템포가 빨라진 것을 보았다. 19세기 초 독일 이탈리아 등 독립적인 민족국가로 통합하려는 투쟁의 특성을 지닌 민족주의의 역사적인 공격이 전개된다. 이와 유사한 과정으로 슬라브족도 터키인이 유럽 대륙에서 모든 전쟁을 지속적으로 거부하도록 강요했고, 1918년 붕괴될 때까지 유럽 대륙에서 떠나지 않았던 오스트리아를 역사적인 방어 위치로 내몰았다.

다양한 집단의 이런 정치-경제적 발전 배경에서 자신의 계급적 민족적 지역적 종교적 이익이 생겨난다. 정치-경제적 발전이 이러한 이익을 지키기 위한 투쟁의 필요성이다. 국가의 지배계급은 자기 이익을 국가적인 것으로 간주하고 이를 보호하기 위해 국가기관의 도움에 의지한다.

정치술. 자기 이익을 위한 모든 투쟁은 목표가 명료해졌을 때만이 아주 의식적이고 치밀하게 수행된다. 체제에 도입된 이러한 목표는 강령(綱領) 또는 그 집단의 특정한 이상을 만든다. 이 강령은 간혹 역사가에 의해서만 복원된다. 강령은 기록으로 존재하지만, 증오 때문에 일반 대중에게 공포되지 않는다. 이는 자주 이 집단에 많은 대중을 모으기 위해 의도적으로 왜곡된 형태로 공포된다.

특정한 강령을 보호할 목적을 가진 독립적인 집단 조직을 정치 파벌(정파)이라 칭한다. 왜냐하면 정치는 특정집단의 강령을 수행할 목적으로 투쟁을 이끌어가는 기술이기 때문이다. 각 강령의 기저에 경제적 이익이 있기 때문에 경제가 발전하는 역사적인 공격의 근본이다. 우리는 정치에서 "경제의 집약된 표현"을 본다. 실제적인 이익이 있는 행동만이 큰 의미가 있다. 폰 데어 골츠(von der Goltz) 장군 같은 민족주의 저술가마저도 순수한 애국심은 가공되지 않은 화약이며 이것으로 대중은 폭발하지 않는다고 인정했다.

정치는 "수백만 대중을 움직이는 기술"이다. 게다가 다른 집단이 반항하는 상황에서 특별히 유리한 경우에만, 정치는 목표에 이르는 직항로를 선택할 수 있다. 정치는 아주 자주 기다리고 후퇴하고 우회로를 선택할 수 있고, 이때에 대중을 이끌 수 있다. 이미 만들어진 강령을 기초로 활동하는 정치가의 기술은 구체적인 활동을 위해 가까운 목표를 제시한다는 것이다. 가까운 목표를 간과했고 모든 관심을 궁극적인 이상에 기울였던 정치는 실천적인 기술을 역사사회학이나 역사철학으로 비참하게 변질시켰다. 우리가 도달하고자하는 마지막 단계와 결합하고 강령의 이상을 지향하는 가상적인 논리적 방침은 행동의 정치 노선이라 불린다.

한 국가의 지배계급은 특정한 강령 실행을 위해 국내에서 싸워야 한다. 이를테면 국가 이익에 따라 결정되는 국내 정치를 이끌어야 할 뿐만 아니라 다른 국가와 교섭에서 자기 이익을 보호해야, 즉 대외정치도 해야 한다. 확실히 대외정치는 무엇보다 해당 계급의 내부 이익에 따라 정해지며, 국내 정치 논리의 연장이다. 그러나 이는 다른 국가의 정책방향에 좌우된다. 통치 계급의 우위는 그 우위가 자신만의 이익을 극히 제한적으로 해석하지 않을 때만이 의미가 있다. 주도적 지배자는 치명적인 위험을 야기하지 않고는 국내 정치를 역사 전체의 이익을 위해 희생할 수 없다.

대내외 정치는 역사 결정의 지배적인 동인이다.

폭력. 인류의 생존을 관통하는 정치 투쟁은 통상 지배계급이 만든 여건, 즉 법치 안에서 이루어진다. 그러나 이 투쟁이 폭압으로 변환되는 상황이 만들어지는 순간들이 있다.

국내 정치에서는 국제법 기준이 침해를 받는다. 충분한 힘을 가졌지만 모욕을 당한 국가는 항상 단순한 항의에 그치지 않고, 정치투쟁이 전쟁의 형태를 띤다. 국내 정치에서 지배적이지 않은 계급이나 민족 중 한 편이 폭력에 호소하면 내전의 형태를 띤다. 지배계급의 폭력에 관해서는 언급하지 않겠다. 왜냐하면 이것이 발생하면 국가 존립의 매순간이 국가 존속의 핵심이 되기 때문이다.

역사 발전을 이해하지 못한 것과 관련이 있는 18세기 철학적 사고의 평화주의 편향이 전쟁을 법적 관점에서 약자에 대한 강자의 정당하지 못한 행동이라고 간주했다. 18세기의 이상은 존재하는 정치적 균형을 유지하는 것이었다.[1)]

한편, 현재의 활동에서 무엇보다 평화는 폭력의 결과이고 폭력에 의해 유지된다. 국경선은 전쟁의 결과이다. 모든 국가의 지도에 나타난 외형은 승자의 전략-정치적 사고를 보여준다. 정치-지리학과 평화적인 조약은 전략의 교훈이다. 중부 유럽의 구석구석에서 "실지 회복", 즉 원래의 소속에 따라 반환되지 않고 자주권에 대한 국민들의 염원과 대치되는 영토의 탈취가 관찰된다.

20세기에 위선적인 국제연맹마저 현재의 균형을 지지하는 관점을 이미 유지할 수 없었고 진화의 필요성을 인정해야 했다. 연맹위원회 회원들을 이행될 수 없는 협약과 국제관계의 재검토에 초청하는 총회에 국제연맹 헌장 제19조가 제안되었다. 이의 존속은 평화를 위협하는 것이다. 전쟁의 기원을 군주주의나 공화주의라는 다양한 나라의 불만 탓이라고 인정하는 실수를 범했다. 전쟁의 원인은 경제적 불균형, 각국 이익 간의 갈등, 역사적 발전의 모든 조건, 무엇보다 생산수단의 사적 소유에 있다. 내전과 국가 간 전쟁은 아직은 역사가 피할 수 없는 비용이다.[2)]

전쟁은 정치 투쟁의 한 부분이다. 이와 같이 국가 간 전쟁과 내전은 독립적이지 않고 인간 집단의 부단한 정치적 상호작용의 일부만을 담당한다. 전쟁이 진행되는 동안 국가 책임자들의 정치적 활동은 멈추지 않고 계속된다.

전쟁은 정치투쟁의 일부일 뿐이다. 정치술은 다른 많은 집단 중에서 특정한 집단의 이익을 보호하기 위한 것이다. 정치술은 많은 힘의 이종교배 분위기에서 작동한다. 경제가 이의 근본적인 불화에서 협력이나 중립을 결정하고, 모든 순간에 충돌하는 갈등이나 지원의 강도는 변한다. 그러나 동맹자마저도 적이

1) 그러나 몽테스키외는 자신의 책 『법의 정신』에서 폭력의 발전적 의미를 살펴보았다. 이는 제10권 4장 "패배한 국민의 몇 가지 이익에 관하여"에 기술되어 있다.

2) 몰트케는 1890년 의회 연설에서 정치 체제 형태가 아니라 소유가 전쟁의 원인이라는 의견을 언급하였다. *Стратегия в трудах военных классиков, Т. II*(군사회보-전략 제2권), С. 179~181. 몽테스키외는 "1000년의 경험으로 볼 때, 민주주의의 승리는 항상 패배자에 의해 메워졌다. 군주주의의 승리도 패배자에 의해 메워졌다. 그리고 패배한 민주주의의 운명은 더욱 처참했다."라고 말했다(*Дух законов, кн. X, гл. VII*(법의 정신 제10권 7장)). 베르사유 체제의 창립자들은 이러한 사실을 또다시 확인하였다.

될 수 있고 그 반대가 될 수 있다. 전쟁술은 일반적으로 전쟁에 의해 구축되는 장벽에서 양쪽, 즉 피아를 구분한다. 군사행동간에 아직 아군이나 적군 편에 위치를 정하지 않은 제3 정치집단의 이익을 아주 심각하게 고려해야 하며, 아측 진영의 통합을 유지하고 적측 진영의 분열을 고민해야 한다. 이는 순수한 정치적 과제이며 이는 정치가 해결해야 한다. 군사행동 지도부는 단지 하나가 아니며 이런 정치적 해결의 핵심적인 부분이기 때문에 정치의 요구에 따라야 한다.

전쟁은 무력전선에서만 이루어지는 것이 아니라, 계급 또는 경제 전선에서도 이루어진다. 이 모든 전선에서 활동은 정치와 조화를 이루어야 한다. 물론 이때는 각 전선에서 운용해야 하는 수단의 특성을 고려해야 한다. 이러한 특성을 고려하지 않고 한 전선에서 다른 전선으로 전환해서는 안 된다. 이를테면 무력전선에서 중요한 의미를 지닌 것은 노력의 집중이다. 여기에서 간혹 정치전선에서 다음과 같은 결심이 나온다. 이를테면 보유하고 있는 선동 삐라 1만 장 중에서 우리가 공격하려는 지점에 9천 장이 살포되고 1천 장은 다른 전선에 뿌려진다. 우리가 집중시킨 삐라의 특성은 포탄과 총알의 특성과는 아주 다르다. 삐라는 계급의 적에게는 어떠한 감흥도 일으키지 못하고, 아주 약한 계급투쟁의 첨예화에 따라 훈육되지 않은 적 병사들에게 효과가 있다. 싹은 뿌려진 씨앗 수량에 완전히 비례하진 않는다. 나쁜 농민보다 좋은 농장에 적게 뿌린다.

확실히, 정치선동은 효과적이고 민첩하게 행동하지 못하고, 이를 위해 준비된 토대가 있는 구역과 결합된다. 전술가가 하는 대로 움직인 정치인은 작은 저항이 있는 자신의 노선을 설명하려 하지 않고 실수를 저질렀다. 이와 똑같이, 전략이 보유한 수단의 특성과 반대로 움직이는 행동전략은 이해 부족 때문이었다.

전략은 군사행동에 정치가 개입하는 것을 불평해서는 안 된다. 정치[3]는 개념의 특정한 객관화이다. 말할 것도 없이, 잘못된 정치는 다른 영역에서와 마찬가지로 군사(軍事)에 비참한 결과를 낳는다. 그러나 정치의 실수에 관해, 기본 특성상 전쟁 지도를 결정하는 권리와 책임을 지는 정치를 거부하는 항의를 해서는 안 된다.[4]

우리의 견해로는, 정책이 전략보다 우위에 있다는 주장은 세계적-역사적인 특성이다. 이 주장은 어떤 의심의 여지가 없고, 정책 입안자는 젊은 계급이다.

---

[3] Bismarck, *Erinnerungen II*(회상록 제2권), ff. 94~95에서 정치가 전략에 개입할 권리를 다음과 같이 아주 절제된 표현으로 옹호했다. "최고사령부의 임무는 적의 전투력을 격멸하는 것이다. 전쟁 목표는 국가를 유지하는 정치 여건에 부합하는 평화를 쟁취하는 것이다. 전쟁 이전까지 전쟁을 통해 달성해야 하는 목표의 설정과 한정, 이런 면에서 전쟁 기간에 군주에게 조언하는 것이 정치의 임무이다. 이러한 정치적 임무를 해결하는 방법은 전쟁 수행에 영향을 미칠 수밖에 없다. 전쟁을 수행하는 방법과 수단은 달성하고자 하는 크고 작은 결과, 영토 병합을 요구하는지 그렇지 않은지, 증표로 어떤 목표를 얼마나 오랫동안 점령하기를 원하는지에 달려 있다." 20세기에 정치적 상식이 없는 독일은 정치 지침에서 독일 전략이 어느 정도 자유로운 것이 특징이다. 전략이 정치에 승리한 것은 독일 부르주아가 약간 약하고 지주 귀족에게 승리한 것으로 보인다.

[4] 몰트케와 루덴도르프, 라발은 뷜로브(Bülow)와 클라우제비츠가 만든 '전략은 정치에 종속되어야 한다'는 규칙을 인정하지 않은 위대한 전문가들이다. 몰트케의 논문 "**О стратегии**(전략에 관하여)"(***Стратегия в трудах военных классиков, Т. II***, С. 176~179)는 정치의 압제에 항의하는 뉘앙스를 띤다. 몰트케는 전쟁 진행을 위한 지도는 군사적 판단이 우선한다는 견해를 유지한다(1871년보다 부드러워진 1882년 원고). 전략은 자신의 임무를 수행할 때 정치에서 독립된다. 전략은 보유한 자원으로 높은 성과를 달성하려고 애쓰며 부여된 기대를 최대로 충족시킨다. 힌덴부르크도 이와 같은 견해를 가졌다. 이러한 항의는 썩 성공적이지 못한 루덴도르프의 저서 *Kriegsführung und Politik*(전쟁수행과 정치)의 주제이다. 루덴도르프는 전쟁은 (오직) 대외정치의 연속이며 다른 모든 정치는 전쟁에 기여해야 한다고 결론짓는다. 라발은 제2제정의 "쇠약해진" 체제의 1870년 프랑스군 지도부를 겨냥하여 정치가 전략에 간섭하는 것을 반대한다고 명확하게 표현했다. 라발은 현실적인 전략 도입부에서 '클라우제비츠는 프리드리히와 나폴레옹을 군사지도자-독재자로만 분석하면서 이들의 활동을 정치적 · 전략적인 통합체로 혼동했다.'고 주장했다. 전쟁은 두 국가의 대규모 결투로 보는 것처럼, 별도로 관찰해야 한다. 통치자는 정치 전문가가 되어야 하고, 군사지도자는 전략 전문가가 되어야 한다. 정치는 평화 시에 군사력을 건설하기 위해 국민이 입는 희생 규모를 설정할 정도로 전쟁과 관계가 있다. 전시에 정치는 군사적 개념을 건드리지 않으면서 자신의 과업을 계속한다. 전쟁이 선포되면 말(馬)은 포 뒤에 위치한다. 전략은 비밀스러워야 하고 만장일치가 되어야 한다. 정치인들과 토의는 빈혈상태이며, 의지와 에너지를 잃게 된다. 정치는 전략에 아편이다. 이는 무력해진다. 전권(全權)을 선택된 군사지도자에게 주어라! 정치는 착각 · 실수 · 편중을 꿰서 폭발시키고, 결단력을 파괴하고 경로에서 이탈시키고 화나게 한다. 군사 업무를 이해하는 정치인은 키메라(공중누각)이다. 정치적인 문제로 군사지도자를 직접적인 업무에서 배제해서는 안 된다. 세바스토폴을 포위했던 펠리세(Pelissier)가 프랑스 전쟁성장관에게 "군을 지휘하고 싶다면, 제 자리를 차지하십시오."라고 대답했던 것처럼, 장군은 장군의 권한에 간섭하려는 정치인에게 대응해야 한다. 우리는 라발의 주장을 인용했다. 왜냐하면 이는 많은 프랑스 장군의 지배적인 관점이고, 부르주아군의 많은 지도자의 사고 흐름을 설명하기 위해서는 이를 이해하는 것이 유용하기 때문이다.

이 계급은 폭 넓은 미래로 나아가고, 미래의 역사적인 강건함은 강건한 정책으로 이어지는 형태로 표현된다. 그러나 이는 이미 진부한 계급이 조직적으로 지배하는 국가에서는 의구심을 불러일으킨다. 이 계급은 역사적인 방어 위치에 놓여 있고, 이 체제는 몰락하고 건전하지 못한 정책을 수행해야 하고 자신의 위치를 유지하기 위해 전체의 이익을 희생해야 한다. 이 경우 건전하지 못한 정책은 건전하지 못한 전략으로 연결된다. 그래서 부르주아 군사 저술가들의 저항은 충분히 이해가 된다. 특히 제2제정의 부패한 정책이 전략에 미친 파멸적인 영향의 격동에 사로잡힌 프랑스 저자들이 그렇다. 당연히 전략은 나쁜 정책에서 벗어나려 한다. 그러나 정책이 없으면, 하늘이 없는 공간에서 전략이 존재할 수 없는 것과 같다. 전략은 모든 정책의 과실에 대해 벌을 받는 운명을 짊어지고 있다. 1870년 제2제정의 정치노선의 파멸적인 연속에서 프랑스 전략을 구한 것은 제2제정 체제를 무너뜨린 9월 혁명이었다.

경제적 전쟁능력을 위한 투쟁. 앞에서 언급한 것처럼, 평시 모든 국제관계는 경제 경쟁을 부단하게 벌이는 각 국가 이익의 쉼 없는 충돌이다. 우리는 이 경쟁의 군사적인 측면에 관심이 있다. 전략에서도 경제 과제의 어떤 해결에도 무관심할 수 없다. 현대의 정치 윤리는 평화를 원하면 전쟁에 대비하라는 것이다. 각 국가는 불의에 습격당하지 않으려면 평시에 전쟁을 성공적으로 수행할 수 있는 산업과 경제 발전의 전제조건들 간의 특정한 합의를 이루도록 해야 한다. 유사한 노력으로 경제가 전쟁 시작과 동시에 부여되는 임무에 계획적으로 적응한다. 이미 전쟁의 예측과 대비는 경제를 변형시키고 국민 생산시설의 개별 부문 간의 관계를 바꾸고 다른 방법을 적용하게 만든다. 평시에 전투편성에 가까워지려는 경제의 이러한 노력은 일반적이고 피할 수 없는 법칙이다. 그러나 경제발전의 자연스런 형태에 대한 과도한 강압은 국가 경제의 전체적인 성공을 방해하여 아주 부정적으로 나타난다.

경제 현상에 대한 전략적 접근은 국가 군사력의 경제적 기반의 관점을 확립하고 미래 전쟁의 실제적인 능력과 성격을 판단할 수 있는 평가를 해야 한다.

우리는 이 과제를 연구하는 데 모든 노력을 기울이고 있다.

무역. 작은 국가들은 그들이 생산하는 상품이 비교적 단조롭기 때문에 상대적으로 해외시장에 아주 많이 의존한다. 루마니아는 세계대전간 석유와 밀이 부족하여 힘들었고 아르한겔스크를 경유하는 먼 우회로를 통해 프랑스에서 군사 장비를 도입했다. 면적이 작은 국가에서는 군수산업이 전시에도 장애 없이 가동할 장소를 찾기 힘들다. 이로 인해 그들은 대부분 자신의 영토에 특수한 경제공동체를 만들어 전쟁을 자주적으로 수행하려고 준비하는 시도를 하지 않고, 산업발전의 아주 자연스러운 방법을 유지했다. 그래서 적당한 시기에 군수산업의 무거운 갑옷을 입은 작은 국가들이 산업 분야에서는 커다란 대륙 국가를 앞질렀다.

커다란 대륙 국가는 비교할 수 없을 정도로 적게 해외시장에 의존한다. 산업은 주로 자국 원료에 기반을 두고 국내시장을 목표로 활동한다. 독립적인 산업조직으로 분리되는 경향 때문에 한편으론 생산물 가격이 아주 빈번히 높아진다. 그래서 많은 생산 부문이 세계 다른 곳들과 비교하여 이윤이 적은 경제적 여건에서 조직되어야 한다. 이러한 생산은 보호관세 징수와 철도운임 면세를 통해 보호해야 한다.

전쟁이 일어나면 항행의 자유를 확보할 능력이 없는 국가는 보호관세 정책을 취하는 것이 전시 경제의 관점에서 바람직하다. 그래서 전시 경제는 국가가 당면한 크고 작은 긴밀히 연결된 봉쇄를 준비한다. 무역 자유의 원칙은 영국만이 최근까지 보호할 수 있었다. 그러나 이는 영국이 해양에서 우세했고 전쟁간 자기 항구에서 방해받지 않고 수송할 수 있었기 때문이다. 세계전쟁 후반에 독일의 잠수함 봉쇄로 영국은 일시적으로 아주 강력한 보호관세 정책을 농업에 적용했다(높은 빵 가격과 포존 트랙터 5천 대 생산 등을 지원). 항행의 자유 면에서 영국의 대단히 유리한 상황이 잠수함과 공군의 성공으로 변화를 맞았다면, 영국은 결국 경제체제를 근본적으로 개조해야 했다.

1902년 독일은 빵에 높은 세금을 매기기 시작했다. 독일 지주들은 비싼 빵 가격이 자기 계급의 이익을 충족시키면서, 동시에 국가 경제의 전쟁수행 능력을 향상시켰다고 주장했다. 그들[5]이 인용한 조사 자료들은, 아마 완전히 공평하지는 않고 모두를 반박할 수는 없겠지만, 빵 가격과 단위 수확량 간의 관계를 증명한다. 12년(1895~1907) 사이에 가격 상승과 관련하여 독일에서 뿔 달린 가축은 300만 마리로, 소는 531만 마리로, 호밀은 660만 톤에서 1,220만 톤으로, 밀은 280만 톤에서 465만 톤으로, 보리는 240만 톤에서 267만 톤으로, 귀리는 520만 톤에서 970만 톤으로, 감자는 3,170만 톤에서 5,410만 톤으로 증가했다. 도시 인구의 급격한 증가에도 불구하고, 독일은 1900년에 전체 식량 수요의 16%를 외국산으로 충당했으나 1906년에는 10%만 수입하였다. 세계대전 기간에 식량 통제가 결국 독일을 굴복시켰다. 그러나 관세 정책으로 농업을 거의 2배로 발전시키지 않았다면 독일은 1915년 수확을 기다리지 못하고 항복했을 것이다.

산업의 발전. 경제적인 면에서 사전에 준비하면 산업동원이 상당히 용이해진다.[6] 영국과 경쟁에 나서는 각국은 세계의 질산염, 칠레와 인도의 질산칼륨

[5] Bülow, *Deutsche Politik*(독일 정치인), Berlin : 1916, f. 269을 보자. 독일 농업의 발전은 아주 건전한 토대에서 이루어진 것이 아니라는 것을 염두에 두어야 한다. 독일 산업에서 육체노동자의 평균 임금은 1924년 하루 10시간 노동에 4마르크였다. 농업은 독일의 비싼 노동력에 기반을 두지 않고, 주로 러시아에 속한 폴란드와 오스트리아에서 온 수백만 명의 계절노동자에 기반을 두었다. 왜냐하면 세계대전이 여름에 선포되었고 러시아의 폴란드인들은 전쟁기간 내내 억류되고 지주들에게 예속되었기 때문이다. 노동력의 나머지 부분은 요청에 따라 포로로 위장되었다.
여기에서 독일 정책의 중요한 모순을 지적해야겠다. 대규모 함대 건설은 독일이 영국과 해상 우세권, 무역의 자유 경쟁에 나서겠다는 의지를 표현한 것이다. 빵 보호관세는 정책의 대륙적인 방침 및 러시아와의 전쟁을 준비하는 것을 증명했다. 독일 정책의 이런 불완전한 목표 지향은 영국이 정치적으로 독일을 포위하는 과업을 경감시켰고, 독일은 결국 패했다. 영국과의 분쟁 동안에 독일은 러시아 빵에만 가할 수 있었다. 대륙 분쟁에서 영국을 놀라게 한 대규모 함대의 존재는 장애물일 뿐이었다. 알렉산더 대왕은 당시에 페르시아 원정계획을 세우면서 함대 건설과 육군 조직을 위해 자신의 자원을 세분하지 않았다.

[6] 어떤 의구심도 없는 국가산업의 건전한 발전과 관련된 국가 경제적 전쟁 능력의 강화에 관한 전체적인 문제는 자세히 기술하지 않는다. 시종일관 위선으로 채워지고 러시아와 유럽 주요 국가들의 경제구조 관점에서 비교한 А. Гулевич(굴레비츠)의 *Война и народное хозяйство*(전쟁과 국민경제), 1898는 러시아는 공업과 비교하여 농업이 전쟁 적응력이 훨씬 크기 때문에 전쟁의 경제적 기반에서 러시아가 독일보다 우월하다는 것을 증명하려고 했다. 굴레비츠의 이런 위선적인 생각은 И. С. Блиох(블리오흐)의 5권짜리 저작 *Будущая война*(미래의 전쟁)를 차용한 것이다.

(초석)에서 차단당할 것이다. 이것 없이는 화약과 어떤 폭발물도 만들 수 없기 때문이다. 독자적인 정책을 추구하는 모든 국가가 공기 중에서 질소를 생산하는 것이 아주 중요하다.

염료 산업의 중요성은 이의 설비와 반가공품이 화학독성물질의 생산에 확실히 편리할 정도로 발전했다는 데 있다. 세계 모든 국가가 자국에서 아닐린 염료를 생산하려 하고, 매번 특별한 경우에만 승인하는 1920년 영국에 도입된 영국의 예(염료조약, the Dyestuffs act)를 다소 모방하는 것은 당연하다. 전쟁은 구리를 엄청나게 많이 필요로 한다. 그래서 구리 제련공장에서 구리를 생산하는 것을 단지 경제적 이익이나 손해의 관점에서 바라봐서는 안 된다.

대규모 산업기구들을 조심스럽게 규제하는, 평시에 군수산업 제품의 국외 반출의 의미에 관한 아주 명확한 문제는 다루지 않겠다.

(자국의 원자재로는 불가능할 때) 외국 원자재의 사전 조달은 아주 부유한 국가도 힘든, 엄청난 규모의 경화를 지급해야 하기 때문에 대단히 어렵다. 간혹 이 상품을 공급하고 보관하는 사기업에 특혜를 제공하여 이러한 어려움에서 벗어날 수 있다. 그래서 세계대전 전에 독일에서는 이익이 되는 가격을 예상한 러시아 빵의 면세 및 특별 조달과 저장을 위한 거대한 곡물창고를 쾨닉스베르크와 단찌히에 만드는 구상이 있었다. 이 구상은 전쟁 시에 독일의 식량 문제를 상당히 가볍게 할 수 있었으나, 빵 가격에 많은 가시적이고 상시적인 압력을 가한 것으로 기록된 독일 대지주들의 반대로 실현되지 않았다. 자유 항구 구상이 미래에는 상품의 실제적인 비축을 늘리는 데 많은 것을 제공할 것이다.

외국에서 경제적 위치. 제정시대에 자본주의 분야는 개별 국가의 범주를 넘어서고 자본이 먼 외국에서 자국의 위치를 확보하였다. 경제적 역동성은 경제 번영의 상징이다. 식민지 운용, 외국 항구와 정기 항로의 보유, 인접 외국 사업에 참여(철도, 은행, 산업체, 대농장, 외국에 대규모 상품 창고의 건설, 외국에 차관 제공), 이 모든 것이 제국주의의 전형적인 현상이다.

평시에 경제가 역동적인 국가는 정치적 영향력을 상당히 넓히고 경제적으로 약한 국가를 자기(영국, 포르투갈) 속국으로 만들었다. 높은 비율의 해외경제에는 부작용도 낳는다. 그들을 군사력으로 방호할 수 없고 국가의 경제적 전쟁능력이 파괴되기 때문이다.

산업의 지리적 배치. 핵심적으로 말하면, 우리는 두 국가 간의 경계를 법률적인 개념에서 군사적인 개념으로 전환하는 문제에 직면한다. 즉, 군사력이 있는 영토 후방은 확실히 방호하고 적을 격퇴하고 적대국의 폭격과 다른 파괴활동에서 보호해야 하는 계선이다.

자국의 지리적 위치 덕분에 훌륭하게 보호될 뿐만 아니라 연료와 원료 산지에서 가능한 한 가까운 지역에 모든 군수산업 집단과 산업 중심지를 발전시키는 것이 중요하다. 위협을 받는 국경 지역들은 산업 때문에 부하가 많이 걸려 이동을 과도하게 압박하고, 방호를 위해 대규모 부대를 할당해야 하며 비용이 많이 드는 영구적인 시설을 준비해야 한다. 이러한 것에도 불구하고 적에게 자주 탈취당할 것이다. 프랑스 산업시설, 특히 제철산업의 프랑스 북부에 집중은 프랑스가 전쟁을 수행하는 데 아주 불리할 것이라고 언급되었다. 프랑스에 다행스러운 것은 프랑스의 중요한 군수 공장들, 즉 슈나이더(Schneider) 단지가 독일이 점령한 지역 밖의 중앙(크헤조, Creseau)에 위치한다는 것이다. 엄청난 철강 수요는 미국에서 충당했다. 로렌느(자르 탄광) 지방에 산업시설이 위치하여 독일인들이 아마 대 몰트케의 영악한 계획을 거부하고, 전쟁 시에 양 전선에서 프랑스에 대항하는 방어를 제한했을 것이다. 이와 똑같이 모든 산업 부문을 한 곳에 집중하는 것은 위험하다.

파리에 프랑스의 모든 항공 산업, 광학 산업, 모든 정밀기계 및 자동차 산업의 4분의 1이 집중되어 있다. 충분한 분산이 프랑스의 방어력을 증가시켰다. 1914년 11월 초 러시아군의 실레지아 산업지역에 대한 위협은 루덴도르프가 서부전선군이 증원할 때까지 기다리지 않고, 2주 먼저 로쯔 작전(Lodz Operation)을 시작하게 했고, 러시아군의 약 3분의 2를 완전한 재앙에서 구했다. 서부지방(로쯔, 바르샤바, 벨로스톡, 샤벨리, 리가)에 집중된 산업 시설들이 제정러시아에 이렇게 불리했다. 이의 일부는 적 수중에 떨어졌고, 군사 목표물로서 그 일부를 아주 중요한 순간에 화물열차에 가득 쌓아 후송하였다. 똑같이 전시에 페트로그라드는 주로 영국 석탄을 공급받았고 서부 지방은 실레지아 국경에 위치하고, 우리는 전쟁 첫날 상실한 돔브로프 저장고의 석탄을 공급받았다. 이리하여 평화로운 발전으로 전쟁 준비가 되지 않았고 도네츠크 탄광지역에서 전쟁 초기부터 수송에 아주 확실히 추가적인 부하가 발생하였다.

현재 레닌그라드 산업단지가 약간의 의구심을 불러일으킨다. 차르 정부는 자연과 싸워야 하는 것에 개의치 않고 페트로그라드에 많은 시설들을 집중하기로 했다. 1925년 레닌그라드의 산업시설은 소련 전체 산업의 14.6%였다. 레닌그라드에는 고무 산업의 56%, 전기기술 산업의 48%, 철강 산업의 13% 이상이 집중되어 있었다. 주로 산업동원에 중요한 디젤 엔진, 공작기계, 설비 시설이었다.

현재의 레닌그라드는 세계대전 전의 프랑스 낭시 같은 국경도시이다. 로렌느(Lorraine)의 옛 수도 위치는 1914년 8월과 9월에 프랑스군 활동의 자유를 강하게 위축시켰다. 레닌그라드 위치의 전략적인 불리함 때문에 이곳이 연료, 식품, 원료 산지에서 멀어 더욱 악화되고 있다. 평시에 이 거리는 레닌그라드 생산품의 가격을 높이나, 다소 나은 생산 시설과 자격을 갖춘 노동자들의 생산 전통과 주거 지역의 존재로 어느 정도 보완된다. 그러나 전시에는 증가하는 수요뿐만 아니라 원자재, 원유 및 식료품을 실은 열차의 장거리 주행으로 수송수단의 파손이 예상되며, 이는 전시 경제에 아주 바람직하지 않은 어려운 문제이다.

농업 문제에서 중대한 혼란은 고통스럽고 병적인 현상이다. 현명한 경제 정책을 수십 년간 수행하여 산업 중심을 전쟁수행의 경제적인 관점에서 더욱 유리한 지역으로 차근차근 전환할 수 있다. 자연스런 경제발전 과정에 영향을 미칠 때는 아주 조심스럽게 자연적으로 발전할 가능성을 제공하는 것이 효과적이다. 가격과 철도운임을 결정하고 주문과 자금의 할당, 새로운 도로와 주택 · 공장 건설 정책이 순차적이지만, 설정된 목표로 확고부동하게 나아가야 한다.

바쿠와 그로즈니의 석유는 현지에서 정제할 수 있고 전략적 요구를 완전히 충족시켰다. 경제적인 측면에서 이의 대부분을 송유관을 통해 흑해 항구들로 보내고 그곳에서 정제하는 것이 유익하다. 석유 제품은, 중요한 군사 물자(휘발유, 폭약 중간제품 등)인 만큼, 해양 우세권을 장악한 함대의 위협에 노출될 수 있다. 석유정제를 위한 가장 유리한 장소는 경제뿐만 아니라 군사적 손익을 주의 깊게 따져서 정확하게 판단해야 한다.

이와 똑같이, 발전소 건설은 장차 전 지역이 산업단지가 될 드네프로스트로이(Dneprostroi, 우크라이나 자포로지예 지방－역자 주) 스비르스트로이(Svirstroi, 페테르부르크 스비리 강변－역자 주)처럼 선진 과학기술과 함께 경제적으로뿐만 아니라 권위 있고 전략적으로 평가해야 한다.

2. 전쟁의 정치 목표

전쟁의 경제적 목표. 세계대전은 대규모이며 복잡한 경제이익의 충돌이었다. 직접적인 이유는 오스트리아－헝가리와 세르비아의 충돌이었다. 여기에 경제적 동기가 명확하게 드러나지 않았으나, 이의 모든 특성과 규모는 25년 후에 독일이 자국 수출을 228%나 향상시킨 방법이며, 이 기간에 수출을 87% 향상시킨 영국을 추월한 상황과 밀접한 관계가 있다. 전쟁에는 경제적인 원인이 있고 특정한 경제 기반에서 진행되며 급속하게 진행되고 가끔 경제적 혁명으로 전환되는 경제 발전이며, 몇 가지 경제적 성과로 진행된다. "세계대전 시 대독연합의 군사적 승리는 경제적 승리여야 했고 그렇게 되었다. 왜냐하면 반대의 경우 경제는 곧장 약해지고 무익한 추억이 되었을 것이기 때문"이라고 프랑스 최고사령부의 한 보고서에 기술되었다.

세계노동자운동의 이익인 부르주아 세계와 강대국 간의 전쟁 시 경제적 목표의 법칙성을 인정해야 한다. 분쟁에서 부정적 경제목표의 연구 필요성은 톨스토이주의자(평화주의자—역자 주)만 반대할 것이다. 그러나 이는 소수이다. 실제로 세계 혁명을 위한 투쟁의 각 단계는 특정한 경제적 목표 달성, 부르주아에 대항하는 측의 경제 기반 확충이며, 자본주의의 경제적 이상의 약화와는 관계가 없을 것이기 때문에 각 단계는 진정한 성공이 아닐 수 있다. 전쟁은 무력 활동만의 장이 아니다. 전쟁의 경제적 목표는 전쟁의 군사적 목표를 위한 무력투쟁과 병행하여 정치전선의 격렬한 접전과 경제전선의 노력으로 달성된다. 적이 강하게 저항할 경우, 승리를 위해서는 이 3개의 전선에서 전력투구하여 적 저항 능력의 물질적 여건을 파괴해야 한다.

전쟁으로 손상된 이익, 예상되는 적의 저항, 비무장 세력의 투쟁에 참여, 미래 전쟁의 성격과 전쟁능력 개념에 따라 무력 · 계급(경제적 후진국에서는 민족) 그리고 경제 전선을 목표로 하는 전쟁의 정치 목표[7]가 결정될 것이다.

정치 목표의 설정. 전략에서 정치술의 첫째 임무는 전쟁의 정치 목표를 설정하는 것이다. 모든 목표는 이를 달성하기 위해 보유한 수단과 확실히 조화되어야 한다. 정치 목표는 군사행동 수행 가능성에 적합해야 한다.

이 요구를 올바르게 수행하기 위해 정치인은 아주 원숙하고 깊이 판단하고 역사를 이해하고 적대국가의 정책과 현황 그리고 중요한 군사 문제에 대한 어떤 권한을 필요로 하는 피아 전력비를 정확히 알아야 한다.[8] 목표는 관계된 의견을 전략가들과 교환한 후에 정치인이 최종적으로 설정한다. 목표는 전략에 도움이 되어야 하며 전략적 결심을 어렵게 해서는 안 된다.

[7] 전쟁의 원인과 정치 목표를 엄격하게 구분해야 한다. 원인은 진행된 정치—경제적 발전에 기인하며 정치 목표는 전쟁 수행에 관한 최고 권력기관의 기본 지침이다. 이는 군사적 사태의 흐름에 따라 변할 수 있다. 전쟁 준비를 계획할 때, 당시의 정치 목표는 당연히 이러한 준비 방법으로 무력, 계급 그리고 경제 전선에서 달성된 수준에 부합해야 한다.

[8] 빌로브는 중요한 군사문제에 대한 권한에 다음과 같은 의미를 부여했다. 외교관들에게 무엇보다 전투원이 되어달라고 요구했다. 이는 옳지 않다. 왜냐하면 군사지식은 정치가에게 요구되는 지식의 일부일 뿐이기 때문이다. 자국과 상대국가의 계급집단을 아는 것은 바닥까지, 위기의 순간에 바로 최대로 나타나는 경향에 의해 계급의 흐름까지 알아야 하는 것이 정치인의 당연한 특성이다.

정치 기반. 내전에서 반란을 일으키는 측의 정치 목표는 처음에는 부족한 정치 기반을 강화하는 일이 될 것이다. 즉, 수도나 아주 중요한 지방 중심지의 권력을 탈취하는 것이다. 율리우스 카이사르는 내전 시에 첫 공격을 스페인에 위치한 폼페이 지역에 가한 것이 아니었다. 그는 원로원과 폼페이 방면에 병력을 남겨두고 보잘것없는 병력으로 루비콘강을 건너 로마를 점령했다. 그의 영지였고 여기에서 내전에 필요한 자원을 모은 갈리아는 그의 경제적 기반이었고, 이는 로마가 제공하는 정치에 추가할 필요가 있는 것이었다. 로마를 점령한 카이사르는 분파가 아니라 국가 전체 이익의 보호자가 되었다. 원로원은 정치 기반을 잃었다. 로마에서 탈출한 후에 원로원은 이미 국가 전체에 대한 권위를 상실하고 망명자들의 특수한 회의체로 변했다.

정치적 공격과 방어. 정치 목표의 설정은 전쟁의 정치적 공격이나 방어의 실현에 대한 지침을 포함해야 한다. 이미 14세기에 드 쿠시(de Coucy) 공후는 프랑스왕 샤를 5세(Charles Ⅴ)에게 "영국은 본국이 아주 약하다. 그리고 이들을 본국에서 격멸할 수 있을 만큼 쉬운 곳은 없다."라고 보고했다. 몽테스키외[9]는 이에 동의하고 국민－제정주의자들인 카르타고인, 로마인, 영국인 모두가 공세적인 계획에 모든 힘을 쏟았다고 인정했다. 본국에서는 이 힘이 정치적 사회적 이익에 따라 분열되었을 때 이들의 힘이 그 계획에서는 군사 권력에 의해 규율에 따라 하나처럼 구성되었다. 나폴레옹은 이 착각을 공감하고 부대를 영국 해안에 상륙시켜 얼마나 쉽게 무너뜨리는지 알게 되고 언젠가는 세계가 아주 놀랄 것이라고 주장했다. 여기에서 많은 이들이 특유의 내부 분열을 묵살하게 하고 전체적으로 적대국가가 아니라 독립적인 정치 당파를 다룰 수 있게 하는 정치적 공격이 유익한지 알게 될 것이다. 정치적 공격이 띠는 형태처럼 전쟁에 대한 이러한 관점은 근본적으로 옳지 않다. 반대파와 전쟁 초부터 일치된 의견에 따른 동맹파업과 비난으로 얻은 순수한 외형적 효과를

[9] Montesquieu, Глава VIII книги XI, *L'esprit des lois*(법의 정신, 제11권 제8장).

과대평가해서는 안 된다. 전쟁은 국내의 병든 정부를 치료하는 약이 아니라, 국내 정치의 건강을 진지하게 검사하는 것이다. 국내 특정계급의 확고한 우위를 바탕으로 해야만 장기적이고 공격적인 정치와 전략이 가능하다. 드 쿠시와 몽테스키외, 나폴레옹이 영국 해안에 상륙간에 만난 저항에서 실수를 했다. 정치적 공격은 역사적인 공격에 기인하며 복잡한 정치-경제적인 발전의 결과이지, 정치투쟁의 우세한 기술적인 방법으로만 간주할 수는 없다.

국내의 취약성은 방어 때보다 공격 때에 훨씬 빨리 나타난다. 1914년~1918년 독일의 전쟁수행 재앙은 이러한 상황에서 독일은 정치적 방어로만 이 전쟁에서 이길 수 있었다는 것이다. 독일은 모든 전력이 쇠약해지고 항복이 임박한 1918년 8월에야 이러한 관점을 터득했다. 1914년 8월 벨기에의 중립을 파괴했을 때, 1915년 러시아로 너무 깊이 진격했을 때(몰트케의 발트 연안 지역을 탈취하려는 야망), 1917년 초 잠수함으로 영국을 봉쇄하고 정치적 방어를 넘어섰을 때(미국의 등장), 1917년 여름 러시아 혁명에 관해 중재적 입장을 충분히 취하지 않았을 때(1917년 브레스트-리토브스크 조약의 파기), 완고함 때문에 외교적 위치를 어렵게 만들었을 때, 1918년 3월~7월에 섬멸전략으로 전환했을 때, 독일의 전략은 경계를 벗어났다.[10] 정치적 방어 이념에 부합하지 않았으며 루덴도르프의 개별적이고 부분적인 승리는 전쟁의 종국적인 패배 단계였을 뿐이다. 새로운 영토의 점령과 독일 영토에서 군사행동을 격퇴한 것이 전쟁수행에 유리하다고 말한다면, 이는 아주 회의적으로 봐야 한다. 루소는 "한니발이 '나는 로마인들을 격파했다. 내게 부대를 달라. 나는 전 이탈리아에 군세를 부과했다. 돈을 가져와라.'라고 말했다."[11] 라고 지적했다. 이는 테 데움(Te Deums)의 주인이 승리했을 때 국민의 축하장식과 희열을 의미한다.

---

10) "다른 많은 이유로 승리를 기대한다. 만약 이 전쟁에서 당신이 새로운 것을 얻는 데 매진하지 않고 자발적으로 다른 위험을 만들지 않을 것이다.… 우리의 실수가 적의 의도보다 두려움을 더 느끼게 한다." Thucydides Ⅰ(투키디데스 1권), p. 144.

11) Jean Jacques Rousseau, *Politique* partie Ⅰ(정치 1권), 1790, p. 404.

정치적 공격 이념의 발전. 정치 목표가 정치적 공격 임무의 밑그림을 최대로 선명하게 그려야 한다. 전략가는 이를 알아야 하며, 적의 정체를 철저하게 파괴하고 적이 마지막 피까지 흘리게 하거나(비스마르크의 표현을 빌면 saigner au blanc '한 방울의 피까지 짜낸다') 적과 타협이 가능하게 되어야 한다.

마지막으로 강대국이나 그의 동맹국들과 대항할 때, 공격적인 정치 목표의 설정은 전략에 도움이 되어야 한다. 이러한 적이 단결하게 되면 거의 섬멸되지 않을 것이다. 근접해서 관찰하면 쉽게 승리할 수 있는 적의 약점을 항상 발견할 수 있을 것이다. 간혹 이는 정치적 접합부일 것이다. 보나파르트는 1796년 사보아(Savoya)와 오스트리아군의 정치적 접합부를 공격하여 승리했다. 독일에 대항하여 나폴레옹 1세와 나폴레옹 3세, 포쉬는 다양한 상황에서 역사적 · 정치적 · 경제적으로 형성된 독일의 남부와 북부 사이의 접합부를 항상 타격했다.

이러한 정치 목표인 적대국을 개별적인 정치적 조각으로 분열시키는 것이 국내 정치적 상황을 통제하는 데 귀착된다.[12] 이따금 반대로 정치 목표는 적의 정치적 포위가 된다. 확실히, 러일전쟁 후에 영국 정부는 독일과의 관계에 노력을 기울였다.

적이 프랑스처럼 단일국가 조직이라면, 그 수도는 그곳에서 투쟁하는 정치세력의 정치 기반이며 국가의 모든 정치활동의 중심지로 엄청나게 중요하다. 파리가 프랑스에 그런 곳이다. 프랑스 정부의 모든 정치적 의지는 파리에 집중되었다. 파리는 항상 프랑스 침공의 목표가 된다. 왜냐하면 파리 점령은 지배층을 약화시키고 그 세력에 대항하는 활동을 할 수 있는 공간을 제공했기 때문이다. 파리 장악은 장래의 갈등에 무력하게 하여 프랑스와 강화조약을 맺게 된다. 정치투쟁이 첨예화되는 시기에 수도는 정치적 그리고 당연히 군사적

12) 정치적 제국주의의 낡은 행태인 "분할하여 통치하라"는 정치적 기동의 핵심이며 내부 전략적인 상황에 대한 개념과 가까워진다. 오늘날 국내 강령에 관한 행동은 투쟁간에 크게 두 전선으로 나뉜다. 무력전선은 한 집단에 대한 엄호부대를 배치하고 다른 쪽을 덮칠 것이다. 성공을 위해서는 정치와 협조된 행동이 필요하다. 독일은 러시아와 프랑스와의 관계에 관한 국내 정치적 상황에서 세계전쟁을 생각해냈다. 그러나 독일은 군사적 정치적 노력의 합의가 없었다.

의미가 몇 배나 커진다.

섬멸과 소모. 무력전선에서 이런 활동 범주의 유사한 특성은 '군사행동 수행의 형태'라는 제목으로 뒤에서 다룰 것이다. 여기에서는 이 범주가 무력전선이나 우리 시대에만 존재하는 투쟁만이 아니라는 것을 말해 둔다. 소모와 섬멸은 모든 투쟁 활동에서 직접적으로 기인한다. 국가와 계급투쟁의 아주 복잡한 상황에서와 똑같이 복싱에서 이를 관찰할 수 있다. 출중한 정치가의 사고는 의심할 것도 없이 이 범주를 염두에 두고 있다. 과연 칼 마르크스는 그가 전체적인 해방투쟁 영역의 일부로, 그뿐만 아니라 부차적인 부분으로 생각한 문제에 관한 1847년 11월 29일 연설에서 섬멸이라는 범주를 염두에 두지 않았을까. 그는 "모든 나라 중에서, 영국에서 프롤레타리아와 부르주아 간의 갈등이 아주 발전되었습니다. 영국 프롤레타리아의 부르주아에 대한 승리는 억압하는 자에 대한 억압받는 자의 승리라는 결정적인 의미가 있습니다. 폴란드는 이것 때문에 폴란드가 아니라 영국에서 해방될 것입니다.[13] 노동자 여러분, 이 때문에 억압받는 나라의 해방에 대한 경건한 상황을 언급할 필요가 없습니다. 자기 내부의 적들을 격파하십시오. 그때에 여러분은 모든 낡은 사회를 파괴하는 자부심을 갖게 될 것입니다."라고 말했다.

여러 시기에 레닌의 활동에서 변화하는 상황의 요구에 따라 다양한 규칙을 정치적으로 이용하는 것을 볼 수 있다. 1920년 봄 레닌은 소모에 기초한 정치 활동 노선을 추구하며 팸플릿 "공산주의의 (좌익) 소아병"에서 필요한 전제조

13) 우리는 Д. Рязанов(랴잔노프)의 저서 *Очерки по истории марксизма*(마르크시즘 역사 개론), Москва : 1923, C. 611을 인용할 것이다. 의심할 여지없이 독자들은 이 항목에서 마르크스의 논리가 세르비아는 사바강이 아니라 러시아 전선에서 패할 것이며, 오스트리아를 위한 전쟁이 러시아 국경에서 이기는 것이 아니라 프랑스에서 결정적으로 승리할 것이라는 등 슐리펜의 주장과 같다는 것을 알게 될 것이다. 엥겔스는 프롤레타리아 혁명은 한 국가에서 일어날 것인가라는 특정한 문제에 대해 *Принципах коммунизма*(공산주의의 원칙), 1847에서 섬멸 논리에 기초하여 부정적으로 답했다. 레닌은 한 국가에서 사회주의의 승리 가능성에 대한 자신의 이론에서 1915년부터 시작하여 소모 논리로 전환했고, 섬멸과 결별 그리고 제국주의의 국내 갈등의 고조에 따른 소모의 가능성에 대한 이유를 설명했다.

건이 없는 상태에서 정치적 섬멸을 주장하는 이론가들을 강하게 비판했다.

레닌은 이 좌익주의를 중간 및 제한된 목표를 거부하고 단번에 최종목표를 달성하려 하고 이론적 논쟁으로서 특유의 초조함을 겉으로 내보이는 순진한 염원을 지닌 것이 특징이라고 했다. 중간 단계를 건너뛰려는 바람이 있다면, 이는 아주 쉬운 것이다. "돌격 앞으로, 타협도 없고 후퇴도 없다!"라는 구호는 맹목적이고 모방적이고 무비판적이며, 한 가지 경험을 다른 상황과 제3의 상황으로 급하게 전환하는 것이다. 사전에 결정하여 미답의 산을 힘들게 오르는 것은 지그재그로 가지 않고 되돌아오지 않고 선택한 방향을 취소하지 않고 다른 것을 시도하지 않는다. 어떤 특정한 형태의 선택, 만병통치약 처방, 이의 일방성의 몰이해, 이 두려움은 객관적인 조건에서 피할 수 없게 된 엄청난 혼란을 경험할 것이다. 이는 단순하게 기계적이고 추상화된 모습의 명백한 진실들, 이를테면 '2보다 3이 크다'의 반복이다. 이는 오늘 당면한 작은 어려움에 봉착한 어린이의 공포이며, 몰이해는 내일 극복해야 할 심대한 어려움보다 크다. 이는 준비되지 않은 습격이다.

레닌은 적의 정치 형태에 명확하게 설정한 최종목표, 동시에 한정된 실제적인 임무의 해결을 위한 상시적인 노력, 한 부문과 다른 부문의 연이은 쟁취, 최종목표에 이르는 방법의 선택에서 최대의 유연성, 타협, 협조주의자, 오락가락하는 행동, 전투에서 불리한 상황으로 이탈을 우리는 "통찰력이 있다."고 말했다. 레닌은 장기적이고 집요하고 살려고 하는 것이 아니라 죽을 각오로 수행하는 결사적인 전쟁 없이는 부르주아에게 승리할 수 없다는 것, 인내와 원칙과 확고부동, 불요불굴의 한결같은 의지가 필요한 전쟁을 인정하는 데서 시작했다. 정치 활동은 (페테르부르크) 넵스키 거리의 인도가 아니다. 전체적인 처방은 불합리하다. 각각을 이해하려고 고민해야 하고 적에게 있거나 있을 수 있는 모든 투쟁수단과 방법에 능통해야 한다. 레닌은 마지막 결전을 볼 뿐만 아니라, 정치의 중심을 모든 계급 세력을 유리하게 결속하고 마지막 강습을 위한 공격출발진지를 점령하기 위한 투쟁으로 전환시켰다.

정치투쟁 시기를 평가하는 데 섬멸과 소모 문제의 중요성을 나타내는 데는 언급한 특징들[14]로 충분하다고 생각한다. 이 문제들이 정치지도의 지배적인 사상의 중요한 부분을 구성한다.

섬멸과 소모를 이해하지 못했다면 투쟁에서 동시에 존재할 수 있는 시기처럼, 한편의 공격과 다른 편의 방어가 동시에 발생한다. 한편이 섬멸을 수행할 실제적인 가능성이 있다면 상대편은 투쟁간에 섬멸 논리에 따라 저항을 계획해야 한다. 섬멸이 수행될 수 없다면 쓸데없이 소비한 노력에도 불구하고 투쟁은 소모의 궤도에 오를 것인데도, 쌍방이 나폴레옹에게 맹세한 양 섬멸만을 계획했다. 섬멸 논리만을 생각한 모든 참모본부들이 처절하게 완전히 실패한 세계대전이 그때였다.

그러나 무력전선에서 투쟁은 전체 정치 투쟁의 일부이다. 정치와 전략 간에 엄밀한 합의가 필요하다. 1920년 레닌이 정치에서 소모 강령을 굳게 장악했을 때는 이러한 합의가 없었고 전략에서 그의 사상을 계속 발전시키지 않았다. 레닌이 외교, 노동자 연맹, 당과 경제 분야에서 혹독하게 비난한 좌익 교조주의 지지자들이 이를 발전시켰다.

그래서 정치의 임무는 미래 전쟁을 방어나 공격뿐만 아니라 소모와 섬멸이라고 규정하는 것이다.

비스마르크는 1870년 프러시아가 일시적으로 점유한 정치적으로 유리한 여건을 고려하여 다른 패권국가가 보불 전쟁에 간섭하는 것을 아주 두려워했다. 그래서 프랑스를 신속히 섬멸할 것, 즉 파리를 봉쇄하는 것이 아니라 공격할 것을 요구했다.

구식 학파의 전략은 통상 전쟁에서 어떤 지체는 공격자에게 독이 된다고 가르쳤다. 이는 옳다. 만약 섬멸전략만 염두에 둔다면, 공격개념은 특히 무력투

[14] 아주 명확해진 문제에 관해 수백 번 인용함으로써 이 책을 채우지 않기 위해 레닌 특유의 어휘는 인용하지 않았다. 그러나 '레닌 저작에 나타난 섬멸과 소모'라는 주제는 세밀하게 연구할 가치가 있다고 생각한다. 왜냐하면 이를 연구하면 정치이론을 상당히 심도 있게 이해할 수 있기 때문이다.

쟁 전선으로 제한될 것이다. 한편, 공격을 방어와는 달리 적극적인 목표를 추구한다고 이해하면 적에게 영향을 미치기 위해 장기간을 요구하고 전쟁의 연장이 유리하게 작동하는 정치적 경제적 공격 가능성을 염두에 둘 것이다. 다게스탄에 섬멸적인 타격을 가하려던 러시아의 모든 시도가 실패하였다. 러시아는 계속적인 소모전을 계획했고 다게스탄의 식량을 먹던 체첸을 다게스탄과 분리시켰다. 샤밀은 패배했고 다게스탄은 침략을 받았다. 대독연합은 세계대전에서 독일에 대항하여 독일을 군사적 경제적인 면에서 완전히 무력하게 만드는 아주 적극적인 목표를 추구했다. 그러나 대독연합은 소모의 방법을 적용하였고 시간은 독일이 아니라 대독연합에 유리하게 작용했다.

소모를 위한 투쟁은 적을 물리적으로 완전히 소탕하는 아주 결정적인 최종목표 달성을 추구하며, 어떤 경우에도 그 용어에 동의할 수 없게 하는 상황의 제한된 목표를 가진 전쟁이다. 소모전략은 실제로 섬멸전략과 대척점에 있으며, 마지막 위협 때까지 제한된 목표를 지닌 작전을 하려 한다. 그러나 전쟁목표 자체는 변변치 못한 것이 아니다.[15]

정치 목표를 설정할 때 섬멸 또는 소모의 선택에 대한 지시의 구체화는 모든 군사행동의 방향을 잡는 데 아주 중요하다. 이는 경제적 준비 수행과 계획의 정치적 노선을 올바르게 선택하는 데 더욱 중요하다. 소모는 최대의 힘을 순식간에 폭발시켜 급격하게 전개시킬 준비를 했느냐, 노력을 장기적이고

15) 우리는 W. Blume, *Strategie*(전략), 1912, ff. 24~27에 통용되는 용어들에 전혀 동의하지 않는다. 블루메는 섬멸과 소모를 분리하는 것을 거부하고 전쟁을 기간에 따라 1806년~1807년 나폴레옹에 대응한 프러시아의 전쟁, 1900년~1903년의 영국에 대항한 보아인 전쟁 같은 완전 섬멸전, 이러한 동기로 시작되나 국민의 절망과 극심한 고통 때문에 모든 수단의 완전소모 이전에 중단되는 전쟁(abgekürzter Vollkrieg), 무력투쟁이 최고 속도로 발전하지 않는 제한된 목표를 가진 전쟁으로 나눈다. 제한된 목표를 가진 전쟁(이러한 전쟁을 블루메는 소모전이라고 간주했다)은 목표가 작기 때문에 저강도 전쟁일 뿐이다. 18세기에 이러한 전쟁이 전형적이었다. 지금 이것이 반복되기는 아주 어려울 것으로 예상된다. 게다가 소모를 위한 투쟁은 쉽게 일어날 것이다. 역사에 나타난 이러한 전쟁의 첫 번째는 투키디데스가 훌륭하게 기록한 기원전 5세기 말의 펠로폰네소스 전쟁이었다. 완전소모 이전에 중단되는 전쟁은 1853년~1856년의 동부(세바스토폴) 전쟁, 미국의 남북전쟁, 러일전쟁과 세계대전이었다.

순차적으로 전개할 준비를 했느냐에 따라 정반대의 길로 향할 수 있다. 섬멸전은 주로 평시에 축적한 것들을 사용하여 수행될 것이다. 전쟁 전에 임시로 충당하기 위한 해외 주문이 특히 적당할 것이다. 예외적으로 강대국은 전쟁 동안에 자국 산업에 소모전의 기반을 둘 수 있다. 군수산업은 군의 주문으로 특별히 발전하며, 평시에는 주문을 외국으로 돌려 작동을 멈출 수 있다. 이는 범죄보다 더한 실수이다. 섬멸전 준비는 국가 생산력 발전을 중지시키거나 폭발시키는, 군사 예산의 특별한 노력을 쏟는 방법으로 수행될 수 있다. 소모전의 준비는 주로 전체적이고 균형된 발전과 국가 경제의 건전성에 관심을 기울여야 한다. 결국 병든 경제는 소모라는 괴로운 시련을 견딜 수 없기 때문이다.

외형적으로는 그렇게 어렵지 않은 전쟁의 정치 목표 설정이 정치인이 생각하기에는 사실 아주 어려운 시험이다. 여기에는 아주 큰 오해가 있을 수 있다. 1870년 프러시아와의 전쟁을 위해 나폴레옹 3세가 공격목표를 설정한 것이나 세계대전 초기에 모든 참모본부가 섬멸을 목표로 설정했던 것을 상기해보자. 특히 어려운 것은 섬멸과 소모 중에서 선택하는 것이다. 세계대전 전에 군인과 경제학자 대다수가 심각한 실수를 했다. 그들은 이 전쟁은 약 3개월, 길어야 12개월 지속될 것으로 생각했고 몰트케와 키치너(Kichener)만이 그렇게 오해하지 않았다. 실수는 전형적인 논리를 적용한 관점에서 기인했다. 비용이 특히 많이 들고 파괴를 초래하는 전쟁은 빨리 끝난다. 역사의 변증법은 전쟁이 파괴적이고 많은 수단을 삼킨다면, 특정한 기간에 한 쪽의 파멸과 다른 쪽의 인내, 마지막 빵조각이 승리의 수단이라고 증명한다. 전쟁에 비용이 많이 들고 국가를 붕괴시키는 활동이 이루어지는 것이 소모전이다. 16세기 초에 용병과 대포의 출현으로 전쟁 비용은 크게 늘었고 이런 징후는 장비가 복잡해지고 병력이 대량으로 늘었을 때인 19세기 후반에 나타났다. 미래 전쟁의 특성을 이해하기 어려운 것은, 아마 정치 목표를 실제로 설정하는 정치 지식으로 절충을 제한하고 단기 섬멸과 장기 소모를 제안할 것이기 때문이다. 전쟁 준비 임무는 부대의 일부가 신속한 작전 준비의 추진에 장기 투쟁 가능성을 보장하는 상반된 경향을 포함하여 타협적인 결심에 이르게 될 것이다.

전쟁의 특성과 기간은 전쟁의 3대 전선에 형성되는 상황의 결과이다. 계급적으로 약한 적은 그의 무력을 격멸함으로써 승리할 수 있다. 그러나 승리에 이르는 저항이 가장 적은 선은 아마도 적의 정치적 붕괴를 야기하는 서너 번의 전쟁을 거칠 것이다. 계급적으로 강하고 탁월한 국가는 아마도 소모의 방법으로 장기간 준비하지 않고는 섬멸의 방법으로 파멸되지 않을 것이다. 육군의 준비가 미흡한 국가들(영국, 미국)에게는 고도의 전략적 고조 순간이 확실히 전쟁의 첫 주가 될 것이고 1년~2년 또는 3년 이후까지 갈 것이다. 평시에 약한 군대를 보유하는 국가들은 장기전을 수행할 것이다. 중앙의 군수산업 동원으로 전환도 그렇게 될 것이다. 군사 분야에서 상이한 2개(해양과 대륙의 패권국)의 적은 소모를 지향할 것이며, 교전국들이 바다나 먼 거리 때문에 중요한 중심에서 단절된 별도의 전역(戰域)에서만 투쟁할 가능성이 있는 두 국가(러시아와 일본)의 단절이 결국 투쟁에 소모전 특성을 적용하는 것을 방해할 것이다. 또한 군사적 균형은 소모전 목표를 거부할 것이다.

자신의 전투능력을 지체 없이 최대화하려는 전쟁 준비, 훌륭한 보급로를 가로지르는 넓은 지상 경계선, 병력의 상당한 우세, 결점이 많은 적대국의 정치체제, 이것이 섬멸에 유리하고 최소한의 물자 사용과 인명 피해로 전쟁을 단기간에 끝낼 수 있는 상황이다. 군사비가 늘어남에도 불구하고 생산능력이 뒤처지고 전략적 노력의 최대치는 경제동원 반년 후인 전쟁 2년차에나 달성할 수 있기 때문에, 아마 미래에는 주로 장기전을 치르게 될 것이다.

섬멸 지시가 정치적 지침으로 하달되면, 경제 투쟁 전선의 판단에 맡겨지는 경제적 준비는 당연히 소모 투쟁의 기반으로 향하게 된다. 그러나 미래에 장기적인 투쟁 가능성이 높다 할지라도 이런 지시를 하달하는 것은 옳지 않다. 소모전에 대한 경제적 준비는 아마 순수한 군사적 준비에는 완전히 적합하진 않을 것이다. 이 때문에 한 번의 타격으로 투쟁을 해결할 가능성, 위대한 군사

지도자의 예를 들며 최종목표에 이르는 지름길을 부정해야 했을 것이다. 해당 전쟁의 여건을 고려하지 않은 연역적인(비선험적인) 결심은 받아들일 수 없다. 이러한 예로는 10년을 예상한 전쟁 준비가 있다. 이러한 준비가 우리의 첫 번째 전쟁 노력에 피해를 준다면 적은 섬멸 방법으로 행동하여 2개월~3개월에 자신의 정치 목표를 달성할 수 있는가? 정치가 인접국가 하나를 전광석화처럼 타격하기를 요구한다면 적절한 방법으로 경제적 결심을 해야 한다.

정치 목표와 강화체결 계획. 전쟁은 자체를 목표로 하지 않고 이를 통해 일정한 조건에서 강화조약을 맺을 가능성을 목표로 한다. 정치가는 투쟁의 군사 사회, 경제 전선에 대한 입장을 염두에 둔다. 이러한 것을 통달하면 정치가는 평화협상에 유리한 여건을 얻게 된다. 평화 협상에 어떤 새로운 우위가 더해지지 않고 자신에게 필요한 것을 갖고 있거나 자신이 필요한 것과 교환할 수 있는 귀중한 담보물을 보유한 협상자처럼 행동하는 것이 대단히 중요하다. 세계대전이 독일에 재앙 없이 끝난다면 독일은 독일에 항복한 벨기에와 자신의 식민지 전부 또는 일부를 교환할 수 있다고 생각했을 것이다.

소모전 투쟁에서 전쟁에 요구되는 성과에 관한 강령의 실제적인 의미는 특히 중요하다. 영국은 세계대전에서 독일의 모든 식민지를 직접 점령하기 위해 수십만 명의 병력과 엄청난 물적 자산을 잃었다. 이런 결심이, 영국이 식민지의 운명은 본국이 독일에 승리하면 해결되고 나무에 달린 익은 과일처럼 어떠한 노력도 들이지 않고 달성될 것이라고 생각하여 식민지 전쟁에 엄청난 지출은 피하고 이 자산을 유럽 전역에 지향했다면, 영국의 순수한 이익을 더 충족시켰을 것이다. 보스포러스(Bosporus)를 갈망한 러시아 제국주의도 정치적으로 올바른 길에 있지 않았다. 보스포러스에 대한 열쇠는 베를린에 있다고 생각하여 동맹국들의 약속에 만족하고 보스포러스에 대한 직접적인 행동을 취하지 않았다. 매번 이러한 작전에 계획된 전력이 대독연합의 공동 전장, 독일–오스트리아 전선으로 벗어났다. 러시아의 행동 논리에서는 투쟁이 섬멸전으로 진행됐을 때만 동의할 수 있다. 세계대전의 실제 상황에서 러시아는 자주적이지 못한 정치적 입장의 특징을 나타내는, 구현하려는 목표를 명확하게 이해하지 못하고 이를 의욕적으로 추구하지 않은 것을 보여주었다.

예방전쟁. 예방전쟁이 역사에서 중대한 역할을 했다. 이는 미래에 이웃 국가의 강대화로 현재보다 더 좋지 않은 상황에서 수행해야 할 전쟁으로, 위협받는 모습을 지닌 국가가 도발하는 전쟁이다. 이처럼, 예방전쟁은 정치적 방어와 전략적 공격 상황이 특징으로 나타난다. 오스트리아의 약한 국가체제가 이탈리아의 통일을 방해하기 위한 1859년 피에몬테(Piemonte, 이탈리아의 서북부 프랑스와 접경지역－역자 주)에 대한 예방전쟁, 대(對)세르비아 운동의 분열된 오스트리아의 힘을 극복하기 위한 1914년 세르비아에 대항한 예방전쟁을 초래했다. 프랑스의 패배 후 1870년 프러시아 참모본부는 프랑스가 회복하지 못하도록 프랑스를 공격하자고 수차례 건의했다(1870년대~1880년대 사이에). 1905년 슐리펜 백작은 극동에서 전쟁(러일전쟁－역자 주)과 혁명 운동으로 러시아의 힘이 약화된 상황을 이용하여 프랑스를 격멸하기 위한 예방전쟁을 주장했다. 전쟁의 원인은 한 정치집단의 증대뿐만 아니라, 다른 집단의 성장이나 약화이다. 노동자 운동의 증대되는 힘은, 특히 소련이 부르주아가 예방전쟁을 고려하게 만들기 쉽다.

다른 국가의 간섭 이전에 상황을 신속하게 변화시킬 수 있는 섬멸전략을 적용할 때 예방전쟁은 특히 중요하다. 1756년 프리드리히 대왕은 대규모 연맹을 결성한다는 소식을 듣고 예방전쟁으로 7년 전쟁을 시작했다. 그러나 그는 소모전략을 적용하여 작센(Saxony)을 점령하고 작센군을 격멸했다. 그가 섬멸전을 접했다면, 러시아와 프랑스가 개입하기 전에 그의 주적(主敵)인 오스트리아에 치명적인 타격을 가할 수 있었을 것이다.

정치는 전쟁의 중요한 전구를 결정한다. 어떤 정치 목표로 나아가는 것은 전략 업무를 위한 플라톤의 송별사가 아니라 전쟁의 주요 노선을 전하는 것이다. 모든 것이 명확해진다. 소련이 폴란드와의 전쟁 시에 어떤 정치 목표에 따라 서부에서의 행동 중심을 벨라루시에서 우크라이나로, 또 그 반대로 전환하였다.

정치적 고려가 여기에서는 군사—기술적 고려보다 더 중요한 의미를 지닌다.

특정한 정치 목표의 추구는 군사 활동의 과업일 뿐만 아니라 전쟁의 정치적 준비, 국내외 정치를 아우르는 준비를 위한 지침이다.

없어서는 안 될 군사지도자. 전쟁은 국가 최고 권력기관이 수행한다. 이는 국가의 어떤 수행기관에 위임하기 위해 전쟁지도부가 내려야 할 아주 중요하고 책임있는 결정이다.

"최고 총사령관"이라는 용어를 사용함으로써 지도부에 대한 개념이 왜곡되고 있다. 우리는 이를 육군과 해군 상비부대가 복종하고 군사행동 전역의 모든 권력을 통합하는 인물과 연계시킨다. 실제로 이 총사령관은 최고지위가 아니다. 왜냐하면 국내외 정치와 상비군 지도부가 그에게 복종하지 않고 모든 나라에서 모든 권력이 지도부에 속하는 것은 아니기 때문이다. 전략가—총사령관은 전쟁지도부의 일원일 뿐이다. 아주 중요한 결심도 가끔 그가 없는 상태에서, 또 가끔 그에 반하여 이루어진다. 선출된 군사지도자에게 주어지는 권력은 오래된 것이긴 하나 전혀 실현되지 않은 공식이다. 그 장군이 동시에 군주가 아니라면, 절대로 전쟁성과 민간권력 고위급 대표들이 군사지도자, 전구(戰區)에서 지휘하는 장군에게 예속될 수가 없다.

정치, 경제, 무력투쟁 전선에서 지도부는 통합되어야 한다. 이 모든 전선에서 전쟁 준비를 협조시켜야 한다. 이러한 임무는 지배적인 계급의 지도이다. 국가에서 가장 높은 정치적 권위와 큰 기술적 정치적 신임 덕분에 가벼워진 전략 고유의 업무에 종사하는 최고 권력을 행사하는 인물에게 있다. 전쟁 지도가 복잡해진 현대의 상황에서 정치적 경제적 전략적 전문성이 요구되는 직책을 한 명이 겸하기는 힘들다. 따라서 군주국가에서도 통합 군사지도자는 이미 한 명의 직원이고 군주라는 한 인물이 겸직하지 않는다.

1870년 이런 통합 군사지도자는 프러시아왕 빌헬름, 정치인 비스마르크, 전략가 몰트케 3인이었다.[16] 세계대전 시 1916년 말부터 프랑스 각료들이 전쟁에 관한 중요한 문제들에 대한 결심권을 가졌고, 총사령관이 전략 수행의 기본 노선 승인을 그들에게 요청했다. 동맹국의 지지에 관한 문제는 전략가보다는 정치인의 소관업무였다. 1919년 트로츠키즘과 레닌이즘에 관한 스탈린의 논문에서 보듯이, 공산당 중앙위원회는 동부전선(우랄)에서 남부전선으로 부대를 전환하는 규모와 시기 같은 문제를 결심했다. 그래서 핵심을 말하면 콜착(Kolchak)에 승리하는 데 필요한 규모, 데니킨의 공격을 하리코프－아룔(Oryol)－모스크바로 격퇴하는 것을 연기하는 문제는 중요한 정치적 이익을 잊어버린 하나의 전략으로 해결되지 않았다. 전쟁수행에 관한 중요한 문제의 결심을 독재권을 가진 지도본부로 넘기는 것은 너무나 당연한 것이었다.

지금은 이러한 문제의 결정은 일반적이다. 소련의 군사 기관에 노동방위위원회(Council of Labor and Defence)가 있었다. 다른 나라에는 이의 편성을 준비하는 여러 형태로 국방위원회나 간부회의가 있다.

정치가와 군인의 협동. 프랑스 참모본부의 뒤퓌(Dupuis) 소령은 전쟁지도의 민주적 조직을 분석하여 지휘관 · 병사들과 접촉하면서 생활할 수 있도록 정치권에서 대표로 파견한 인원을 참모부별로 배치하는 것이 좋다는 대담한 결론을 이끌어냈다.[17] 자코뱅주의(급진주의) 혁명정부가 등장하자, 그는 후회하지 않을 수 없었다. 터키인 대표단의 민간 요원이 원로 장군들을 자주 방문하고 꼭 붙어서 투쟁의 어려움을 장군들과 관찰했다면, 1870년과 1871년에 많은 심각한 갈등을 피할 수 있었을 것이다. 나폴레옹 1세의 재능은 아주 희귀하기 때문에 최고사령부에는 한 명의 지휘관보다는 협력체가 더 유리하다고 뒤퓌는 주장한다. 과거의 교훈으로 볼 때, 장군들 사이에 실제로 걸출한 군사지도자가 나타나면 그는 결정적인 발언권을 빨리 얻게 되고 모든 계획의 중심인물이 되었을 것이다.

16) *Стратегия в трудах военных классиков, T. I*(군사 회보－전략 제1권), 슐리펜의 논문: “Полководец”

17) V. Dupuis, *La liberté d'action des généraux en chef*(전쟁 방침, 지휘관으로서 장군의 행동의 자유), 1912, p. 363.

1912년 걸출하고 선도적인 군사 이론가가 맺은 이러한 결론은 1918년에서 1920년간의 러시아 내전 경과가 전체적으로 완전히 입증하였다. 권력은 대중과 분리될 수 없을 뿐만 아니라 사령관과도 분리될 수 없다. 독재는 중·하위 계층에 적당하지만 오늘날 전쟁지도부 상층부에서는 실행되기 어렵다. 내전에서 지휘 방법은 구체적인 문제의 성공적인 해결책일 뿐만 아니라, 원칙적으로 유용한 해결책이다.

물론 전쟁의 정치 지도부 구성형태를 그리면서 이상을 목표로 할 필요는 없다. 각각의 구체적인 상황에서 현실적이고 더욱 좋은 절충안을 찾을 필요가 있다. 과거가 주는 교훈은 혁명적인 상황에서 정치적·군사적으로 만족할 만한 지휘조직을 만드는 것이 그렇게 쉽지 않고 협동의 꽤 좋은 여건이라도 달성한 것을 받아들일 필요가 있다는 것이다.

3. 국내안보 유지 계획

국내안보의 직접적인 유지. "전쟁은 단결된 국민의 의지로 수행할 수 있다. 그래서 무기를 든 국가의 목표는 의식에 대한 압력이다. 이 압력이 적대국 국민이 자기 정부가 강화체결을 요청하도록 강요하는 것이다."[18] 적의를 품은 국가의 일반 대중의 이익을 탈취하는 현대전은 분리된 계급의 의식에 강력한 영향을 미치고, 전쟁 당사자들의 후방에 강화체결을 위한 투쟁을 야기하려고 노력한다.

프랑스 혁명 순간부터 이미 국내 정치 문제는 전쟁 준비에 중요한 역할을 하고 있었다. 국가는 질서 유지, 후방에서 국민에게서 세금 징수와 의무 이행를 보장하기 위해서는 제한된 수준에서만 무력을 고려할 수 있다. 물론 강제

18) 영국 야전교범 제2부 제2장 제4절.

요소, 국가권력에 위임된 일정한 힘의 존재, 철저한 감시계획, 파괴활동 · 패배주의 · 반역 그리고 반란 분자들에 대한 징벌적 조치의 실행을 통해 전시에 모든 힘을 보전한다. 대규모 민중이 농촌에서 노동을 거부할 때 국가 질서를 확고하게 유지하는 데 필요한 모든 조치를 고려하고, 군의 충원을 위한 집결지를 관리하고 군수산업의 소요를 충족시키면서 도시 주민을 늘리는 자체 동원계획을 내무 기관이 보유해야 한다.

주민의 이런 움직임으로 인한 위기는 적의 선전선동으로 악화된다. 이러한 위기는 중요 조직에서 적 활동 및 지배 계급이 전쟁의 압박으로 기진맥진할 때, 독립적인 민족 및 계급 집단이 자기 이익을 인정받으려 할 때 고조된다. 병참선 내 질서 유지와 모든 의심스러운 분자의 조사(등록), 탈영 방지, 적의 방첩 및 선전선동에 대응, 출판 검열 등, 그리고 필요하다면 특수 단체들(신뢰할 만한 사람들의 단체들[19])로 또는 경찰 조직의 증강으로 전장으로 떠난 부대의 대체 등 모든 조치를 근본적으로 숙고해야 한다.

국내 정치. 내부 전선에서 투쟁 준비와 병행하여 국내안보 계획은 아주 폭넓게 전개되어야 하는 정치-교화 사업 프로그램을 포함해야 한다. 이 사업이 소비에트 체제에서 지배적인 노동자 계급을 농민과 분리하지 않고 농민과 긴밀히 연합할 가능성을 고안하는 건실한 국내 정치에 기대지 않는다면, 어떠한 정치선동도 효과가 없을 것이다.

전쟁수행에서 건실한 내부정치의 중요성은 고대에 이미 인식되었다. 이는 역사학자 폴리비우스(Polybius)의 위대한 사상에서 볼 수 있다. 그는 자신의 로마사에서 로마법의 기술을 로마공화정이 극복한 대단한 군사적 위기와 연계시켰다. 즉, 로마법을 2차 포에니 전쟁의 범주에 삽입하고 로마에 닥친 강력한

[19] 1688년 기독교인들로 경찰을 편성한 이유는 이렇다. 루이 14세의 전쟁성장관 루부아(Louvois)는 낭트칙령 후 프랑스 전쟁의 절정적인 순간에 프로테스탄트 연맹에 대한 위그노 종파의 폭동을 예상했다. 그리고 프랑스 국내안보를 보장하기 위한 조치를 취했다. А. Свечин, *История военного искусства ч. II*(전쟁술의 역사 제2장), С. 41을 참고할 것.

군사적 타격인 칸내(Canne) 바로 다음 장에 서술했다. 실제로 선명하게, 칸내의 충격과 로마정부의 붕괴를 기대한 한니발의 정열적인 행동 연구는 로마 정치체제 내부의 구체적 내용을 현란하게 묘사하지 않았는가? 개별적인 경제적 조치의 임무가 국가에 전쟁능력이 있는 경제조직을 만드는 것이라면, 내부정치의 전체적인 임무는 전쟁의 계급 · 민족 전선의 처참한 시련을 견디는 정치 단일체를 만드는 것이다.

국내 정치의 중요성은 군사행동이 영토 종심으로 전환될 때 군사적 패배의 순간에 특히 명확하게 나타난다. 심대한 실패 시에 전략은 정치의 명백한 파생물이 된다. 그래서 우리는 나폴레옹이 프러시아와 러시아를 종심 깊게 침입한 것에 관심을 기울일 것이다.

19세기 초 프러시아와 러시아의 농민 문제. 예나(Jena) 학살 후에 탁월한 정치가인 슈타인(Stein)이 프러시아의 나폴레옹과의 새로운 전쟁 준비에 관한 첫 조치로 프러시아에서 종속적인 농노 관계에서 영주의 농민을 해방시켰다. 실제로는 농노제를 유지하여 프러시아는 나폴레옹에 대항하는 것이 약화되었다. 왜냐하면 새로운 전쟁에서 나폴레옹은 프랑스 혁명의 업적을 프러시아에 확산시킨다는 신호를 보낼 수 있고, 영주의 권리를 유지하기 위해 프러시아 농민들에게 자신들의 삶을 위해 희생을 강요할 가능성이 적기 때문이다.

비슷한 상황이 1812년 러시아에도 존재했다. 구 러시아가 수행한 모든 전쟁에서 "조국" 전쟁은 나폴레옹에 의해 혁명적인 구호들이 전쟁계획에 포함된 결과가 되었던 새로운 푸가초프의 난에 대한 지배 계급의 공포로 인해 급격하게 달라진다. 러시아 귀족들은 나폴레옹이 자신의 메시지를 러시아 농노들에게 전파할 우려 때문에 그를 미워했다. 한편 1812년 중년의 나폴레옹은 반동적인 분위기의 개인적인 경험 및 무력전선의 특별한 힘에 의한 전쟁 과업들과 비교할 구현되지 않은 열망의 영향 때문에 정치적 재능을 잃었고 엄청난 결정적 수단을 상실했다.[20]

후방의 중요성. 후방의 중요성은 국내 정치와 함께 과거에 비해 오늘날에는 크게 증가했다. 후방의 영향은 증대했고 전시에 이로 인해 겪을 재앙은 배가되었다. 지금 후방은 자주 첫 파괴대상이 된다. 특히 비포장도로를 통한 열악한 교통로가 이전의 군사적 유린을 부대 주둔지역 인근으로 제한했으나, 지금은 철도가 모든 자산을 국내에서 전선으로 이동시키고 물가 급등과 굶주림을 전구에서 국가 전체로 확장시킨다. 이전에는 알려지지 않았던 항공기, 무선 전신, 전선에 엄청난 병력의 부단한 충원 필요성, 부대에 전투물자를 보급하는 여건, 전선 부대에서 고국으로 휴가 등이 오늘날에는 전선과 후방을 가깝게 한다. 지금은 전쟁에서 승리가 고도로 훈련된 후방이 있어야 가능하다. 예민한 지진계처럼 오늘날의 군대는 후방의 작은 경제적 사회적 정치적 움직임에도 반응한다. 군의 군기유지는 병사들의 의식을 제외하면 무엇보다도 군 지휘요원인 간부들에게 달려 있다. 후방의 기강유지는 국가 지도층, 민간 기관의 책무이다.

베라 자술리츠(Vera Zasulich)와 3국 동맹. 러시아의 최근 역사에서 국내 정치는 러시아의 대외적인 힘에 파멸적인 영향을 미쳤다. 1878년 4월 11일 부르주아 선서는 페테르부르크 시장에 대한 베라 자술리츠의 음모에 무죄판결을 내렸다. 이로부터 제정러시아 정부는 혁명 운동에 대한 투쟁에서 부르주아의 지지도 기대할 수 없게 되었다. 이런 상황에서 옛 러시아의 군사력은 군이 유지하는 병력수로 측정할 수 없게 되었다. 비스마르크는 베를린 국제회의에서 그 당시에 고조된 쇼비니즘에 의해 영국의 많은 대중에게서 지지를 받았던 반대파인 비콘스필드(Beaconsfield) 경이 명료하게 제시한 러시아의 취약점을 처음으로 고려했다. 그 당시 영국에서는 이른바 진짜 영국인인 주전론자들이 많이 나타났다. 베라 자술리츠의 인정에 기인한 러시아 국내의 허약함은 비스마르크가 러시아를 무조건적으로 지지하는 것을 거부하게 만든 결정적인 충격이

20) 아마 나폴레옹은 그로 인해 러시아에서 발생하는 농민 봉기가 그의 최근거리 후방이 편성된 동맹국 폴란드와 오스트리아에 영향을 줄 것이라고 생각했을 것이다. 조미니와 다른 저자들이 1812년 이후 전쟁 말기에 나폴레옹이 혁명적인 메시지를 거부한 영향을 활발하게 토론했다. *Стратегия в трудах военных классиков, Т. II*의 조미니의 글과 Амфитеатров, *Из истории русского патриотизма*(러시아 애국주의의 역사에서), 1812을 참고할 것.

었고, 중요한 문제에 관해 러시아가 영국에 양보하도록 강요했다. 오스트리아-헝가리 제국의 견고성이 높지 않게 평가됨에도 불구하고, 비스마르크는 아래로부터 몰락한 러시아 체제보다 이를 더 높이 평가했고 러시아의 우의를 전통적으로 지지하는 정책에서 오스트리아-헝가리와 동맹에 기반을 둔 정책으로 기울었다. 3국 동맹의 기반은 혁명운동과 관련된 러시아 부르주아 입장과 직접적인 관계에 있다.[21]

러일전쟁의 모험. 많은 저자들이 전략가가 본거지와 교통로의 안전을 충분히 고려하지 않고 군을 커다란 위험으로 내모는 전쟁을 모험이라 부른다. 우리도 정치적으로 충분히 준비되지 않고 대중의 용인에 토대를 두지 않은 대외정책에서 블랑키즘(Blanquism, 개념을 단순화한 사고-역자 주)의 일종인 전쟁을 모험이라고 생각한다. 알렉산더 3세의 화평주의가 비스마르크의 러시아 국내 정치에 대한 평가로 설명된다면, 니콜라이 2세에게는 그러한 인식이 부족했다. 1904~1905년의 러일전쟁은 러시아 입장에서는 정치적으로 전혀 준비가 되지 않았고, 봄 무렵에야 스비타폴크-미르스키(Sbiatopolk Mirskii, 신성연대-농촌공동체-역자 주)의 봄으로 이끌고 1차 러시아 혁명으로 이끌 수 있었다. 정치의 실수가 전략에서도 계속되었다. 쓰시마는 국내의 어려움을 전환하기 위해 마지막 카드를 기대하는 시도인 스당전역 같은 모험이었다. 필시 우리는 전쟁을 지도해야 했던 부패하고 정치적 기본을 망각한 전략가로서 크로파트킨을 아주 신랄하게 비난한다.[22]

---

21) *Pr. Jahrbücher*(프러시아 연감), f. 194, Ⅰ. Emil Daniels, *Benjamin Disraeli, Earl of Beaconsfield*(벤자민 디스라엘리, 비콘스필드 백작). 인용한 의견은 중요한 정치적 결심의 바탕에는 경제가 자리한다는 우리의 주장과 모순되지 않는다. 다만 우리는 이 경우에 경제적 기저에 닿아야 하고 거기에서 러시아 부르주아 견해의 근거를 찾아야 한다고는 생각하지 않는다.

22) 1866년 프러시아는 프러시아의 많은 정파의 의견을 무시하고 국내 정치적으로 전혀 준비되지 않은, 오스트리아와 전쟁을 시작하여 승리했다. 그러나 정부의 확고한 노선과 프러시아의 강력한 상비군, 무력의 우세 그리고 프러시아 내의 분위기를 신속하게 바꾼 계속적인 일련의 승리를 염두에 둘 필요가 있다. 실패가 프러시아를 분열시킨 것은 1866년이었다. 후방이 중요해진 현대에 정치적으로 준비되지 않은 1866년 프러시아 성공의 반복은 불가능하다고 생각한다.

두르노보(Durnovo)의 메모. 세계대전 전에 국가 소비에트 우익의 유명한 지도자인 두르노보는 제정러시아의 계급집단을 분석하여 국내 정치를 고려할 때 전쟁을 하려는 결심에서 러시아를 억제시켜야 한다는 아주 정확한 결론에 도달했다. 왜냐하면 분석 결과는 아주 극단적인 경과의 성취감일 뿐이며 논리적인 결론에 이른 혁명일 뿐이기 때문이다. 또한 전쟁에 대한 우리의 외교적 준비는 탁월했고 재정적 군사적 준비는 꽤 좋은 상태였으나, 국내 정치 면에서 전혀 준비가 되지 않았기 때문이다. 1917년 혁명은 놀라운 일이 아니다. 2년이나 지연된 것이다.

국내 정치 측면에서 국가의 전쟁 준비. 국내 정치적 준비는 중요한 변화 없이 전 전쟁 기간을 견딜 수 있어야 한다. 힘든 전쟁에서 개별 계급 또는 집단에 특정하게 굴복할 필요성을 예측할 수 있다면, 이러한 굴복은 사전에 하는 것이 비교할 수 없을 정도로 유익하다.

프란츠-요제프(Franz Josef)는 1866년 패배 후에 프러시아에 복수를 준비하면서 무엇보다 전구의 위기 순간에 헝가리 혁명에서 군주를 위협할 수 있는 위험에 주의를 기울였다. 전쟁 패배의 결과가 아니라 전쟁 준비로서 후방의 정치적 보장은 헝가리인들이 헝가리인 외에 대등한 수의 슬라브인과 루마니아인들이 사는 영토에 국가체제를 부여받은 프란츠-요제프에게 상속한 이원적 헌법이었다. 이는 오스트리아 국가체제의 커다란 희생에 따른 헝가리인의 민족적 무장해제였다. 한편, 스당은 쾨니히그래츠(Königgrätz)를 국내 정치적으로 국가의 전쟁 준비에 지체 없이 이용할 필요가 없었다는 것을 증명했다.[23]

국내 정치의 공격 전선. 국내 정치를 과도하게 방어적인 사고로 지도해서는 안 된다. 국내 정치에는 적극적이고 공세적인 전선이 있다. 특히 혁명 기간에

23) 헝가리인들은 그들에 대한 프란츠-요제프의 급작스런 관심의 동기를 아주 잘 이해하고 독일에 대한 프랑스와 동맹에서 오스트리아-헝가리가 승리할 경우, 이 헌법과 반동정치의 영구화를 두려워했다. 그래서 이들의 전통적인 정책이 독일에 우호적이고 3국 동맹에 의존하는 입장을 점차적으로 옹호했다. 이는 프란츠-요제프 결정의 효과를 상당히 약화시켰다. Michael Graf Karolyi. *Gegen eine ganze Wel*(전 세계에 대항하여), 1924, ff. 42~49.

그러하다. 민족통일주의의 혁명 조직, 국내에서 해외의 동정을 얻을 수 있는 구호의 주장, 적당한 계급 정책, 경제적 풍요에 도달 정도, 이것이 전쟁을 수행하는 아주 중요한 조건이며 적대국가 국민의 의식을 압박하는 강력한 지렛대를 만들 것이다. 모든 국가의 국내 정치는 외국에 선동과 선전을 위해 국가의 건전한 토대를 만드는 관점에서 고려되어야 한다. 이러한 토대만이 역사에서 항상 손에 무기를 든 행동과 동반되었던 "종이 전쟁"에 힘과 실질적인 의미를 줄 수 있다.

전쟁은 국내 정치에 일련의 과업을 제기한다. 이 과업이 해결되지 않으면 군사적 승리 가능성은 사라질 것이다.[24] 식량, 주거시설, 연료, 수송 문제는 평소와는 다르게 첨예화된다. 일시적으로 8시간 근무제는 중지해야 하며 노동에 관한 법률 시행은 잠시 정지해야 한다. 봉급을 낮추면서 작업 강도를 높이고 지속시간을 늘려야 한다. 대중에게 요구사항의 제시, 힘겨운 노동의 부과, 적절한 생존 여건의 박탈은 대중과 그들의 의식 그리고 투쟁구호의 신뢰를 쌓는 노력과 병행하여 진행될 것이다. 의심할 것도 없이, 후방 대중을 위한 각국의 투쟁은 일방적이 아니라 상호적인 성격을 띨 것이다. 줄어든 배급에 따른 굶주림은 적국의 선동 속삭임으로 고조될 것이다.[25]

미래의 전쟁은 투쟁에 참가하는 모든 국가에서 다소 강력한 패배주의 집단을 창출하는 아주 첨예한 계급투쟁 분위기에서 발생할 것이다. 따라서 국내 정치의 중요성은 한층 더 커질 것이다.[26]

---

[24] 그래서 1919년 헝가리 혁명은 헝가리 대지주의 농지를 농민에게 분배하지 않기로 결정한 헝가리 공산당 중앙위원회의 실패한 농업정책 때문에 진압되었다. 그러나 소비에트 경제의 성과를 변환시켰다. 자세한 내용은 Wilhelm Böhm, *Im Kreuzfeuer zweier Revolutionen*(두 번째 혁명의 포화 속에서), München : 1924을 참고할 것.

[25] 1812년 슈타인이 나폴레옹의 독일 후방에 있는 러시아 정부의 위임에 관해 계획한 선동의 폭은 아주 다양하다. 몇몇 부분에서 슈타인의 선동 범주는 현대를 초월하지는 않았다. 자세한 내용은 Max Lehmann, *Freiherr von Stein*(프라이헤르 폰 슈타인), Leipzig : 1921을 참고할 것.

[26] 국내 정치와 군사력 건설 관계의 중요한 문제는 해당 장에서 다룰 것이다.

4. 전쟁의 경제적 계획

경제 투쟁의 범위. 전쟁의 경제적 목표는 전쟁으로 형성된 모든 투쟁 전선을 증강하기 위한 것이다. 여기에서는 경제전선과 이의 임무에 관해서만 이야기하겠다. 이는 군사행동 수행으로 나타난 요구의 최대한 충족, 모든 국가가 군사력을 제외하고 제시하는 후방노동능력 보존 같은 방어적인 요소를 필히 포함할 것이다. 그러나 경제전선의 임무는 다소 발전된, 적의 경제에 타격을 가하려는 공격적인 요소를 포함한다.

경제 무기는 양날의 칼이다. 이는 자신과 적에게 동시에 상처를 입힌다. 광범위한 경제 철학의 개념은 언급하지 않고, 독일을 격멸하고 우수한 고객을 잃게 한 독일의 구체적인 사항을 언급하겠다.

전개된 적대행위로 인해 누구의 피해가 더 심각하며, 전쟁 결과에 더 결정적인 영향을 미칠 것인가를 매번 근본적으로 헤아려야 한다. 세계대전 기간에 독일은 중립국들의 중개를 거친 자국의 아닐린 염료와 의약품을 적대국에 수출하는 것을 금지했다. 물론 대독연합의 섬유산업은 특정한 어려움을 겪었다. 영국의 무늬 채색 천은 일시적으로 심각하게 변색되었다. 의사들은 처방전을 쓰면서 약간의 어려움을 겪었다. 그러나 독일의 조치는 이 산업 분야의 독점적인 위치를 붕괴시키고 전쟁기간에 수출의 유리한 위치를 빼앗아, 전체적으로 영국에 큰 피해를 입히지는 못했지 않은가?

각각의 경제적인 공격은 생활에 부작용을 일으킨다. 러시아 국민의 여러 계층이 1914년 독일과의 전쟁 시작 무렵에 가졌던 특정한 감흥을 부정해서는 안 된다. 하여튼 전쟁 전 150년 동안 평화적인 선린관계를 유지했었다. 이러한 감흥은 18세기부터 러시아가 독일의 자본 · 노동 · 문화적 공격 장소였다는 것으로 설명된다. 러시아 부르주아는 독일의 유능한 부르주아, 즉 러시아에서 크게 성공하는 독일 공장주나 제빵사에 대한 질투를 숨겼다. 지주들은 독일 지주들이 수입한 빵에 부과한 높은 관세에 불만을 토로했다. 농민들은 독일 지주와 이주민의 토지 할당을 생각했다. 게르만 혐오주의 감정이 지식계층에 상당히 퍼졌다. 델브뤽[27]의 제자이며 페트로그라드 역사교수인 미트로파노프(Mitropanov)는 전쟁 바로 직전에 자기 스승에게 독일인에게 적대적이며 소시민적인 태도가 러시아 지방에 널리 퍼져 있다는 것을 토로했다. 슬라브를 편애하는 쇼비니즘의 조국인 체코는 독일의 식민지화 시도 때문에 이미 15세기에 독일에 대한 적의가 침투하지 않았는가?

미국이 대독연합에 군수물자를 공급하는 것을 방해하기 위해 독일은 미국에서 대규모 태업을 조직하려 했다. 공장들에 불미스런 상황이 발생하고 공장에 필요한 원자재가 매점매석되고 의도된 불량품이 만들어지고 종업원 사이에 선동이 생겨났다. 독일은 미국의 인접 원수(약한 멕시코)와 밀착하였다. 이 현명하지 못한 정책 때문에 독일은 2천만 독일계 미국 주민에게 치욕을 주었다. 이들은 자신이 미국 국민이고 독일 국민이 아니며, 독일의 투쟁 방법을 경멸한다는 것을 증명해야 했다. 결과는 2천만 독일계 미국인이 정치적 주동성(主動性)도 상실하였고 미국이 독일과의 전쟁에 나서는 것을 반대하는 목소리를 내지 못하게 되었다. 독일의 경제적 주동성은 적에게 추가적인 무기를 제공했다. 윌슨은 1917년 4월 2일 자신의 교서를 통해 전쟁을 선포하고, "프러시아의 독재정치는 곳곳에서 우리의 산업과 무역에 음모를 획책했다. 프러시아의 음모는 우리나라에서 분란을 배양할 수 없다."라고 이유를 덧붙였다.

경제적 공격은 교전 당사자 누구에게도 이익을 제공하지 않을 것이며 군사행동은 경제전선에 상응한 진통 없이 전개될 것이다. 1807년 전쟁이 그러했다. 경제적으로 약한 프러시아는 무력전선 활동에 제한을 받았으나 부유한 프랑스는 경제 투쟁을 첨예화하지 않았다. 왜냐하면 프랑스의 군사 사항들이 제대로 진행되지 않았고 귀중한 담보물들이 독일군 손에 있었기 때문이다.

이와 똑같이, 경제적으로 미약한 러시아와 이탈리아는 세계대전 중에 독일

27) Hans Delbrück, *Krieg und Politik T. I*(전쟁과 정치 제1권), ff. 5~19.

과의 경제 투쟁을 첨예화하지 않았다. 경제전선이 발생하는 순간은 전쟁의 시작과 관계가 없으며 아주 늦은 시기에 발생했다. 1915년 가을에도 여전히 페트로그라드에는 25만 명의 독일인이, 이 중 절반은 자신의 상업과 산업 활동을 지속하면서 평안하게 살고 있었다. 러시아의 스칸디나비아를 통한 독일과 교역은 비공식적으로 계속되었다. 러시아 내에서 독일인 사냥을 시작한 것은 차르 정부에 정치적으로 해로웠다. 그러나 대독연합이 독일인을 사냥했고 독일의 밀무역과 러시아 내 독일인을 사업 경쟁자로 인식한 모스크바 부르주아가 그렇게 했다. 1915년 봄 모스크바에서 독일 상점을 약탈하기 시작했고, 그 다음 독일 상품에 대한 제재가 시작되었다. 독일 국적 인물들의 추방, 이들의 재산 압류 등이 시작되었다. 이런 모든 조치들이 구식 체제의 붕괴를 가속화했다.

1915년 5월 23일 이탈리아는 오스트리아-헝가리에 전쟁을 선포했다. 그러나 독일에는 전쟁을 선포하지 않았으며 독일과는 무역을 계속했다. 왜냐하면 독일이 제공하는 철도용 차량과 석탄이 필요했기 때문이다. 이탈리아는 15개월 후에야 대독연합의 심대한 압력을 받아 전쟁의 조기 종결을 기대하고 독일이 지불할 배상금을 받을 권리를 기대하면서 경제 전쟁을 선포하고 독일에 대한 경제전선 투쟁에 참가했다. 이와 같이 경제 투쟁은 시공간적으로 무력 투쟁과 일치하지는 않는다.

그러나 우리 정부가 경제전선에서 활동을 회피하진 않았다는 것을 기억할 필요가 있다. 적의 타격에 상응하는 방법으로 대응해야 한다. 만약 전쟁이 소모전으로 이루어진다면, 경제 무기는 특별한 의미가 있다. 자본주의적이고 강력한 앵글로색슨 국가들은 항상 자진하여 이를 택한다. 아마 미래 전쟁에서는 나폴레옹 1세의 영국과의 투쟁(대륙 봉쇄: 1806년 나폴레옹의 영국에 대한 봉쇄-역자 주) 또는 미국의 남북전쟁(남부의 아사, 질식) 또는 최근의 세계대전 같이 놀라운 경제적 격투가 동반될 것이다. 붕괴되지 않으려면, 경제적인 면에서 약한 국가일수록 경제전선에 더 많은 관심을 기울여야 한다.

전쟁의 경제적 계획. 옛날에는 전략적으로 현명하게 결정적인 교전 기회로 전역 계획의 범위가 제한되었다. 향후 행동을 구체적으로 계획하는 것은 그야말로 선입견으로 간주되었다. 왜냐하면 결정적인 교전에서 이탈한 후에 언젠가 완전히 새로운 상황에서 활동해야 하기 때문이다. 이처럼 전역 계획은 준비된 작전, 결정적인 활동을 하는 최초 위치의 점령만을 구체적으로 작성했다.

경제계획을 작성할 때, 준비조치 수립에 대한 제한, 중심의 대전환을 권고할 필요가 있다. 왜냐하면 전쟁의 경제전선은 독립적인 의미를 지니지 않고, 군사행동의 여러 변환이 경제에 제기하는 수요 및 경제가 수행해야 할 상황을 완전히 바꿀 수 있기 때문이다.

그럼에도 불구하고 경제계획은 경제적 준비 목표의 단순한 목록이어서는 안 된다. 사건의 실제적인 과정을 예견하거나 조건에 대한 조건(가정에 대한 가정)을 쌓아올려서는 안 되며, 경제계획은 우리를 궁지로 몰지 않는 방안으로 경제활동 노선을 정해야 한다.

계획은 오직 사실에 기초해야 한다. 계획을 수립하기 전에 피아 경제력을 다각도로 연구하는 것이 선행되어야 한다. 경제 통계의 진지한 작성, 경제적 능력에 관한 추가적인 탐구, 경제 조사가 필요하다. 경제정보 수집은 잠재적인 적뿐만 아니라 모든 경제 선진국을 포함해야 한다. 왜냐하면 전시 경제계획 수립자는 세계경제 여건을 알아야 하기 때문이다. 경제정보 수집은 영사업무 요원 또는 국가 무역대표부의 중요한 임무이다. 미국 영사는 이때에 비밀 요원과 첩자를 고용하는 경향이 있다는 것으로 유명하다. 미국의 대정찰 요직을 담당한 인물이 "아라(Apa)"(American Relief Agency, 미국 재난국–역자 주)라는 것은 의미가 있다.

피아 경제력 평가는, 전쟁의 정치 목표에 관한 현존하는 지령과 관련하여, 경제전선에 설정된 임무의 추진과 이의 해결을 위한 수단의 지시, 전쟁을 수행하는 데 요구되는 최소한의 경제적 기반에 귀결되어야 한다. 여기에서 모든 지령이 연유한다. 이러한 지령에는 ①필요한 성과를 달성하기 위해 국민경제 발전을 조정하고 이 지령의 실현에는 경제정책의 기본과제, ②수송 준비와

③재정 및 경제동원 준비가 있다.

전쟁의 군사적 계획 수립에는 경제계획이 어느 시기에 국가의 경제동원이 필요한지, 군수산업의 생산량은 어떤 수준으로 계획되어야 하는지, 그리고 국가 경제의 전체적인 소모와 관계된 생산량의 필연적인 저하까지 어느 기간에 최고 가동률로 작업을 수행해야 하는지에 관한 의견을 포함하는 것이 아주 바람직하다. 아군과 잠재적 적의 관계에서 이 문제에 관한 투박하고 개략적인 판단은 임박한 전쟁의 성격을 이해하는 데 대단히 유용하다.

전쟁능력이 있는 경제의 건설 문제는 위의 정치에 관한 장에서 이미 다루었다. 이제 수송수단과 동원 준비를 자세히 다루겠다.

수송. 에스토니아는 작전적 전개에서 철로에 의존하지 않고도 우리를 능가할 수 있다. 왜냐하면 1주일 사이에 어렵지 않게 도보로 에스토니아를 끝에서 끝까지 이동할 수 있기 때문이다. 작은 국가가 자신의 수송수단에 크게 의존하지 않고 전쟁을 수행할 수 있다면, 대국의 방어력에서 수송능력은 아주 특별하다. 그리고 전쟁 수행을 위한 수단을 전국에서 모아야 하기 때문에 부대를 전개지역으로 수송하는 통로로만 철로와 자동차 도로를 건설하는 것을 제한하지 않는 것이 중요하다. 세계대전 전에 프랑스가 러시아는 4선 궤도 간선을 아롤-세들레츠 간에 부설할 것을 주장했다. 왜냐하면 프랑스는 러시아가 최대한 빨리 집결하는 데 관심이 있었기 때문이다. 게다가 러시아가 대규모 전쟁을 수행하는 상황에서는 북빙양의 항구들과 견고한 철도 연결망, 예컨대 무르만스크 철로 부설과 아르한겔스크 철도의 광폭 궤도로 교체 및 구축이 요구되었기 때문이다. 전구에 병참선의 발달이 무엇보다 섬멸전략에 적합할 때에, 수송의 전체적인 여건 개선이 장기적인 투쟁, 즉 소모전에 특히 중요하다.

국가의 경제적 무능력은 도로가 없다는 데서 연유한다. 세계대전간에 프랑스 식민지의 활동에서 인용된 다음 사례에서 이를 볼 수 있다. 상아 해안(Ivory Coast)에서 프랑스는 곡식 420톤을 조달했다. 이것을 해안으로 수송하는 데 총 250만 근무일이 소요되는 12만 5천 명의 흑인 짐꾼을 동원해야 했다. 습한 기후, 저장고의 부재와 선적할 기선의 지연 도착 때문에 조달한 곡식 대부분이 썩어버렸다. 프랑스령 수단은 곡물 6만 톤을 용이하게 납품했다. 곡물수송 계획은 건조장 30개과 중간 창고 30동 건립, 포대 1백만 개와 상당량의 키 제작, 증명된 검사관 50명 채용, 통나무배로 빵을 수송하기 위한 염소가죽으로 만든 자루 60만 개 조달, 니제르 연안에서 알곡을 수집하기 위한 1톤~8톤 통나무배 300척 건조였다. 3분의 1은 짐꾼이 조달지점에서 강까지 평균 200㎞를 날라야 했고 흑인 짐꾼의 400만 작업일이 소요되었다. 이 계산에는 구매 중심지로 알곡을 나르고 철도까지 통나무배로 빵을 옮기는 흑인들의 작업이 포함되지 않았다.[28] 굶주림으로 죽어가는 모든 국가가 이처럼 빠듯하고 비싼 빵의 조달을 포기하는 것이 분명하다.

세계대전간에 프랑스 식민지가 병력 60만 명, 노무자 20만 명만을 제공하고 그곳 주민들이 프랑스 국민보다 10배~20배 적게 전투행동에 참가했다면, 이는 프랑스 정부가 식민지의 유색 주민을 광범위하게 착취할 의향이 없지 않았으며 주민들을 더욱 강하게 압박할 능력이 없지 않았으나, 통신과 수송수단이 없었고 원주민 거주지에서 수집지점까지 그리고 항구나 철도역까지 수백 킬로미터의 거리가 있었다는 것으로 해석된다. 대부분 이런 것 때문에 원주민의 이동을 조직하는 것이 대단히 어려웠다.

100년 동안 치밀하게 발전된 프랑스 본토의 교통망도 전선의 소요에 못 미쳤다. 매달 화물이 약 33만 톤에 달하는 영국군의 병참 보급을 해결하기 위해 영국에서는 화차 4만 9,000량, 기관차 수와 동일한 직원수, 1개 철도사단을 운영해야 했다. 미군을 대서양 연안에서 로렌느 지방으로 수송하는 데 프랑스 항구들을 확장하는 엄청난 조치, 도착하는 부대와 화물을 위한 임시 숙소와 창고 건축, 철도역 건물의 확장, 새로운 철도노선의 부설 및 현존 노선의 개선이

[28] Albert Sarranut, ministre des colonies(알베흐 사하뉘, 식민장관), *La mise en valeur des colonies françaises*(프랑스의 식민지 개척), 1923.

필요했다. 1918년 가을에 약 25만 명의 병력과 약 41만 톤의 화물이 매달 도착했고, 1919년 봄에는 미군 병참물자는 2배로 늘었으며 자체 소요를 위해 10만 명의 철도 요원이 필요했다(3만 명만 성공적으로 도착했다). 프랑스에는 미국이 제공하겠다고 약속한 것은 아무것도 없었다. 미국이 매달 기관차 268량, 30톤짜리 화차 7,550량의 수송수단을 제공해야 했다. 동맹국들은 도로 6,000km를 부설하여 프랑스 철도역의 수용능력을 증강해야 했다. 프랑스는 전쟁 4년 동안 8,420km의 도로를 새로 개설했다. 이는 대략 10년 동안 건설해야 할 분량이었다. 러시아에서뿐만 아니라 대외무역 능력이 있는 부유한 프랑스에서도 수송수단이 없고 중공업을 무기 생산으로 전환했기 때문에 새로운 철로 부설을 위해서는 트리쉬킨(trishkin, 옷 한 벌을 고치기 위해 다른 한 벌을 뜯어서 사용하여 못 쓰게 만드는－역자 주) 방법을 취해야 했고 이전에 건설한 철도에서 철로 1,300km와 특급열차 670량을 분해해야 했다. 기관차의 고장률은 1.5배나 높아졌다.

대국은 이제 전선군에 보급을 위해 매일 화차 100량~200량이 필요하다. 1870년 독일의 3개 군을 매일 열차 1량~2량으로 충족시킬 수 있을 때에도 공성포(攻城砲) 이동에만은 철도운행이 많이 필요했다.

현대에는 준비된 전선을 공격하려면 중포로 충분히 무장된 야전군의 탄약 4일분을 적재하려면 화차 60량~80량이 필요하다. 포와 병참물자가 빈약한 수준에서도 열차는 30량에 이른다. 전투가 물량전 성격을 띤다면 한 야전군 정면의 전투 전개에는 탄약적재 화차 7량~10량이 매일 필요하다. 진지전적 교착상태에서는 1일 기준 야전군 사단에는 기관차 1.5량, 전투간에는 기관차 4량이 요구된다.

그러나 지금은 기동이 철도노선의 능력을 초과한다. 즉 전쟁간에는 30개~40개 사단을 3일~4일 사이에 중요한 방면에 투입하기 위해 300량 이상의 기관차로 수송해야 할 새로운 작전적 전개 수행이 수차례 요구된다. 러시아군과 러시아 철도가 이런 신속한 전개 능력이 없었던 것이 1915년 봄과 여름의 방어

행동에서 실패한 주요 원인으로 보인다.

행군대형이 적용된 이동 기한은 병력과 말을 최대로 독촉하면 맞출 수 있다. 그러나 철도 기동의 강행은 철도망의 여건에서 아주 곤란한 한도가 있다. 삼소노프를 지원하기 위해 증원군이 단선 철로를 따라 편도로 이동하고 선두 구역에 가득 쌓인 이동대형의 부대가 궤도에서 뛰어내리는 믈라바에 투입되었다. 무질서와 손실이 많았고 얻은 것은 아무것도 없었다.

그러나 전선군을 지원하는 철도의 이런 막대한 과업이 전부는 아니다. 예전에는 많은 것이 전쟁 종료를 기다리는 후방부의 공통적인 실업(失業) 상황, 모든 교역과 산업 활동의 중지 같은 전쟁이었다. 사실 이 광경은 완전히 반대이다. 전선을 지탱하기 위해서는 후방에서는 산업 활동을 격렬하게 전개해야 한다.

도시 주민은 일이 없지 않았을 뿐만 아니라, 2배로 일했다. 많은 것들을 다시 건설하고 만들어야 한다. 많은 것을 아주 먼 거리에서 가져와야 한다. 왜냐하면 곡식, 원료나 물품의 가까운 산지는 없어졌기 때문이다. 해안 수송은 철로수송으로 대체된다. 평시에는 경제성 때문에 유보했던 원거리 산지 조달을 조직해야 한다. 결과적으로 승객수와 화물량 그리고 이의 철도수송 거리는 증가한다. 전쟁 전에 철도 운행이 크게 늘어난 프랑스는, 전선부대 집단의 이동을 포함하지 않더라도, 세계대전으로 철도의 부하가 40%나 증가했다면 소련의 철도 수송 소요는 전쟁 시작과 함께 최소한 60%는 늘어날 것으로 예상된다.

화물차가 도로를 따라 이동하는 것이 짐수레가 소로를 따라 이동하는 것보다 유리하듯이, 도로로 이동은 광궤도 철로와 비교하면 측정할 수 없을 정도로 낭비가 많다. 중(重)차량 이동이 최대로 이루어지는 상황에서 도로의 정상적인 유지는 커다란 복선 철로를 부설하는 것만큼이나 노동력이 필요하고, 보수를 위한 물자 보급은 철로 부설만큼이나 소요된다. 베흐덩 지역에서 전선 부대를 지원하던 “신성한” 도로 정비에 하루 8,400명의 근로자와 2,300㎦의 쇄석이 소요되었다. 그러나 8개 철도 중대와 6,400명의 근로자가 기관차 24쌍의 운행을 고려한 2개 광궤도 철로 60㎞를 3개월 만에 부설했다. 사전에 부설된 철로가

"신성한" 도로를 잉여분으로 만들어 버렸다.

병력의 철도 수송이 차량 수송보다 10배나 효율적이다. 이는 60~80㎞의 단거리 수송에서 그렇다. 그 이상 거리에서는 자동차 수송이 더욱 불리하고 150㎞가 넘으면 자동차는 전혀 효율적인 수단이 아니다. 대독연합군의 서부전선을 지원하는 차량 12만 대와 운전병 25만 명은 단 하나의 철로 간선 운용으로 대체될 수 있다.

광폭 궤도가 인력 면에서 협궤에 비해 4배나 효율적이기 때문에 광폭 궤도는 경제적으로 빈약한 국가의 광활한 영토에서 수송을 조직하는 데 특히 중요하다.

전시 경제는 철로의 최대한 개설을 필요로 한다. 소련뿐만 아니라 유럽의 수준이 전쟁 소요를 충족시키지 못하고 있다. 미국과 미국의 30톤 화물열차, 더욱 긴 열차, 2배나 빠른 화물수송 그리고 세계에서 낮은 세금을 본받아야 한다.[29)]

내륙수로는 강력한 예비이다. 전쟁간에 철도의 힘겨운 임무를 해결하는 데 철도를 광범위하게 보좌하는 내륙수로 구성이 필요하다. 다뉴브강 및 독일과 프랑스의 운하망은 세계대전의 경제 분야에서 큰 역할을 했다. 이는 후방에서 철도의 많은 임무를 덜어주는 데 기여했다(독일에서는 동부에서 서부로 농산물 수송의 일부, 석탄 수송의 상당 부분, 루마니아에서 다뉴브로 석유와 빵 수송). 그리고 이는 최전선까지 시멘트, 쇄석, 목재, 연료를 아주 자주 수송했다. 기관차가 병참보급 활동 중에 피격되었다면, 작은 화물선은 부차적인 임무를 수행하다가 상처를 입은 것이다.

국내에서 짐마차와 차량 수송의 조직은 대단히 중요하다.

동원은 농업용은 온전하게 두고 도시와 산업 소요를 3배로 늘려서 국민이

29) 알려진 것처럼, 미국의 철도는 농산물을 수송하면서 농장주들을 착취하여 수억 달러를 벌고 있다는 비난을 받고 있다. 그러나 착취 정도는 러시아 철도보다 1.5배~2배 낮다. 이는 미국과 영국의 도로보다 2배~3배나 적은 운임을 받는 미국 철도의 높은 조직력 덕분에 가능하다. 유럽의 철도가 자기 국민을 "착취"하려고 했다면 파산했을 것이다.

사용하는 몇 천대의 차량과 150만에서 200만 필의 건실한 말을 빼내는 것이다.[30] 전선에서 동물을 충분히 돌보지 않고 단기간 운용하다 폐사시키면 국가경제에 특별한 위협이 된다. 폐사 기록은 동아프리카에서 레토프-보어벡(Lettow-Vorbeck)에 대항하여 작전을 수행한 영국군이 보유하고 있다. 영국군에는 공격간에 짐수레용 동물 1만 2천~2만 두가 편성되었다. 이 중에서 매달 평균 말 3천 필, 노새 3천 필이 폐사했다. 황소도 자주 폐사했고, 한번은 3주 사이에 4,500두가 폐사했다. 황소는 6주 미만, 노새는 2개월 동안 운용되었다. 16마리가 짐마차를 끌었던 당나귀는 약간 더 튼튼했다. 대체로 14개월 후인 1917년 5월경 동물 손실은 편제의 6배가 넘는 10만 마리 이상이었다. 자동차는 평균 6개월 동안 가동되었다. 이 기간에 부품은 유럽 표준의 10% 대신에 100%가 마모되었다. 스프링은 600%가 마모되어 폐기되었다.[31] 원인은 아프리카 독파리, 맹수, 거친 아프리카 건초, 불량한 도로 그리고 무엇보다 불량한 동물 관리, 마부(馬夫)와 흑인들의 악질적인 성격이었다. 아프리카 독파리가 러시아에서는 발생하지 않았지만, 1917년 전선에서 말의 폐사는 표준보다 수배나 증가했다. 내전에 대한 통계가 이루어졌다면, 풍부한 말도 상당한 소모로 나타났을 것이다.

엄격한 규율, 수송수단으로 병참 보급과 짐마차 편제 조직의 극단적인 축소로 넘쳐나는 어려움을 극복할 수 있다. 모든 경우에 수송수단을 보유하려는 습

[30] 1918년 독일군에는 말 95만 6,856필이 있었다(Wrisberg, *Heer und Heimat 1914-1918*(1914~1918년 군과 고향), f. 76). 여기에 전쟁 시에 폐사한 말 수십만 필을 더해야 한다. 사실 독일군 규모는 아주 컸다. 이는 4년간의 진지전이었고, 독일군은 아주 광범위하게 병참 보급을 위해 협궤를 이용했고, 일부 무기는 말 견인식이 아니었으며 탄 박스는 말 6필이 아니라 4필이 끌었고 거의 전용 말이 있었다. 사단의 일부는 거의 짐마차 부대가 없었고 모든 곳에서 최대한 절약했다. 소련군의 말 비율은 비교할 수 없을 정도로 높다. 육군 군단 내 말의 절대 수는 현재 병력수를 초과한다. 전선군 조직에는 병력 1,000명에 말 1,400필로 봐야 한다. 우리는 철도망의 미약한 발달에 대한 대가를 치르고 있는 것이다.

[31] Commandant breveté J. Buhrer(소령 J. 뷔헤), *L'Afrique orientale Allemande et la guerre de 1914-1918*(독일령 동아프리카와 1914~1918 전쟁, 파리), pp. 376, 377, 406, 407. 이 책은 식민지 전쟁을 연구하는 데 특히 유용하다.

관을 없애고 부대에 비편제 수송대열을 두려는 것을 엄벌해야 한다. 이와 함께 주민들과 군에 검약하는 문화적 습관을 함양하고, 짐마차 수송수단을 크게 절약할 수 있는 교량과 도로의 주기적인 정비의 이점을 이해시켜야 한다.[32)]

물론 러시아는 차량을 이용한 기동을 완전히 삭제해야 한다. 짐마차와 말을 사용하지 않고 사단을 이동시키기 위해서는, 전혀 능력이 없는 상태에서는 화물차 600대와 아주 훌륭한 도로가 필요하다. 몇 개의 탄 박스와 아주 제한된 수의 말, 예를 들면 포 1문에 4필, 탄 박스 1개에 2필이 필요하지만, 짐마차의 중요한 부분을 해소하기 위해서는 1,100대의 화물차가 필요하다. 트럭당 30m로 계산하면 행군장경은 33km가 된다. 도로에 대한 작은 오해도 도로로 이동을 중지시키고 손상시킨다. 차량으로 말을 수송하는 호사는 무조건 불가하다. 차량으로 기동은 서구에서도 편안함의 조건이 아니라 포와 말이 견인하는 장치에 거치하는 기관총을 대체할 경우에만 전투수단이라는 의미가 크다. 물론 언급한 것은 차량과 점령지에 질서를 유지하고 적 빨치산과 투쟁하는 작은 분견대용 짐마차를 이용할 가능성을 배제하는 것은 아니다.[33)]

전쟁의 경제적 준비요소로서 수송 상태는 소련같이 거대한 국가에는 경화체계의 달성까지 포함하여 어떤 재정적 성공보다 더 중요하다. 프리드리히 대왕은 운하 건설에, 나폴레옹 1세는 도로 건설에, 몰트케는 철로 부설에 특별한 관심을 기울였다. 우리 시대에도 수송문제는 전쟁에 요구되는 수단의 엄청난

32) 세계대전 기간에 프랑스는 전구의 도로 정비에 약 170만 톤의 물자(주로 쇄석)를 사용했다. 쇄석 약 6만 5,000톤을 돌이 부족한 지역에 철도로 수송했다. 프랑스는 도로 정비에 노무자 약 8만 명을 투입했다. 이러한 상황에서 프랑스는 러시아와 비교하여 비전투요원 수백만 명을 절약할 수 있었다.

33) 좋은 도로가 있기 때문에 야전군에 병참물자를 보급하고 차량을 광범위하고 적절하게 이용하는 것은 야전군의 비전투요원을 줄이는 강력한 수단의 의미가 있다고 본다. 실제로, 쌍두마차가 15배~20배나 적은 총 12~13t/km에 유용할 때 3톤 차량은 하루에 200~250t/km의 효용이 있다. 차량 1대에 비전투원 3명으로 계산하면 우리는 비전투원을 5~7배를 절약하게 된다. 각 차량은 일상적인 활동을 위해 노동자 12명~17명과 말 40필을 국가에 남겨 두게 된다. 쌍두마차에 비해 비전투원 수가 2배로 필요하지만, 많은 지휘관들이 이의 기동력을 좋아하는 이륜마차는 인력의 생산성을 낮추고 붕괴시키는 망령이다.

양 때문에 적지 않게 절박하다. 아마 수송을 제공하는 우리 노력의 총합은 경제계획의 기초가 되어야 했을 것이다. 한편으로는 향후 수송 발전에 대한 많은 노력, 다른 한편으로는 이러한 수송 상태에서 능가할 수 없는 경제동원의 한계를 이해할 필요가 있다.

전쟁 비용과 군사비. 전쟁술의 발달에 따라 증가하는 경향이 있는 전쟁 비용은 변화가 크다. 동원병력당 1일 금화 20프랑은 현대 부르주아 국가의 최소 군사비용이다. 상당히 원거리에서 전쟁을 수행해야 한다면(세바스토폴 봉쇄), 많은 수송비와 새로운 기지 건설 때문에 전쟁 비용은 50%가 상승하는 경향이 있다. 러시아처럼 거대한 국가는 광활한 영토에서 병력과 장비를 모아야 하고 이런 상당한 손실과 관계되기 때문에 비용이 항상 통상적인 수준을 초과한다. 전쟁이 진지전 성격을 띤다면, 지역 자산을 적게 사용하고 무력투쟁으로 형성되는 물량적 성격 때문에 직접 비용이 2배로 증가한다.

그러나 평시 준비가 부족한 때에는 군사비가 특별히 증가한다. 세계대전 전까지 보잘것없는 군대를 보유했던 미국은 항상 전쟁을 효율성이 낮게 수행했다. 미국은 1861년~1865년과 1917년~1918년에 소총, 탄약, 전투복, 숙영시설, 규정과 전술 교재, 간부학교, 짐마차와 말, 승마연습장, 사격장 등 모든 군사설비를 곧장 주문하고 만들어야 했다. 주문, 구매, 건설을 특별 가격으로 계획해야 했다. 주문을 받고 공장을 짓고 공급을 해야 할 노동자들을 모아야 하는 공급자를 찾아야 했다. 이런 공급자들과 흥정하는 것은 즉흥적이고 협조되지 않고 경험이 적고 행정적이며 주문한 장비를 충족해야 하는 기술적인 조건들을 공급자만큼 이해하지 못하는 요원들이 해야 했다. 군사당국에는 어떤 재고량도 없고, 이는 아주 급하게 필요하기 때문에 건실하지 못한 제안을 거부하고 공금의 이익을 보호할 수도 없다. 그리고 탐욕적인 욕망을 제어할 때 따를 만한 정확한 가격결정의 표준이 없었다. 그렇기 때문에 세계대전 시에 미국 병사들의 프랑스 전선에 체류하는 기간에 따른 비용은 유럽 병사들보다 50배나 많았다. 물론 미국은 막대한 비용을 지출했고 아주 오랫동안 싸웠고 절반만이 프랑스 내로 전환되었다. 그럼에도 불구하고 전쟁 시에는 그들이 평시에 전쟁 비용에서 지불한 경제의 10배를 각국이 지불해야 한다는 것은 명확하다.

평시에 산업에서 준비 활동이 이루어질 때, 구체적인 설계도, 준비된 시제품, 모형, 생산 절차, 일정한 평시 표준가격이 있다. 그렇게 되었을 때, 전쟁 동안에는 충원이 아주 빨리 그리고 대규모로 질적으로 우수하고 저렴하게 준비될 수 있다. 군사당국에 납품은 투기적인 성격을 잃는다.

군사비는 강력한 군을 육성할 뿐만 아니라 미래 전쟁의 비용을 낮추는 수단이어야 한다. 전쟁이 발발하면 아주 급박한 시기에 전선군과 후방부 활동에서 수백만 명의 노동력을 차출하는 예비군 부대의 훈련 손실을 줄이기 위해, 군사비는 전쟁에 대비한 중요한 설비와 동원 예비군, 훈련된 많은 국민을 국가에 제공해야 한다.

50년 전에 그랬던 것처럼, 장비의 동원 예비량의 존재가 전쟁의 현대적 요구를 완벽하게 충족시킬 수는 없다. 세계대전간에 산업을 준비하는 것은 가끔 평시 예비군의 수십 배를 초과했다. 그러나 군사기관의 창고를 전쟁 초기에 비우지 않으려면 그렇게 해야 한다. 창고를 채우는 것은 군수산업을 육성하는 것이다. 산업동원 시간을 벌고 최대로 가동할 준비에 필요한 시간을 얻기 위해 비축창고가 필요하다. 비축창고의 존재는, 필요한 경우에 섬멸적인 타격 수행을 보장해야 한다. 비축물량이 없으면 비싸고 의심스러운 외국의 밀수품 구매까지 아주 미덥지 못한 대책의 길로 들어서야 한다.

군사비는 동원 예비군의 준비와 중요한 설비(무기, 진지구축 등)에 할당된 비율로 특징을 드러내야 한다. 군사비의 이 부분은 전체 군사비의 10%(평시에 동원예비군의 복장, 탄약 등에 지출)에서 70%까지 유동적일 수 있다. 제정러시아에서 이 비율은 37%에 달했다. 나머지 재정 부분의 생산적인 경비는 1년간 훈련된 '붉은 군대' 요원들(그리고 지역 훈련소에서 훈련을 이수한 이들)의 훈련 수준으로 측정해야 한다. 현대의 군대는 학교이다. 학교에 대한 평가는 학교가 배출한 학생에 따라 이루어져야 한다.

군사비에서 유용한 균형은 군사비가 충분한 규모일 때 이루어진다. 왜냐하면 자연히 극히 적은 예산은 생산 흔적 없이 간부들이 삼켜버릴 것이기 때문이다. 군사비를 적절히 분배할 때, 전쟁의 경제적 전망은 훨씬 좋아진다.[34)]

전쟁수행 자원. 프리드리히 대왕은 평시에 그의 20만 군대에 2년 동안 보급할 약 16만 4천 톤의 빵과 귀리, 부대 봉급 3년분의 은을 요새에 저장하였다. 그는 전쟁에 경제적인 대비가 되었다고 생각했다.

전쟁은 부분적으로는 전쟁을 위해 비축된 예비량으로, 또 부분적으로는 전쟁 과정에서 국민경제에서 징수한 자원으로 수행된다. 예비량은 군사 또는 다른 기관이 비축할 수 있다(예컨대, 철도용 연료 2개월분의 동원 예비량, 외국산 원료 예비량 및 산업 설비). 생산 능력의 발전과 기술 숙달도 향상에 따라 사전 비축량은 줄어들고 전쟁 기간에 경제적 증강의 중요성을 강조하는 경향이 있다.

독일 프랑스 러시아는 세계대전 1개월 동안 금화 8억~15억 루블을 지출했다. 전쟁에 필요한 수단은 아래와 같은 다양한 방법으로 국민경제에서 구할 수 있다. 첫째, 새로운 비용(주거지 및 새로운 공장과 도로 건설, 전력 설비, 새로운 회사 조직, 외국에 자본투자)에 지출량보다 국민소득의 잉여분을 적게 하는 것이다. 둘째, 외국에 금 예비량과 외환의 정금화(正金化) 또는 외국에서 차관 도입이다. 셋째, 주거지와 설비의 수리에서 절약과 유동자금 축소를 통해 달성되는 국민경제에 축적된 자본의 점차적인 징발이다. 넷째, 노동시간 증가 및 여성과 어린이의 노동사용에 따른 실질급여 축소, 국민 교육과 건강유지 그리고 사회보장지출 축소 등이다. 전쟁은 미래와 과거에서 자산을 거둬들이고

[34)] "군 경영의 장점은 부대를 유지하기 위한 것이 아니라, 어려운 시기에 전쟁을 위한 모든(물질적, 재정적) 수단을 보유할 능력을 국가에 부여하는 것이다."
Л. Штейн, *Учение о военном быте, как часть науки о государстве*(정치학로서 군대 생활 상태 연구), Петербург : 1875 그리고 М. Синдеев, "Основы научной военно-экономической подготовки(과학적인 군사-경제적 준비의 기초)", *В. Мысль и Революция Т. IV*(군사 사상과 혁명 제4권), 1923를 참고 바람.

노동력의 생산 여건을 악화시키며 이를 제대로 보상하지 않고 다음 세대의 건강을 소모한다.

국민소득의 연례적인 대규모 잉여는 치열한 자본주의적 또는 사회주의적 축적으로 나타난다. 축적은 통상 새로운 설비에 지출, 국가 산업설비에 새로운 자본 투자와 관계된다. 자본 투자는 대국에서는 통상 중공업의 발달 상태와 관계된다. 이러한 상황에서 국가는 경제적인 면에서 전쟁 준비를 아주 잘한 것으로 나타난다. 실제로 1,350억 루블에 달하는 연간 노동생산량에서 120억~150억 루블을 축적하는 미국[35]은, 본질적으로 전쟁 시기에 대비하여 경제적 발전을 포기하고 철로와 철골 그리고 자동차 제작 대신에 중공업과 군사장비에 관한 활동에 집중해야 한다. 소련의 빈약한 사회적 비축은 더딘 중공업 재건이 전쟁능력이 뛰어난 경제 체제를 창출하기 위해 극복해야 할 중대한 장애물이다. 극단적으로 말하면, 국민총생산의 10% 미만인 사회주의적 축적 규모의 달성은 미국처럼 군사적 능력에 엄청난 의미를 지닌 대규모 재정적 성공이었다.

외국에 저축하거나 차관을 제공하는 제2의 원천은 부르주아 국가에게는 커다란 의미가 있다. 외국 시장과 해상 병참선이 있는 경우에는 더욱 그러하다.

유동자금 제거인 제3의 원천은 군사적 상황에 연유하는 위기와 충격의 완화에 아주 중요하다. 이는 정찬을 먹지 않을 때 비축물인 경제체제의 지방(脂肪)이다. 그러나 현재 우리의 경제 현실에서 이 원천은 아주 제한된다.

아주 일반적인 방법으로, 낮은 수준의 보수를 제공하여 어려움을 강제하는 방법으로 국민 각자의 소비를 줄이고 도달한 경제생활의 수준을 낮추는 제4의 원천으로 방향을 바꾸어야 한다. 물가 급등에 대한 어떤 증액 대신에 근무일수 연장, 근무수당 삭감, 학생 나이의 청소년을 근로자로 투입, 농민 · 부르주아 · 국영기업에 세금 압박의 증가를 고민해야 한다. 지금은 전쟁을 국민이 자

35) 세계대전에서 아직 회복하지 못한 영국은 1924년 금화 25억 루블을 비축했다.

신의 자원으로 수행한다. 전쟁을 하는 것은 시위에 참가하고 적의 체제에 자신의 감정을 표현하고 점령당한 지역 주민의 시민권을 침해하는 것을 뜻한다. 전쟁을 하는 것은 전선에서뿐만 아니라 먼 후방에서 싸우고 굶고 피해를 입고 결핍을 참고 죽고 복종하는 것이다.[36] 후방에서 임금 삭감은 후방의 노동자와 전선의 전투원을 경제적으로 비교할 수 있다는 정당함을 인정하는 것이다.

물론 평시에 주민 복지와 임금 수준이 높을수록 이 원천은 더 많이 축적된다. 인간의 생활수요가 늘어나고 줄어드는 능력은 놀랍다. 1919년~1920년의 사례를 통해, 투쟁을 수행하는 계급의 의식이 아주 높을 때 연간 국민 총소득이 100억 루블인 국가가 어떤 경우에는 비용이 연간 150억 루블로 계산되는 전쟁수행 역량을 보였다.

재정 능력이 전쟁 능력은 절대 아니다. 고등교육을 받은 국민이 경제 발전이 아주 낮은 수준에 있고 게다가 그들을 모이게 하는 슬로건이 없는 국민과의 투쟁에 나서는 경우에만, 전쟁을 충분한 금전을 지출하여 과학기술적인 우위를 점하는 계획이라고 간주할 수 있다. 로마의 높은 과학기술과 경제에 의존한 카이사르는 갈리아 지방에서 적지 않게 힘든 시간을 버텼다. 아비시니아(Abyssinia)의 이탈리아와 모로코의 스페인은 수천 명의 생명과 수단을 잃고 일보도 전진하지 못했다. 이미 빌로브는 자신의 전략에서 국가 재량하에 있는 자금의 양과 동원 시에 국경에 전개되는 물질 자산의 양(빌로브는 병력을 포함함)이 정비례하지 않는다는 것을 강조했다. 1870년 8월 라인강에 우세한 전력을 정연하게 전개한 프러시아는 재정적인 궁지에 몰렸다. 프러시아 부르주아는 군사적 차관을 신청하지 않았다. 전쟁 결말에 대한 의구심을 남기지 않

36) 우리 상황은 고대 지혜의 반대로 가고 있다. "사람들은 전쟁을 시작한다고 확신하는 만큼이나 생기 넘치게 행동하지 않고 사태에 따라 자신의 태도를 바꾼다. …… 전쟁은 준비된 기재만큼 강제로 비축한 자원으로 수행되지 않는다. 어렵게 벌어먹고 사는 사람은 전쟁을 위해 돈보다 자신의 생명을 기꺼이 희생한다. …… 돈이 부족한 것이 이들에겐 중요한 장애물이다. 왜냐하면 송금과 함께 이들은 느려지고 항상 느리게 들어올 것이지만, 군사적인 사건들은 기다리지 않기 때문이다."(Фукидид Ⅰ, С. 140~142).

은, 전선에서 일련의 승리만이 프러시아 재정장관의 자금 압박을 해소했다. 그러나 군이 곧장 재앙적인 상황에 처하고 전면적으로 와해되고 내부 혁명에 휩싸인 프랑스는 경제적으로 아주 부유한 여건에 있었다. 전쟁의 결말이 재정파탄 때문이라면 의심의 여지없이 1870년 프러시아는 프랑스에 패했을 것이다. 6,350조 루블로 평가되는 미국의 국부는 경제전선을 결정하는 아주 중요한 정보이다. 그러나 계급투쟁 전선과 무력충돌 전선은 아직 남아 있다. 물론 은행업자는 전쟁을 촉발할 수 있다. 그러나 다른 힘이 이를 해결한다.[37)]

전시 공산주의. 전쟁 비용이 국가 총수입과 같다면 전쟁 수행은 한정된 수량의 흑빵과 감자로 치밀하게 전환해야 하는 국민의 추가적인 노력만으로도 가능할 것이다. 국민의 충분한 인식하에 이러한 전환은 전쟁 비용을 충당하는 격렬한 방법으로 수행될 것이다. 우리가 경제적인 과업으로서 직면한 것을 거부하고 충분한 결의를 보이지 않는다면, 금전적 증표의 보장과 물가 급등이 모든 국민이 배급식량과 감자로 전환하해야 하는 "전시 공산주의"인 덜 유용한 결심에 곧장 의존하게 될 것이다.

경제동원. 경제동원 과업은 경제활동의 모든 부문을 아우른다. 국민경제의 능력을 정확히 평가하기 위해서는 국가 전쟁능력이 국민경제에 힘겨운 노력과 희생을 요구하여 이를 훼손한다는 것을 인식해야 한다. 1916년 제정러시아에, 특히 반코프(Vankov)의 활동으로 출현한 과도한 열의가 1914년과 1915년 초에 부족했던 열정보다 큰 폐해를 가져왔다. 소모전을 위한 장기 투쟁에 적합한 경제 기반 구축과 긴급한 경제 조치 사이는 군사용 철로궤도 제작소의 설비와 유사하여 모든 전략적인 과제의 특징을 나타내는 모순이다. 이의 해결책이 해

37) 몽떼뀌꼴리(Montecuccoili)의 책에서 부분적인 악용에 주의를 기울이는 사례인 "전쟁에는 금전, 금전 그리고 금전이 필요하다."를 인용한다. 몽떼뀌꼴리는 자금은 충분하지 않고 준비를 광범위하게 해야 하고 전쟁 후에 부대를 해산하지 않고 계속 유지하며, 강화조약 후에는 다음 전쟁을 준비해야 한다는 데 많은 관심을 기울였다. 전쟁을 위해서는 자금, 자금 그리고 자금이 필요하다는 생각을 전쟁 소요에 대한 현명치 못하고 소견이 좁은 사람들 생각의 특징이라고 토로한다. 어떤 저작의 놀라운 경솔함 때문에 몽떼뀌꼴리를 웃음거리로 만든 이 흔한 우둔함이 이제 그에게 귀착되고 있다!

당 전쟁의 특징에 적합할 경우에만 합당할 것이다.[38)]

경제동원 과제는 순수한 군사동원처럼 명백하고 대단히 완전하게 사전에 만들어질 수는 없다. 경제동원 과업의 해결은 전쟁을 조직하고 국가의 모든 활동을 전쟁 환경에 적응시키는 데에 귀착된다. 이러한 과업을 관료적인 방법으로 완전히 해결하는 것은 불가능하다. 각자가 자신의 위치에서 전시 경제 상황의 노력에 적합하게 최선을 다할 수 있게 할 필요가 있다. 상급기관의 확고하고 장기적인 지도하에 대중의 의식적인 활동이 이루어진다.

경제동원의 불변성. 경제동원을 군사장비 제작의 평시 기준에서 5－8－12개월 동안 하나의 방법으로 수행되는 확고하게 설정되고 수십 배 높아진 과업 수행으로 전환하는 것으로 이해하는 것은 아주 잘못된 것이다. 반대로 세계대전 경험이 사업부분 과업의 증가가 일련의 단계들로 발전된다는 것을 증명한다. 월간 포탄 생산량은 수만 발에서 수십만 발로, 수십만 발에서 수백만 발로 전환되었다. 전쟁에 뒤늦게 참가하기 전까지 경제동원에 성공한 이탈리아는 전쟁수행간에 포탄 생산량은 9배(1일 1,000발에서 4만 5,000발로), 소총 생산은 5.5배(60만 정에서 330만 정으로), 기관총 생산은 40배(1일 1정에서 40정으로)로 늘렸다. 1917년 이탈리아는 한 달에 포 358문을 생산했다. 그러나 이탈리아가 포의 절반(7,138문 중 3,152문)을 상실한 1917년 가을 카포레토(Caporetto, 슬로바키아의 북서 지방－역자 주)의 재앙으로 과업을 증대해야 했다. 이탈리아는 1918년 월 평균 852문을 제작하던 것을 1918년 5월에는 포 1,338문을 제작하는 기록적인 목표를 달성했다.

과업의 단계화는 당연히 전쟁의 긴급 청구에 기인한다. 군수산업의 최대 성과를 얻을 필요는 없으나, 최대로 신속하게 충분히 증대해야 한다. 1915년 2월

---

38) 사령관에게 징발권을 부여하고 해당 관구에서 반출과 공정가격 설정을 금지한 1915년 2월 17일의 법령을 긴급조치로 간주할 필요가 있다. 집행기구의 경제적 부조화 때문에 러시아는 몇몇 총독에게 분할하였다. 각 총독은 저렴한 가격으로 조달이 가능하도록 자신의 관할구역에서 생산된 것을 관할구역 밖으로 반출하는 것을 금지시켰다. 그리하여 내부 관세 장애물 수천 개가 생겼다. 발생한 경제적 혼란은 긴급조치를 취소해야 할 정도로 위협적이었다.

러시아 전선에서 전투용 탄에 위기가 나타나기 시작했을 때, 탄을 25배가 아니라 10배 증산하라는 과업이 하달된 것은 당연하다. 첫 번째 경우가 7개월 내에 이루어졌다면, 두 번째 경우는 27개월 내에 수행되었을 것이다.[39)]

그래서 경제동원에서 최대의 결과를 곧바로 달성하려는 것은 해결할 수 없는 과업이라고 생각된다. 필요하다면 최종 목표는 몇 단계로 이루질 것이다. 중대한 전쟁은 남부에서 농산물 수확이 시작되는 시기에 통상 발발한다. 8개월 후, 봄에 전쟁 기간에 만들어진 물자로 수행하는 전쟁의 새로운 행동인 전역이 시작된다. 경제동원의 모든 준비는 이 8개월을 이용하는 계획에 집중되어야 한다. 평시의 계산은 첫 8개월 동안에 계획된 조치들이 군수산업의 차후 증가의 길을 막지 않도록 향후 성과를 염두에 두어야 한다.

첫 8개월 동안 처음 동원된 군사력은 새로운 편성으로 50%, 100%, 300% 증강될 수 있다. 새로 편성되는 군단들의 기한과 수량은 이들의 군사 장비의 준비 기한과 연관되어 해결한다. 경제동원은 지금 우리가 보는 것처럼 영속적인 군사동원과 밀접하게 연관된다. 이 8개월을 경제과업 수행의 2~3단계로 나누는 것이 대단히 중요하다. 이렇게 해야 경제동원의 문제는 아주 구체적인 토대를 갖추게 된다. 경제동원의 2~3단계를 구체적으로 만들어야 하며 각 단계는 2개월~3개월로 해야 한다. 제1단계는 평시 비축량의 소모와 일치한다. 제2단계는 새로 편성된 부대에 무기를 제공할 것이다. 제3단계는 새로운 기업의 가동 준비를 (개략적으로) 나타낸다.

조직 문제. 경제동원은 계획 · 수송 · 재정 과제이며, 노동력 할당 및 도시와 농촌의 비율 그리고 산업동원이다. 마지막 3개 항목에 관해 구체적으로 기술하겠다. 소련에서 계획 과제는 평시에 우리의 모든 경제는 노동국방위원회, 국

39) 1915년 1월 러시아에서는 폭약 10톤을 생산했다. 2월 과업은 1000% 증대, 즉 한 달에 100톤이었다. 이는 7개월 만이며 전쟁 13개월 차인 1915년 8월에 달성했다. 확실히 전쟁 첫 달에 증산을 위한 준비 작업이 이루어졌다. 1915년 6월 과업은 다시 266%, 약 2,620톤으로 늘어났다. 이러한 요구의 수행은 19개월로 늘어났다(1917년 1월 2,556톤). 확실히 조정해야 하는 것이 아니라, 필요한 공장을 새로 건설해야 한다.

민경제 최고위원회, 국립무역국 등의 지도조직이 있어서 용이하다. 동원 때문에 제국주의 국가에서는 상위 경제기관의 창설과 확장을 즉흥적으로 계획해야 하지만, 우리는 조직을 바꿀 필요가 없다. 경제동원 시에 우리는 평시 상비편성대로 전쟁을 시작한 프리드리히의 군대가 보유했던 것처럼 현대의 준군국주의 군대보다 우위에 있다. 상당한 정도로 우리 산업은 이미 평시에 전체 계획에 따라 활동한다. 전쟁 선포와 함께 지도기관은 그대로 남고 그들이 수행하던 경제계획만 변경된다. 그들은 동원 판단을 통해 이러한 활동의 변화에 훌륭하게 대비되어 있다.

수송과 재정 동원은 60년이라는 과거의 큰 경험이 있고 이는 아주 계획적으로 수행될 것이다. 이미 준비되어 있는 수송 과업에 관해서는 이미 언급했고, 전쟁 비용의 충당 방법에 대한 우리의 관념에 관해 이야기했다. 전쟁비용은 군사동원 소요를 충당하기 위해 국고에 유가증권을 충분히 보유할 수 있도록 하는 데 귀착되는 재정 동원의 핵심이다. 재정 기술은 세계대전 시에 모든 국가가 이미 높은 수준에 있었다.[40]

노동력 분배. 동원 시에 노동력의 과도한 재분배는 우리가 유리한 위치에 있는 동원 분야에서 얼마나 강한 군대를 제공하는지에 대한 광범위하고 어려운 경제 운용이다. 만약 군사적 후방에 인력을 아주 낭비적으로 채우려 하지 않는다면, 국민들 덕분에 생산 분야에서 노동력을 (다른 국가에 비해) 더 적게 분리시킬 것이다. 동원 병력 90% 이상이 할당되는 농촌은 평시에는 노동력을 충분히 이용하지 못한다. 아마도, 농토의 꼼꼼한 경작에 경제적 동기의 제공과 동원병력의 가정(家庭)에 대한 사회적 지원 계획으로 한정될 수 있다.

전시에 '붉은 군대'가 노동자들을 최대로 보유하려는 노력은 충분히 이해한

40) 전쟁의 재정적 문제에 관한 자료는 A. **Свечин**, *История военного искусства т. III*(전쟁술의 역사 제3권), C. 30. 세계대전 역사에서 아주 귀중한 보충 자료: 독일의 전 재정장관 Helferich, *Der Weltkrieg II*(세계대전 제2권), 1919, ff. 111~282. 대독연합의 세계대전 수행의 재정적 측면 : 프랑스의 전 재정장관 L. L. Klotz, *De la guerre à la paix*(전쟁에서 평화로), 1923이 있다.

다. 그러나 고안된 소집유예 체계가 없던 많은 국가가 참전한 세계대전 시에 관찰되었던 부정적인 결과를 피하려면 이 부분을 주의해야 한다. 세계대전은 놀라운 혼잡의 광경이었다. 노동자들은 현역군에 징집된 후에, 산업에 부여된 과업을 처리하는 데 꼭 필요한 숙련된 전문가로서 작업장으로 되돌아왔다. 많은 노력을 허비한 군사당국, 예비부대와 전선 유지를 위해 노동자들의 이러한 결원이 많았던 수송과 산업이 어려움을 겪었다. 1917년 가을경 프랑스에서는 전선에서 되돌아온 인원이 70만 명에 달했고 전쟁 말에는 1백만 명이 넘었다.[41] 참호에서 지쳐버린 병사들을 고국으로 철수시킨 방법은 부정적인 감정만 낳았다. 루덴도르프는 1916년 가을 석탄 위기를 극복하기 위해 단번에 5만 명을 전선에서 광산 막장으로 보냈다. 독일에서 동요는 전쟁 말까지 이어졌다. 군사당국은 산업에서 여자나 장애인으로 대체할 수 있는 병역의무자들을 발견하였으나 산업은 군에서 복귀한 개인적으로 특별히 귀한 노동자들을 추가했다. 독일군이 심각한 충원 위기를 맞던 1918년 9월 산업부문이 군에서 3만 4,760명을 차출하고 군에 2만 3,175명을 제공했다.[42] 총 감소의 약 20%는 산업이 군에 요청한 것이 원인이었다. 보충 병력을 받지 못해 독일군이 감소한 세계대전 말, 독일 산업계에서는 243만 4,000명의 병역의무자가 일하고 있었다. 이는 신체적으로 전투부대에 근무할 수 있는 118만 8,000명이 포함된 것이다.

어찌됐든, 유사한 손실로 20% 이상이 군을 떠나야 했다. 그들의 노동이 전쟁과 상관없거나 비숙련 흑인 노동자들이나 여자와 청소년의 노동 또는 신체적으로 원정에 적합하지 않은 남자의 노동으로 손실 없이 대체할 수 있다는

---

41) 이들 중 군수산업에 직접 종사한 이들은 전쟁 말에 50만 명에 불과했다. 아마도 나머지는 "필수" 행정요원이었을 것이다. 독일에 비해 산업에 숙련된 남자 노동력을 덜 투입한 프랑스는 북부지방과 함께 석탄 광산, 갱, 용광로 그리고 마르탱 용광로를 상실하고 주로 미국의 철강으로 전쟁을 치렀다. 독일은 석탄 산업에 징집 연령의 많은 남자들을 투입하였다.

42) 독일군에 관한 자료는 Wrisberg, *Heer und Heimat 1914-1918*(1914~1918년 군과 고향), ff. 292, 100. 프랑스군에 관한 수치는 팡르베, *Comment j'ai nommé Foch et Pétain*(포쉬와 페탱을 어떻게 명명할 것인가)에서 인용했다.

것을 고려하여, 어떤 범주의 노동자들을 전선에 소집해야 하는지 근본적으로 생각할 필요가 있다.[43] '붉은 군대'가 100% 농민군으로 회귀하지 않기 위해서는 이 사항에서는 아주 엄격하고 까다로워야 한다. 그러나 숙련 노동이 필요한 곳의 노동자는 즉각적인 동원에 따른 소집에서 해제되어야 한다. 경제를 위해 이러한 노동자 모두를 평시 병역의무를 면제해서는 안 된다면, 몇 사람이 생각했던 제1지역사단을 산업지역과 일치시키는 합목적성에 의구심이 생길 수 있다. 도네츠크의 광산사단이나 모스크바의 철도사단은 군사적인 의미가 전혀 없다. 왜냐하면 동원될 수 없기 때문이다. 독일의 사례에 따르면 유예자의 50%는 석탄 산업, 25%는 수송, 25%만이 나머지 산업 및 "대체불가" 근무자들과 관계된다. 이러한 비율은 우리에게도 일반적인 수준이다.

물론 노동력 동원은 다른 측면이 많으나 전략가의 관심은 적다.

도시와 농촌. 경제동원 시에 도시와 농촌, 노동자와 농민 간의 핵심적인 경제의 균형을 유지해야 한다. 관리와 노동자들은 도시에 살며 개인의 수요를 자체 생산으로 충당하지 않고 식량과 연료, 집 수리와 부분적으로는 옷 수선까지 개인 노동으로 유지하는 농민보다 시장에 크게 의존한다. 전쟁은 시장을 황폐하게 만들고 화폐 체제를 불안정하게 하여 균형을 파괴하는 경향이 있다. 상당 정도 자연 경제로 살아가는 농촌 주민보다 도시민들을 더욱 힘든 상황으로 몰아넣는다. 전쟁 시작과 동시에 농산물 주문은 빠르게 줄고 생산자의 경쟁은 사라지고 식량 가격은 오른다. 전쟁 물자 생산으로 전환된 산업은 잘 팔리는 상품을 농촌 시장에 공급할 능력이 없다.

합리적인 경제 정책은 무슨 일이 있어도 균형을 유지해야 한다. 농촌 주민을 위한 상품 부족은 해당 세금 압박으로 대체해야 한다. 경제동원은 도시에서 실제 임금 삭감에 비례하여 농민들에게 전쟁세 형태를 계획해야 한다. 전

[43] 세계대전 말 프랑스 군수산업은 1만 5,000개 공장과 작업장에 170만 명의 노동자가 있었다. 이 중 여자와 청소년이 3분의 1(여자 43만 명, 청소년 13만 명)이었다.

쟁으로 야기되는 사회적 궁핍에 헐한 돈벌이 징후를 허용해서는 안 된다. 많은 대중이 전쟁에서 무언가를 얻으려하자마자 전쟁에서 이미 패한 것이다.

경제동원은 낮은 빵 가격 유지를 위한 맹렬한 투쟁을 예견해야 한다. 전쟁 개시 전에 합목적성에 관한 의견이 다를 수 있다. 군대 동원은 귀리의 소비를 상당히 증가시킨다. 왜냐하면 군에 동원되는 말의 1회분 사료는 통상 2kg에서 5~6kg으로 변하기 때문이다. 식량의 총 소비량은 거의 늘지 않는다. 국민들이 자신의 소비를 줄여 '붉은 군대'의 늘어난 소비를 충당하기 때문이다. 그러나 옛날에는 이러한 사료와 식량을 여러 가정에서 조금씩 모았다면, 지금은 하나의 뭉치로 합산해야 이의 소비량이 곧장 계산된다. 발생하는 어려움을 해결하기 위해서는 많은 조직이 필요하다.[44] 평시에 곡물을 통상적으로 외국에 수출했다면 과업은 아주 용이했다. 소련은 곡물을 대규모로 수출하는 무역을 주도하는 국가로 성장하고 이의 반출을 더욱 귀한 농업 원료로 대체하고 있기 때문에, 농산물 시장의 무정부상태를 극복할 수 있게 한 빵의 대규모 비축 계획에 관한 문제를 제기해야 할 것이다.[45]

독일은 도시에 감자를 보급하기 위해 전쟁 초에 돼지를 의무적으로 대량 도살하는 조치를 취했다.

---

[44] 제정러시아는 군사기관 창고와 서부국경관구 요새에 귀리 16만 톤 등 식량 약 50만 톤을 저장했다. 이러한 비축은 부대편성을 위한 시간을 획득하는 데 대단히 중요하다. 군사기관이 이를 보유하는 것은 특별한 수송 노력이 요구되는 전쟁 첫 2개월 동안에 이 비축물자 수송에서 수송수단의 부하를 덜 수 있었다.

[45] 도시와 농촌의 균형유지 필요성에 관해 언급한 것처럼 여러 국가와 연방의 지방 간의 균형도 동일한 정도로 대해야 한다. 경제 정책은 전쟁의 압박과 궁핍의 동등한 분배를 추구해야 한다. 세계대전 시의 행동는 아주 교훈적이고 부정적인 예이다. 헝가리는 생산 지방에서 자신의 특권적인 식량 사정을 포기하려 하지 않았고 오스트리아와 분리시키는 내부 관세 경계를 만들었다. 농업국인 헝가리는 상대적으로 부를 유지했고 그 당시 전쟁 산업을 가동하던 오스트리아는 말 그대로 빵 한 조각 없었다. 이 내부 관세 때문에 오스트리아와 헝가리가 전선에서 집요하게 다투게 되었다고 생각된다. 헝가리의 이기주의는 철도 문제에서 특별하게 나타났다. 헝가리는 철도로 헝가리 수중에 있는 아드리아해로 나아가는 것의 중요성을 훼손하지 않으려 했고 전쟁기간에 오스트리아-이탈리아 국경에 철도를 건설하는 것을 방해했다. Kraus, *Die Ursachen unserer Niederlage* (패전의 원인), 1920, ff. 28, 62~66, 174.

산업동원. 군사행동에 직접 참여하지 않은 세계대전 첫 10달 동안의 아주 의심스런 준비를 고려하지 않는다면, 이탈리아는 산업동원을 한 번도 계획적으로 수행하지 않았다. 역사적인 사례는 이러한 동원의 필요성을 전하고 세계대전간에 새로운 길로 산업을 전환하는 자연발생적인 과정에 대한 정보를 제공한다. 모든 필요한 원료의 산출과 이의 분배, 공장설비의 계산과 더욱 합리적인 이용, 기술자와 노동자의 재편성, 실업자 노동력의 최대 이용, 농촌에서 새로운 노동력의 유입, 보유 기재의 능력과 전쟁 소요를 고려한 과업이 이 동원의 핵심이다. 소련의 평시 경제활동 지도 경험이 아마도 이런 동원계획 수립자에게 제일 좋은 학교일 것이다.

산업동원 계획은 조화가 특히 중요하다. 군사 장비 생산을 대등하게 증가시켜야 한다. 만약 탄약 생산을 증대하는 데 철이 부족하거나 수송수단이 석탄 수송을 감당하지 못한다면, 탄약 생산은 멈출 것이다. 그러나 화약과 탄몸체 또는 신관이 부족하면 탄약은 어떻게 되는가. 유효 사격량은 노후되거나 파괴된 것을 대체하기 위한 포신 생산에 따라 완전히 달라진다. 수류탄이나 소총, 전투화, 면포와 나사(옷감)의 불균형적인 발달은 국가의 물자에 영향을 미치고 군에는 실제적인 이득을 전혀 주지 못할 것이다.

전쟁으로 인해 군사 장비의 소비시장이 넓어진 만큼이나 여기에 군사 장비 소비자가 항상 있는 것은 아니다. 그래서 전쟁에는 군사 물자의 과도한 생산 위기가 발생할 수 있다. 1916년 말 독일 산업이 채택한 “힌덴부르크의 대규모 계획”을 전쟁 중의 새로운 경제동원 과업으로 간주하면, 경제동원을 위한 과업이 군사 부분에서 과도하게 증대될 위험에 대한 일련의 훈령을 접하게 될 것이다. 하나의 중요한 예를 보자. 루덴도르프는 1916년 9월 야포 생산에 관한 산업의 월 과업을 실제 소요를 훨씬 초과하는 3,000문으로 설정했다. 이러한 엄청난 성과를 달성하기 위해 새로운 공장을 짓고 새로운 작업대를 설치하고 철강 생산을 늘리고 이를 위해 생산된 석탄 일부를 차출하고 군을 위해 보유하던 보충 예비군을 원료 채취와 증가된 수송과업, 건설, 생산을 위해 필요한 상당수의 노동력으로 전환해야 했다. 1917년 5월 루덴도르프는 계획에 발생한 착오를 인지하고 매달 야포 1,500문 이하를 생산하는 것으로 변경하는 훈령을 하달했다. 그는 월 생산량을 1917년 9월에는 1,100문으로, 1918년 3월에는 725문으로 축소했다. 한편 산업 생산량은 이에 관심이 많은 인물이 지지하는 거대한 관성(慣性)이 있다. 산업 생산량은 월 3,000문에 도달했고 병참 후방기관이 이를 아주 어렵게 낮추었다. 1918년 6월 생산량은 2,498문이었다. 그 결과 독일군 후방에는 완전히 새로운 야포 방치품이 발생했다. 쾰른(Köln)에는 새로운 야포 3,500문과 곡사포 2,500문으로 가득 찬 창고가 있을 정도였다. 자신의 강화조약 조건으로 독일의 무장해제를 바랐던 포쉬만 부담을 약간 덜었다. 독일 상비군과 대면해야 하는 포쉬는 독일의 포를 계산한 후에 2,500문의 야포와 2,500문의 곡사포를 넘겨줄 것을 요구했다. 그의 요구는 야포 부분에서는 군에 편성된 무기를 건드리지 않고 야전창고에 있는 완전히 새로운 야포로 실행되었다. 독일 무기를 파괴한 대독연합 통제위원회는 나중에 고철로 만들어야 한다며 그들에게 제공된 수만 문의 독일 야포에 놀랐다.[46)]

국가가 전선과 후방에서 수행할 증강은 하나의 총체이며 후방의 과부하는 전선의 약화를 야기한다. 1918년 여름 독일군은 쇠약해지기 시작했다. 전선의 전투력을 유지하기 위해 후방의 군사 업무량이 자연히 줄어들었다. 전선에 사격할 무기가 없을 무렵, 1년 사이에 열차에 실려 함부르크에서 콘스탄티노플까지의 철로를 메운 포탄은 무엇 때문에 생산하였는가? 최고 속도로 가동한 황량한 전선과 군수산업의 후방을 가진 독일을 1918년 11월의 위기로 몰아넣은 루덴도르프의 논리적 불합리를 관찰하였다. 이 사실에 비하면 러시아의 공장들이 1917년경에 제작한 수천만 발의 잉여 포탄은 아무것도 아니다. 그리고 상시적으로 군사 장비 생산에서 최고 성과를 내려고 해서는 안 된다. 합리적

46) Ludwig Wurtzbacher, *Die Versorgung der Heeres mit Waffen und Munition*(군의 무기와 탄약 보급). M. Schwarte, *Der Grosse Krieg 1914-1918 IX, ч. I*(1914~1918 격렬한 전쟁 10권 9장), ff. 131~134. Wrisberg, *Wehr und Waffen 1914-1918*(1914~1918 군과 무기), ff. 18, 19, 57.

인 수준을 알아야 한다.

군수산업은 동원을 위한 기술적인 준비를 해야 한다. 평시에 제작품의 최상의 질과 장기 저장성을 추구하는 것은 당연하다. 화약이 몇 달 후에 소모된다면, 질적으로 흠잡을 데가 없다면, 무언가로 발사된다면, 전쟁간에는 15년 보관할 수 있는 비싼 화약을 생산할 생각은 없다. 그러나 낮은 기술 조건에서 연구는 적지 않은 관심과 시간을 요하는 절차이며 이는 평시에 이루어져야 한다.

이와 동시에 완성품을 요구되는 수량까지 제작할 수 없을 경우에 대비하여 간단한 시제품을 준비해야 한다. 기계적으로 강하게 폭발하는 혼합물이 탄의 트로틸(고성능 폭약－역자 주)을 대체할 수 있다. 극단적으로 주철 수류탄에 강철을 대신 쓸 수도 있다. 아주 안전한 폭발물이 없다고 포가 침묵하진 않는다. 왜냐하면 간단하고 조금 덜 안전한 폭발물로도 포사격을 할 수 있기 때문이다. 게다가 전통적인 놋쇠는 탄 몸체를 좀 더 저렴한 물질로 대체할 수 있다. 어떠한 경우에도, 구 러시아군에서 '있으면 좋고, 없으면 알아서 해'라는 식으로 전쟁의 과학기술 소요를 관료주의적으로 처리해서는 안 된다. 과학기술은 전쟁 상황에 적용되어야 하고 그 상황에 따라야 한다. 기술의 탄력성을 동원 준비로 보장해야 한다.

평시에 군사 장비를 생산하지 않는 공장이 군사 장비를 대량 제작할 수 있게 하려면 충분한 양의 제작 설계도를 제공하고 기술 여건 및 필요한 모형과 형틀을 지원하며, 원료 비축분을 집결시키고 이를 부단히 보급하고, 필요한 설비를 조정하고 발전시키거나 다시 만들고, 노동력을 모으고 새로운 생산에 관한 훈련을 해야 한다. 설계도와 모형의 대량 준비에는 많은 시간이 걸린다. 그러나 평시에 많은 비용을 들이지 않고 이러한 작업을 수행하거나 준비할 수 있다. 평시에 곰곰이 생각하면 원료와 설비 문제는 아주 빨리 해결된다. 생산을 위한 노동자 훈련은 2달 정도가 필요하다. 세계대전간 금속업체의 동원 소요 기간이 1년 이상으로 빈번히 늘어났다.[47] 평시에 이 문제에 아주 소소한 주의를 기울이면 동원 성과를 2배로 높일 수 있다고 생각된다.

과학기술적 기습. 1861년~1865년 전쟁 기간에 미국에서는 군사과학기술이 다양한 면에서 광범위하게 발전하였다. 즉, 지뢰와 장갑차, 12인치 포, 탄창부착 소총, 기관총 등이 출현했다. 1870년 전쟁간에 나폴레옹 3세는 비밀리에 200정의 기관총을 프랑스군에 도입할 준비를 했고 과학기술적인 기습을 특별히 예상했다. 그러나 기관총의 이용을 전술적으로는 전혀 생각하지 않았고 프랑스군 부대의 전술과도 일치하지 않았다. 이러한 조치들을 수행하도록 위임받은 사격장의 포병 수학자(artillery-mathematicians)는 중대 일부의 무장을 기관총으로 변경하는 것까지만 생각했고, 기관총중대는 주로 원거리 전투를 수행하도록 했다. 이런 전술적 몰이해는 과학기술적 기습을 전혀 달성하지 못하고 유럽 국가들에 기관총 확산을 30년이나 지연시켰다.

세계대전간 독일은 42㎝(16.5인치－역자 주) 곡사포의 돌연한 출현 효과를 어느 정도 달성했다. 러시아는 시험을 위해 전쟁 전에 이런 곡사포 시제품을 프랑스에 주문했고 이론적으로는 모든 것을 알았음에도 불구하고, 새로운 러시아의 영구 방어시설에는 6~8인치 수성포(守城砲)가 아니라 11~16인치 수성포를 고려했다. 우리는 11인치 포를 광범위하게 시험했다. 교묘한 선전으로 환상적으로 과장된 독일의 “베르타(Bertha)” 효과가 드러나자, 세계 모든 요새에서 심한 당혹감이 목격되었다. 독일 과학기술 사고의 다른 커다란 발전은 조금도 합리적으로 실현된 것이 없었다. 팔켄하인(Falkenhayn)은 전선에 독가스를 시험적으로만 사용하는 데 동의했다. 그러나 초장사정 포가 전람회의 단일 진열품들과 함께 출시되었다. 100㎞ 이상의 거리에서 파리 포격은 크루프(Krupp)포 기술을 자랑하는 성격을 띠었으나 심각한 성격의 계획은 아니었다. (44일간 303발을 사격했고 그중에서 182발이 파리에 떨어졌다) 대독연합은 전차 제작에서만 과학기술적인 창의성을 보였다. 1916년부터 전선에서 시험이

47) 이와 같이 평시에, 필요한 노동자 수의 10%를 간부로 보유하고 제작대를 완전히 갖추고 있는 장비 제작소의 동원 같은 간단한 업무는 세계대전 이전 기간에도 지체되었다. 전 인원(노동자 450명)의 총체적인 작업은 3~4주 사이에 시작되지 않았다.

시작되었으나 그렇게 성공적이지 않았다. 1918년에 전차가 성공적으로 운용되었더라도[48] 결코 독일이 이에 대비할 시간이 없었기 때문이 아니라, 전차를 거부하고 고유의 전차를 획득할 시간이 없었기 때문이다. 첫 전차에서 얻은 성공에 대한 독일군 사령부의 과대평가, 대독연합의 과학기술적인 증강에 대한 무관심과 경시, 고유 과학기술의 진보를 어렵게 한 독일군 사령부의 과학기술에 관한 보수주의, 독일군 부대의 전체적인 붕괴의 시작과 연관되어 형성된 이 모든 상황이 1918년 대독연합군의 전차 공격에 유리하였다.

미래의 전쟁에서 과학기술의 주도권은 대단히 중요할 것이다. 그러나 참모본부가 이를 긍정적으로 수용하고 모든 첫 시험은 종심 깊은 후방에서 아주 비밀리에 이루어져야 한다. 기술자 그리고 전술가가 고도로 숙련되고, 관료적이 아니라 적합한 여건에 과업을 부여하고 그 본질과 조직상 기술적인 반동의 보루이며 새로운 사고의 묘지인 기관 연구위원회를 과업에서 배제할 때에 전투에 유용한 새로운 무기를 만들 수 있다. 전투에서 검증하지 않고는 대량 생산을 하지 않는다는 상부의 믿음이 필요하다. 물론 전술-과학기술 지도부가 높은 수준이 아니라면, 엄청난 양의 자원을 헛되이 투입하는 것은 아주 위험하다. 그러나 의식적으로 이러한 모험을 할 필요가 있다. 이 부문에서 실제로 합리적인 종사자들의 가치는 무궁무진하다(독일의 바우어Bauer 중장). 신무기는 바로 육중하게 그리고 대량으로 등장해야 한다. 이는 또한 조금씩 소모해서는 안 되는 예비이다. 전장에는 점진적인 개선과 시험이 필요하지 않다!

경제 참모부. 경제 참모부는 전쟁 지도에 관한 현대적이고 확장된 개념이다. 만약 전투 임무가 전쟁간에 무력투쟁 전선에만 부여되지 않고 계급과 경제 전선에까지 부여된다면, 해당 준비를 주관하고 전선 지휘를 준비하는 전투 기구를 적당한 시기에 창설해야 한다. 군사-경제 참모부의 창설을 긴급히 착

[48] 우리는 전차를 개량하고 이의 운용 방법을 만드는 전투실험을 실시한 1916년에 전차 운용의 시작을 자신의 업적으로 평가한 영국군 총사령관 헤이그에게 전혀 동의하지 않는다. 이 모든 것은 후방에서 실행해야 했다.

수해야 한다.

과거 사례로 볼 때, 특수한 전투 조직 없이 다양한 비관료 상위조직의 총체적인 전쟁 대비 활동은 사라지거나(20년 전 프랑스에서 창설된 국방위원회) 평시에는 현안을 해결하는 데만 집중된다(소련의 과거 노동방위위원회). 모든 경제적인 문제가 아주 복잡하게 얽혀 있어 군사기관 대표들의 간헐적인 간섭과 개별경제 쟁점의 돌출이 모든 성공 가능성을 빼앗는다. 볼호프 계획 같은 전체적인 전력공급 문제나 농촌 호밀 가격의 정액제가, 아마도 전쟁 대비와 직접적인 관계가 없는 거시경제 조치들이 실제로는 전쟁 준비에 긍정적으로 또는 부정적으로 영향을 미칠 것이다. 그래서 군사－경제적 관점에서 이에 대한 비판적인 평가가 필요하다. 당연히 경제의 전체적인 발전과 개선의 지배적인 중요성 때문에 군사적 준비 소요가 아주 자주 무시될 수 있다. 그러나 군사적 준비 소요의 창출이 모든 경제활동에 집요하게 스며들어야 한다.

경제 참모부는 인원이 많지 않아도 되지만 자격 기준은 아주 높아야 한다. 이는 '붉은 군대'의 건설 및 근무와 밀접한 관계가 있고 산업시설에서 견습과 군사－경제 부분에서 근무 경험이 있고 고등군사교육을 받은 인원 일부, 폭넓은 시야를 지니고 전쟁과 관련된 경제 문제를 특별히 다루었으며 최근 전쟁 · 전략 · 행정의 역사를 공부한 출중한 경제학자와 기술자로 구성해야 한다고 생각한다. 독일에서는 경제 참모부 문제가 세계대전 전에 이미 나타났으나 결정되지 않았다. 프랑스는 지금 이런 조직의 구성 초기 단계에 있다.

5. 외교 계획

외교의 과업. 대외 투쟁을 수행해야 하는 군사 및 경제 상황의 대외 정책과의 관계는 명확하다.

외교는 공격 시에 우리에게 정치적 기습을 제공하고 방어 시에는 이를 제거한다. 외교에는 국가에 바람직하지 않은 순간에 인접국가와 무력충돌을 피할 수 있도록 하는 과업이 부여된다. 반대로 국가가 설정한 역사적인 목표를 달성할 수 있고 폭력적 강제 없이 불가능한 경우에 외교는 군사적 경제적 상황에 아주 알맞은 때, 아주 유리한 대외적 상황에서 전쟁을 시작하게 해야 한다.

이러한 유리한 대외 상황은 적대국을 예상 동맹국들과 분리시키고 자신은 적극적인 동맹을 맺고 중립국은 적과 적대적이고 자신과 공감하는 관계를 조성하고 적국이 차관과 전쟁 수행에 필요한 원료와 무기를 외국에서 획득할 가능성을 박탈하고 해외에 경제 협력의 원천을 개발하는 것이 포함된다. 가능하면 전쟁선포의 혐오를 자신에게서 분리하고 적에게 전가하도록 노력해야 한다.

전쟁 슬로건. 왕조 전쟁은 완전히 과거가 되었다. 지금의 국내 정치는 민족적이 아니라 경제적 그리고 계급적 원인의 반향이다. 외교술은 해외에서 광범위한 공명을 일으키고 많은 국민이 이해할 수 있는 슬로건으로 적을 단절시켜야 한다.

세계대전에 참전한 영국은 자신의 경제적 경쟁자인 독일을 압살하기 위해 국제법, 부분적으로 작은 국가인 벨기에를 대국의 폭력에서 방호하는 보호자라는 기사도 모습을 취할 수 있었다. 이런 명료한 모습으로 구체화와 "현대 흉노"의 침략을 받은 "작은 영웅적인 국민"이 체감할 정도의 이상이 세계대전간 영국의 시각이 모든 국가에 이르게 하는 길을 여는 데 방해가 되지 않았다.

대외 정책의 국내 정치에 예속. 대외정치는 국내 정치의 연속이기 때문에 이의 결합에서 전혀 자유스럽지 못하다. 19세기 초 정치학자인 아담 뮬러(Adam Mueller)는 "제도적으로 외무성을 내무성에서 분리할 필요가 있다."라고 썼다. 바로 거기에서 그는 정부와 국민은 대외 및 국내 업무는 하나의 총체라고 인식해야 한다고 주장했다.

1870년 보나파르트주의의 국내 정치는 제2제정의 정부에 위협이 되었던 강력한 자유주의 운동이 격화됐던 프랑스 내의 가톨릭 분자들과 긴밀한 결합에 기반을 두었다. 외제니(Eugenie) 황후 주변에 무리를 이룬 지배 도당은 조직을 식별하고 단번에 반대파를 처리할 생각을 하고 있었다. 그러나 그러한 내부 변혁에는 프랑스에서 왕정의 인기를 높이는 군사적 성공이 선행되어야 했다. 이와 같이 제2제정의 반동적인 요소 때문에, 독일 통일 과업을 완료하기 위해 프랑스와의 전쟁이 필요했던 비스마르크에게 아주 바람직한 상대인 주전파(主戰派)가 자연스럽게 결성되었다.

프랑스의 국내 정치에는 프러시아에 공동으로 대응하기 위해 오스트리아와 동맹이 필요했다. 그러나 오스트리아는 프러시아와 이탈리아 2개의 전선에서 동시에 싸워야 했던 1866년을 기억하고 동맹을 맺는 선행조건으로 여기에 이탈리아를 포함시킬 것을 요구했다. 나폴레옹 3세와 아주 가까웠던 이탈리아 정부는 흔쾌히 프랑스 및 오스트리아와 동맹으로 나아갔다. 그러나 이 동맹의 대가로 이탈리아 정부가 로마를 점령하고 세속적인 권력의 로마 교황을 제거하는 것을 허용하는 것이 요구되었다. 이러한 용인을 받지 못한 이탈리아 정부는 이탈리아의 통일 완수를 요구하고 비스마르크에게서 자금과 무기 지원을 미리 약속받은 이탈리아 애국주의자들과 혁명주의자들의 공격을 견디지 못했다. 그러나 프랑스 제2제정은 국내 정치적 고려 때문에 교황을 지원해야 했다. 그러나 외교는 실제적인 성과를 얻지 못했다. 동맹 결성은 뵈르쓰(Wörth, 하이델베르크 남서쪽 40km 라인강 서안 도시－역자 주)와 스삐세헝(Spicheren, 메스 동쪽 약 60km 독일 인접 지역－역자 주)에서 포성이 울리고 동맹에 대한 모든 대화가 중지당하는 순간까지 협상 단계를 벗어나지 못했다.

중립국. 외교적 복안은 세계적인 수준에서 국제관계를 고려하되 잠재적인 적에게만 주의를 집중해서는 안 된다. 현재 두 국가 간의 충돌은 언젠가 세계적인 열전으로 전개될 충돌보다 더 쉽다. 왜냐하면 지금 경제적 이익은 지구상에서 하나의 공통적인 선택지이기 때문이다. 중립국의 중요한 이익은 전쟁 때문에 모습이 가려 있다. 세계 경제는 다만 하나의 완전체이고 각 국가는 독립적인 경제 유기체로 나뉘려 하지 않는다. 대규모 전쟁은 자신의 소용돌이에 엄청난 노동자와 천연자원, 생산품, 수송수단을 끌어들이고 세계경제의 모든 환경을 변화시키는 대단위 경제계획(시도)이다. 가격과 공급자, 차관 조건, 생산, 교역, 거래, 소비, 수요가 변하고 있다.

간혹 중립국은 봉쇄당하거나 타국의 통제를 수용하는 조건에서 대외 교역을 유지할 수 있다. 스위스에서는 대독연합의 통제를 받는 복합공동체(Société Suisse de Surveillance)가 구성되었다. 이러한 것이 네덜란드에서는 트러스트 N.O.T.(Nederlansche Overzu-Trust)라고 불린다. 이들은 자기 나라의 모든 대외 교역을 통제하였다. 스칸디나비아 국가, 특히 노르웨이는 대독연합의 외교적 대표 행세를 했다.[49] 그러나 중립국에서 이러한 압박은 대독연합의 힘이 엄청나게 우월함으로 이해되는 정도로만 가능했다.

일반적으로 중립국의 관점에서 전쟁 기간에 일어나는 모든 것이 그들에게 유리하게 이루어지고 모든 면에서 교전국들의 비용으로 벌이를 해야 한다는 것을 기억하여 중립국을 돌봐주고 그의 경제적 이익을 정성껏 보호해야 한다.

중립국들 사이에서 모병 · 매수 · 주문 그리고 정계와 산업계에 영향력이 있는 인물, 언론기관의 지인을 통해 주로 경제적인 성격의 선동, 전보문과 영화필름의 제공, 주문자 측의 우위와 행동 양식의 절도(節度)가 확실히 드러나는 지난 작전에 대한 전사(戰史) 저작의 신속한 제작 등 적대적인 쌍방의 기묘한 경쟁이 일어난다. 참모본부가 점유하고 있는 전역(戰域)에 따라 주최하는 외국 무관과 유명 언론인들의 회합과 이들에게 귀중한 정보와 문서 자료의 빈번한 제공 또한 하나의 매수로 간주해야 한다.

전쟁의 외교적 준비. 1904년 일본의 러시아와의 전쟁에 대한 외교적 준비가 전형적이다. 일본 외교관들은 1895년 중국과의 전쟁에서 승리한 후에 러시아, 프랑스 그리고 독일의 백인종 단일 전선에 노출되었다. 이러한 전선의 출현 가능성에 우선적으로 보험을 들어야 했다. 그래서 일본은 만약 전쟁에서 하나

---

[49] W. W. P. Consett, *The Triumph of unarmed Force 1914-1918*(1914~1918 비무장 세력의 승리), London : 1923. 저자는 첫 2년 동안 스칸디나비아 반도를 독일이 봉쇄하려는 시도를 영국이 무산시켰다고 주장한다.

이상의 국가와 싸운다고 판명되면, 영국이 군사적으로 일본을 지원한다는 재보험을 영국에 들었다. 영국은 러시아가 일본과 결투를 벌이는 데 그 누구도 러시아를 돕지 못하게 감시하는 입회자 의무를 받아들였다. 일본은 제정러시아에서 극동의 보호자, 중국에서 자신들의 몫이 줄어들지 않기를 바라는 다른 모든 왕정국가들의 투사로 나섰다. 일본의 외교는 중국과 우호적인 관계를 유지하는 데 성공했다. 이는 커다란 의미를 지녔다. 왜냐하면 군사행동은 중국 영토에서 발생했고 1895년 중국의 패배와 폭압 후에 아주 쉽지는 않았기 때문이다. 황인종의 대표자가 백인종 전선을 무너뜨리고 자신의 차관을 배분하고 미국과 서구에서 군수물자를 구매할 가능성을 유지하는 것은 쉽지 않았다. 알려진 바와 같이 전쟁 당시 일본은 러시아-프랑스 동맹국에서 호츠키스(Hotchkiss) 기관총을 다량 구매할 수 있었다.

그만큼 이익이 되는 성과를 거둔 것은 특정한 목표를 설정하고 치밀하게 추구했던 대외정치의 결과였다. 세계대전은 1914년의 독일로서는 1904년 일본의 러시아와의 전쟁 같은 특정한 목표와는 거리가 아주 멀었다. 그래서 우리는 세계대전의 관점과는 자주 괴리된 독일 외교의 단편적인 활동만을 살펴볼 것이다. 대규모 함대 건설은 조만간에 프랑스-러시아 동맹에 가입해야 하는 영국에 위협만 되었다. 독일 외교는 외교적으로 포위해야 하는 영국의 과업을 아주 용이하게 했다. 빌헬름 2세는 러시아, 프랑스 및 일본과의 관계에서 정치적으로 극히 좋지 않은, 늑대 가죽을 쓴 양의 처지에 놓여 있었다.[50]

적대적인 강국들 안에서 독일의 국내 정치는 프랑스 영국 러시아와 관계를 개선하고 대독연합의 분열을 기다리기 위한 목적에서 극단적으로 평화 애호적이며 겸손하거나 정치적 경제적 그리고 군사적으로, 특히 유리한 상황에서 예방전쟁을 위한 특정한 순간을 선택할 수 있었다. 독일은 평화에 대한 자신의

50) 실제로는 정치적 방어임에도 불구하고 외관상 공격 위치였다. 인도 원정으로 생긴 잡음이, 또한 패주하는 제정러시아 정부의 추격이 늑대 가죽이었다.

의지가 전쟁을 허용하지 않고 자신의 군사적 정치적 상황이 아무것도 양보하지 않을 뿐만 아니라 개선될 수 있다고 생각하여 유연한 제3의, 즉 중간노선을 고수했다.[51]

십자군 원정. 독일의 국내 정치적 실수는 독일 전략에 처참하게 나타났다. 외교는 외교를 통해 창조되는 대외정치의 연속인 전략적 말미를 아주 치밀하게 만들어야 한다. 대외정치의 특성과 결함은 자연히 전략에 전달된다. 20세기 초에 첫 번째 십자군 원정으로 귀착시킨 정치의 비합리적이고 신비적인 특성이 십자군 원정의 불합리하고 부정적인 전략을 만들었다. 랑케는 프리드리히 바바로사(Frederick Barbarossa)가 아시아로 나아가기 전에 발칸 반도를 사전에 독일의 작전기지로 삼지 못한 것을 유감스럽게 생각했다. 그러나 모든 세대의 희생과 문화 · 경제 · 작전 기지를 순차적으로 확장하여 단계적으로 전진하는 것은 우리가 십자군 원정을 이해하는 데 역행하는 것이 전혀 아니다. 십자군의 운명은 바다에서 함선의 흔적처럼, 십자군의 흔적이 그가 지나가는 광활한 대지에서 사라지는 것이다. …….

전략가의 사고처럼 진정한 정치인의 사고는 모든 신비를 회피하고, 현실에 기반을 둘 뿐만 아니라 현실에 근원을 깊이 두어야 한다.[52] 여기에서 전략가의 창조적 상상력이 자라고, 전략가의 창의성은 현실이 제공한 자료의 구성일 뿐이다. 특정한 신비는 세계대전 시의 독일 지도부에게는 낯설었다. 1915년 초 독일 정가에서는 프랑스와 영국의 "민주주의"냐 제정 러시아냐 라는 독일의 공

51) W. von Bülow, *Die Krisis III Auflage*(위기, 제3판), Berlin : 1922, ff. 176~177.

52) 조미니는 교리의 특징과 이것이 제공하는, 적대국에 와해를 야기할 가능성에 주의하면서 Le guerres d'opinions(교리 전쟁)" 썼다(*Jomini, Precis de l'art de la guerre T. I*(전쟁술 1권), 1837, pp. 54~61) 이 경우 전략은 고상한 슬로건으로 가려지기만 하는 민족적 또는 제국주의적 목표의 추구로 설명될 수 있는 것을 피해야 한다. 그래서 작전기지를 구축할 목적으로 요새를 점령하거나 한 지방을 강력하게 장악하는 것을 거부하고 항복한 지역에 국가행정기구를 존속시키고 어떠한 징발도 거부하고 주민들 사이에서 의견을 같이하는 사람들의 영적인 동맹같이 행동해야 한다. 프랑스군은 이러한 스타일로 신성동맹의 칙령에 따라 이탈리아에서 1823년 전역을 수행했고 3개월 동안 반도 전역의 극단-혁명 운동을 제압했다.

격 "방향"에 관한 문제가 활발하게 토의되었다. 러시아에 대항하는 방향에 찬성한 사람은 이 문제에 관해 사회민주주의자들의 열렬한 지지를 받은 루덴도르프였다. 서부 공격은 러시아에 대항해서는 제한된 목표를 가진 공격만을 동의한 팔켄하인이 주장했다. 실제로 제정 정부가 피해를 많이 입을수록 제정 정부는 개별적인 강화조약 체결은 더욱 불가능했다. 결국 사회민주주의와 좌파 부르주아 파벌 사이에서 제정러시아에 인기가 없었기 때문에 러시아 방향이 우세해졌다. 1915년 독일군의 러시아 전선 전역은 실현 불가능한 것에 돌진하는 돈키호테 같고, 게다가 전쟁이 독일 국민의 생사문제를 평가한 정치적 범죄 같은 일이었다. 자신의 준엄함이 아니라 호감도에 따라 자신의 적과 한 패가 된 독일 사회민주주의의 놀라운 반(反)정치적 접근의 정반대는 소련과 외교적 경제적 관계를 맺은 무솔리니의 파시스트 정치이다. 무솔리니의 정치는 어떤 신비주의도 아니며 호감도와 쟁점을 혼동하지 않고 현실적인 이익을 따랐다.

국제연맹. 총회에서 자기 자치령의 투표권을 가진 영국과 프랑스의 강력한 영향 아래 있고, 외교관과 국가지도자들의 교류의 장이 전혀 아닌 국제연맹은 보편적인 평화 보장의 목표를 위선적으로 추구했다. 의심의 여지없이 국제연맹 회의에서 부르주아 국가들 간 합의의 토대가 빈번히 나타나고, 게다가 연맹이 합의에 이르는 실제적이고 정치적인 길을 근본적으로 찾거나 법률적이고 합법적인 토대를 견지하지 않고 있다. 국제연맹 창설자들은 회원국의 자유를 구속하는 초정부적 기구, 연방, 초국가적 기구를 만들지 않으려고 노력했다. 이러한 노력에는 모든 의무의 최소화, 연맹에 속한 국가들이 적대적인 집단을 구성하고 군사협정을 체결할 자유가 있다는 명확한 표현의 누락, 군사적 충돌 위협이 있는 경우에 국제연맹의 중재는 필수적이 아니라 임의적인 성격 등이 있다. 확실히 약소국에 폭 넓은 자유를 부여하여, 실제로는 국제연맹이 영국과 프랑스의 지배기구이며 반소련 블록 구축을 용이하게 한다. 큰 과업에 무기력한 국제연맹은 위생, 우편, 전신, 그 밖의 국제협약 등 소소한 일의 해결에 특정한 권위를 늘리려 한다. 국제연맹에 충심이 없다는 것은 전시에 유독물질 사용을 금지한 결정에서 볼 수 있다. 이 결정은 아주 구체적인 모습으로 독가스는 적이 연맹의 결의를 존중하지 않고 이를 사용하려는 경우에 필요하다는 핑계로 가맹국들이 화학전을 준비하는 것을 조금도 제지하지 않고 있다. 무엇보다 동맹이 허용하는 적극적인 추진이 대체로 어려워지게 하는 경제 블록에 귀착시키는 경제적 보이콧 수단(제16조), 그리고 국제연맹의 조정 결의에서는 군사행동 개시 3개월 유예(제12조)가 관심을 끌고 있다. 규약을 만든 세계대전 승전국들이 자기 군수산업의 전쟁 준비를 위한 동원 이전 기간을 확대하는 데 관심을 보였다. 특정한 수준에서 동원 시간을 획득할 수 있는 조직으로서 국제연맹에 관해 이야기하자면, 어떠한 경우에도 이 조직을 평화를 보장하는 조직으로 봐서는 안 된다.

동맹. 클라우제비츠의 말을 빌면 18세기 동맹은 한정된 책임이 있는 기업체였다. 동맹에 가입한 국가는 병력 3만~4만 명의 모습으로 출자했고 게다가 출자 규모는 해당 국가가 받는 위협, 기대하는 이익에 따라 달라졌다. 이 동맹에서 "인간의 천성적인 약점과 한계"가 명확히 드러났다. 전쟁이 이미 중앙정부의 전쟁이 아니라 민족전쟁이었던 19세기 초에, 동맹은 그야말로 아주 부서지기 쉬운 건축물이었다. "나폴레옹 시대에 유럽의 대혼란은 전쟁보다는 아주 대규모 수준의 정치적 실수에 좌우되었다."라고 클라우제비츠는 추론했다.

개별 강화조약 체결의 어려움. 지금은 동맹이 조금 덜 취약하다. 현재 동맹국은 전쟁이 시작되기 전까지 몇 년에 걸쳐 성장하고 육성되고 있다. 간혹 동맹은 제국주의 발전 시대의 속국의 독특한 형태 같다. 포르투갈의 세계대전 참전은 이의 영국과 예속적 관계로만 설명이 된다. 소련 서부 국경의 모든 중소 국가는 아주 호사스런 영주의 위치를 보장받으려 한다. 그러나 강대국은 동맹국과 엄격한 자본주의적 관계로 동맹을 결성한다. 현대 전쟁의 수행은 전쟁에 정부뿐만 아니라 특정한 계급의 갈망을 반영하는 대규모 정당의 이해관계를 전제로 한다. 이와 같이 동맹 협약서는 오늘날 단순한 종잇조각이 아니라, 배경에는 국민의 강력한 집단이 있다. 그리고 정부는 예전처럼 자유롭게 동맹에서 탈퇴하고 개별 평화 협정을 체결할 수 없다. 지금 이러한 결정은 빈번히 개별적 강화조약을 맺는 국가 내의 계급적 또는 민족적 토대에서 내전의 대가로 실현된다. 세계대전간 오스트리아-헝가리 정치를 책임진 체르닌(Chernin) 공작은 연장되는 전쟁이 오스트리아 정부의 모든 힘을 소모하고 불가피하게 붕괴시키는 것을 지켜보면서 개별 강화조약을 체결하려고 노력하였지만, 매번 이를 실현하는 것이 물리적으로 불가능하다는 결론에 도달했다. 오스트리아 정부에 매우 귀중한 민족 요소인 독일인은 이 문제에 독일의 관점을 취했다. 독일인들은 오스트리아 전선에 있는 독일군 부대에 의존하여 오스트리아 정부를 전복하려는 것을 멈추지 않았다.[53] 이와 똑같이 프랑스 정부가 국경 전역과 마른 작전 중간에 개별 강화조약을 맺는 것에 관심을 기울였고 영국이 프랑스에 '선택은 독일과의 전쟁, 아니면 영국과의 전쟁이며 영국과의 전쟁은 프랑스의 모든 식민지의 상실과 관계된다고 설명했다'는 확인되지 않은 첩보가 있다. 전쟁을 무조건 지속한다는 관점을 견지한 팡르베(Painlevé) 등 몇몇 프랑스 정치가들은 프랑스 정부가 파리에서 보르도(Bordeaux)로 이전하던 때인 1914년 9월 초순에 프랑스 정부와 결별하고 독립적인 정치적 입장을 취했다.

자신의 상황 때문에 러시아는 개별 강화조약을 맺을 경우에도 오스트리아-헝가리 또는 프랑스와 비슷하게 직접적으로 옛 동맹국들의 압력을 받지는 않았다. 그러나 차르 정부가 개별 강화조약을 맺으려고 비밀리에 준비한 하나의 안은 대독연합의 외교 대표들의 보고-회상록에 반하여, 러시아 혁명의 공격을 촉진한 분위기 조성에 직접 참여하는 방법으로 과장된 소문을 퍼뜨려 러시아 혁명을 촉진하였다. 러시아가 실제로 전쟁에서 이탈하기 위해서는 10월 혁명과 이어진 내전이 필요했다.

53) Tzernin, *Im Weltkriege*(세계대전에서), f. 29.

불가리아 터키 오스트리아-헝가리 이 모든 국가는 세계대전에서 개별적으로 이탈했다. 그러나 중부 강대국들의 붕괴가 나타나는 상황에서 그리고 혁명적인 대변혁의 상태에서 이루어졌다.[54)]

국가 이기주의. 현대 동맹의 증대된 정치적 견고성에도 불구하고, 이들 세력의 구성 성분의 합은 적다. 동맹에 가입한 국가의 정부가 아주 충실할 경우에도 각국 정부는 자기 국가에 심대한 손해를 입지 않고는, 자신의 특별한 열망, 필요와 특성을 버릴 수 없다. 동맹은 항상 군마와 전율하는 다마사슴이 매어 있는 마차이다. 공정한 합의가 건전한 국가 이기주의를 망각하게 하지 못한다. 차르 정부는 이것 때문에 러시아의 이익을 고려하지 않고 자신의 지분을 세계대전에 아주 고분고분하게 투입한 대독연합 대열에서 전쟁을 끝까지 수행하지 못했다. 헤이그(Haig) 원수는 세계대전의 총체적인 결론으로 동맹이 모든 무력의 통합사령부를 설치해야 할 뿐만 아니라 동맹의 정치적 문제를 통합지도하기 위한 단일 정치가를 등용할 필요성을 제기한다. 이는 공중누각이다. 이러한 동맹을 위한 조건은 유럽합중국 창설의 전제조건으로도 미흡하다.

제국주의 시대의 속국. 물론 현재의 동맹은 순수한 군사동맹이 아니다. 동맹이 전쟁을 수행하는 문제는 군사행동의 통합으로 한정해서는 안 된다. 동맹의 약한 가맹국에 재정적으로 또 경제적으로 지원하고, 보유하고 있는 해상 수송수단을 소요에 따라 통합하고 분배하고, 병참물자의 주문과 원자재 구매를 위해 동맹국에 중립국 시장을 할당하고 선전과 선동을 위한 공동의 기조를 설정하고, 각국에 특정한 활동지역을 할당할 필요성이 나타난다. 말할 것도 없이 전쟁은 트러스트화된다. 만사에 통달한 트러스트의 특성이 현대 동맹의 견고성을 뒷받침한다. 경제적인 면에서 좀 약한 국가는 다른 동맹국의 자본에 의

54) 사실, 이탈리아는 3국 동맹을 배신했고 독일과 군사협정의 의무를 이행하지 않았다. 그러나 이러한 배신은 이탈리아가 전쟁을 선포하여 독일 및 오스트리아-헝가리와 연합하기 전에 발생했다. 이 외에도 이탈리아가 쉽게 협약을 배신한 것은 영국의 영향과 경제적으로 그리고 군사적(긴 해안선)으로 독일보다 영국에 더 큰 영향을 받았기 때문으로 보인다.

존한다. 키치너는 1915년 소비에트 정권이 대외무역 독점권을 설정하기 전까지 오랫동안 모든 외국시장에 주문과 구매를 연방이 통제하는 형태의 독점권을 러시아에 설정했다. 우리는 차관 소요와 요구량을 계산해야 했다. 우리는 영국과 미국(모건 합작회사)에서 우리의 주문량을 배분받기 위해 중재자인 키치너에게 보고해야 했다. 우리 수납계는 쉽게 치욕을 당했고 파면되었다. 우리가 원하고 요구한 품질의 물품을 받지 못했다. 국내 산업이 우리의 수요를 이미 상당한 정도로 충족시켰을 때 우리는 전쟁을 적극적으로 수행하지 않으려 한다고 의심하는 협박을 받으면서도 외국에 포탄 주문을 거부할 수 없었다.[55] 외국 군사사절단, 전략 및 기술 통제관들을 부패시킨 세력이 1917년 2월 혁명 전후에 러시아에 나타났다.

경제적 독립의 피해는 당연히 전략적 독립의 피해로 귀결된다. 아는 바와 같이 1914년 10월부터 서구의 우리 동맹국들은 러시아에 알리지 않고 곧 결정적인 공격으로 전환한다고 약속하여 러시아가 독일에 맞선 전쟁을 맹렬하고 적극적으로 수행하도록 고무시키면서 소모전을 전개했다. 그래서 1917년 2월 1일 페트로그라드에서 개최된 동맹국회의에서, 러시아 대표 구르코(Gurko) 장군이 "1917년 전역이 결정적인 성격을 띠는가? 그렇지 않다면 해당 연도에 최종결과를 달성하는 것을 거절하면 안 되는가?"라고 질문했다. 전쟁의 적극성 측면에서 프랑스와 영국과 러시아를 동일한 조건에 두려는 염원을 표현한 러시아 대표의 이 당연한 질문에 대독연합 대표들은 격노했다. 러시아인도 판단하고 결정할 수 있어야 한다. "전략 미개인"의 상태를 명확하게 이해하려면, 모리스 팔레올로그(Maurice Paléologue)의 회상록[56]에서 그 격분을 읽어봐야 한다.

---

55) 프랑스-러시아 동맹에서 러시아가 입은 자주성의 훼손은 차르 정부가 전쟁과 1차 혁명으로 맞게 된 어려움에서 신속히 벗어날 수 있도록 프랑스가 차관형태로 차르 정부에 제공한 1907년부터 식별된다. 특히 오브루초프가 러시아 총참모장으로 재직하던 이때까지 러시아는 동맹에서 자신의 이익을 강하게 주장했다.

56) Paléologue, ***Царская Россия накануне революции***(혁명 직전의 제정러시아), C. 314.

경제적으로 미약한 국가는 자신을 노예로 삼으려는 강력한 경제적 동맹의 기도를 조심해야 한다. 게다가 경제적 지원의 현대적 형태는 이 기도에 도움이 된다. 의심의 여지없이 동맹의 활동이 성공하기 위해서는 경제력을 포함한 모든 역량을 온전히 이용할 필요가 있다. 온전하게 이용하기 위해서는 동맹국의 경제 기반을 공용화하고 재정 자금을 한 그릇에 담을 필요가 있다.

자본이 풍부한 국가는 좀 가난한 동맹국을 지원해야 한다. 부유한 국가의 큰 경제적 희생은 대부분 그 국가들이 전쟁 결과로서 경제적 이익을 더욱 많이 갖는 것으로 보상을 받는다. 이미 나폴레옹 전쟁 시기에 오스트리아 러시아 스웨덴은 나폴레옹에 대항하여 특정한 병력을 제공하고 전쟁간 매달 일정한 보조금을 요청하면서 영국과 무역을 했다. 영국이 각 병사에게 지불하는 보수 수준은 해당 국가가 전쟁에서 벗어날 가능성 정도에 따라 달랐다. 1813년 스웨덴이 제일 유리한 협상을 하였고 그 다음이 러시아, 그리고 프러시아가 가장 변변치 못했다. 자본주의 시작 단계에 정해진 이 보조금 형태는 국민개병제가 도입된 후에는 적절하지 못하게 되었다. 현대 이데올로기는 공공연한 형태로 국민의 피를 매매하는 것에 반대한다. 그래서 지금은 보조금 대신에 매우 제한적으로 상환하는 차관을 동맹국에 제공하는 것이 생겨났다. 그러나 돌려받지 못하는 경우에도 경제력이 좋은 동맹국의 재량권에 있는 채무는 압력과 굴종적 약정, 분규 수단이다. 옛날 방법이 좋고 솔직하다. 차관-보조금의 이러한 범주에는 러시아의 군사적 의무뿐만 아니라 군사적 개입에 따른 러시아의 의무와 관련된 전쟁 전에 이루어졌고 개입에 따른 전쟁 준비에 지출된 차관의 일부가 포함된다.

아주 가까운 우리 이웃들은 지금 외국 군사사절단과의 광범위한 협력에 매진하고 있고, 부정적인 영향을 명확히 인지하지 못하고 있다. 게다가 지배 계급은 자신의 권위에 큰 타격을 받지 않으면서 외국의 영향에 굴종해야 했다. 그 때문에 국가로서 폴란드가 18세기 말에 멸망하지 않았는가? 오스트리아군을 독일의 지휘하에 두려고 한 루덴도르프는 이것을 이해하지 못했다. 독일군이 오스트리아 부대를 떠받들어 생긴 모든 이익에도 불구하고, 오스트리아군 부대들을 독일군 참모본부의 감독 아래에 두는 것은 오스트리아군이 자주권을 상실하고 독일의 주도권을 명확히 인정하는 것은 파멸적인 종말에 이르고 있는 오스트리아 정부 결함의 새로운 단계이며, 국내에서 원심력을 야기하고 전선에서 사기를 약화시키는 새로운 자극이 되고 있다고 오스트리아 참모총장인 콘라드(Konrad)가 인정한 것이 사실이며 편협하고 이기적이지 않은 생각이라고 여겨진다. 독일군 장교들의 지휘하에 있던 오스트리아 병사들을 다시 가르치는 것은 루덴도르프의 의도에서 전혀 벗어나지 않았다. 우리가 보기엔, 1799년 2~3일 사이에 수보로프(Suvorov)는 자신의 지휘에 들어온 오스트리아 부대를 러시아 장교들이 재교육하는, 오스트리아에겐 확실히 모욕적인 시도를 하였다. 그러나 수보로프는 전술만 담당했고 루덴도르프는 내부근무 여건에 몰두했다. 흥미롭게도, 프랑스로 보낸 러시아군 부대에서는 간부와 병사의 신중한 선발과 프랑스 전선에서 유지되었던 모든 징벌 가능성에도 불구하고, 1917년 여름 붕괴 과정은 러시아 전선에서보다 이들 전선에서 격렬하고 급격하게 진행되었다.

강요된 동맹. 이익에 따른 동맹과 숙명에 따른 동맹 간의 분명한 차이를 인식할 필요가 있다. 나폴레옹은 오스트리아와 프러시아를 1812년 러시아와의 전쟁에 강제로 참가시켰다. 나폴레옹은 동맹국들을 강제로 끌어들였고, 핵심적으로 말하면 자신을 기만했다. 즉, 비밀 협정으로 러시아에 독일 부대들의 적대적인 행동의 환상을 보장하였다. 협력의 이 기만적인 외견이 실패한 원정을 재앙으로 바꾸었다. 러시아와의 처절한 투쟁에 열중하여, 오랜 군사적 전통을 지닌 강국으로서 전쟁에 실질적이 아니라 형식적으로 참가하고 이 전쟁에서 대규모 굴복과 업적에 관심을 기울였고, 망상적이며 강국들이 만든 폴란드의 국가기관에 의지하는 것을 좋아했다고 나폴레옹을 비난한 조미니가 전적으로 옳다.

한편, 현대 전쟁의 엄청난 정치적 긴장 상황에서 폭력은 강요된 동맹에 대한 중립국의 호소에 빈번히 관심을 기울이지 않을 것이다. 그리스는 강제로 대독연합의 일원이 되었다. 1915년과 1916년 겨울에 중부 강국들은 세르비아 붕괴 후 자유로워져 발칸에 집결된 부대를 이용하여 강제적으로 루마니아를 자신들의 무력으로 만들 필요가 없지 않았는가. 루마니아 정부는 이런 경우에 지원을 받는 것에 관해 러시아 사령부와 협상을 시작했다. 물론 강제가 군사적 위협의 방법이 아니라 다른 영향 수단, 예컨대 정치인들에게 영향을 미치는 신문의 매수, 정치 집단들과 합의, 경제적인 압력 등의 방법으로 달성한다면 더 이익이 된다. 중립국은 강력한 압박의 표적이다. 이 외교적 투쟁에서 대독연합은 세계대전 기간에 터키와 불가리아에서 실패했고 이탈리아와 루마니아에서 우위를 점했다. 현대적이고 트러스트화된 전쟁수행 수단은 불리한 협정을 맺은 국가들로, 간헐적이고 변덕스럽지만 최상의 동맹을 구성할 수 있다.

열강과 작은 동맹국. 아래 의견이 전쟁 시에 자기 이익과 모든 자주권을 버리고 강대국의 예인선에 오르고 그의 순종적인 도구인 미움 받는 역할을 맡아야 하는 운명인 약소국들의 극단적인 평화애호의 염원에 관한 언급으로 보일지도 모른다. 그러나 역사는 그 누구에게도 아무것도 가르쳐주지 않았다. 약소국은 불평하지 않고 자기 군대를 강국의 지휘에 맡기는 경우에만 전쟁 수행에 가치가 있다.[57] 강대국 군대를 기동시키기 위한 약소국 영토의 필요성이나 강대국의 함대 기지를 두기 위해 약소국 소유의, 특히 식민지에 있는 항구를 이용할 필요성은 예외적일 수 있다. 대체로 독립적으로 행동하고 자기 군대로 특정한 목표를 추구하는 작은 동맹국은 이익보다 손해를 입힐 우려가 있다. 그 나라 군대의 지휘권을 가진 강대국 사령부는 그 나라 이익을 자기 이익처럼

57) 그러나 우리는 여기에서 소강국(小强國)과의 관계에서 강대국의 오만을 선전하진 않는다. 1706년 사보이(Savoy)가 루이 14세 정복자의 계획이 무산된 오렌지 껍질로 밝혀졌다. 1914년 세르비아가 러시아 전선군에 군사적으로 중요했음을 부정해서는 안 된다. 그러나 만약 러시아가 자신의 작은 동맹국 때문에 전쟁으로 빠져든다면, 이의 정치와 전략을 통제할 권리는 없는가? 세르비아 전략에 대한 러시아 최고사령부의 압력이 간혹 불합리하고 잘못되었다 하더라도, 다른 것과 마찬가지로 이러한 실수는 원칙 자체에 대치되진 않을 것이다.

간주해야 하며, 영토를 방호하는 데 자신과 약소 동맹국의 것으로 차별해서는 안 된다. 만약 약소국이 자신의 특별한 목표를 실현하고 자기 군대의 지휘권을 보유하려 하면, 이 약소국을 동맹국이 아니라 어떠한 군사적 의무도 부여할 필요가 없는 관계인 일시적인 동반자로 간주할 필요가 있다. 하노버(Hanover), 바바리아(Bavaria), 헤세(Hesse), 바덴(Baden), 뷔르템베르크(Württemberg), 그 밖에 오스트리아의 다른 독일 동맹국들은 1866년 거의 어떠한 도움도 되지 않았고 프러시아 3개 사단만을 차출 받았다. 왜냐하면 자주적으로 상응한 전쟁을 신중하게 수행했기 때문이다. 프러시아에 자신의 영토를 점령당하고 오스트리아 주력군에 통합된 작센군은 반대로 오스트리아에 동정적인 지지를 보냈고, 오스트리아는 강화조약을 맺고 자기 이익과 동등하게 작센의 이익을 공정하게 추구하고 다른 동맹국에게서 직접 획득한 꽤 좋은 강화 조건을 제시하여 작센의 영토를 조금도 희생시키지 않았다. 1870년 전쟁 전에 몰트케는 남독일 사람들을 프러시아에 완전히 복속시켰다. 1916년 알렉세예프(Alekseev)는 방자하게 굴고 러시아에 지원을 특별히 요구하는 자주적인 군사 강국의 전쟁간에 루마니아 공격 결과를 회의적으로 보면서 몰트케의 관점을 고수했다. 1916년 루마니아는 우리의 동반자로 행동했으나, 우리가 경솔하게 특정한 지원을 약속해버렸다. 발라히아(Wallachia, 루마니아 남부, 다뉴브강 북쪽 지대－역자 주)를 잃고 나서야 루마니아는 자신의 군사적 이익을 러시아와 결합할 필요성을 인식했고 명목상 루마니아왕의 지휘하에 러시아－루마니아 전선군을 편성하는 데 합의했다. 루마니아와 동맹 모험과 동맹의 실패는 낡은 러시아 체제에 심각한 타격을 주었다. 이 문제에 대한 우리의 행동은 전략이 요구하는 사항을 제대로 이해하지 못하고, 루마니아를 유리한 범위로 나아가게 하는 것이 아니라 주로 새로운 국가를 중부 강대국에 대항하는 투쟁에 개입시켜 독일에 새로운 고민거리를 제공하는 데 골몰한 대독연합 강국들에 의해 강요되었다.

군사협정. 동맹조약은 동맹국의 무력지원 형태와 성격을 불명확한 상태로 두고 있다. 군사협정이 더해질 경우에만 실제로 의미 있는 동맹이 된다. 군사협정은 전쟁수행에 관한 모든 중요하며 협약을 체결하는 양 국가의 군사력에 관한 문제의 해결책을 사전에 명확하게 공식화해야 한다. 이러한 문제는 사전에 예측할 수 있기 때문이다. 협약은 다른 동맹국이 시작해야 할 무력 분쟁에 개입해야 할 한 국가의 상황, 동맹국의 공격적인 성격이 필연적인 만큼 최초 동원일에 시작하여 각 동맹국이 전선 작전에 투입해야 할 최소 부대 수와 기간, 통합 조건 및 동맹의 지휘관계, 강화조약의 개별적 체결 불가 의무, 물자 및 인력의 협력 그리고 기술정보와 정찰정보 교환의 필수조건을 명확히 정해야 한다.

군사협정의 특수한 군사적 성격 때문에 이를 체결하기 위해서는 양측 최고 전쟁사령부의 대표가 직접 공시하는 것이 요구된다. 그 다음, 이 합의는 이제 외교관이 검토하고 국가 최고기관의 승인을 받아야 한다. 왜냐하면 군사협정의 핵심은 유사한 형태로 전쟁 준비와 양측의 작전계획을 건드리므로 이러한 계획과 준비의 최신화와 수정에 따라 체결된 협약을 보완할 필요가 생기기 때문이다. 이를 보완을 위해서는 참모총장들의 주기적인 개별 접촉이 필요하다. 참모총장들의 우호국 방문은, 휴양소에서 휴식을 핑계로 이루어질지라도, 이것 때문에 주의 깊게 관찰해야 하는 사안이다.

군사협정에 없는 군사적 의무, 예를 들면 평화를 파괴한 국가에 대한 군사적 대응에 관한 제16조의 규정에서 연유하는 몇 가지 조건에서 국제연맹 회원국 의무는 실제적인 의미가 있다. 왜냐하면 각국이 언제, 어떤 규모의 부대로 응징에 참가해야 하는지 명확하지 않기 때문이다. 당연히 각국은 그 상황에서 특별한 이익을 얻을 수 있다는 것을 염두에 둘 경우에만 그러한 의무를 수행한다.

1892년 체결된 프랑스-러시아의 군사협정은 프랑스와 러시아 간의 공식적인 동맹 체결보다 7년 먼저 이루어졌다.[58]

58) Н. Валентинов, *Военные соглашения России с иностранными государствами*(러시아의 외국과의 군사협정), *Военно-исторический сборник, т. II*(전쟁사 선집 제2권), Москва 1919, С. 104~128.

세계대전 전에 러시아 전선에서 연합작전에 관한 독일과 오스트리아-헝가리 간의 군사협정은 체결되지 않았다. 오스트리아 참모총장 콘라드 장군은 1909년 초부터 자국의 구체적인 의무를 독일과 정하려 했다. 러시아 전선에서 40개~48개 사단으로 주요 작전을 수행할 것을 강요받은 오스트리아-헝가리는 이곳에서 군의 협동작전을 사전에 조율하는 데 관심을 기울였다. 러시아에 대항하여 13개 이하의 사단을 두려고 생각한 독일은 구체적인 의무를 피했다. 실제로 지휘의 통합은 이 병력 비율로는 독일 제8군을 오스트리아 최고사령부에 예속시킬 수밖에 없었고 군사행동의 통합은 오스트리아군과 함께 가하는 타격에 유리하게 동프러시아 지방 이익의 희생으로 나타났다. 그러나 오스트리아와 협약의 완강한 거부는 독일로서는 불리했다. 왜냐하면 이 거부는 동갈리시아를 희생하고 오스트리아-헝가리군이 산(San)강과 카르파티아(Carpathia) 후방에서 곧장 방어 준비를 하게 만들어 독일이 동프러시아를 고수할 가능성을 빼앗기 때문이었다. 그래서 소(小) 몰트케는 오스트리아-헝가리군을 부크강와 비슬라강 사이에서 공격으로 전환하고 자신의 입장에서 제8군에 13개 사단 이상을 유지하겠다고 약속했다.[59] 갈리시아 작전간에 콘라드는, 특히 삼소노프 작전 후에 제8군이 나레브를 거쳐 세들레츠 방향으로 약속된 전진을 강력하게 주장했다. 굼빈넨에서 독일군 패배 후에 제8군이 야전 및 예비 사단이 약정된 수(처음에는 13개 사단 대신에 9개 사단을 배치했다)에 달한 것처럼 프랑스 전선에서 동프러시아 전선으로 2개 군단의 파견이 검토될 수 있다. 그러나 삼소노프에 대항한 작전 후에 독일군은 레넨캄프에 대항한 작전을 시작했다. 러시아 전선의 결정적인 구역인 갈리시아에서는 독일군이 보이르슈(Woyrsch)의 후비군단만을 지원했다. 대체로 군사협정이 없는 것을 이용하여 독일군이 콘라드를 동프러시아에서 러시아군을 유인하고 독일군이 일련의 성공을 달성할 수 있게 하지만, 오스트리아-헝가리에게는 정예부대를 필요로 하는 공격

59) Reichsarchiv, *Der Weltkrieg 1914-18*(1914~18 세계대전), f. 3~14.

을 하도록 교사(教唆)했다. 독일군은 자신의 지엽적인 이익을 보호하는, 즉 동프러시아를 열정적으로 방어하는 평범한 일을 수행했다. 결국 오스트리아-헝가리의 붕괴로 독일은 이 교사의 대가를 치렀다.[60]

정치적 접합부. 예전에는 동맹과의 전쟁에서 두 군대의 정치적 접합부가 엄청난 역할을 했다. 나폴레옹의 군사적 업적은 1796년 몽뜨노(Montenot) 근처에서 사보이군과 오스트리아군의 접합부 돌파로 현란하게 시작되었다. 다양한 이익 때문에 동맹국들은 나누어지는 방면(분기점)인 투린(Turin)과 밀라노(Milano)로 퇴각하였다. 그 결과 나폴레옹은 사보이군을 전쟁에서 이탈시키고 오스트리아군을 티롤(Tyrol)로 격퇴하는 데 쉽게 성공했다. 그는 최소의 노력으로 모든 이탈리아를 점령했다. 적의 저항은 정치적 접합부를 따라 분리되었다. 지금은 전쟁의 트러스트화된 특성이 정치적 접합부를 더욱 공고하게 한다. 그러나 정치적 접합부는 여전히 중요하다. 1918년 3월 영국-프랑스 전선의 접합부에 대한 루덴도르프의 타격은 동맹국의 직접적인 저항을 제거하고, 프랑스군은 파리를, 영국군은 프랑스의 북부 연안을 방어하기 위한 재편성을 강요한 것에 가까웠다. 대체로 정치적 접합부의 중요성은 전선에서 상황이 악화되는 위기의 순간에 특별히 나타난다. 그러나 위기 밖에 있는 동맹국은 자신의 이익을 주장하면서 중요한 방면의 의미를 부차적인 방면으로 전환한다. 동맹 전쟁은 항상 소모의 성격을 띠는 경향이 있다.

동맹에 대항하는 전쟁에서 전략(술)은 적대적인 동맹을 구성한 각국의 생존문제가 명확해질 때에야 그 진가가 드러난다. 전쟁 시에 이 이익은 실제로 다양한 정치적 군사적 목표를 개별적으로 추구하는 임무와 이익에 대한 각국의 다양한 이해로 나타난다. 동맹국들의 불일치를 예견하고 이용할 준비를 할 필요가 있다. 예를 들면 단일국가에 대한 투쟁에서 실수인 한 전선에서 전쟁의

[60] 1915년 1월 콘라드는 슈튜르그 백작과 대화에서 독일군을 "우리의 적"이라고 평가했다. Stürgkh, *Im deutschen Hauptquartier*(독일군 사령부에서), Leipzig.

시위적 형태 같은 조치들이 그곳에서 나타난 정치적 이익의 다양성에 적합하다면, 동맹에 대항한 투쟁에서 더욱 효과적일 수 있다.

동맹의 협조된 전략. 동맹국의 다양한 정치적 지침은 실패했을 때뿐만 아니라 동맹의 공격 행동간에도 나타난다. 1813년과 1814년 프러시아 러시아 오스트리아는 각기 다른 정치 목표를 추구했고, 특히 교훈적인 것은 정치 목표의 다양함은 동맹국 사령부 사이의 전략 토의에서도 나타났다. 게다가 자신의 정치 게임을 내보이지 않으면서 각자는 전략의 이론적 연구가들이 후에 진지하게 받아들인 아주 이상한 전략이론으로 자기 관점을 주장했다.[61]

정치 목표의 다양성을 제쳐두고라도 동맹의 대등한 참가자들의 군사 활동을 전략적으로 일치시키기 어려움은 결정적인 행동을 준비하는 기간, 지속적인 긴장을 버티는 능력, 공세행동 역량 등의 측면에서 각국의 군사 체계가 독특하다는 데 있다. 영토의 크기와 구성, 경제적 문화적 발전 수준, 계급 집단, 이것들이 해당 군의 특성에 영향을 미치고 해당 군에만 특별하고 유용한 전략적 방법의 원인이 된다. 동맹군으로 행동 시에 각 동맹국의 전략은 자기 나라뿐만 아니라 모든 동맹국의 특성을 고려해야 한다. 그렇지 않으면, 군대가 더욱 큰 장점을 발휘할 기회를 상실하고 동맹의 준비와 전략적 능력의 조화가 파괴된다. 프랑스-러시아 동맹으로 러시아는 전쟁 선포 15일 후에 공격으로 전환해야 했다. 이는 러시아의 상황에는 부자연스럽고 러시아군 전개의 계획된 혼란이며 전쟁 3주 동안 전력의 절반을 잃었고, 프랑스 지원은 전쟁 준비에 엄청난 물적 손실을 통해 달성되었다. 동맹을 위한 이러한 혼란과 희생은 동맹 모두에게 해가 된다. 삼소노프 작전은 러시아가 자신의 이익을 프랑스에 귀속시킨 합리적인 한계를 초과했다는 것을 증명한다. 이와 똑같이 1914년 가을 세르비아가 러시아 최고사령부의 요청에 따라 사바(Sava)강을 경유하여 오

61) 홍미로운 저작은 Gustav Roloff, *Politik und Kriegsführung während des Feld zuges von 1814*(1814년 전역에서 정치와 전쟁 수행), Berlin : 1891이다.

스트리아 영토로 공격한 것은 세계대전 초 방어가 장점인 훌륭한 전투경찰인 세르비아군에는 합당하지 않았다. 이 공격으로 전환은 와해로 귀결되었다.

6. 전시 정치적 행동 노선

정치적 기동. 준비 기간과 최초 계획을 수립할 때 정치 활동의 모든 가치를 인정하지만, 망상에 빠져드는 인간 정신의 놀라운 능력으로만이 전쟁 시작과 동시에 전략에 미치는 영향을 삭제하는 대단한 군사적 권위자들의 견해를 이해할 수 있다. 계획은 수행을 문서에 위임할 수 있는 법령이 아니다. 계획은 정치적 상황의 변화에 좌우되는 수행의 산물임을 가정한다. 정치 및 군사 참모부가 이를 실행할 것을 권고한다. 그러나 가끔 문헌학적인 오해 때문에 명명된 것 같은 문서가 아니다. 정치적 준비는 전쟁간에 합당한 정치적 기동으로 보충되어야 한다.

전쟁 지도의 우위유지를 거부하고 군사전문가들의 최고지휘권을 인정하고 말없이 군사전문가의 요구를 수용하는 정치는 스스로 파산을 맞았다. 정치인의 관점에서 전략은 군사기술이어야 한다. 전쟁의 기술적 지휘는 정치에 복종해야 한다. 전쟁은 정치의 일부이기 때문이다. 전략은 작전을 정치적 요구에 일치시키는 것으로 이해할 수 있다.

국내 정치는 전쟁 목표를 달성하기 위해 국력을 더욱 광범위하게 이용할 수 있도록 해야 한다. 국내 정치는 전선과 후방 간의 관계를 증진해야 하며 전쟁을 위해 국민에게 어떤 노력이 요구되는지, 동원 및 군마 · 짐마차의 공급을 위해 어떤 범위를 설정해야 하는지, 세금 및 임금과 물가를 어떻게 조절할 것인지 결정해야 한다.

전쟁에서 대중을 멀어지게 하는 모든 것을 제거해야 하고 그들에게 승리의 중요한 담보물인 투쟁 의지를 불러일으켜야 한다. 전쟁 과정에서 상황에 흔들리지 않고 일련의 미봉책을 취하지 않고 정치적 지도를 실제로 실현하기 위해 주변과 전 세계 정치 활동의 흐름을 주의 깊게 관찰하는 지도부의 심오한 민감성과 통찰력이 필요하다. 적극적인 경제적 조치들을 국민의 굶주림과 결핍, 궁핍을 없애고 대중과의 의식적인 관계에서 생각할 수 있다. 경제 정책은 국민들에게 쉽게 설명되고 명확해야 한다.

점령 정책. 점령 정책은 국내 정치의 직접적인 연속이기 때문에 군사행동 수행을 위해 복잡해지지 않도록 고안해야 한다. 1813년과 1814년에 러시아군이 영토 점령을 계획한 것이 아주 교훈적이다. 알렉산드르 1세가 임명한, 1812년 독일 후방에서 선동을 담당했던 프러시아의 특출한 정치가이며 개혁가인 슈타인이 수장이던 특별 최고행정위원회가 점령의 모든 문제를 다루었다. 적대적인 지방에서 선동과 점령의 결합은 당연하다. 우리 군이 적 영토를 탈취할 때 점령은 선동의 연속이다. 점령당한 지방에서 나폴레옹에 대항하기 위해 자산을 모으고 러시아군을 증원하기 위해 독일 지방에서 새로운 부대를 편성하는 것이 행정위원회의 임무였다. 슈타인은 독일과 나폴레옹의 독일인 괴뢰-공작(총독)을 축출하기 위한 투쟁 구호를 특정하게 표현하여 큰 성과를 거두었다. 그러나 여기에는 러시아 국내 정치의 전체적인 노선과의 관계에 명확한 한계가 있었다. 작센 같은 몇몇 독일 공국에서는 러시아 귀족들과 슈타인에게 위임된 지도적인 독일인들로 편성된 위원들이 수장이 된 주 총독이 편성되었다. 메테르니히가 나폴레옹의 라인연맹에서 동맹으로 전환한 독일 군주를 유지하는 데 성공한 곳에서 슈타인이 군주와 같은 전권 대리인이 되었다. 행정위원회 현관에는 슈타인과 알현을 위해 몇 시간을 기다렸고, 군중이 없는 경우에는 독일 위정자들이 있었다.

나폴레옹 붕괴 전 1814년에 러시아군이 인구 1,200만 명의 프랑스 지역을 점령했다. 프랑스 귀족 망명자들이 알렉산드르 1세에게 점령당한 프랑스를 자신들이 통치하겠다고 제안했다. 이 요청을 충족시켰다면 나폴레옹의 입지가 크게 강화되었을 것이다. 왜냐하면 프랑스인들은 혁명의 완성을 방호하기 위해 뭉칠 필요성을 곧바로 이해했기 때문이다. 아마 귀족 이민자들에게 기대는 것은 얼마 지나지 않아 러시아 후방에서 커다란 반란을 일으켰을 것이다. 그래서 나폴레옹에 대항하여 러시아를 도우려 하고 언어와 나라를 알고 국민들 중 이민자에게 호의적인 성직자 같은 몇몇이 있었음에도 불구하고, 이민자의 제안은 거부되었고 슈타인은 프랑스 점령 조직에는 러시아와 독일 관리들만을 활용할 수 있다는 지령을 받았다.

1914년 갈리시아를 점령했을 때 인위적인 러시아화 정책이 권력기관과 주민 간의 관계에 나쁜 영향을 미쳤고, 대체로 갈리시아에서 러시아의 정책에는 타격이었다. 불만이 있는 관리들의 유입으로 러시아화 정책은 풍자와 뇌물수수의 틀로 표현되었다.

전쟁 시기에 어떠한 병력 비율에서도 점령당한 지방에서 계급투쟁을 고조시키는 것은 이롭지 않다. 몰려드는 병력을 수용해야 하며 무례하게 수용하여 주민들을 적대 진영으로 내쳐서는 안 된다. 지역 자원을 이용하기 위해 주민들의 파산을 피하는 범위, 우리 후방에 있는 저항집단과 빨치산 집단을 지원하기 위한 물자를 확보하는 한계를 제시해야 한다.

18세기에 러시아군이 동프러시아를 점령했을 때, 이미 실질적인 권력을 우리 측으로 전환한 사실이 최고권력의 전환과 효력이 동일하다고 생각한다. 프러시아 주민은 예카테리나 여제에게 충성을 맹세했다. 현대 국제법은 1899년과 1907년 헤이그 조약에 규정된 것처럼 다른 관점을 고수하고 "절대적으로 불가능한 경우를 제외하고는 해당 지역에서 효력을 갖는 법률의 존중"(43조)을 요구한다. 이처럼 국민공회가 점령지에서 국민의 최고 권력을 공화국 총독에게 부여하라고 명령한 1792년 12월 17일자 법령은 세계대전 전에는 국제법을 위반한 것으로 간주되었다. 그러나 확실히 국제법은 이를 특별히 부정하기 위해 법률가들이 만들었다. 1863년 링컨이 이와 반대되는 시각을 가졌고 그의 이상적인 입장은 지금 소련의 법률가와 외교관들의 관심을 끌고 있다. 쟁점은 국제법이 다른 나라의 내정에 간섭을 거부하고 어떠한 개입도 죄악시한다는 원칙적인 입장을 고수한다는 것이다. 가까운 미래의 전쟁은 어느 정도 인접국가의 내정에 간섭하는 성격을 띨 것이기 때문에 국제법의 모든 법령은 절대로 받아들이기 힘들 것이다. 독일은 1916년 11월 폴란드의 독립을 인정하고 국제법을 위반했다.[62] …….

전쟁 기반의 확대. 점령 문제는 '붉은 군대'에 많은 관심을 불러일으키고 있다. 전쟁이 유럽의 일반적인 상황에서 수행되고 순수한 정치전선의 맹렬한 활동과는 관계가 없고 강력한 계급 또는 민족 운동과 관계된다면, 진격은 귀한 가치를 제공할 것이다. 광범위한 지역을 침공할 때 공격자는 점령지에서 얻고 자기편으로 할 수 있는 것만큼이나 많은 병력과 장비를 잃게 될 것이다. 따라서 유럽 부르주아적 사고의 토대에서 성장한 전략 저술가들(빌로브와 조미니)은 원거리 침공의 어려움을 제시하는 데 생각이 일치하고 점령지에서 얻을 수 있는 이익에 대한 평가에는 아주 인색하다. 클라우제비츠는 공격자의 힘이 정점을 지나면 감소한다는 공세종말점이라는 명제를 자기 이론의 핵심에 포함시켰다. 유럽의 전략적 견해에 따르면 "적대국가의 영토 자체는 공격자 약화의 원천으로 생각된다."[63]

62) 점령간 독일은 법규에 있는 국제법 기준을 지시하기 위한 여백을 전혀 두지 않았다. 군종의 통합지휘와 전투에 관한 독일 법령(84쪽)을 제정할 때(1924년), 평화 시기에 발행한 루르 지방 점령간에 프랑스의 "모욕적이고 불법적인" 행동 후에 독일 법규에 헤이그 조약에 관해 언급하는 것은 "기이하다"고 쓰여 있다.

63) 점령 문제에 관한 문헌은 Raymond Robin(레이몽 호빈), *Des occupations militaires en dehors des occupations de guerre*(전쟁 시 점령 이외의 군사적 점령), 1913, V. Bernier(베흐니), *De l'occupation militaire en temps de guerre*(전쟁 시 군사적 점령), 1881, Lorriot(로리아), *De la nature de l'occupation de geurre*(전쟁 시 점령의 특성), 1906가 있다. 또한 국제법에 관한 저작들이 있다. 1813년에서 1814년 러시아의 점령관으로서 슈타인의 저작은 그에 관해 쓴 막스 리만의 전문 서적에서 밝혀진다. 특별한 점령(예를 들면, 루르 지방)에 관한 많은 문헌이 있다. 피점령국에서 군복무를 조직하는 기술은 약간 오래되었지만 훌륭한 저작인 Cardinal von Widdern, *Der Kleine Krieg und der Etappendienst*(소규모 전쟁과 병참근무), 1894에 기술되어 있다. 점령한 식민지에 대한 영국의 통치 방식에 관해서는 *political service*(정책 수행) 그리고 식민지 정벌에 참여한 정치장교들(장교 신분의 민간 대리인)의 저작에 기술되어 있다. 예를 들면, Buhrer(부흐러), *L'Afrique Orientale allemande et la guerre de 1914-1918*(독일령 동아프리카와 1914~1918 전쟁), 1922, pp. 414~415을 참고하시오.

징기스칸과 티무르(Timur)의 성공에 기반을 둔 중세시대에 아시아의 시각은 이러한 시각과 대립된다. 만약 적이 자신의 국가체제, 문화와 경제의 관점에서 발전 수준이 낮다고 생각한다면, 특히 적이 유목생활에서 벗어나지 못했다면 병력과 장비 면에서 적이 탈취한 영토의 "착취"로 얻는 것보다 소모가 적을 것이다. 저항하지 않는 무리들은 자신들의 주인을 교체하고 목장에서 계속 풀을 벨 것이다. 주민 일부는 살육당하고 일부는 공격하는 군대에 편입될 것이다. 클라우제비츠의 명제는 군대가 탈취에 성공한 넓은 영토보다 더욱 강해진다고 명확히 번복될 것이다. 이러한 증대는 아주 실제적인 현상이다. 키예프 루시를 격멸한, 순수한 몽골인인 바트군에는 20인 부대 하나밖에 없었다. 이의 3분의 2는 우랄과 볼가에 거주했고 드네프르로 가던 중에 바트군에 패한 부족으로 편성되었다. 그 후에 살아남은 많은 러시아인이 바트군의 특수부대로 편성되었지만, 농업적인 유럽의 토대에서 점령지에서 병력 유입이 공격 측의 손실에 균형을 유지하지 못한 것이 확실하다. 헝가리에서는 아시아의 습격 사태가 지연되었다. 유럽에서는 클라우제비츠의 학설이 힘을 발휘했다.

위에서 이러한 아시아의 전략을 좀 상세히 기술했다. 왜냐하면 혁명적인 시기에 유럽에서 영토를 탈취하는 비용이 낮아짐과 동시에 점령한 지역의 병력과 장비를 강탈할 가능성이 높아지는 상황이 조성되고 있었기 때문이다. 피점령 지방 주민들의 계급적 분화는 공격하는 군대가 자원자 수용과 후방 질서유지, 경제생활의 부활 그리고 군에 필요한 자산의 수집을 보장할 열광적으로 환영하는 주민들을 만날 정도로 상당할 수 있다. 혁명의 위대한 프랑스 시대에 혁명군이 라인강 유역과 이탈리아를 점령한 것은 프랑스 국력에는 망상이 아니라 실제적인 증대였다. 전쟁 비용을 적대 국가에 부과하는 기술에 따라 군사지도자의 자격을 분류하여 징기스칸을 감동시킨 중국 철학자의 현명함을 혁명적인 상황에서 기대했다.

물론 미래의 전쟁에서 계급투쟁 노력과 관련이 있을 때, 점령지역을 착취할 수 있는 유리한 여건이 세계대전 시보다 훨씬 더 성숙될 것이다. 1920년의 경험으로 형성되는 시국(時局)을 이용하기 위한 치밀한 준비의 필요성을 깨달았다. 수천 킬로미터에 걸친 티무르식 공격 재현을 염원하는 넓은 공간이 열리고 있다. 게다가 현 세기에 공상적인 전략은 어느 때보다 위험하다. 탈취한 영토의 병력과 장비를 이용할 가능성을 과장되게 평가하여 장차 전망을 왜곡하고 전체적인 토대를 확대하는 것으로 전쟁의 관점을 이끌고 있다. 이런 학설은 편협하고 무력전선의 기본 임무처럼 되어버린 영토 탈취를 추구하고 국경에서 탈취한 거리로 승리를 판단하고, 보유하고 있는 후방 및 이에 이르는 병참선의 가치를 제대로 평가하지 않고 "전방 기지"를 허황되게 열망하여 위험했다.

현재의 유럽 경제는 아주 어렵고 적대적인 측의 전선 변경뿐만 아니라 국경 변경을 합의하기 아주 힘들다. 국가들의 (베르사유 조약에 따른) 새로운 윤곽이 유럽의 경제적인 난맥상을 야기했다. 빈, 로쯔, 리가, 흐벨(Revel, 리용 남동쪽 100km 지점－역자 주)의 공장들은 새로운 정책적 조성의 10년차에도 프로크루슈테스 침대(procrustean beds)[64]처럼 억지로 획일화하지는 못할 것이다. 이 경제는 징기스칸의 침략 기반에 놓인 것과는 완전히 다르다. 구체적으로 말하면, 점령 지역의 자산을 비약탈적으로 이용하는 것은 하루 소비가 아니라 몇 달의 소비와 관련된 경제조직이 요구된다. 급습을 통한 공장의 완성품 창고 약탈로는 많이 얻지 못하고 침략자에게서 노동자들을 밀쳐낼 것이다. 운송, 연료, 원료, 식량을 지원하고 추가적인 생산능력을 보전하고 우리에게 필요한 방면으로 보내는 것은 치밀하고 장기적인 노력을 요하는 과업이다. 더구나 점령된 지방이 병력을 현저하게 증가시키고, 공격자는 우수한 대규모 병력을 무력전선 후방에 남은 공간을 행정적으로 통합하는 데 사용해야 한다.

점령, 정치와 경제 담당자들의 준비에 관한 계획이 미리 준비되어 있으면

---

64) [역자 주] 그리스 신화로서 '강도나 수감자를 철제 침대에 눕혀보고 침대보다 길면 다리를 자르고 작으면 억지로 늘려서 맞추었다'는 획일화를 의미한다.

탈취한 영토의 병력과 장비를 이용하는 데 성공할 확률이 훨씬 높아질 것이다. 그러나 행정적 경제적 조치는 작전적 활동보다 비교적 느린 속도로 발전한다. 새 권력이 견고하다는 것을 주민들에게 인식시키는 데는 특정한 기간이 필요하다. 작전들 사이에 상당한 휴지(休止, 예를 들면 동계)가 있는 경우, 한 번의 작전으로 탈취한 영토에서 다음 작전을 위한 힘이 상당히 증대할 것으로 기대된다. 군사행동이 섬멸전 형태로 전개되고 군사행동들이 하나의 작전에 결합되어 부단히 이어진다면, 점령한 영토에서 새로운 병력과 장비 유입은, 부대가 직접 사용하는 식량 · 의복 및 숙소 그리고 대규모의 현시적인 물품을 제외하고는, 이루어지지 않는다.

소개(疏開)와 피난민. 국민개병제 도입과 1914년~1918년 전쟁에서 나타난 격렬함 때문에 적대국가의 모든 노동 가능 주민을 적의 병력으로 간주하고, 국가의 점령과 소산 시에 포로로 간주하거나 데려가야 했다. 세계대전 시에 독일군이 프랑스에서 그렇게 하였다. 독일군은 자신들이 떠나는 지역에 쓸모없는 피부양자만 남겼고 노동자들은 남기지 않았다. 러시아는 동프러시아에서 이러한 일을 하지 않았다. 현대의 계급투쟁 상황에서 주민들에 대한 태도는 아마 다른 원칙에 의존할 것이다. 우호국과 적대국 간의 경계는 국경 표지판이 아니라 사회적 경계로 표시될 것이다. 그러나 특정한 지역에서는 의심의 여지없이 지배적인 민족운동 단체들과 교섭해야 한다.

때때로 소개는 스키타이-훈족 스타일을 의미한다. 마을을 불태우고 곡식을 없애고 주민과 가축을 몰고 떠나는 방법으로 이탈하는, 땅을 황무지로 만드는 행동이다. 자연스럽게 발생하는 피난 움직임은 억제할 수 없을 뿐만 아니라 자진하여 응하거나 강제로 이루어지기도 한다.

루이 16세의 명령으로 프랑스군이 모조리 황폐하게 만든 팔츠(Pfalz)에서 행한 것처럼 영토에 대한 대량 징벌을 주민들은 기억한다는 것을 염두에 둘 필요가 있다. 수백년 아니 수십년 동안 그리고 그 후에 이 지역에서 모든 정치적 과업은 극도로 어렵다. 이 외에도 피난 움직임을 전혀 인식하지 못하고 전쟁을 수행하는 국가에서는 항상 전쟁에 동반되는 다수 피난민 때문에 숙영 · 식량 · 수송 능력이 증대되지 않고 약화된다. 1914년 8월 동프러시아의 몇몇 지방을 러시아가 습격하여 발생한 80만 명의 독일 피난민[65] 대열 때문에 독일군의 기동이 아주 어려웠다. 그 당시 살림살이와 짐마차 및 가축과 함께 40만 명의 피난민이 동프러시아 도로를 메운 것처럼, 40만 명의 피난민이 비슬라로 건너갔다. 그 선두가 베를린에 도착했고 기차역들을 가득 메웠고 아주 처절한 인상을 남겼다. 러시아의 공격이 약간 더 전개되었다면 피난민 대열은 독일의 모든 조직을 괴멸시키고 독일을 무방비 상태로 만들었을 것이다.

1915년 6월과 7월에 러시아군이 폴란드에서 철수할 때 소개 과업은 독일군에 황무지를 남기는 모습으로 받아들여졌다. 게다가 전쟁 기간에 존재하던 병참선들이 주민의 대량 이주에 전혀 적합하지 않았고 현재의 인구밀도에서는 더욱 그렇다. 다행히 곧장 러시아군에 주민들을 현장에 남겨두라는 명령이 하달되었다. 그렇지 않았으면 우리 군은 모든 기동력을 잃었을 것이다. 왜냐하면 주민들이 인근 후방의 교통요지와 도로들을 폐쇄했을 것이기 때문이다. 1919년 러시아에는 1915년 러시아군이 후퇴할 때 자신의 고향을 떠나온 약 3백만 명의 피난민이 있었다.

잘못 수립된 피난정책은 전쟁에서 패배를 재촉할 수 있다. 1878년 러시아가 발칸을 거쳐 이동한 후에 터키는 콘스탄티노플로 급하게 후퇴해야 했다. 한편으로는 이슬람교도들에게 과거의 모욕에 복수하려는 그리스도교 주민의 잔악행위를 우려하고, 다른 한편으로는 러시아군 전방의 영토를 황폐화시키기 위해 터키는 무슬림의 피난계획을 광범위하게 조직했다. 신속한 후퇴 가능성을 박탈당한 터키군은 커다란 피해를 입었다. 피난 대열은 콘스탄티노플을 가득 메웠다. 수도에 있던 피난민 중 터키인들은 질병과 굶주림으로 아무런 저항도 할 수 없었고 러시아의 모든 조건에 동의해야 했다.

[65] Reichsarchiw, *Der Weltkrieg 1914-1918, T. II*(1914~1918 세계대전 제2권), f. 329.

한편은 부르주아, 다른 한편은 노동자와 공산주의자인 미래의 계급전쟁이 피난민 발생의 원인이 될 것이다.

1919년 피난민 문제는 이미 '붉은 군대' 및 백군에서 첨예하게 대두되었다. 이를 해결하기 위해 아주 조심스럽게 접근할 필요가 있고, 이때 정책은 피난민의 수송과 주거지 제공 능력을 고려해야 한다는 것은 확실하다.

경제의 소개는 극히 혼란스런 피난민 이동이 야기되지 않도록 극히 조심스럽게 접근할 필요가 있다. 전쟁간에 수송수단을 불필요하게 채우지 않고 수송 중에 귀중한 화물(예를 들면, 1915년 피혁 공장들을 소개할 때 화학적 제작단계에 있는 피혁)을 부패시키지 않기 위해 경제의 소개는 주의 깊고 신중한 준비가 요구된다. 가축을 소산하는 것이 가장 쉬웠다. 독일은 1914년 동프러시아에 대한 러시아의 두 번의 침공 시에 이러한 목표를 세웠다. 그러나 독일은 말 2만 필과 뿔 달린 가축 8만 마리(비슬라강 우안에 있던 말의 3.5%와 가축의 5.5%)를 소개하는 데 성공했다. 러시아의 동프러시아 침입에 따른 독일 농업의 피해는 말 13만 5천 필, 뿔 달린 가축 25만 마리, 돼지 20만 마리였다. 아마도 기동전에서 경제의 소개는 뚜렷한 효과를 얻지 못할 것이다.

전쟁의 정치 목표 변경. 외교정책은 전쟁 초에 달성된 성공의 월계관으로 안심할 수 없다. 준비 기간에 설정된 정치 목표는 변하지 않는 것으로 간주할 수 없다. 반대로 전쟁의 흐름에 따라 적극적인 목표는 수세적인 목표로, 또 그 반대로 바뀐다. 만약 동맹국이 전쟁을 수행한다면 정치 목표의 변경은 아주 어려워지고 많은 마찰을 야기한다. 투쟁은 전쟁 전구에 한정되지 않고 정치의 수단에 의해 중립국 지역과 비적대 국가의 후방에서 수행된다. 이때 우리의 모든 노력을 투사하는 부분적인 목표들의 일정한 논리체계 도입이 요구된다. 즉, 총괄적인 정치적 상황 분석을 통해 나오는, 전체적인 정치적 행동강령이 필요하다.

실패뿐만 아니라 커다란 성공조차도 때때로 설정된 정치 목표를 재검토하는 원인으로 작용한다. 예를 들면, 1870년 프러시아의 1차 성공과 메스에서 바젠느군 포위 공격 후에 프랑스에서 제2제정을 인정하는 혁명이 일어날 것이라고 의심할 수가 없었다. 전쟁 지도에 대두된 중요한 쟁점은 독일이 로렌느에 머무를 필요가 없는지 그리고 프랑스는 혼자 살아가게 둘 것인지였다. 혁명이 일어날 파리로 공격할 것인가? 이 질문에 대한 대답은 정치적 목표를 바꿀 것인가 아니면 유지할 것인가로 귀결되었다. 해법의 결정에 전략 목표가 달려 있다는 것은 명확하다. 해법의 결정은 프랑스와 독일의 국내 정치적 상황에 대한 전체적인 평가, 다른 강대국의 입장, 프랑스 영토를 합병할 열망의 많고 적음에 달려 있었다. 이 열망은 프러시아가 이전의 정치 목표를 유지하고 파리 원정을 계속하는 데 결정적이었다.

정치 지령의 초안 작업간에 지배적이었던 관념에 명백하게 상반되는 전쟁의 성격은 정치 행동의 기본에 대한 근본적인 재검토를 강제할 수 있다. 1861년~1865년 미국의 남북전쟁은 북부 지도자 아브라함 링컨 대통령에 의해 시작되었다. 이 전쟁의 목표는 탈퇴한 남부 주들을 연방의 품으로 돌아오도록 무력으로 강요하고 북부의 산업을, 특히 귀중한 국내 시장과 원료 산지를 보호하는 그들의 세관을 해안에 두려는 것이었다. 남부 노예소유 주(州)들의 내부적인 사회 제도에 간섭은 처음에는 전혀 대두되지 않았다. 왜냐하면 헌법에 의해 사회질서는 각 주의 최고 재량권에 두었고, 링컨은 변변치 않은 정치 목표를 제시하고 엄밀한 법률적 토대에 머무를 수 있었으며 거의 모든 군사 및 행정 기관을 장악하여 대단히 중요했던 북부의 많은 자유주의자들의 지지를 받을 수 있었기 때문이다.

제시된 평범한 정치 목표는 섬멸 방법으로 짧은 기간에 달성할 수 있다고 생각되었다. 워싱턴에서 남부 수도인 리치몬드까지는 150㎞에 불과했다. 많은 사람이 희생될 것으로 생각되지 않았다. 자원자들만으로 군대를 편성해야 했고 임박한 충돌은 자원자를 처음에 단 3개월 계약으로 모집할 정도로 빨리 종결될 것으로 보였다.

전쟁 2년차 말에 링컨은 남부 지주계층의 단결된 저항을 섬멸하는 방법으로 극복할 수 없고, 장기적이고 아주 집요한 투쟁이 필요하고 승리를 달성하기 위해서는 남부의 모든 생활 근거지를 파괴해야 한다는 것을 알게 되었다. 자원자들은 보충을 위해 충분히 건실한 요원들을 제공하지 않았고 그 수도 부족했다. 전쟁 비용과 관련하여 달러의 구매력은 현저하게 떨어졌고 물가는 크게 올랐다. 은행업자와 사업가 그리고 지식계층 대부분, 즉 대부분의 지배계급 이익의 대리자인 북부의 민주당은 전쟁 규모의 확대와 사회적 모순의 심화에 따라 희망이 적어졌고 맹렬한 행동의 전개에 대응하며 남부와 협상을 추진했다.

소모전으로 실제 전환할 때는 신속한 섬멸을 예상하여 설정된 정치 기조를 재검토해야 했다. 기존의 정치 목표하에서 링컨은 승리를 위해 북부 주들에 절박하게 필요했던 병역의무를 도입할 수 없었고 대중에게 더 이상의 희생을 요구할 수 없었다. 이런 상황에서 링컨은 민주주의자들과 관계를 끊고 전쟁에 계급적 반지주 성격을 급히 부여하고 모든 흑인의 해방을 선언하고 흑인들이 남부 지주들의 농장을 파괴할 것을 선동하고 주로 지주들에게 적대적인 북부의 지주 농민과 노동자들의 계급적 감정에 의존하기로 결심했다. 전쟁은 자신의 지지자에게 완전히 다른 성격을 얻었다. 무력전선에서 임무가 남부의 모든 주민을 중앙 수용소에 수용하고 남부 주들의 경제력을 파괴해야 할 정도로 커졌다면, 또 남부의 주요 도시에서 북부인들이 보전하려는 확고한 생각이 없고 상수도관을 파괴하고 공공건물을 불태운다면, 남부 연합의 내정에 간섭하지 않겠다는 정치 슬로건의 유지는 무슨 의미가 있었는가? 이 사례에서 나타난 것처럼 무력전선에서 섬멸에서 소모로 전환은 정치 목표의 축소를 전혀 의미하지 않는다는 데 특별한 호기심이 생긴다. 정치를 전략과 조화시키는 것은 아주 어려운 일이다. 이는 정치적 작전적 활동 간의 균형을 맞춘다고 해결되지 않는다.

전쟁 4년차에 세리단(Seridan)이 셰넌도어(Shenandoah) 계곡을 습격하고 돌아와 370만 달러에 달하는 지주의 재산을 파괴했다고 보고했다. 전쟁 초에 기병군단 작전의 이러한 결과는 야만적인 행위로서, 전혀 불가능했다. 4년차에 이는 전쟁의 결정적인 결과를 달성하는 커다란 공훈이었다. 링컨의 정치 노선은 객관적으로 변한 전쟁수행 상황에 능숙하게 적용되었다. 편협한 소부르주아적 이념을 가진 질박한 링컨은 전쟁 기간에 완전히 변했고 필요에 따라 좌익의 모든 것을 적용하여 자신의 지령에 아주 완고한 성격을 부여했다. 그는 전쟁 3년차 말에 북부 주 지역에서 테러로 방향을 바꾸고 제1차 국제노동자회의(the First International)에서 칼 마르크스와 인사를 나눴다. 그의 정책은 전쟁에서 승리하는 데 필요한 유연성, 즉 정치 목표의 적시적인 수정으로 나타났다. 영국 노동계급이 환영한 그의 새로운 정치 노선이 남부에 유리하게 진행되던 영국의 개입에서 그를 지켜냈다.

전쟁수행에서 연유하는 국내외 정치 문제의 약간 깊은 연구로 우리가 과업에서 벗어나고 빗나갔다. 우리는 단순한 검증을 멈추고, 전쟁 기간에 정책은 어떻게 군사행동 지도에 영향을 미치느냐 하는 우리의 관심 사항으로 돌아가겠다. 이 사항은 두 가지 측면이 있다. 즉, 정책이 제공하는 지령과 전략이 자신의 결심을 위해 정치에서 얻으려는 방침이다. 이때 우리는 주로 지령에 고착된다. 이 경우에 방침이 무력전선의 모든 행동에 관여하고, 두 번째 관점은 전쟁을 수행하는 쌍방이 구성하는 정치 기조의 파생물로 간주하는 우리의 모든 노력에 스며든다.

정치와 후퇴기동의 자유. 전쟁 수행에서 매 순간은 정치적 이익의 순수한 축적이다. 모든 중요한 결정은 많은 정치적 요청의 압력을 의미한다. 전쟁은 진공 공간에서 수행되지 않는다. 전쟁을 두 군대의 자유경쟁이라고 생각하는 것은 전쟁의 본질을 전혀 이해하지 못한다는 뜻이다."[66] 1805년과 1812년의 쿠투조프를 비교해보자. 러시아군은 두 경우에 나폴레옹군보다 지나치게 뒤졌

66) 이는 클라우제비츠 학설의 중요한 요소이며 그의 모든 저작의 중심사상이다. 클라우제비츠의 저작은 전쟁 전개의 기본 노선을 설정하는 전쟁의 정치적 본질을 해석할 때 머뭇거리지 않게 해준다. 클라우제비츠가 만든 팸플릿 *Основы стратегического решения*(전략적 결심의 기초), Москва : 1924, С. 31.

고 전술적 결심의 불리한 결과가 예상되었다. 게다가 1812년 쿠투조프는 보로지노 전역을 치렀으나 1805년에는 후퇴에 필요한 전투만을 치르면서 바바리아 경계에서 모라바(Morava)강으로 신속하게 후퇴했다. "수도와 위협받는 지방을 걱정하지 않아도 되고 군사적인 판단만을 따르면 되는 동맹국에서 항상 파비우스(Fabius, 기회주의자-역자 주)의 역할을 하는 것은 쉽다." 이 말에서 조미니는 중요한 외형에서 전략적 결심을 하는 정치적 영향 분위기의 중요성을 인정하지 않는가? 1914년 국경 전역과 마른 전역 중간에 영국군을 철수시킨 프렌츠(French)는 하루 이틀 이동거리로 프랑스군의 철수를 추월하면서 프랑스 장군들보다 더 겁먹었는가, 독일에 대항한 투쟁을 더 쉽게 생각하였는가? 결심의 차이는 프랑스 영토의 희생을 가져오는 정치적 행동에 대한 영국 장군들과 프랑스 장군들의 다른 관점에서 기인하는 전략적 상황 평가에 따라 달라진다.

보로지노(Borodino, 모스크바 서쪽 약 120km 지점-역자 주). 보로지노 작전은 국내 정치 활동이다. 쿠투조프는 군사적인 면에서 바르클라이(Barclay)에 상당히 뒤처지고 알렉산드르 1세에게 그렇게 높은 평가를 받지 못했다. 그러나 바르클라이를 쿠투조프로 교체한 것은 바르클라이를 신뢰하지 않으며 그의 후퇴에 따른 위험을 감수하지 않고 나폴레옹의 침입을 저지하길 원했던 지배계급이 영향을 미친 결과였다. 형성된 정치 상황이 전략적으로 대규모 전역을 요구했다. 군에 대한 정부와 모든 국민의 이러한 정치적 명령은 전략에 대한 법이 되었고 보로지노 전역의 합목적성을 만들어냈다. 이러한 정치적 명령과 함께 바르클라이보다 나폴레옹을 전술적으로 패배시킬 가능성이 아주 낮은 쿠투조프가 군에 도착했다. 그는 승리를 위한 투쟁이 아니라 정치가 요구하는 엄청난 유혈을 위한 투쟁으로 보로지노를 계획했다. 이러한 희생을 야기한 쿠투조프는 보로지노를 정치적으로 광범위하게 이용하려고 노력했다. 보로지노를 승리 또는 극단적으로 결말이 없는 전역처럼 보이도록 심지어 나폴레옹의 허위 명령까지 모든 것을 시작했다. 모스크바가 함락되었음에도 불구하고 쿠투조프는 국민에게 승리를 확신하게 했다. "그는 보로지노 후에 전례 없는 몰염치로 승리자가 되었고 모든 기회에 적군의 신속한 격멸을 약속하고 마지막까지 모스크바를 구하기 위해 제2 전역을 수행할 것이라는 태도를 견지하고 오만을 멈추지 않았다. 이렇게 하여 그는 군과 국민의 자존심을 만족시키고 성명과 종교적인 선동으로 자존심에 영향을 미쳤다. 여기에서 참으로 인위적이지만, 그 기저에는 바로 프랑스군의 나쁜 상태라는 진짜 상황을 담은 새로운 믿음이 생겼다. 이는 경솔한 생각이며 늙은 여우의 이런 천한 절규가 바르클라이의 솔직함보다 과업에는 더 유용했다."[67] 쿠투조프는 정치가이고 1812년 군사행동을 전쟁 과업과 러시아의 자산에 더욱 유리하고 합당한 방향으로 돌렸다.

군사행동은 역사의 중요한 문제를 무력으로 해결하는 것이다. 역사의 진보는 경제 여건, 국민과 계급의 역학 관계에 기인한다. 그러나 특정한 상황에서 그리고 특정한 단계에서는 이러한 경제적 힘은 직접적으로 작용하지 않고 전투의 구체적인 무게로 측정된다. 모든 세상이 물방울로 표현되는 것처럼, 모든 정치는 작전에서 마지막 결론으로 표현된다. 워터루 전역에서 블루허(Blucher)의 프러시아군이 측방으로 그리고 부분적으로 프랑스군 후방으로 나아가는 긴 시간 동안 나폴레옹이 웰링턴의 영국군에 대한 정면공격을 고집했다. 프랑스군의 실패가 재앙적 수준으로 발전한 원인인 나폴레옹의 이러한 행동은 심대한 실수였는가? 그렇지 않다. 왜냐하면 엘바섬에서 복귀하여 부르봉 왕조를 축출한 나폴레옹의 정치적 위상은 2차 왕정 100일 동안 많은 승리만으로 그의 정권을 유지할 수 있었기 때문이다. 웰링턴과 싸움에서 작은 패배를 당한 후에 그는 왕위에서 물러나야 했듯이 워터루에서 패한 직후에 세인트헬레나 섬으로 유배를 준비해야 했다. 그래서 그는 모든 것을 걸었다. 보로지노 근처에서 그는 확실히 성공할 수 있는 전투에 자신의 정치적 지주인 전통있는 근위대, 자신에게 충성스런 병사들로 구성된 상비 병력을 투입하지 않고, 워터루

---

[67] Clausewitz, *Hinterlassene Werke VII(2)*(유작 제7권, 제2판), f. 117.

근처에서 그는 전통 있는 근위대를 최후의 모험적이며 거의 희망이 없는 공격에 투입했다. 승리하든가, 모든 것을 끝내야 했기 때문이다.[68]

스당 작전. 스당은 제2제정의 전략적 어리석음이며 제정부흥주의를 몰락시킨 공포(公布)에서 제정부흥주의 정책이 논리적으로 불합리에 다다른 마지막 일보를 뜻하는, 나폴레옹 3세의 워터루와 같은 것이다."[69] 프랑스군이 붕괴하는 마지막 순간의 스당 전장에서 군의 지휘권을 위임받고 메지에흐(Mézières, 제네바 북동쪽 약 66km－역자 주)로 후퇴하여 군을 구하려 시도하는 두크호(Ducrot)를 파면하고 파리가 아니라 메스로 돌파하려 한 방펨(Vimpheme) 장군에게 우리는 제정부흥주의 정책의 구현을 볼 수 있다. 그는 병든 나폴레옹 3세를 마지막 돌파 시도의 선두에 서게 하는 데 실패했다. 제정부흥주의자들은 장차 파리에서 피할 수 없는 혁명 후에 왕조의 이익을 보장할 목적으로 나폴레옹 3세가 공격간에 총에 맞아 죽을까 걱정했다.

슐리펜 계획. 세계대전간에 독일이 큰 틀에서 유지한 벨기에를 거쳐 크게 우회하는 계획은 아마 이를 구상할 때(러일전쟁과 제1차 러시아 혁명 시대)의 정치적 상황에서 나왔을 것이다. 그러나 1914년까지는 이 계획의 전쟁이 정치적 상황과는 달랐다. 1914년 독일의 전략은 독일 정책의 연속이었다. 1914년까지 슐리펜 계획은 프랑스 국경의 요새 구축, 당시 전선의 넓이, 민족주의적인 폴란드 경계에서 러시아의 후퇴 기동 준비라는 군사－기술적인 판단에만 기초하였다. 계획은 정치적으로 판단하지 않았고 정치가들은 이를 알았을 뿐이다. 지도자들의 전쟁 진행에 관한 대 몰트케(1871~1882) 사상의 모든 치명성은 주로 군사적인 판단이며(대 몰트케는 항상 자신의 계획을 정치적인 판단에서 시

[68] 1813년에 나폴레옹은 동맹조건을 거부하고 메테르니히에게 "합법적인 군주들은 다른 상황에 처했다. 그들은 전투에서 그리고 전체 전역에서 패할 것이다. '벼락 출세자'는 그런 사치를 할 수 없다."라고 했다. A. von Boguslavski, *Betrachtungen über Heerwesen und Kriegsführung*(軍事와 전쟁수행에 관한 고찰), f. 9.

[69] A. Свечин, *История военного искусства Т. III*(전쟁술의 역사 제3권), С. 154~164, 같은 책 97~101쪽의 몰트케와 비스마르크의 투쟁에 대한 클라우제비츠의 관점을 참고하시오.

작했다), 군사-기술적인 면에서 슐리펜의 아주 강력한 섬멸전략을 실행할 때 나타났다. 계획에서 제외된 정치가 군사행동간에 나타나게 된다.

독일과 영국의 세계대전 수행 기본 노선. 독일의 전략과 전쟁 동안의 정치 노선은 명확하지 않았다. 독일의 중대한 정치적 실수는 영국을 프랑스의 부가적인 세력으로 간주하는 주적에 대한 관점에 있다. 전쟁을 계속할 영국의 의지를 꺾을 수도 있었던 양 방향 작전을 전개할 때, 많은 총체적 불연속성을 지적할 수 있다. 바그다드 방향 작전은 바그다드 철로에 터널을 뚫는 작업의 일시적인 중지이다. 게다가 수에즈 운하에 대한 경솔한 습격이며, 러시아의 대외 교역 능력의 85%를 부수적으로 차단한 이 방면에서 항상 부차적인 의미를 지닌 살로니카(Salonica)까지는 점령하지 못한 1915년 가을 세르비아 원정이다.[70] 다른 방면의 예를 들면, 영국에 대한 잠수함 봉쇄에서 독일이 전쟁 초에 프랑스의 북-서 해안을 완전히 장악할 능력과 놓쳐버린 가능성을 볼 수 있다. 그래서 1914년 10월 이제르(Isère, 리용 남서쪽 지방-역자 주) 전투같이 이러한 목적으로 작전을 수행한다면 그 작전은 우발적이고 치밀하지 못한 행동일 뿐이다. 잠수함 작전에 대한 결심은 결과적으로 완전히 준비를 갖춘 영국과 부딪힐 정도로 주저했고 결단성이 없었다. 정치적인 명확성이 없어서 독일의 인도 압박과 영국 경제의 봉쇄는 독일 제펠린(zeppelin) 비행선의 런던 공습과 유사한 제스처였다. 영국의 분노와 열정은 극에 달했고 영국의 전투력은 줄지

[70] 중부 강대국들이 발칸에서 대독연합군 부대들을 격멸할 필요가 없다는 독일 전략가들의 생각은 의심할 여지가 전혀 없다. 왜냐하면 대독연합군의 살로니카 상륙의 보류로 불가리아군의 행동을 위한 군사목표로 남았기 때문이다. 만약 영국-프랑스가 발칸반도에서 사라졌다면 다른 전구에서 활동을 바라지 않고 전쟁을 중지한 불가리아군이 전쟁을 멈추었다면, 중부 강대국들은 자신의 계산에서 20개 사단을 투입해야 했다. 그러나 정치-경제적으로 그리고 전략적으로 당연히 중부 강대국들의 상황이 발칸의 투쟁에 유리하게 종결되는 경우에 크게 승리했다는 것은 당연하다. 구체적인 판단은 동맹국에 과업을 남기기 위한 불완전한 승리를 역사에서 볼 수 있다. 예를 들면, 1775년부터 1783년간의 미국 독립전쟁 기간에 프랑스 입장이 그러했다. 프랑스는 미국을 지원했고 프랑스는 마지막까지 영국에게 승리하는 데는 관심이 없었다. 왜냐하면 미국이 결정적으로 승리할 경우에 영국이 미국과의 전쟁을 중지하고 자신의 모든 자원을 프랑스에 대응하는 데 지향할 수 있었기 때문이다.

않고 증대되었다.

반대로, 영국군에는 부여된 임무에 대한 애석한 기술적 결정, 그에 반하여 행동에 대한 평범하지 않은 명확한 정치적 노선을 가끔 보인다. 독일의 모든 식민지와 세계 거점의 점령과 관계되며 경쟁자를 격멸할 목적을 지닌 포괄적인 경제적 공격, 독일의 경제적 봉쇄, 3년~4년이 소요될 키치너군의 편성, 영국에 큰 위협이 되는 전략적 입장을 나타내는 북프랑스와 벨기에 해안을 탈취하기 위한 투쟁, 메소포타미아 · 시리아 · 다다넬스 · 살로니카에서 바그다드 방면에 대한 투쟁이 그 예이다. 처칠이 다다넬스에서 주로 식민지 병사인 30만 명의 영국인을 희생시킨 것처럼, 러시아에 콘스탄티노플을 바칠 목적으로 병사들을 생각하려면 아주 엄청나게 고지식해야 한다.

마른(Marne) 작전. 1914년 9월 프랑스군의 마른 기동에 대하여 자세히 기술하겠다. 이의 특징으로, 특히 프랑스 내에서 프랑스군의 아주 중요한 좌측방에서 독일군과의 저돌적인 충돌이며 독일군 우측방으로 우회하려는 시도를 들 수 있다. 국내 정치의 판단은 기본적으로 신뢰하지만 잘못 과장된 의미가 조프르로 하여금 전력을 투입하여 국경 전역 해결에 중점을 두게 하고 마른으로 철수에 반대하게 하였다. 철수의 주창자인 렁흐작(Lanrezac) 장군은 사령부에서 배제되었다. 정면을 강력하게 타격한 독일의 도움으로 조프르는 정치적 요구의 잘못된 해석을 극복할 수 있었다. 파리 방향에서 좌익의 우회는 국내 정치 요구의 완전한 연속이었다. 마른 작전의 전략적 형태를 완성하기 10일 전인 8월 25일 전쟁성장관 메시미(Messimy)는 조프르에게 "아군의 노력으로 승리하지 못하면 그리고 아군이 후퇴해야 한다면 파리를 보전하기 위해 파리의 강화된 진영으로 보낼, 최소의 군 편성인 3개 야전군단으로 분할하라."라는 명령을 하달했다. 국내 정치의 요구에 의해 전체적으로 조건이 붙여진 이 명령의 결과, 마누히군은 다른 전선군들과 함께 뒤로 물러나지 않고 파리 근교에서 지탱했고 독일군 측방에 있었다. 이처럼 마른 기동에서 우리는 중요한 정치 노선을 명확히 관찰할 수 있다.

니벨르의 섬멸전략. 대외정치는 국내 정치만큼 전략의 전개를 정확하게 결정한다. 1917년 초에 드러나 러시아의 약화와 전쟁에서 이탈 가능성이 니벨르 작전으로 대두되고 프랑스가 1917년 4월 16일 패배로 끝난 섬멸전 시도로 전환하는 원인이 되었다. 그러나 미국의 전쟁 개입으로 1918년 7월까지 14개월 동안 방어로 전환하는 포쉬와 페탱의 결심과 1918년 전반기에 서부전선군을 제거하려고 시도한 루덴도르프의 결심에 영향을 미쳤다.[71]

전쟁 종결 시 정치적 지원. 대외정치와 전략의 긴밀한 관계는 전략이 하나의 수단으로서 투쟁을 종결짓기에는 대체로 무기력하다는 데서 기인한다. 섬멸전략의 위대한 대표자로서 나폴레옹 1세는 자신의 아주 성공적인 전쟁을 무력적인 폭력의 방법만으로 종결지을 능력이 없었고 유리한 강화조약을 보장받기 위해 정치적 수단에 광범위하게 의지했다. 프랑스 농민들 사이에서 나폴레옹의 인기는 바로 그를 평화의 창조자로 보는 시각에 기인했다. 나폴레옹만이 혁명전쟁을 강화조약(1797년 1차, 1800년 2차)으로 종결짓는 데 성공했다. 1797년 패배한 오스트리아에 유익하게 베네치아주를 양보하고 라인 동맹을 창설하고 오스테리츠(Austerlitz) 작전에서 오스트리아의 유용한 사전 공작, 1807년 프리들란트(Friedland)에서 알렉산드르 1세에게 분쇄된 유럽에서 지배권의 분할 같은 예는 전쟁 수행이 그를 성공의 절정으로 끌고 가려고 위협하던 어려운 상황에서 자신의 전략을 구한 나폴레옹 1세의 빛나는 업적들이다. 나폴레옹이 자신의 정치적 재능을 잃었을 때 그의 군사적인 조치들은 스페인 러시아 독일의 재앙으로 끝났다.

비스마르크 또한 전략적 곤경에서 벗어나고 적을 다루기 쉽고 평화로 기울게 하는, 예를 들면 1866년 헝가리에 민족혁명의 조직[72] 그리고 오스트리아의

---

71) А. Свечин, “Интегральное понимание военного искусства(전쟁술의 완전한 이해)”, *Красные Зори 1924 г. No. 11*(크라스늬 조리 1924년 11호).

72) 1866년 7월 14일 비스마르크는 헝가리 지역의 우수하고 혁명적인 헝가리 총독 클라프크(Klapk) 예하에 편성했다고 보고했다. 강화조약 체결로 이 지역은 군사행동에 참여할 수가 없었다.

저항과 프랑스와 동맹체결 사례 등, 몇 가지 정치적 수단을 항상 가지고 있었다. 그는 실제로는 필요 없는 이러한 수단을 사용하지 않았다. 왜냐하면 귀족(지주)당에 의지했고 전쟁의 왕조적 성격을 유지하고 싶었기 때문이다. 비스마르크는 1870년 이탈리아왕의 비우호적인 행동을 저지할 능력을 갖기 위해 이탈리아 혁명주의자들과 관계를 유지했다. 그러나 스당 작전 후인, 몰트케가 전쟁이 거의 끝났다고 생각했던 1870년에 비스마르크는 아주 심하게 불안해했다. 왜냐하면 프랑스 혁명 때문에 정치적으로 무장해제당할 것을 우려했기 때문이다.

세계대전은 또한 누구와 강화조약을 체결해야 하느냐를 알아야 하며 이러한 면에서 전략은 이를 위한 토대를 마련하여 정치의 명령을 맹목적으로 따라야 한다는 것을 보여준다. 독일 수상 바트만－홀베크(Bathmann-Hollweg)는 평화협상 상대를 찾으면서 정치적으로 잘못 생각했다. 그는 영국을 가장 완고한 적으로 생각하고 러시아를 희생시키고 영국과 합의했다. 여기에서 독일의 분함대들의 태만이 발생했다. 1916년 바트만－홀베크는 러시아와 별도의 강화조약을 체결하려는 제안에 응하는 것을 아주 꺼렸다. 그가 이러한 시도를 시작했을 때, 러시아 문제 전문가인 불가리아의 밀사 리조프(Lizov)와 영사 마르크스를 믿고 그는 실제로 전쟁을 계속하는 것을 경계했고 이에 따라 강화조약을 준비한 반동적인 러시아 당이 아니라 대독연합의 세력권에 완전히 몸담고 있는 자유주의 좌파와 강화조약을 맺으려고 결심했다. 이는 1916년 말과 1917년 초의 정치적 어리석음의 원인이었다. 예를 들면, 별도의 강화조약 추진의 미숙, 독일에 손을 내밀 준비가 된 러시아의 정치 달인들에 대한 독일 언론을 통한 조직적인 공격, 폴란드의 독립 우려 그리고 비스마르크의 수법들의 우둔한 적용 등이었다.

정치와 작전방향의 선택. 탈주병이 많았던 징집병 시대인 18세기에 작전방향을 선택할 때에는 군 운용 경로의 주변에 삼림이 많은지 고려해야 했다. 군은 삼림지대에서보다 광활한 지역에서 병력유지가 훨씬 잘 되었다. 즉, 탈주병이 상당히 줄어들었다.

현대의 내전에서는 군사행동이 전개되는 지역의 중요성이 매우 커지고 있다. 내전에서 충분히 조직되지 않고 빈번히 경제적으로 나빠진 후방에서는 지방자원이 군의 급양에 대단히 중요하다. 그러나 내전 시 군사작전 지역은 군에 식량만 보급하는 것이 아니라 피복과 무기를 공급하는 수단을 제공하고, 특히 중요한 것은 병력충원의 아주 중요한 원천이다. 주민의 다양한 계층 구성이 탈주병의 증가나 감소, 새로운 병력의 군 유입에 정확히 반영된다. "생기를 잃은" 지역에 들어간 군의 전투력은 빠르게 사라진다. 부유한 계층으로 구성된 지역에 들어간 군의 전투력은 급격하게 증대한다. 이 군부대는 경제적으로 빈약한 중앙의 아무런 지원 없이도 지내며, 전선에서 중앙으로 귀중한 선물들을 자주 보낸다. 콜착에 대한 공격은 주로 러시아에서 도착한 상비병력 중에서 모은 시베리아 자체의 병력과 장비로 수행되었다. 루간스크와 도네츠크 전 지역은 소비에트군에게는 아주 귀중한 지역이었다.

여기에서 순수한 정치적 판단에 따라 공격 경로를 선택하는 커다란 유혹이 나타난다. 그러나 중앙이 더 능력 있고 후방에서 병참물자 조치가 잘 되고 부대의 규율과 정신력이 강할수록, 공격하는 군대는 지나가는 지방의 정치적 색채에 의존도가 낮아진다. 지방에서 제공하는 충원과 무장 자산은 후방에서 수령하는 엄청난 지원과 비교하여 그 중요성은 줄어든다. 전체 병력이 자원자 수를 넘지 않고 중앙에서 보충 병력으로 보낸 잘 훈련되고 기강이 잡힌 전투원 13만 명을 매달 삼키는 전선에서, 장비와 피복 그리고 무기를 제공받고 훈련을 받아야 하는 수만 명의 자원자는 비교적 하찮은 역할을 수행할 내전에서는 결정적인 의미를 지닌다.

지정학적 요소가 결정적인 정치 목표에 중요한 요소가 아니므로 군사 지휘관은 이를 다른 지리적 요소처럼 대해야 한다. 이는 상황 조건의 하나일 뿐이다. 지리적 요소를 과대평가하면 지그재그 전략을 갖게 되는데, 이는 지그재그 정책이 된다.

작전의 지리 목표. 경제 또는 계급 전선에서 투쟁 수행은 지리적 구역을 점령하면 상당히 쉬워지며, 반대로 이런 구역을 잃게 되면 힘들어진다. 터키와 독일의 다다넬스 해협 봉쇄로 러시아가 세계대전에 참전할 여건이 어려워졌다. 슐리펜 백작이 주공방향을 벨기에를 거쳐 프랑스 전선으로 변경했는데, 이는 경제적인 동기와 무관한 것은 아닐 것이다. 즉, 러시아에서 아무것도 얻지 못하지만 프랑스에는 자본과 식민지가 있었다. 산업 자산이 많은 벨기에와 북프랑스 점령은 전쟁을 수행하는 데 귀중한 도움이 되었고 강화조약을 체결할 때 중요한 담보물이었다. 자원은 항상 낙뢰 유도체이다. 그러나 전쟁에서 유리하게 승리하는 것 같은 진짜 문제는 우리가 극도의 공격적인 관점을 갖게 한다는 것이다. 독일이 전쟁에서 패하지 않는 데 관심을 기울였다면 더욱 논리적이었을 것이다. 정치적 이유 때문에 비교할 수 없을 정도로 문명화된 동프러시아보다 갈리시아가 러시아 사령부에 더 매력적이었다. 1916년 아주 유리한 독일은 옥수수와 석유가 풍부한 루마니아에 대한 작전을 수행했다.

소비에트 러시아가 압박받은 "아사의 뼈가 앙상한 손을" 느꼈던 내전 시에, 빵을 가진 우크라이나와 석탄이 있는 도네츠크와 석유의 바쿠를 차지하기 위한 투쟁, 언젠가 모스크바 공국(Moscovia)을 역사적인 빈사상태에서 광활한 세계무대로 이끌었던 볼가를 점령하기 위한 투쟁이 매우 긴요한 문제였다. 죽느냐 사느냐의 문제는 이 지역, 아니면 다른 곳을 점령하는 것과 관계가 있었다. 긴요한 경제적 필요 때문에 '붉은 군대'는 질주하게 되었다. 지리적인 목표의 중요성은 경제적 위기가 붕괴되는 비율로 커진다. 1920년 바르샤바의 탈취는 수만 명의 프롤레타리아를 혁명 대열로 몰아넣었다.

일반적으로 정치는 경제와 계급의 지리적 이익의 대변인이다. 그렇긴 하지만, 지리 목표가 전략가의 관심을 끄는 목표(적 병력)를 꼭 장악할 필요는 없다. 정치가 섬멸적인 타격을 가하는 것을 전쟁의 정치 목표로 설정한다면, 혹시 모든 나라에 걸쳐 적에게 포위되거나 모든 국가가 이들 간의 경계와 수도를 따라 하나의 연결된 장벽을 설치한다면, 이 목표는 전적으로 지리 목표가 될 것이다. 정치 목표가 소모전 전구로 향한다면 이 목표는 개별 작전을 위한 지리 목표를 포함하게 될 것이다. 정치가 전쟁의 정치 목표에 포함시킨 것은 전략가에게는 논쟁의 여지가 없는 법률이 될 것이다. 경제 그리고 계급 전선의 중요한 나머지 쟁점들에 대한 문제에서 전략가는 부하가 아니라 무력투쟁의 완전히 동등한 전선의 대표자이며, 정치적 경제적 고려에 대한 평가를 해야 한다. 왜냐하면 이러한 고려를 실행하는 것이 전략적 행동에 대한, 전쟁의 중요한 정치적 목표로 향하는 노선의 관점에 중요하며 합목적적이기 때문이다.

섬멸 목표를 추구하게 되면 전략가는 완고해질 것이다. 섬멸적 타격이 계획된다면 전체적인 기조에 대한 걱정은 제3 또는 제4의 계획에 두어야 한다. 슐리펜은 아주 논리적으로 알자스-로렌느, 동프러시아에서 독일의 대규모 경제적 이익을 보호하기 위한 어떤 전력도 할당하지 않았다. 이 지방에서 독일이 경제적 이익의 보호에 과도한 관심을 기울인 것은 섬멸사상을 고수하려 한 소몰트케의 심대한 실수이다.

소모 투쟁에서는 자신의 전체적인 기반을 보호하고 적을 경제적으로 압박하려는 것은 당연하다. 화평을 위한 길을 찾아야 하고 적 병력에 대한 투쟁과 지리적 이익을 보호하는 것을 결합해야 한다.

임무가 적을 속박하고 전투를 하게 만들고 그에게 불리한 상황(베흐덩)에서 물자적 성격의 투쟁을 강요하는 것에 귀착된다면, 공격을 위해 적에게 중요한 지리적 지점을 선정하게 하는 것이 유리할 것이다. 동부 전투(크림전쟁-역자주)에서 러시아에 불리한 세바스토폴의 역할이 그러하였다. 즉, 러시아 영토로 깊숙이 침입하는 것을 두려워한 영국-프랑스군을, 해안에서 멀지 않은 곳의 투쟁에 끌어들인 것은 러시아군에게는 비교할 수 없을 정도로 불리했다. 흑해 함대 기지인 세바스토폴의 중요성 때문에 우리는 수제선(水際線) 바로 근처에서 전투에 돌입했다. 이는 적에게는 아주 유리하고 우리에겐 아주 불리한 병참선 여건이었다. 미래에는 레닌그라드도 똑같은 역할을 나타낼 것이다. 서부에는 대도시와 산업 중심지 등 많은 중요한 지리적 지점이 아주 극단적으로 전략과 결합되어 있다. 반대로 폴란드－벨라루시 전선에는 이러한 것이 없어, 이곳은 전략적으로 융통성이 아주 많다. 이곳에서 후퇴기동의 자유는 아마 오직 군수품 축적 때문에 부자연스러울 것이다. 또한 군수창고들의 밀집으로 지리적 지점이 형성될 것이다. 독일 후방에서 실어내야 했고 독일군 참모본부가 부분적으로 통제에서 놓친 방치품으로 발생한 군수품을 실은 수만 량의 열차가 없었다면, 1918년 9월과 10월에 루덴도르프는 치열하고 그에게 불리한 후퇴 전투를 치르지 않고 비교할 수 없을 정도로 자유롭게 철수할 수 있었을 것이다.

현명한 정치는 지리적, 특히 지역적 교구적(教區的) 성격의 이익을 방호하는 데 아주 조심스러울 것이다. 이익 보호의 필요성을 강조하는 것과는 상관없이, 정치는 목표를 빈번히 고려하기 위해 전략에 하달하는 지령에 의해서만 제한을 받을 것이다. 물론 정치는 모두를, 그리고 각자의 요구를 충족시키는 만능 도구를 전략에서 찾을 수 없다. 표트르 대제가 숙소별로 부대를 배치할 때 병참감의 입장에 관한 자신의 지시에서 강조한 "모두를 만족시킬 수 있는 사람은 아직 태어나지 않았다."라는 말은 전략가에게 특별히 적용된다. 어떤 지방 권력에 전략이 종속되는 것을 없애고 국가 최고 권력기관의 직접적인 계통에 둘 필요성이 여기에 있다. 순수한 요청이 궁극적인 목표에서 벗어나도록 위협하기 때문에, 이를 뿌리치고 순수한 국가적 차원에서 공동의 목표와 이익을 추구할 때만이 정치와 전략은 올바른 길을 갈 수 있다.

해군과 공군의 독자적인 작전. 자신의 독자적인 작전에서 해군과 공군은 주로 경제적인 압박 무기이다. 해군의 우세는 극히 중요한 해상 무역항로를 봉쇄할 수 있다. 해상에서 군사행동은 장기간의 전쟁에서, 특히 투쟁이 세계지배권(카르타고와 로마, 영국과 스페인, 영국과 네덜란드, 루이 16세 및 나폴레옹 1세의 프랑스와 영국)을 위해 이루어질 때 중요한 의미를 지닌다. 전투함대는 경제 항로에 봉쇄와 기뢰장애물 설치, 무역선의 항해 통제를 통해 약하게 무장한 선박들의 경제활동을 엄호할 뿐만 아니라 해안 촌락들을 포격할 때 함선들에 협력한다. 공군은 지상군 부대 전선에서 증가된 거리에 있는 중요한 지리적 지점들에 더욱 맹렬하게 폭격할 능력을 갖추고 있다. 공군의 체계적인 활동은 아주 중요한 교통로의 활동을 상당히 저하시키고 부분적으로 그렇게 멀지 않은 산업 중심지의 생산 활동을 마비시킬 수 있다.

폭격은 초초하게 만들지만 항상 효과적이진 않은 수단이다. 독일의 동아프리카 수도인 다레살람(Dar es Salaam, 탄자니아 해안 도시－역자 주)은 세계대전 초에 해상의 영국군에게서 27회의 포격을 받았다. 주민들이 대피호에 몸을 피했고 함선에는 곡사화기가 없었기 때문에, 백인 한 명만이 사망했다. 공중 폭격이 더욱 효과적일 것이다. 그러나 이는 전략적 합목적성을 높여야 한다. 왜냐하면 공중 폭격은 부작용을 야기할 수 있기 때문이다. 파리와 런던에 대한 폭격은 수십 채의 가옥을 파괴하고 수백 명의 주민을 불구로 만들었다. 폭격으로 인한 경제적인 손실(부분적으로, 제펠린 비행선 제작)은 아마 적에게 가해진 피해를 초과했을 것이다. 즉 용감한 비행가와 조종사 수백 명이 숨졌다. 그러나 이 폭격이 대독연합의 승리에 대한 강한 의지에 불을 지피는 원인이 되고, 적대국은 전쟁을 맹렬하게 수행하기 위한 수단들을 얻기 쉽게 만든 바늘에 찔린 정도로 여겼다. 이런 도박적인 편중은 자신의 습격으로 적의 대규모 방공전력이 수도에 묶일 것이라는 독일군의 생각은 그대로 이루어지지 않았다. 손실이 예상한 이득보다 훨씬 컸다.

전선에서 일이 악화되는 측은 지불해야 할 보복이 늘어날 우려 때문에 폭격을 포기한다. 전쟁 말 3개월 동안 루덴도르프의 명령으로 폭격이 수행되지 않았다.

정치전선에서 투쟁이 아주 고조된 경우에 폭격을 적용하는 데는 특별히 주의해야 한다. 비행선에서 떨어진 몇 발의 독이 든 폭탄이 군 병원을 오염시켜 정치적 선동의 토대를 완전히 망칠 수 있다. 이러한 작용제를 사용할 때마다 정치적 협의가 필요하다. 폭격의 중요성은 전쟁의 긴장도에 달려 있다. 예를 들면, 이라크에 대한 영국 공습의 징벌적 성과는 투쟁 강도가 약할 때는 충분히 의미가 있으나, 영국처럼 스페인과 프랑스 비행선의 살상 및 중독용 폭탄은 모로코인들이 아주 격분되어 있을 때에는 거의 효과가 없었다.

경제적 목표를 달성하려는 군사작전은 충분히 숙고되어야 한다. 게다가 이의 전망은 간혹 대단히 어려운 경제적 과제이다. 영국에 대한 잠수함 봉쇄 과업이 그러했다. 독일 해군참모본부와 초대된 경제 전문가들이 영국의 군수업무를 수행하는 50만 톤의 선박을 잠수함 활동으로 매달 침몰시키는 데 성공할 경우, 반년 후 지구상에는 필수품을 수송하는 선박이 부족하게 되고, 영국은 굶주릴 위험과 경제적인 파국에 이르게 되어 강화조약을 맺게 될 것이라는 결론을 내렸다.

왜냐하면 잠수함 작전 선언이 미국의 전쟁개입을 야기할 것이며 잠수함 작전에 관한 결심은 대단히 중요했기 때문이다. 전쟁과 관계되는 전 세계의 선박 톤수의 위급한 수준과 조선소가 보충하는 선박으로 대체할 가능성, 부차적인 항로에서 차출한 선박과 모든 고령 선박을 이용하고 중립국 선박을 빌려 영국을 위해 활동하는 대양선단을 증강할 능력, 끝으로 대외 무역량을 상당히 감소시키는 소비의 제한과 이런 경제체계로 전환으로 필수품의 대양 수송이 감소할 가능성을 고려했어야 했다. 각국이 자기 수요의 많은 부분을 자국 생산품으로 충당하려 할 것이라는 것을 고려했어야 했다. 미국은 엄청난 상선단을 건조하기 시작했고 중립국들은 자신들의 수요를 강력하게 억제했다. 영국은 미국산 트랙터의 도움으로 파종 면적을 급격히 늘리고 동시에 배급제로 전환하여 자체 수요를 상당히 억제했다. 영국은 부작용에 대한 잘 고안된 일련의 대책을 취했고 독일 잠수함들은 계획의 군사 부분을 실행했다. 즉 1917년 11개월 동안에 계산된 기준의 66%에 달하는 912.5만 톤의 선박을 침몰시켰다. 잠수함 작전이 감소한 1918년에는 9개월 동안 519.8만 톤의 선박을 침몰시켰다. 확실히, 독일은 잠수함 활동 결과를 2배나 잘못 예측했다. 독일이 자신의 목표를 추구하는 치밀함에 관해, 그들이 목표를 달성하기 위해 부대를 태운 미국의 수송수단들을 녹이는 것이 바람직하다는 오스트리아의 주의에도 불구하고 다른 임무에는 한 척도 할당하지 않고 모든 잠수함을 파견했다는 것을 기준으로 평가할 수 있다. 미국이 이를 성공적으로 보호한 조직을 이유 없이 자랑했다. 왜냐하면 실제로 그 누구도 이를 공격하지 않았기 때문이다. 이와 똑같이 독일도 영국 봉쇄를 강화하기 위해 잠수함의 지중해 습격을 포기했고, 이로 인해 대독연합군의 상황과 살로니카 함대의 보급이 아주 호전되었다.

세계대전 초와 말 대외정치의 영향. 외교적 성격 특유의 견해는 주로 전쟁 초와 말, 1870년 8월 6일 프러시아 제5군단과 바바리아 제2군단의 선견부대가 뵈르쓰 근처에서 프랑스군과 전투를 시작했던 보불전쟁 발발 시점을 검토해야 한다. 왜냐하면 총공격이 8월 7일로 예정되어서, 제3군을 지휘하던 프러시아 황태자가 전투를 중지하라는 명령을 내렸기 때문이다. 키르흐바흐(Kirchbach) 장군은 전투가 상당히 격렬해졌을 때 이 명령을 수령했다. 프러시아 제5군단의 전투이탈은 프랑스군에 첫 승리를 안겨줄 수 있다는 것을 염두에 두고 프랑스군의 승전보가 동요하는 오스트리아와 이탈리아에 미칠 효과를 고려하여 키르흐바흐 장군은 수령한 명령을 수용하지 않기로 결심했다. 전역은 계속 전개되었고 프랑스의 패배로 끝났다. 비스마르크는 열정적인 정치로 자신의 전술적 해석을 구했다.

간혹 중립국이 우리의 적 진영에 가담하는 것을 반쯤 드러난 검을 칼집에 꽂게 만드는 우리의 대대적인 성공만으로도 저지할 수 있다. 이러한 경우에 우리는 철수해야 하는가 하는 상황에서 정치적인 생각 없이 모험을 할 수 있다. 그러나 방책을 알아야 한다.

키르흐바흐 장군이 뵈르쓰 근처에서 전술적 행동을 동요하는 비적대 국가들에 미칠 영향에 지향했다면, 1915년 봄 러시아 전선에서 행동의 모든 역학은 준비된 이탈리아의 전쟁 돌입에 지향되었을 것이다. 1915년 팔켄하인 장군이 프랑스에서 공격 전개를 최종적으로 취소하고 러시아 전선으로 중심을 전환하기로 결심했다. 그가 그렇게 결심한 것은 갈리시아에서 이룬 대규모 승리로 이탈리아가 전쟁에 참가하는 것을 저지하려는 욕망 때문이었고 러시아군이 헝

가리 평원으로 빠져나갈 것이라고 기대하는 환상을 보여주었다.[73)]

탈퇴할 준비가 된 이탈리아에 관해 정확히 판단했다면 러시아군 사령부는 가까운 장래에 프랑스 전구는 부차적인 전구가 되며 병력을 축적해야 한다는 것을 알았을 것이다. 왜냐하면 이탈리아의 탈퇴는 러시아 전선에는 피뢰침이 아니라 낙뢰 유도침이기 때문이다. 그러나 우리에겐 전략과 정치에 관한 너무 단순하고 근시안적인 이해가 지배적이었다. 남서전선군은 오스트리아 전선군이 곧 붕괴될 것으로 기대한 이탈리아가 동맹의 의무에 서명하기로 결심하고 동원을 시작한다는 것을 알고, 이탈리아에서 러시아군이 헝가리 원정 방향으로 적극적으로 진격하는 망상에 이탈리아가 최종적으로 빠져들 때까지 유지했어야 하는 카르파티아 모험에 착수했다.

군사적인 측면에서 이 작전의 모든 바람직하지 못한 것과 보유한 병참능력(소총, 포탄)이 상응하지 않다는 것을 알았던 최고사령부는 카르파티아 공격이 이탈리아에 대한 도발전인 의미를 과대평가했고 이탈리아가 전쟁에 참전하는 것이 러시아 전선에 미치는 영향을 이해하지 못했으며 이바노프 장군의 제안을 제지하는 긴급한 조치를 취하지 않았다. 결과적으로, 우리는 이탈리아의 참전보다 훨씬 비싼 다뉴브(고를리체, Gorlice)의 돌파로 이탈리아의 전쟁 참가에 대한 대가를 치렀다. 1866년 7월 10일 프러시아의 마인군 사령관 팔켄슈타인은 키싱겐(Kissingen)에서 바바리아군을 격파했다. 당연히 격파당한 적을 추격했어야 했다. 그러나 비스마르크에게는 조만간에 군사행동이 끝날 것으로 생각하는 근거가 있었다. 즉, 프러시아군은 바바리아에서 아무것도 얻을 수 없다고 생각하였다. 그래서 바바리아군을 뷔르츠부르크(Würzburg) 방향으로 추격하는 대신에 비스마르크의 직접적인 요청에 따라 팔켄슈타인은 강화조약 체결 때까지 풍요롭고 로스차일드의 고향인 도시를 점령하기 위해 반대방향인 프랑크푸르트로 기동하였다. 전쟁이 끝나는 순간에는 "전선 배치의 지도(地

73) Фалькенгайн, *Верховное командование*(최고사령부), С. 84.

圖)"를 위한 투쟁이 전형적이다. '붉은 군대'의 지휘관들이 이러한 정치적인 이유를 충분히 고려하지 않아, 우리는 1920년 폴란드와 강화조약 체결 직전에 룬니츠를 포함한 로마협정에 명확히 명시된 몇 개의 촌락만이 남게 되었다.

간혹 외교는 전쟁수행간에 제3국의 이익을 존중할 것이라는, 예를 들면 군사행동이 특정한 영토에 확산되지 않는다는, 조건으로 이를 중립적인 위치에 붙들어둘 수 있다. 1912년 영국은 대서양에서 프랑스의 이익을 보호한다는 협약을 체결하고 전쟁에 참가하지 않는 방법으로 독일 함대의 프랑스에 대한 적대행위를 억제했다.[74] 이탈리아는 전쟁 초에 자신의 중립을 요구했고(이탈리아 배후에는 영국이 있었다) 중부 강대국들과 터키로부터 수에즈 운하의 중립을 획득했다. 터키는 이탈리아가 전쟁에 참가한 후에 수에즈 운하를 공격했다. 미국은 중립을 유지하던 기간에 독일 잠수함 활동의 자유를 강하게 압박하고 이러한 방법으로 영국이 독일의 잠수함 작전에 대비할 시간을 벌어주었다.

---

74) 1914년 전쟁 초 영국은 벨기에의 중립을 존중할 것을 요구했다. 프러시아 참모본부는 이에 대한 결론을 내리지 않았다. 왜냐하면 벨기에는 구실일 뿐이며 영국이 언젠가 전쟁에 빠져들 걸로 생각했기 때문이다. 벨기에의 중립을 파괴하는 것은 전 세계에서 독일 우호국들을 옭아매고 적의 손은 자유롭게 해준 독일의 중대한 정치적 실수의 하나이기 때문이었다. 벨기에의 국가 구조는 8세기 동안 영국 정치를 따르고 강대국에서 쉘데(Schelde) 저지대의 영토를 고수하여 탄생했다.

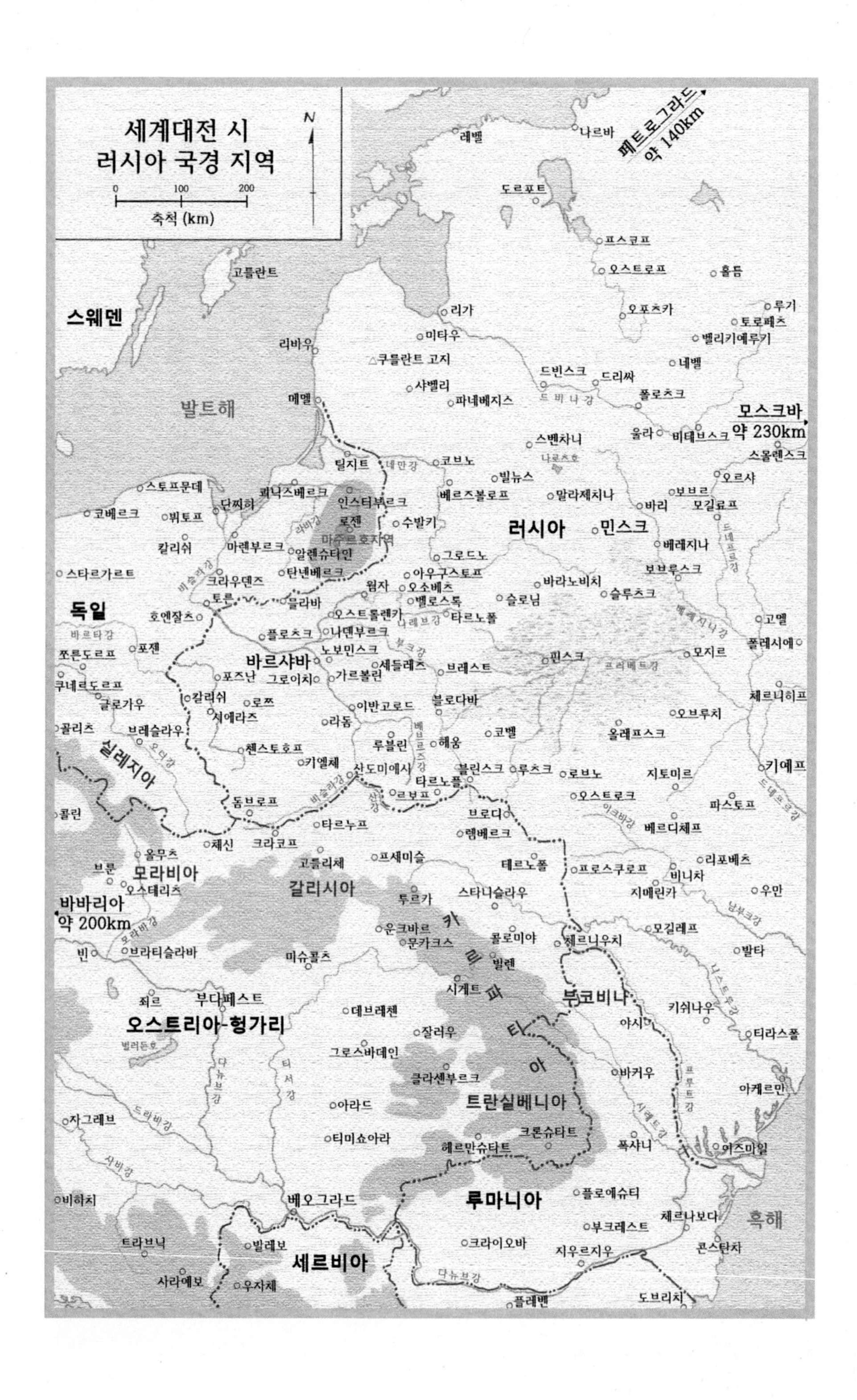
세계대전 시
러시아 국경 지역
0 100 200
축척 (km)
N
페트로그라드
약 140km
모스크바
약 230km
바바리아
약 200km
스웨덴
발트해
러시아
독일
바르샤바
실레지아
모라비아
갈리시아
카르파티아
부코비나
오스트리아-헝가리
트란실베니아
루마니아
세르비아
흑해
민스크
리가
베오그라드
부다페스트

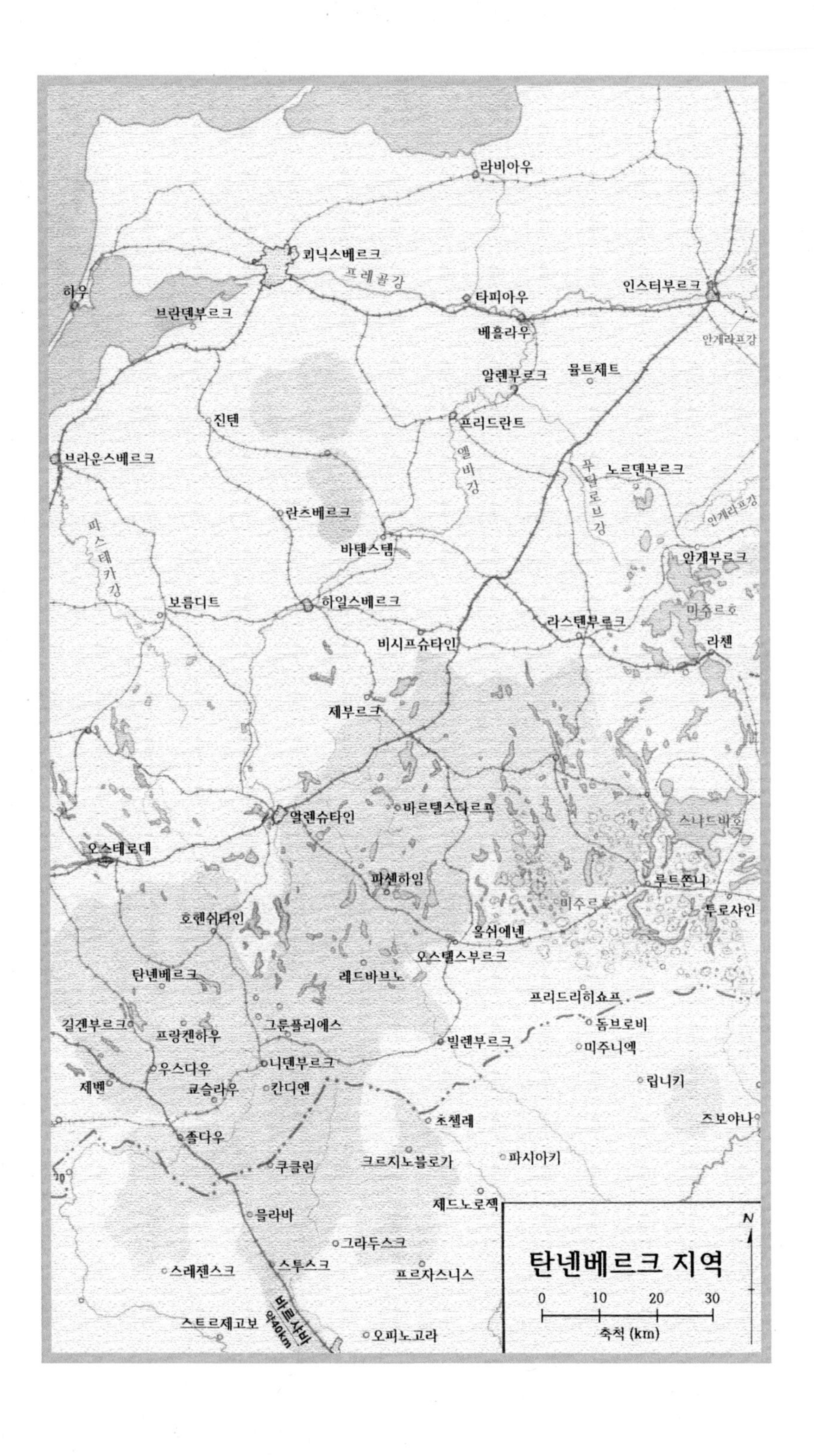

라비아우
쾨닉스베르크
프레골강
하우
브란덴부르크
타피아우
인스터부르크
베흘라우
안게라프강
알렌부르크
뮬트제트
진텐
프리드란트
브라운스베르크
엘바강
푸달로브강
노르덴부르크
란츠베르크
안게라프강
바텐스템
파스테카강
안게부르크
보름디트
하일스베르크
라스텐부르크
마주르호
비시프슈타인
라첸
제부르크
바르텔스다르프
알렌슈타인
스나드비호
오스테로데
파센하임
루트쪼니
미주르
투로샤인
호헨쉬타인
올쉬에넨
오스텔스부르크
탄넨베르크
레드바브노
프리드리히쇼프
길겐부르크
프랑켄하우
그룬플리에스
돔브로비
빌렌부르크
미주니엑
우스다우
니덴부르크
제벤
큐슬라우
칸디엔
립니키
초첼레
즈보야나
졸다우
쿠클린
크르지노블로가
파시아키
제드노로젝
믈라바
그라두스크
스레젠스크
스투스크
프르자스니스
바르샤바 약140km
스트르제고보
오피노고라
탄넨베르크 지역
N
0 10 20 30
축척 (km)

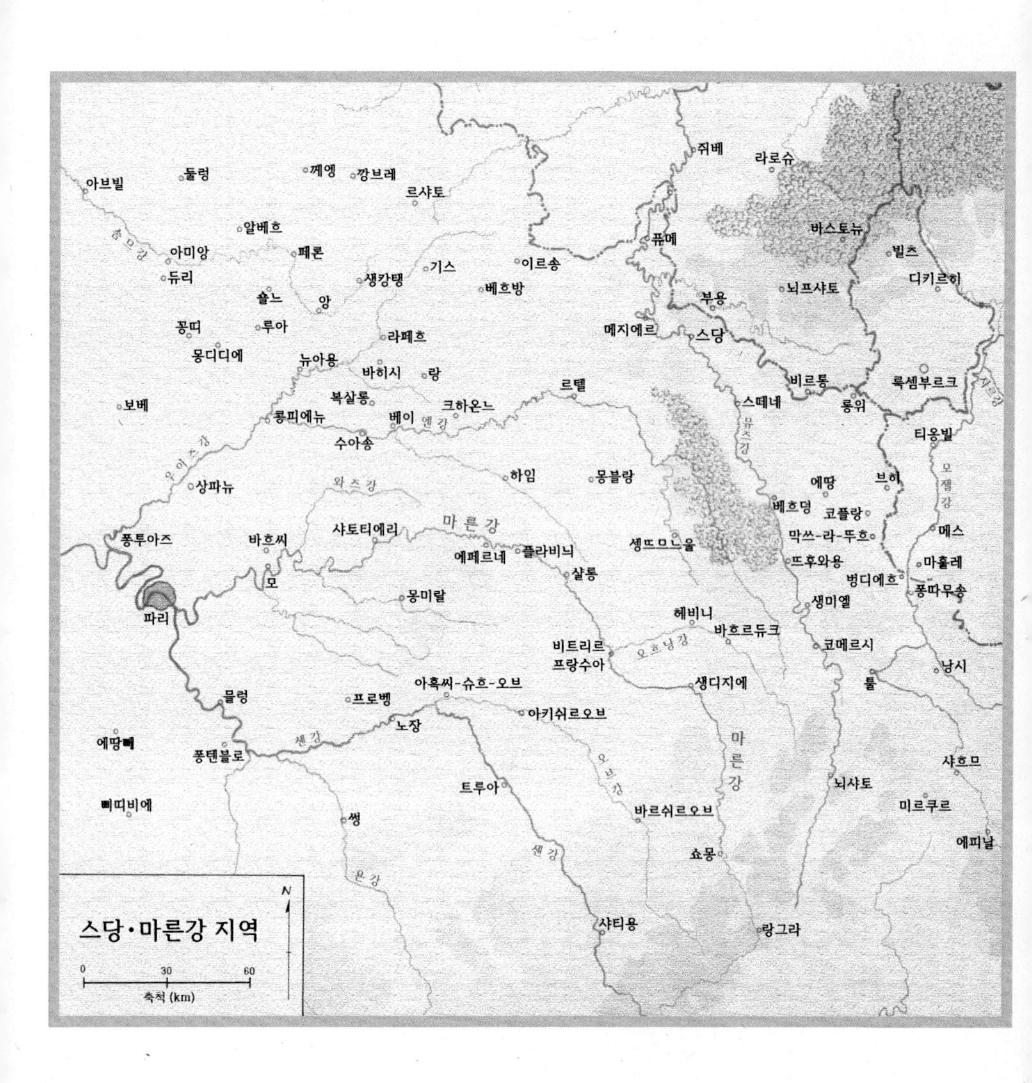
스당·마른강 지역
0
30
60
축척 (km)
N
아브빌
둘렁
께옝
깡브레
르샤토
알베흐
아미앙
페론
듀리
생캉탱
기스
이르송
베흐방
욜느
앙
공띠
루아
라페흐
몽디디에
뉴아용
바히시
랑
복살롱
크하온느
보베
콩피에뉴
베이
수아송
상파뉴
하임
몽블랑
퐁투아즈
바흐씨
샤토티에리
마른강
에페르네
플라비늬
샬롱
셍뜨므느울
모
몽미랄
파리
헤비니
바흐르듀크
비트리르
프랑수아
믈렁
프로벵
아흑씨-슈흐-오브
아키쉬르오브
생디지에
노장
에땅뻬
퐁텐블로
센강
트루아
바르쉬르오브
삐띠비에
썽
쇼몽
샤티용
랑그라
쥐베
라로슈
퓨메
바스토뉴
빌츠
디키르히
부용
뇌프샤토
메지에르
스당
비르통
룩셈부르크
롱위
르텔
스떼네
티옹빌
에땅
브히
베흐덩
코플랑
메스
막쓰-라-뚜흐
뜨후와용
마훌레
벙디에흐
퐁따무송
생미옐
코메르시
낭시
툴
샤흐므
뇌샤토
미르쿠르
에피날
마른강
뮤즈강
모젤강
엔강
와즈강
오흐낭강
오브강
욘강
솜므강
우아즈강

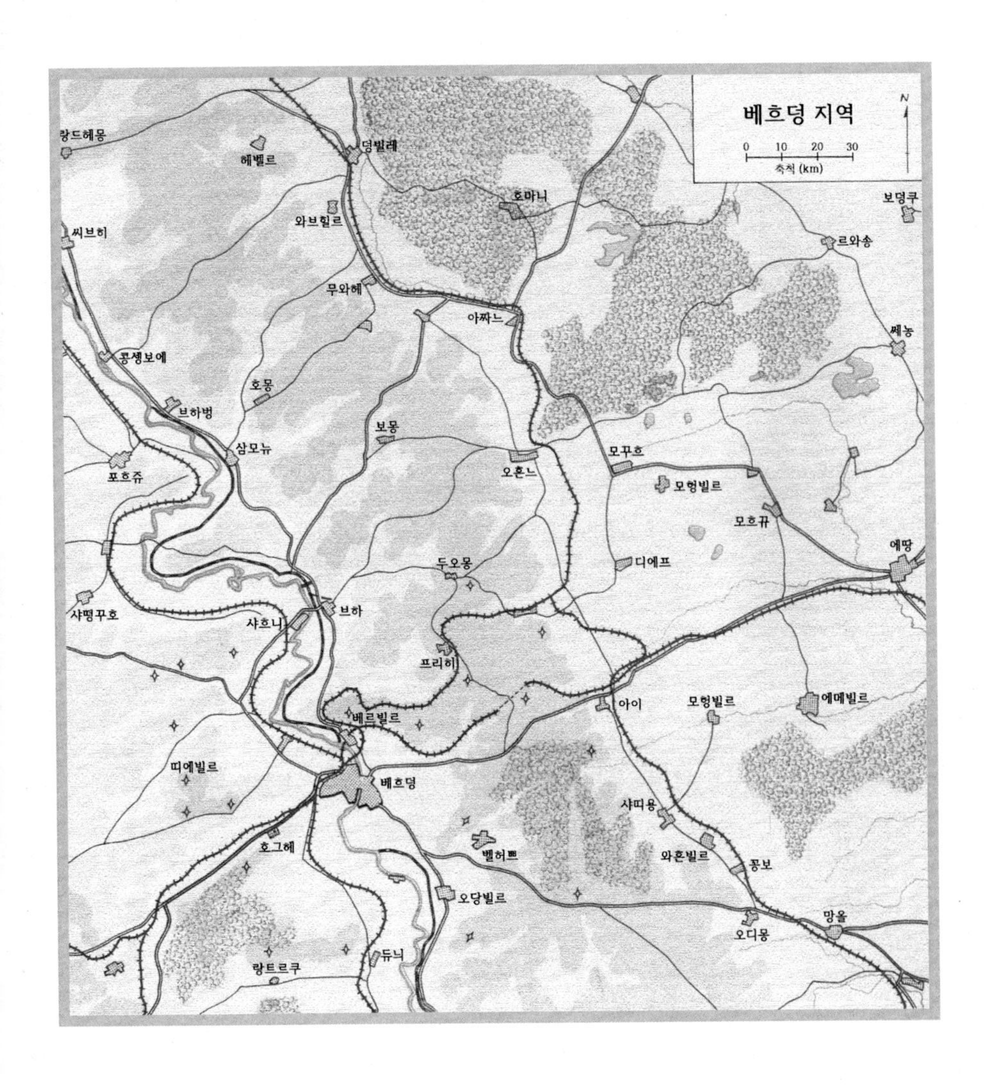

*위 지도들은 육군사관학교 세계전쟁사 부도(1996)의 상황도를 바탕으로 편집한 것이다.

III.

무력전선의 준비

1. 서언

무력투쟁 전선의 의미. 잘못된 관점 때문에 간혹 전쟁의 개별 전선인 경제, 계급 그리고 무력 전역(轉役), 군사행동에서 얻은 다양한 결과의 중요성이 완전히 무시되는 잘못된 평가가 이루어진다. 군사적 충돌은 태생적으로 그 결과가 무시된다는 관념을 치명적이거나 위험한 것으로 인정해야 한다. 왜냐하면 이러한 관념은 전쟁 준비에 무관심을 야기하고 충돌에 대한 정신적인 탄력을 파괴하기 때문이다. 무력전선에서 계급 인식과 경제의 성공을 역사가 평가한다. 변증법에 관심이 적으면, 전쟁간에 정치와 경제 전선에서 일어난 사건이 분리되지 않고 무력투쟁의 급격한 변화와 긴밀하게 연결된다고 믿는다. 프랑스 부르주아의 관점에서 프랑스 혁명의 원인을 역사적인 시험에서 봉건주의의 명확한 붕괴이고 계급 권력에 불리한 지배권을 제거하는 과제로 이동이고 붕괴로 보이는 7년 전쟁에서 프랑스가 실패한 것을 강조해서는 안 된다. 러일전쟁 및 세계대전에서 러시아군의 실패는 2회에 걸친 러시아 혁명이 깊이 연관된 서막이었다. 물론 이와 똑같이 독일의 경제전선에서 1871년 승리와 1918년 붕괴가 완전히 다른 모습은 아니다.

군사행동의 의미를 부인하기 위해 폭력의 순수한 형태인 힘에 호소하는 것을 거부하려면 장님이 되어야 한다. 한 철학자는 "불변의 자연법칙, 이는 강자의 권리이다. 이러한 법칙에서 제외할 수 있는 법률도 헌법도 없다. 인간의 모든 기교가 약자에 대한 강자의 폭력을 막을 수 없다."[1]고 말했다. 또 그는 "전쟁은 이미 예정된 정신적(우리는 계급적, 경제적이라고 언급했다) 원인에서 생긴 사건의 구체화일 뿐이다. 이 원인들을 역사가들이 간혹 지적한다."[2]라고 덧붙였다. 이러한 숙명은 군사행동의 의미를 감소시키지 않을 뿐만 아니라, 이와는 반대로, 미래 전쟁에서 '붉은 군대'는 자신뿐만 아니라 러시아의 완전히 새로운 사회구조, 러시아 혁명, 노동 계급의 자각을 위해 시험받을 것이다.

계급전선 및 경제전선과 비교하여 무력전선의 상대적인 중요성에 따라 전쟁 준비에 지출되는 국가 재정 일부를 적당하게 나눈다. 이는 국가 상위 권력기관의 업무이다. "정책은 평시에 유지할 또는 전쟁을 위해 동원할 병력수를 결정하며, 이 정책에 대한 책임은 정부에 있다."[3]

전쟁계획과 작전계획. 내전의 중요한 특징은 광범위한 무력전선의 행동에 대한 체계적인 준비가 없다는 것이다. 그러나 이러한 준비의 존재를 완전히 부인할 수는 없다. 폴란드는 러시아에 대항한 무력봉기를 6년 동안 준비하면서 간부들의 군사적 준비를 위한 학교를 로마권 국가에 두고 폴란드어로 군사교범을 출간했다. 1923년 독일 노동자 계급은 정규 군사훈련을 통해 전투능력을 향상시킨 '붉은 100인 부대'를 조직했다.

파시스트 조직들이 내전에 대한 군사적 준비의 구성 요소이다.

미국 남북전쟁에서 1860년~1861년 겨울 최초 상황을 관찰했다. 봉기를 준비

---

1) Rousseau, *T. 8*, 1790, pp. 396, 408.

2) Ibidem, *T. 36*, 1793, p. 382.

3) 영국 야전교범(1920), 2장 4절 3항.

하는 측(남군)은 1861년 3월 북부 공화주의자 대표로 선출된 링컨에게 넘겨준 권좌에 4개월 동안 있었다. 이러한 상황에서 무력전선에서 봉기 준비는 약간은 체계적인 성격을 띠었다. 전쟁성장관 플로이드(Floyd)는 소총을 북부 주들에서 남부 주들로 보냈다. 그 일부는 남부인 전투 조직들을 무장시키기 위해 남쪽 시장에 마치 여유분처럼 팔았다. 연방군 전투원들은 자신의 계급적 위치에 따라 남부인들을 선동하기 위해 접촉할 수가 없었기 때문에, 플로이드는 남부 해안요새에서 파수군 무리들만 남기고 경비병들을 철수시켰다. 플로이드는 북군이 남군에 대항하여 연방군을 사용하지 못하도록 이의 많은 부분을 인디언 정벌을 위해 서쪽 사막 멀리 보내버렸다. 이 부대들에 보급을 담당하던 창고들은 남쪽에 있었고 이들의 고위 지휘관들이 남부군의 신뢰받는 간첩이었다. 내전이 시작되자마자 이 부대들은 전투력이 없어지고 무장해제되었다. 아브라함 링컨이 권좌에 오른 때쯤에 수도인 워싱턴에는 아주 작은 경비대도 없었다.

켄터키 주는 내전이 시작된 후에 이미 중립을 유지했다. 그러나 양측의 빨치산은 지체 없이 모든 경우에 대비하기 시작했다. 권력을 쥐고 있던 남부인들은 조직된 경찰이 자신들 편을 들도록 설복하기 시작했다. 북부 지지자들은 바톨로뮤의 야습(St. Bartholomew's Night, 대학살－역자 주)을 두려워하며 2개 주둔지에 모이기 시작했고, 전쟁에 참가한 북부 주들에서 무기를 지원받기 시작했다. 이 준비의 진행으로 중립 유지가 불가능해졌고 서로 적대하는 편으로 갈라졌다.

우리는 러시아 내전을 연구하면서 1917년 10월 혁명 그리고 크라스노프(Krasnov)인, 코르닐로프(Kornilov)인, 체코슬로바키아인들의 행동을 분석하여 무력전선의 준비 요소들을 찾을 것이다. 그러나 군사행동 준비를 확장하는 측면에 대한 특정한 편중과 내전의 무력전선 준비는, 필요에 따라 이 전쟁에 대한 정치적 준비의 큰 규모와 비교하여 특별하고 삽화적 성격을 띨 것이다. 내전은 원칙적으로 전국적인 군사적 준비의 폐허에서 이루어진다. 무기, 수송 및 통신수단, 병기고 · 병참창고 · 요새 · 막사 · 군수공장의 배치, 규정과 군사적 관습, 이 모든 것을 내전에서는 예전에 존재하던 전쟁 준비 결과에서 차용한다. 내전 전개간에 양측 무력은 순차적으로만 축적되고 해당 계급의 군대 건설에 관한 일련의 조치들이 실행되기 시작한다. 처음에는 군대 건설의 새로운 기반, 새로운 정신, 아주 탁월한 구호에도 불구하고 타자(他者)의 모습을 차용해야 하고 새로운 상황에 맞게 만들어 자기 것으로 바꾸는 데는 몇 년이 걸린다.

내전 상황이 군대의 전략적 능력을 꾸준히 향상시킨다. 섬멸전략 적용을 위한 노력에도 불구하고, 전략적 노력의 최대화는 폭동이 시작된 후의 상당한 시간과 관계가 있다. 1919년 '붉은 군대'의 전투력은 1918년보다 많이 향상되었고 계속 발전했다.

발발 후 몇 주가 지나 대규모 전략적 노력을 할 준비가 된 내부의 적에 대한 투쟁을 해야 한다면, 대응계획이 전쟁 과정에서 통합될 수 있다는 것은 아주 비합리적이라고 생각되었다.

최소의 병력과 장비 피해로 승리를 달성하기 위해서는 모든 가용한 군사 능력을 합리적으로 이용해야 한다. 지배 계급의 에너지와 국가의 모든 자산을 신속하고 아주 합당한 방법으로 만들어진 무력투쟁 전선에 영향을 미치는 틀로 만들어야 한다. 전쟁의 정치적 경제적 계획과 동등하게 정치 및 경제와 많은 맥락을 함께하는 순수한 군사적 계획도 필요하다.

16세기 이전까지는 전쟁에 대한 사고와 구체적인 준비는 정치가 정부에 특정한 적대적인 집단을 제시할 때에 시작되었다. 그러나 상비군이 만들어진 17세기에 몽떼뀌꼴리는 강화조약은 군사조직을 없애는 것이 아니라 새로운 전쟁의 시작이라는 유훈을 남겼다. 이러한 준비는 상비군과 특정한 물량의 내용과 위협을 받는 경계 지역의 요새 구축만 반영되었고 아주 총체적인 성격을 띠었다. 게르만 제후들, 예를 들면 루이 14세는 요새를 포위해야 한다는 것을 고려하지 않고 그들의 명령에 프랑스와 네덜란드의 북쪽을 엄호하는 포장도로와 운하도 없이 24파운드 포를 생산했다. 미래 전쟁 환경의 요구를 고려하지 않고 전쟁 준비를 특정한 작전적 사고로 엮어서 추상적으로 진행했다.

1802년 러시아 총참모부의 마센바흐 대령은 이웃 국가와 관계가 좋고 나쁨을 고려하지 않고 이들 중 누군가와 군사적으로 충돌할 경우에 대비한 연간 전역 계획을 만들자고 제안했다. 처음에 거부된 그의 제안은 나폴레옹 1세 폐위 후에 실행되기 시작했다. 국제회의에서 신성동맹은 프랑스에 혁명운동이 부활할 경우에 개입할 계획을 만들었다. 프러시아 참모본부는 내부에 군사 대표자들을 보직한 프랑스 오스트리아 러시아 담당부서를 두고 통계, 첩보수집, 정찰 임무를 시작했다.

급속하게 발달된 철도로 인한 군사행동 초기의 필요성 때문에 모든 국가가 작전 시작과 관련된 문제를 평시에 연구했고 평시 준비를 명확히 파악했다.

강화조약에서 완전히 해체되지 않은 상비군이 자본주의의 시작과 함께 탄생한 것을 보면, 제국주의의 번영이 전쟁 준비에 대한 요구를 국가적 활동 전 분야로 넓힌다는 것을 알 수 있다. 이제 우리는 무력전선을 만들기 위해 전체적으로 모든 국가가 전쟁 준비를 추구하는 전쟁계획과 초기 군사작전에 돌입하는, 또는 자주 전역계획이라고 불리는 계획인 작전계획을 명확히 구분해야 한다. 전쟁계획이 무엇보다 국가 무장병력과 장비 발전에 관한 수년의 계획이라면, 작전계획은 크지 않으나 전쟁계획의 각 시기에 전쟁이 일어날 경우에 작동하는 현물로 실재하는 실제적인 병력과 장비를 보여주는 중요한 부분이다. 작전계획에서 전시에 군사력에 부과되는 임무가 염출된다. 임무분석은 이들 간에 존재하고, 전쟁 준비로 이미 실체화된 차이를 보여준다. 그래서 작전계획은 상당히 장기적인 준비와 모든 전쟁계획에 의미를 부여한다. 작전계획에는 전쟁목표를 성공적으로 달성하는 데 요구되는 군사력의 양, 조직의 특성, 무기와 훈련, 보급로와 영구진지 부분에서 전장에 필요한 발전된 조직, 동원령의 변경, 특히 중요한 물자의 비축량과 획득하면 중요한 이익이 되는 정찰 정보를 포함한다.

작전계획과 전쟁계획을 만들고 이 계획에서 나온 지침을 구현하는 것은 내전 결과에 중요한 의미를 지니며, 총참모부의 평시 임무가 된다. 동맹국이 있다면 이 작업은 동맹국의 전쟁계획, 특히 작전계획과 합리적으로 일치시키는 작업이 추가된다(앞의 'Ⅱ-5. 외교계획'의 "군사협정"을 참고할 것). 그러나 전쟁계획은 최고 권력기관이 책임지는 경우에만 수행될 수 있는 광범위한 분야를 전체적으로 아우르고 있다. 참모본부는 최고 권력기관에 자신의 생각을 제시하는 실무기구일 뿐이다.[4]

세히뉘(Sérigny) 같은 몇몇 저술가는 전쟁계획에 관한 전략적 작업과 군사행동 실행 작업 간의 차이를 도출하려고 노력한다. 전략적 작업은 과학이며 군사행동은 기술이다. 전쟁을 지도할 때는 전혀 알지 못하는 상황에서 결심해야 하고 작업은 신경과민 분위기에서 급하게 진행되고, 그들의 의견에 따르면 전쟁계획에 관한 작업은 약간 확실한 자료 덕분에 비교적 차분하다. 이때 주요 분석이 과학적인 성격을 띤다. 이 작업은 모든 것을 예상하고 예측하려 하고, 즉흥적인 것을 원칙적으로 거부한다. 따라서 최근 10년 사이에 나타난 전략안 수립자들은 자신의 노력 중점을 이른바 준비된 작전에 두고 아주 피상적으로 전쟁수행 문제를 분석했다.

물론 전쟁선포 이전의 작업은 대포를 이야기할 때보다는 더 학문적인 분위기에서 진행된다는 것을 인정한다. 그러나 근본적인 차이는 부정한다. 여러 작업의 저변에는 어떤 원칙이 아니라, 미래 전쟁에 관한 우리의 개념과 무력전선의 모든 준비와 행동의 적절한 조화가 자리한다. 미래 전쟁에 대한 잘못된 개념은 준비와 수행을 허상의 길로 안내한다. 그 외에도 독자들이 보는 바와 같이, 한편으로는 동원의 단계화 필요성을 제기하는 것처럼 전쟁의 구체적인 준

[4] "전쟁계획(결심, 변경, 수정) 책임은 계획을 승인하고 필요한 병력과 장비를 지원하여 이의 실행을 보장하는 임무를 원칙적으로 책임지는 정부에 있다." 「영국 야전교범」(1920), 2권 2장 4절 6항.

비에 관한 몇몇 영역을 상당히 진척시켜야 한다는 것을 보여주고, 다른 한편으로는 이미 작전적 전개 시기에 넓은 자리를 기동에 양보해야 한다는 것을 보여준다. 준비와 수행 간의 경계가 희미해지는 경향이 있다. 소모를 위한 투쟁은 군사행동 수행 자체에 모든 전쟁계획을 관통시켜야 하는 장기적 안목의 요소를 포함한다.

전쟁의 성공적인 수행은 동원, 군대의 집결, 충원과 보급계획의 주의 깊고 치밀한 수립처럼 작전수행 기술에 좌우된다.

군사화. 정치적 경제적 계획은 어떤 한 부서의 범주에 한정된 것이 아니다. 계획에서 나오는 정치적 경제적 지침은 국가적인 활동을 관통해야 하며 무엇보다 군사 기관에는 더욱 그렇다. 이와 똑같이 전쟁계획은 육군과 해군의 범주에 절대 국한될 수 없고 오늘날의 전쟁에서는 국가 전체가 참여한다. 전쟁지침은 국가 활동의 광범위한 영역을 고려해야 한다. 예를 들면, 지휘관과정은 전쟁간에 수십만 명의 '붉은 군대' 간부를 배출할 것이다. 게다가 군사기관은 이들의 교육에 최소 몇 달은 소비할 것이다. 자연적으로 지휘관 과정은 교육인민위원회의 여러 교육기관을 마쳤거나 전쟁 발발 시에 고등교육기관에 재학하는 젊은이들로 채워져야 한다. 교육인민위원회 훈련소에서 학생들이 받는 여러 훈련은 전시에 '붉은 군대'에 보충될 초급간부의 질을 핵심적으로 좌우할 것이다. 따라서 국가의 전쟁 준비 계획은 교육인민위원회 활동을 무관심하게 대할 수 없다. 교육인민위원회 활동을 부여된 임무에서 배제하지 않는 방법으로 군사적 능력을 부여하는 관점에서 교육인민위원회 학교를 졸업하는 이들의 장점을 향상시켰던 것을 연구할 필요가 있다. 물리적 준비, 평화주의 편향의 사고에 대한 투쟁, 기본적인 군사 정보의 유통, 스포츠 단체의 기치 아래에 있긴 하지만 사격 훈련, '붉은 군대'와 정신적 유대감 등이 여기에 속한다.

전쟁 시에 군의 지휘와 동원은 상설 전신망의 발달과 밀접한 관계가 있다. 많은 통신부대 요원을 동원할 경우에 우편–전신 인민위원회는 군사부처와 경험 많고 잘 훈련된 요원들을 나눌 때, 고지에 위치하고 자가발전 전신장비 같은 물적 자산을 지원하거나 평시 전신망을 전개 시에 전쟁이 요구하기 때문에 부대원이 존재하게 될 것이다.

각 공격 행동은 수백 개의 철교를 관장하고 수십 킬로미터의 유선을 보수하고 조직하는 임무를 수행한다. 또한 공격은 수만 곳의 철도 분소 그리고 선로정비 기관차, 상당한 교통통제 조직이 필요하다. 전개 시작과 함께 국경 근처에 부대 집결은 수천 량의 화차를 필요로 하며, 이동 수단의 보급과 이동의 편성은 아주 구체적으로 준비되어야 한다. 이는 최고전쟁본부 활동과 교통인민위원회 활동을 긴밀하게 합치시키는 방법으로만이 달성할 수 있을 것이다.

동원에 관한 모든 문제는 내무인민위원회와 밀접한 관계가 있다. 왜냐하면 지방행정기관의 열성적인 협조가 요구되기 때문이다. 필요한 실무자들의 소집 유예에 관한 문제는 모든 인민위원회의 이익을 초월한다.

합동으로 대규모 무력투쟁을 수행할 때, 전쟁성은 군사교육기관을 지휘해야[5] 하기 때문에 작은 교육인민위원회와 통신담당 부처, 철도부대, 법무성을 우회하려 해서는 안 된다. 전쟁성은 정부 안에 특별한 정부로 조직될 수 없고, 국가 전체와 모든 인민위원회를 전쟁에 참가할 수 있도록 충분한 역량을 준비시키는 데 필요한 모든 전문가와 물자를 보유할 수는 없다. 이런 이유에서 최고 전쟁사령부를 위해 이들에게 군사적 요구를 지시하기 위한 민간 최고기관과 상시적인 왕래가 필요하다.[6] 각 최고기관은 조직 내에 군사적 이익을 보호

[5] 창의적인 티디우스(Thydius)가 아테네-팔라스(Athena-Pallas) 방패에 창을 든 아마존(여장부)과 결투를 벌이는 헤라클레스 및 조각가 복장을 하고 침략자에게 대리석 돌을 던지는 자신을 조각했다. 자기 노력을 민간-경찰을 돕는 데 포함시킨 예술은 이미 2,360년 동안 존재하는 군사화의 엠블럼이다. 우리 시대에는 문화와 예술계 몇몇 대표자들이 애석하게도 아마존에 대항하지 않고 모든 군인을 전문적인 살인자로 싸잡아 평가하면서 여전사 진영으로 전향한다.

[6] 전쟁 준비간에 민간조직이 해결해야 할 과제 목록은 П. Лебедев의 *Государственная оборона* (국가 방위), 1924에 기술되어 있다. 저자는 노동방위위원회, 연방방위 서기 및 중앙 기구들 예하의 동원위원회와 동원조직, 지방동원 기구와 세포들 같은 모든 민간기구의 전쟁에 대한 사업

하고 동원령 선포와 동시에 인민위원회가 전쟁이 부여한 임무에 응할 수 있도록 인민위원회 활동을 새로운 궤도로 전환할 준비를 하는 작은 조직을 보유해야 한다.

지역적인 편성으로 전환하는 것은 무엇보다 병력, 장비, 관습, 전문성, 지식, 전 국민의 역량을 이용하는 것을 염두에 둔 조치이다. 지방 부대를 늘려서 상비군을 축소하는 것은 국가기구 전체, 노동자·농민의 군사적인 문제 및 국가방위에 대한 관심 제고와 병행할 때만 가능하다. 지금 전쟁에 대한 국가의 군사적 준비계획은 국가의 군사화에 상당하는 계획이다. "군사화"를 언급하겠다. 왜냐하면 유사한 단어인 "군대화"가 너무 자주 동일한 의미로 사용되기 때문이다. 군대화는 간혹 공동체의 평화적인 발전 이익보다 국가 내 군사계급의 주도적 지위를 암시하는, 군사적 지령의 우위를 의미한다. 게다가 전혀 공정하지 않다. 군사 전문가들의 활동 범위를 축소하고 상비군을 감축하는 것은 대학에 군사학부를 개설하고, 경리 및 이와 유사한 비전투 직책을 담당하는 소대장들의 가슴과 머리를 만들고, 국민들에게 군사적 취미를 습득하게 해야만 가능하다. 상비군을 "역병과 유럽의 황량화"를 위한 것이라고 생각하는, 상비군을 아주 강하게 혐오한 장자크 루소[7]는 상비군을 보유하지 않은 유일한 유럽 국가(스위스) 내 군국주의의 특별히 강한 정신에 관심을 기울였고, 민간경찰의 군사문제에 대한 강렬한 시도를 진정시키려 애쓰는 공화제 정부의 공표를 인정하지 않고 스위스 같은 국가가 정상적인 것이라고 생각했다.

국가 및 사회 활동 영역에서 광범위한 군사화는 전쟁 준비의 현대적 법칙이다. 불행하게도 군사화는 형이상학적일 뿐이다.

그러나 군사화의 정의에 대한 비판자들이 그렇게 많지 않다고 생각된다. 개

계획의 균형 잡힌 체계를 제공한다. 그러나 저자가 제한하는 조직에 동의할 수 없다. 동원위원회를 지칭하는 모든 분산되는 노력을 나타내는 담당부서 회의(위원회) 같은 것은 필요 없고 참모본부가 필요하다.

[7] *T. 8, Politique,* ч. *Ⅱ*, 1790, C. 397.

념의 중심은 민간 권력기관과 국민에게 존재하는 철도, 전신 그리고 다른 기술 자산 이용을 더욱 쉽게 할 가능성과 관련된 민간 권력기관과 국민의 군사화에 있다. 다른 사람은 군사화를 농업의 군사화, 개별 산업부문의 군사화 같은 전투경제 형태라는 뜻으로 사용한다. 우리는 더 좁은 정의를 사용한다. 왜냐하면 이러한 개념을 남용할 가능성을 알기 때문이다. 실제로 군사화 개념은 자기 역량과 20세기 상황에서 전쟁 준비를 비교하는, 한 군사부처의 무기력에서 탄생했다. 특정하게 해석하면 군사화는 군사부처의 파산으로 이해된다. 교리가 된 파산은 군사 담당자들에게 책임을 면제하고 많은 간접적인 비축 목록을 여러 협동기업의 서면 의무로 대체하고 전쟁에 대한 실제 물질적인 준비를 종이 더미로 바꾸는 것이다. 전쟁성의 파산이라는 군사화 개념은 이러한 노선에서 경제체제가 아주 크게 발전하는 것보다 더 위험하다. 군사비는 비실제화되고 군의 병력편성 내용으로 완전히 변할 수 있다. 이는 최근 전쟁들의 경험에 대한 파멸적인 해석으로 보인다.

정보수집. 전쟁계획과 작전계획은 본질적으로 군사력의 절대적인 증가를 추구하는 것이 아니며, 전쟁 발발과 함께 육군과 해군에 부여되는 바로 그 임무에 대한 군사력 준비이다. 따라서 전쟁계획 수립의 기초는 예상되는 전쟁의 성격과 적의 특성을 이해하는 것이다. 여기에서 정찰 업무의 중요성이 나온다. 적의 정치 상황의 특징, 다른 국가와의 관계, 개별 계급의 성향에 관한 정보, 이들 간의 투쟁 강도 및 경제적 상태, 전쟁 준비에 관한 특수한 경제적 조치에 관한 자료를 수집하는 것이 대단히 중요하다. 주도적인 정치인들의 개성 연구 결과가 덧붙여진 자료, 적대국가의 역사와 출판물에 언급된 지배적인 의견을 통해 지금 그 국가가 취하고 전쟁 가능성이 포함된 정치적 경제적 행동의 노선, 군사행동이 시작되면 지배계층이 이런 노선을 지속할 것인지 명확히 이해할 수 있다. 이러한 적에 대한 총체적인 연구를 토대로 그 국가의 군사 분야를 연구하는 것이 유용하다. 적대국 군사 분야의 연구는 적대국의 현존 군사력 편성과 전쟁준비 완료에 관한 지식의 조합에 한정되어서는 안 되며, 전쟁 준비

문제를 해결한 여러 단계에서 적대국 군대의 발전사를 다루어야 한다. 이러한 연구를 통해 적대국의 군사적 발전 경향, 참모본부의 미래 전쟁에 대한 개념의 특징 그리고 초기 작전에 관한 최근의 가정을 명확히 간파할 수 있다. 예를 들면, 특정 시기의 레나강 좌안의 독일 철도 상태를 구체적으로 연구해도 세계대전 전에 슐리펜 계획을 전혀 인식하지 못했다. 그러나 독일 철도건설의 발전 과정을 연구하면 1917년~1918년에 프랑스 국경에 철도역이 많아졌다는 것을 알 수 있다. 20세기 초에는 독일의 모든 노력은 벨기에 국경으로 새롭게 나아가고 이곳에 상륙 군사시설을 늘리고 독일의 도로를 벨기에 도로와 연결하는 새로운 지점들을 개발하는 경향을 보였다. 세계대전 이전 20년 동안 이런 정보들을, 프랑스와 국경에서는 이 기간에 철도 건설이 중지되었고 대신에 이곳에 독일이 강력한 장애물을 많이 만들었다는 것을 연결해보면, 독일이 벨기에를 통과하는 우회기동을 추구했다는 특정한 결론에 도달하게 된다. 몇몇 준비 부분의 각 전쟁계획은 공개적인 형태로 만들어진다. 그러나 준비의 진화 모습을 간과하게 되면, 다양한 시기와 관계되고 각기 다른 작전 개념을 반영하는 조치들의 혼돈된 증가로 보인다.

의회주의 국가에서 의회 분과위원회와 총회에서 예산에 관한 토론의 귀중한 해석인 군사비에 관한 연구에도 특별한 주의를 기울여야 한다. 일련의 예산을 비판적으로 비교하면, 비밀로 하려는 노력에도 불구하고 중요한 결론을 얻을 수 있고 전쟁 준비 추세를 평가할 수 있다.

세계대전 전에 총참모부가 저지른 일반적인 실수는 적에 대한 연구를 아주 좁은 범위, 즉 이미 전쟁을 위해 조직된 순수한 군사 전선에서만 진행했다는 것이다. 국력과 관계된 부분까지 세세하게 연구하지 않았다. 적의 경제력에 대한 연구와 적의 산업 집단에 충분한 주의를 기울이지 않았다. 대상 국가의 역사를 익히는 데 충분한 자리를 내어주지 않았다. 정치 집단에 관한 이해는 독일 사회민주주의 성장에 관한 담론으로 한정되었다. 충분히 넓지 않은 시각, 불충분한 교육, 여기에서 기인하는 경향은 정보기관의 업무에 희미하게 언급되었다. 1914년 말에 프랑스 참모본부가 독일군 피해를 2배 이상 과장하여 독일군은 보충할 인적자원이 이미 고갈되었다고 공언했다.

불충분한 교육은 탐정소설 같은 정찰 방법을 과도하게 평가하게 된다. 당시 발간물에 공표된 많은 중요한 자료에 충분히 주의를 기울이지 않은 것처럼, 적대 국가는 간첩활동을 통해 어렵게 손에 넣은 "비밀"이라고 적힌 모든 보고서를 정찰의 중요한 전리품으로 간주한다. 이것이 활동과는 거리가 멀고 선한 의도가 담긴 중앙에서 산하기관에 보내는 명령서일지라도 그렇다. 세계대전 전에 러시아 총참모부는 독일의 지방 참모부의 비밀 서류를 획득하는 데 기록적인 성공을 거두었고, 빈에서는 중앙비밀보관소에 침투하는 데 성공했다. 러시아 사진사들이 오스트리아 전개 계획의 중요 문서들을 입수했다. 콘라드가 이 계획을 전쟁 직전에 수정했기 때문에 정찰 결과는 러시아 사령부를 돕는 것보다 곧 가치가 떨어졌다. 그와 동시에 매년 독일군에 붙잡힌 수십 명의 러시아 간첩들이 외교적 관계를 체감할 정도로 악화시켰다.

경험을 통해 볼 때, 중요한 군사비밀을 실제로 보호하기 위해서는 "비밀"이라고 적힌 것이 극히 적어야 한다. 3킬로미터에 달하는 러시아 비밀지도는 35마르크에 독일인에게 팔렸다. 게다가 총참모부는 독일에 여전히 필요했던, 많은 분량의 기호를 붙인 독일의 첩보수집 계획을 알고 있었다. 현재 이 비밀은 우리 이웃들도 완전히 알고 간첩들의 거래처에서도 전혀 가격을 쳐주지 않는다. 그러나 우리에겐 지도가 아직도 비밀이다.

반복되는 말이지만, 정찰에는 무엇보다 경제적 정치적 역사적 전략적 영역에 대한 높은 자격을 갖춘 인원, 특정한 국가 연구에 몰두한 그야말로 섬세한 학자가 필요하다. 세계대전 전에 각국 참모본부는 이렇게 충분히 높은 수준은 아니었다. 이러한 것 없이는 전쟁계획에 관한 첩보수집은 탐정소설에 가까운 삽화일 뿐이다.

동맹국 첩보수집의 성공을 이용하지 못하고 자신의 지혜로 살아야 하는 운명을 지닌 국가는 첩보자료 생산에 지대한 관심을 기울여야 한다.

2. 군사력 건설

군의 정치적 기반. "군의 임무는 고상하고 고결하다. 군이 정당 수준으로 낮아져서는 안 된다." 이 이상적인 문구는 1872년 프랑스의 위선행위로 탄생했고 옛 보나파르트주의자이며 프랑스 공화국 군대의 건설에 관한 기본법을 의회에 보고한 샤슬루-르바(Chaslou-Leba)의 작품에 등장하는 은혜를 입었다. 프랑스 제3공화국은 간부들이 군국주의와 보나파르트주의자였던 군을 계승했다. 반동주의자들은 적당한 시기에 쿠데타를 시도하기 위해 군에 확고하게 의존했고 공화국군 수뇌부에 반(反)공화주의자들을 앉히는 것을 정당화하기 위해 부끄러운 행위를 감추는 수단을 찾았다.[8] 블랑제(Bloulanger) 장군은 전쟁성장관에 취임한 후 의회에서 그의 첫 연설을 군의 정치적 무관심에 할애하고 국가 개혁 준비에 즉시 착수했다.

금전적 이익만이 국가와 관계된 용병은 정치적 무관심[9]을 나타내기 힘들다. 계급을 박탈당한 병사들이 사태 변화로 인해 특정한 이익의 대표자가 되는 것을 강요받는다. 군은 국가 내에 존재하는 계급 집단의 재현이 아닐 수 없다. 지배 계급이 자신의 정치적 필요에 따라 군을 설복하기 위해서는 최소한의 상식이 요구된다. 상비군 생활 여건이 이렇게 할 기회를 많이 제공한다. 스위스 영국 미국에서는 경찰마저도 전혀 정치에 무관심한 것은 아니며, 부르주아의 계급적 관점을 적극적으로 반영한다.

부대의 사기는 경제적 기반에 바탕을 두며 군의 정치적 이념은 이 기반과 특별한 관계에 있다. 자연경제와 계급적으로 구축된 농지 소유의 시대에 기사

8) V. Dupuis, *La direction de la guerre*(전쟁 방침), Paris : 1912, pp. 345~351.

9) 고대 그리스에서 "Idiotes"는 국가적인 일에 밝지 못하고 관심이 없는 주민(예를 들면, *Heise, Fremdwörterbuch*(외래어 사전) 16권, 1879년판 446쪽), 또한 정치적 권리를 상실한 하급계층의 인물을 의미했다. 아테네에서는 정치적 인식과 정치 투쟁의 긴장 수준이 높았기 때문에 "Idiotes"는 정치 무관심이라는 최초의 의미 대신 저능한 사람을 뜻하기 시작했다. 그리스인들의 생각으로는 정치에 관심이 없으려면 두뇌가 근본적으로 부족해야 하기 때문이다.

군대는 봉건적 충성심으로 단결되었다. 신하는 영주에게 충실해야 했고 조국이 무엇인지 몰랐다. 1549년 프랑스 작가는 "qui a pays, n'a que faire de patrie(고향을 가진 자에겐 조국이 없다-역자 주)"[10]라고 주장했다. 즉, 국가는 고향이 있는 사람에게는 아무것도 아니라는 것이다. 자기 지방이 나머지 세계와 대립했다. 세계대전간에 우리는 이러한 세계관을 대변하는, "우리는 칼루가(모스크바 남서쪽 지방-역자 주) 사람들이다."라는 반향을 이미 들었다.

자본주의 시대가 봉건주의 충성을 대체하여 애국심의 개념을 제시했다. "Patrios"는 '아버지의' 또는 '조국의'라는 의미이다. 조국의 개념 그리고 상속된 영지가 부르주아 이념에 국가 내에서 지배적인 계급의 지위를 방호하는 데 필요한 단결된 애국심을 형성했다. 애국심은 국경이 외형을 이루는 특정한 영토와 결합되고 하나의 언어를 사용하는, 특정한 주민 집단의 통합성에 관한 이해가 자리한 민족주의에 의해 첨예화된다. 민족주의는 세계 시민 및 인도주의 개념과 대치되고 자기 문화, 물질적 능력, 지적 능력, 특성이 우월하다는 배타적 믿음과 결합된다. 민족주의 운동의 물결은 지역 자본 발달의 전제조건이다. 아마 아시아에서 민족주의의 현대적 발달 기반도 이러할 것이다.

현재 민족 군대가 건설되는 기반은 애국심이다. 그러나 다른 군에서는, 특히 계급투쟁이 예민한 형태를 취하는 내전 상황에서는 이념이 애국심이 아니라 계급의식에서 만들어진다.

군사력을 건설하는 기반을 선택하는 데 어떤 전형을 제공해서는 안 된다. 군사력은 전적으로 해당 국가에서 성장해야 한다. 150년 전 영토가 분할될 위기에 처한 폴란드인에게 했던 다음 조언이 영원한 보물이다. "폴란드 민족은 천성적으로 정치적으로 풍속적으로 언어적으로 인접 민족들뿐만 아니라 다른

10) 이 격언은 Charlieu Fontaine(샤흘류 퐁텐)의 것이다. Alphon se Aulard, *Le patriotisme français de la Renaissance à la Révolution*(르네상스부터 대혁명까지의 프랑스의 애국심), Paris : 1921에서 인용했다.

모든 유럽 민족들과는 다르다. 나는 폴란드는 고유하며 다른 것이 아니기 위해서는 군사력 건설, 전술, 교리에서 다르기를 바란다. 그렇게 할 수 있는 만큼 그렇게 될 때만이 자신의 저변에서 이용할 수 있는 모든 수단을 얻을 수 있다."[11] 다른 방법에서 나온 군대 건설은 실패했다.

세계대전간 부르주아 군대에서는 군의 정치 교육에 그렇게 적극적이지 않았다. 군사적 전통의 힘과 학교에서 어린이에게 가르치는 정치적 지도는 효과가 낮은 "전쟁 문학" 교육 정도였다. 세계대전 경험과 계급투쟁 노력이 이러한 결정은 실수였다는 것을 증명했다. 1917년 루덴도르프[12]는 독일군에 그리고 전선과 후방에 "애국심 교육"에 관한 과제를 도입했다. 간부들은 병사들과 정치적 토론을 할 준비가 제대로 되어 있지 않았다. 전쟁 후에 독일군은 젊은 장교들이 대학에서 정치 사회 경제를 익힐 수 있는 9개월 특별과정을 의무적으로 이수하는 제도를 도입하기로 계획했다.[13] '붉은 군대'가 지휘관 및 구성원들을 정치적으로 무장하는 데 특별한 관심을 기울이는 것은 아주 중요하다.

국가가 추진하는 정해진 정책이 군에 정치적 특성을 명령한다. 군대는 절대 존재하지 않으나 특정한 국가의, 특정한 시기의 특정한 계급의 특정한 임무를 위해 조직된 군대는 존재한다.

정치적 이주자 일부, 정치적 조치를 당한 포로들의 일부, "민족통일주의자" 일부로 민족적 특성에 따라 적대적인 국가의 시민군 부대를 편성하는 것이 부대조직이 정치적 요구에 종속되는 특수한 형태이다. 마케도니아가 그리스 공화국들을 자신의 지배하에 두었을 때, 알렉산더 마케도니아가 싸워야 했던 우수한 적 부대는 페르시아군에 복무했던 그리스 공화주의자 부대였다. 1812년에서 1813년간 러시아 정부는 슈타인의 강력한 주장에 따라 프랑스 압제에서

[11] Rousseau, *T. 8*, p. 396.

[12] Ludendorff, ***Мои воспоминания*** *T. 2*(나의 회상 제2권), C. 44~52.

[13] Freytag Loringhofen, ***Выводы из мировой войны***(세계대전의 결말), C. 77~78.

독일 해방이라는 기치 아래 투항자들로 독일 군단을 아주 성공적으로 편성하였다.

세계대전간 우리는 러시아 전선에서 오스트리아의 포로들로 편성된 체코슬로바키아 부대를 만났다. 오스트리아 정부의 붕괴로 대독연합은 세르비아군을 오스트리아의 남슬라브지역 포로들로 충원할 수 있었다. 오스트리아-헝가리는 피수드스키(Pilsudskii)의 도움으로 폴란드군단을 편성하기 시작했고, 전쟁 초기부터 제정러시아와 같은 길로 들어섰다. 이러한 시작은 그렇게 성공적이지 않았다. 왜냐하면 피수드스키 군단의 구성이 주로 오스트리아의 다른 연대에서 전환된 폴란드인 그리고 오스트리아 병역의무자들로 이루어졌기 때문이다. 폴란드와 독일의 부르주아 계급 간 이익의 심각한 대립과 러시아가 약속한 자치권이 러시아 시민권을 가진 폴란드인들을 피수드스키 군단에 대량으로 들어가는 것을 억제하였다.

사기. 전투원이 속한 계급 전쟁에 관한 의식적인 태도 또는 국가가 이러한 과제를 처리하기 때문에 국가가 전투원 의식을 개조하는 것이 전투원 사기의 중요한 원천이다. 전통이 있고 병영을 엄격하게 관리하는 상비군이 인간 의식 개조의 강력한 무기이다. 그러나 이 개조는 상당한 시간을 필요로 하며, 비교적 제한된 규모로 이루어진다. 동원과 무력전선 충원에 남자 수백만 명이 필요한 현대전은 병영에서 인위적으로 만들어지는 의식에만 의지할 수 없다. 전쟁 임무가 명확하고 일반 시민과 근접한 경우에만 장기간에 걸쳐 군사력이 크게 향상되고 견고해질 수 있다. 반대의 경우에는 오스트리아 보병에서 발생한 것과 유사한 현상을 지켜보아야 한다. 오스트리아 보병 부대는 첫 전투에서 제법 잘 싸웠다. 그러나 군사행동이 병영의 화장품을 씻어냈을 때, 간부가 손실되고 병력 보충으로 부대가 생기를 잃었을 때, 전선에 무장한 국민이 나타나기 시작했을 때, 오스트리아 보병 전투력은 급격하게 하락했고 포로가 대량으로 발생했다. 이러한 현상이 옛 러시아군에서도 약간 낮은 강도로 나타났다.

이런 현상의 필연성에도 불구하고 간부들의 특출한 질적 수준, 부대의 확고한 기강, 모든 면에서 취하는 조치의 체계성, 군사행동의 성공적인 수행, 상급자가 부여하는 명령의 명료한 합목적성이 지휘관의 권위를 극단적으로 높이고 부대 사기를 유지하고 그 수준을 높일 수 있다. 구 러시아군 사령부의 극단적인 질적 불균형이 여러 연대의 사기 수준을 크게 변화시켰고, 역으로 항복 또는 패주를 기다리는 부대 및 역사적인 전술적 긴장 상황에서 체계적인 활동을 할 수 있는 부대들이 동시에 존재했다. 무장 및 배분의 합리성, 물질적 만족, 인간적인 생활의 유지에 관한 배려, 공공 안녕의 증진, 개인 이기주의 발현의 완고한 억제, 국가의 필요에 비해 소소한 개인적인 태도의 인정 등은 전쟁에서 정신적으로 대단한 강인함을 만들어낸다. 고유의 질서, 특히 간부들이 헌신하는 군대는 대단한 정신적 영향력을 얻게 된다. 간부와 이의 충원 문제는 현대적인 상황에서 대단히 중요하다.

원거리 및 근접 전투용 장비의 통합운용이 요구되는 현대 군사장비가 특별한 절차를 일치시키는 원천이다. 기계화된 장비의 작동 과정에서 특정한 사기가 축적된다.

그러나 조직과 장비를 발전시키고 조직에 의해 참여하며 이런 장비를 다루는 사람들을 경시하는 독특한 군사적 대량생산 방식인 포드(Ford) 방식으로까지 이 사상을 발전시켜서는 안 된다. 그래도 전쟁은 자동차를 생산하는 총체적인 활동이다. 전장에서 인간을 지배하고 밀어낸다는 장비에 관한 망상은 세계대전이 유발한 혁명적인 동요가 시작된 시기에, 많이 출산하는 "여자의 재능"이 없는 국가의 부르주아 철학자[14] 머리에서 다음과 같은 말로 탄생했다. 그는 "이제 무기가 승부사들을 대체하려 한다. 석탄이 노예를 대체한 것처럼, 살인 기계가 전사를 대신할 시대를 예상할 수 있다. 현대의 대군을 대신하여 이 날에는 다량의 파괴 장비를 조작하는 작은 전문가 부대가 될 것이다."라고 말했다. 장비와 사람의 상호관계를 평가할 때, 승리는 더 부유하고 기술적으로

14) Gustave Le Bon, *Premieres conséquences de la guerre*(전쟁의 첫 번째 결과), Paris : 1917.

더 발전된 측이 달성하지 못한 1904년~1905년에 경험한 러일전쟁 사례를 고려할 필요가 있다. 전략적 사고는 러일전쟁을 연구한 재정담당자[15] 의견에만 찬동할 수 있다. "장비의 대량 증가 때문에 군사적 성공을 위한 사람의 중요성, 사람과 직접적으로 관련된 것을 생각할 필요가 없다는 주장은 수공업이 대규모 공장 경제로 진화하여 기계가 사람을 밀어낸 것이라고 이해하는 것보다 더 큰 편견이다. 이러한 주장은 인원수, 사람의 신체 활동 능력과 숙련도, 사람을 분발시키는 정신, 사람을 끌어들이는 조직과 훈련, 사람을 인도하는 개성, 이 모든 것은 어떤 기술적인 설비로도 산업 부분의 어떤 기계로도, 전쟁 수행에서는 어떤 전투 함선이나 야포로도 대신할 수 없는 요소이다. 장비의 가치는 이러한 요소의 삭제가 아니라, 이 요소의 활동의 향상과 증가에 있다." 라고 하였다.

사기 저하 원인을, 예를 들면 적의 선동을 제외하고 항상 무력전선 활동 밖에서 찾고 무력전선을 포함시킬 필요는 없다. 니벨르의 합목적적이지 못한 일련의 조치, 확실히 형편없는 1917년 4월 공격 계획과 실행이 프랑스군에서 사령부의 권위와 혁명의 격정을 떨어뜨렸다. 후자는 독일 간첩들의 패배주의적 선동 활동에 원인이 있었다. 게다가 독일군 사령부는 많은 시간이 흐른 후에야 프랑스군 내 동요를 알았다. 루덴도르프는 이를 1917년 5월 프랑스 전선에서 공격으로 전환하지 못했고 프랑스의 일시적인 약화를 이용하지 못한 상황에 대한 핑계로 삼았다.

양과 질. 각국은 약간 작지만 잘 무장되고 훈련된 군대 또는 약간 크지만 질적으로 약간 낮은 군대를 보유할 수 있다. 국가가 지출하는 자원은 병역의무가 있는 경우에 많거나 적은 군대에 혼합될 수 있다. 몇몇 국가(프랑스)는 모든 전투능력이 있는 시민을 활용한다. 남은 것은 양과 질에 관한 문제이다.

대규모 병력의 군대, 아주 훌륭한 군대는 진정 존재하지 않는가. 뛰어난 국

15) Karl Helferich, *Das Geld im russisch-japanischen Kriege*(러일전쟁의 비용), Berlin : 1906.

민병은 그렇게 많지 않다. 러시아를 침공한 칼 7세는 러시아의 대양 같은 대지에 익사했다. 그의 작은 정예군이 병참선을 상실했고 수적으로 저항이 불가능하여 폴따바 근처에서 괴멸되었다. 1812년 50만 명으로 러시아 침공을 계획한 나폴레옹은 다른 잘못을 범했다. 이 대군의 많은 요소가 미덥지 못했다. 연대의 10%는 예외 없이 병역기피자와 벌금부담자들로 채워졌다. 나폴레옹은 끝없는 인격 멸시에 사로잡혀 있었다. 그는 모든 사람을 용감한 사람으로 만들 수 있다고 생각했다. 이 대군(大軍)은 라트비아, 벨라루시, 스몰렌스크 지역의 빈약한 자원에는 적합하지 않았다. 물론 적은 러시아군이고 단지 15만 명이며, 이러한 엄청난 병력과 병참물자를 800㎞나 떨어진 곳에 집결할 필요가 없었고 해결할 수도 없는 임무였다. 2배나 적은 나폴레옹군은 현지 자원을 이용했기 때문에 궁핍에 비교적 적게 시달렸다. 그러나 나머지 절반은 전혀 격퇴할 필요가 없었고 후방 지역을 점령하고 제1열 부대를 보충하기 위해 제2열 및 예비 부대로 편성해야 했다. 인적 자원을 비교할 수 없을 정도로 경제적으로 운용했다.

1812년 나폴레옹은 보충 병력과 후방부대가 부족하다고 느꼈다. 점령간에 광활한 공간을 점유해야 했기 때문에 상당한 병력이 필요했다. 전쟁 3개월 반이 지나 모스크바에 도착한 나폴레옹은 네만(Neman)에서 코브노(Kovno)로 800㎞를 후퇴하여 23만 5천㎢의 지역을 점령했고 그의 병력은 21만 3천 명으로 줄었고 점령한 곳의 병력밀도는 0.9명/㎢였다. 1870년 몰트케는 나폴레옹보다 훨씬 적은 45만 명의 병력으로 작전을 시작했다. 그러나 치열한 전투에도 불구하고 독일군이 루아흐(Loire) 연안에 도달한 3개월 반이 경과한 후에도 훌륭한 보충체계 덕분에 그의 병력은 42만 5천 명으로 줄었을 뿐이다. 그는 프랑스로 235㎞를 진격하고 7만 2천㎢의 지역을 점령하고 병력밀도는 6명/㎢였다. 이는 1812년 나폴레옹보다 7배나 많았고 1920년 비슬라의 투하체프스키보다 12배나 많았다. (550㎞를 진격하여 점령한 영토는 19만㎢였으며 점령지역의 '붉은 군대' 병력은 9만 5천 명 미만이었다)[16] 이는 1870년 파리 근교에서 몰트케의 위치가 견고했고 나폴레옹은 견고하지 못했음을 말해준다.

실재가 제기된 문제에 대한 답의 범위를 좁혀준다. 즉, 질이나 양을 과도하게 희생해서는 안 된다. 모스크바나 바르샤바에 대한 강대국의 행동은 적대국 550~750km 종심까지 진격해야 하고 20만~30만km²의 영토를 점령해야 한다. 이는 50만보다 100만에 가깝고[17], 섬멸 방법을 적용했을 때 중간에 적절한 보충이 이루어져야 하는 10주~12주가 소요되는, 군대에는 약간 과도한 임무이다. 질은 부대가 무용지물이 되고, 역사가 되어버린 중국의 대군 "녹영군"(항복한 한족으로 편성된 청나라의 지방군, 병력 95만 명 중 약 60만 명－역자 주)과 비슷할 정도로 전투력을 특정한 수준 이하로 낮추어서는 안 된다.

18세기에 고도의 전투훈련 기술이 도입되면서 모두가 질을 선호했다. 1877년 러시아군 사령부는 충분하지 못한 병력으로 전쟁을 시작하는 심대한 실수를 저질렀다. 플레벤 근처에서 패배로 러시아군은 4개월 동안 8개 사단에서 25개 사단으로, 3배를 증강해야 했다. 1878년부터 1904년까지 러시아군에는 질적인 면에서 경솔한 경쟁이 있었다. 질적으로 미흡하다는 것이 증명된 만주에서 경험 때문에 몇몇은 다시 생각하게 되었다. 1905년부터 1913년까지 국방비를 엄청나게 늘리면서도 러시아군은 수적으로는 늘지 않았다. 세계대전간에는 훈련과 무장이 제대로 되지 않고 간부도 불충분한 부대가 전선에 투입되지 않도록 관심을 기울이지 않았다. 1917년 루덴도르프는 독일군 사단수를 늘리는데 주력한 것 또한 합당하지 않다.

내전이 한창이던 1919년 전반기에 군 편제를 적절히 조절하고 군에 병참물자를 보급할 필요가 있었기 때문에 중앙 병참기관 주도로 '붉은 군대'를 감축

16) Jork von Wartenburg, *Napoleon I, als Feldherr, T. I*(나폴레옹 1세와 펠드헤르 1권), pp. 60~161. V. der Golz, *Krieg und Heerführung*(전쟁과 통솔), f. 60. A. Свечин, "Опасные иллюзии(위험한 상상력)", *Военная Мысль и Революция*(전쟁사상과 혁명 2권), 1924, C. 51.

17) 물론 점령당한 지역의 특정 계층 주민의 공감적인 상호관계가 전망되면 예정된 병력수를 줄일 수 있다.

하는 문제(아마 56개 사단에서 27개 사단으로)가 제기되었다. 감축은 다른 방법, 예를 들면 사단 병력을 2분의 1로 줄이는 방법으로 수행했어야 한다고 생각된다. 이 제안의 약간 조심스럽지 못한 편중은 병력수가 치밀하지 못하게 줄었고 필연적으로 경제적 기반에 부적절했고, 게다가 이러한 불가항력적인 감축은 아주 비싼 대가, 즉 군 종사자－보병전투 요원에게까지 영향을 미쳤고 육중해진 후방부는 불가침 영역으로 남았다.

무기 현대화와 집단군 편성으로 전환 및 이와 관련된 현대의 전술적 경향이 질의 가치를 특별히 강조하고 있다는 것을 염두에 둘 필요가 있다. 지금은 좋은 무기를 지닌 잘 훈련받은 병사가 제대로 훈련받지 못하고 무장을 갖추지 못한 병사보다 훨씬 우세하다. 랑구아(Langula) 장군은 러일전쟁 후에, 역사 발전의 법칙처럼 양보다 질 우위의 경향을 공식화했다. 경제적으로 빈곤한 국가는 질적 수준을 희생하여 양을 추구하는 것을 특히 경계해야 한다. 좋지 않은 병사는 객차에 자리를 차지하고 훌륭한 병사인 것처럼 비전투부대의 후미를 요구하는 배짱을 부린다. 그러나 전쟁이 발발한다면, 그는 비경제적으로 탄약을 소모하고 그가 휴대한 자동화기는 괴상한 낭비무기가 된다. 모든 보급품은 질 낮은 중대에서 놀라울 정도로 가차 없이 사라질 것이다. 이 중대는 밑 빠진 독이다. 왜냐하면 병참물자를 팔아먹고 전투복 · 전투화를 잃어버리고 전장에 무기와 전화기를 유기하기 때문이다. 병참물자는 아주 명민하다. 이는 자신의 보유량을 위조하고 잉여 배급을 요구하기 때문이다. 건실한 중대가 진창 속을 걷거나 비에 젖어 떠는 것처럼, 질 낮은 중대는 특히 강한 병균으로 병원을 오염시키고 지역 자원을 완전히 소모하고 지역주민의 호감을 떠밀어내고 전투에서 큰 손실(소총으로 자살을 포함하여)을 가져온다. 질 낮은 중대는 여름 햇살에 얼음 녹듯이 사라지는 능력이 있다. 수많은 생명, 건강, 노력이 손실될 때 질 낮은 중대는 그 어떤 유용한 작용도 하지 못한다. 모두가 내부 마찰을 극복하는 데, 실제적인 적과 투쟁하는 데가 아니라 병적인 공상(空想) 징후와 싸우는 데 소모된다. 제대로 준비되지 않은 부대로 현대전을 치르려면 부유한 국가가 되어야 한다. 좋지 않은 사기와 사격훈련이 미흡한 부대는 뭘 하러 전장에 서는가?

그럼에도 불구하고 군은 발전한다. 1870년 전쟁에서 독일은 주민 3.5%를 동원했고 세계대전 시에는 독일, 프랑스 그리고 오스트리아는 각각 20%씩, 여섯 배 이상을 동원했다. 제기된 문제에 대한 답은 다음과 같이 간단하게 표현된다. 전쟁은 양적으로 충분하고 질적으로 우수한 부대를 요구한다. 참모본부는 장기간의 전쟁 과정과 함께 교전하는 전투적 가치는 동일해지는 열망이 있다는 점에서 질적으로 특히 위태롭다. 열등한 부대는 점차적으로 단련되고 적군의 방법을 모방한다. 월등한 부대는 연약한 보충 병력이 줄어들게 한다. 그래서 훈련된 군대는 자신의 질적 우세를 조기에 실현하기 위해 단결되고 섬멸전략을 지향하는 경향이 있다.

작은 국가(小國). 작은 국가는 대국과 대등하기를 원하고, 실제적인 성과보다 항상 외관을 곧장 갖추면서 수적으로 후방의 경제적 능력보다 우세한 군을 조직하려 한다. 작은 국가의 군대는 대규모 전쟁에는 적합하지 않다. 탄약, 병참물자와 의복 등의 모든 재료는 한 번의 대규모 작전으로 고갈될 것이다. 보충된 것은 빠르게 말라버린다. 1912년 발칸 전쟁에서 세르비아군은 총도 없었고 불가리아군은 전투복도 없었다. 러시아는 시간을 달리하여 두 나라를 전폭적으로 지원했다. 작은 국가 군대의 운명은 세계대전에서 움츠려들고 대국 동맹의 구성요소가 된다. 세르비아는 1915년 초에 녹초가 되었다. 루마니아군은 전쟁 3개월 후에 절반 이하로 줄었다. 많은 사단에서 1개 사단 정원 정도만 남았기 때문이다. 유럽의 작은 국가들로 분할, 즉 베르사유 조약에 따라 유럽의 발칸화는 자연히 평시에 유지되고 전시에 드러나는 무력의 총량, 군사비 지출을 늘렸다. 그러나 작은 국가의 군 병력을 나타내는 숫자가 늘어났기 때문에 작은 동맹국들의 병력을 계산하는 데는 실패했다. 전쟁의 화염에 조금 파괴된 요소들이 아주 빠르게 소멸되었다. 전장에서 몇 주 동안 버틸 수 있는 이들의 부대는 강대국이 개입할 시간을 획득할 수 있었던 전위부대뿐이었다. 이들에게 전쟁 6개월은 외국에서 풍부한 경제적 지원이 이루어질 때만 생각할 수 있다. 이들의 공격능력은 특히 낮다. 이들의 관심은 방어를 독자적으로 수행해야 하는, 해결할 수 없는 임무 때문에 사라져 버렸다. 이들이 떠벌이는 이익은 공격준비와 결합되지 않는다. 세르비아로서는 사바강이 세계대전간에 접근할 수 없는 장애물이었다. 1915년 봄 이탈리아가 참전할 때 오스트리아－헝가리는 세르비아 전선에서 5개 사단을 이손조(Isonzo)에 투입했다. 사바와 다뉴브에서 오스트리아－헝가리군을 차단하기 위해 독일은 이 세르비아 국경 지역에 독일군의 새로운 3개 사단을 전환했다. 이 유령 병력은 효과가 있었다. 여기에서 세르비아가 스스로 엄청난 군사물자를 제공했다는 것을 염두에 둘 필요가 있다. 오스트리아－헝가리는 모든 적에 대항하기엔 가소롭고 작은 요새들 근처의 몬테－니그로 국경을 엄호했고 국경경비를 약간 보강할 수 있었다.

정규군과 빨치산. 국가 집행기관 입장에서 군사력은 크게 두 범주로 명확하게 나뉜다. 정규군 부대[18]는 집행기관 명령의 절대적인 수행자이다. 빨치산의 위치는 동행자 개념의 특징이 있다.

역사적인 영역의 첫 위치에 대규모 군중이 나섰던 프랑스 혁명은 빨치산의 참전에 상당한 공간을 개척했다. 나폴레옹은 단숨에 이탈리아 정규군을 격멸했다. 그러나 시민운동 형태인 빨치산의 아주 첨예화된 활동을 처치하지 못했다. 티롤의 국민 봉기는 나폴레옹에게 많은 걱정을 안겼다. 1812년 러시아 빨치산은 나폴레옹 원정의 실패를 재앙으로 바꾸어버렸다. 1813년 독일에서는 빨치산 활동이 활발하게 전개되었다.

최근 100년 동안 빨치산의 역할은 아주 작은 수준으로 감소했다. 중요한 이

[18] 예전에 몇몇 국가에서 그런 것처럼 우리는 경찰을 여기에 포함시킨다. 지금 경찰은 특정한 기관으로 수행 권력의 요구에서 보호된다. 예를 들면, 대부분 자기 위상에 적합하게 경찰은 자국 내 또는 자기 지방에서만 방어 전쟁을 위해 운용될 수 있다. 법적으로 경찰은 정규군과 빨치산의 중간 범주에 속했다. 그러나 전쟁 시에 경찰의 특권은 전혀 중요하지 않는다는 데 힘이 실렸다. 여론에 기초하여 국가는 경찰의 특권적인 행위의 일시 중지를 요구한다. 영국 경찰은 남아프리카에서 보아인과의 전쟁에 참가했다. 세계대전 시 독일에서는 예비군, 후비군, 국민군 간의 차이가 없었다.

유는 젊은이 대부분이 정규군에 입대했고 빨치산 대원으로 선발될 만한 인원은 거의 남기지 않은 국민개병제였다. 다른 한편으로는 현대적 경제 발전 상황에서 농민 대중의 공감대와 밀접한 관계가 있는 빨치산의 활동은 교전 쌍방에 똑같이 위험한 계급적인 성격을 띠기 쉬웠기 때문이다. 1870년 프랑스에서는 독일군이 점령한 지방에 많은 프랑스 젊은이들이 있었다. 왜냐하면 병역의무는 아직 모든 국민에게 미치지 않았기 때문이다. 독일군 사령부를 신경 쓰이게 하고 프랑스의 소부르주아 사회에 공황을 야기한 프랑스 보병(franc-rifleman) 부대가 편성되기 시작했다. 왜냐하면 이 부대의 활동은 간혹 독일에 대항할 뿐만 아니라 대지주에 대한 징벌을 겨냥했기 때문이다. 세계대전 초에 벨기에는 국민 중 소수를 군사력으로 활용했다. 독일 점령 초기에 전 주거지역을 불태우는 것을 포함한, 독일군이 혹독한 탄압의 길로 들어서게 한 독일군 후방에 대한 무력 습격과 독일 병사에 대한 습격을 상당히 전개하였다. 독일군은 "독일의 만행"에 대항한 대독연합의 선동을 위한 광범위한 자료를 제공하는 귀중한 정치 운동을 전개했다.

현재 몇몇 국가(독일)에서 병역의무가 강제로 중지되었고, 빨치산 활동의 커다란 발전을 이룰 기본적인 전제조건이 발견된다. 이미 평시에 존재하는 비밀 조직은 빨치산 부대의 뛰어난 요원들이다. 다른 한편으로는 미래의 전쟁에서 계급적 성격의 노출은, 1918년~1920년 내전 경험(우크라이나, 시베리아, 벨라루시 등)이 증명하듯이, 의심의 여지없이 빨치산 출현을 조장한다.

미래 전쟁은 모든 교전국에서 첨예한 계급적 충돌을 야기하고, 확실히 정규군뿐만 아니라 많은 빨치산-동참자에 의해 수행될 것이다. 그러나 빨치산 활동의 능력과 중요성을 과대평가하여 군사력의 조직적인 준비에 관심을 약화시키는 것은 커다란 실수였다. 20세기에는 견고한 범주가 설정되고 목표에 노력을 충실하게 투여하는 조직, 군율, 단결, 전사의 성공을 발견할 것이다. 그러나 정교하고 민감하거나, 평시에 준비되지 않고 채비를 긴급히 갖추지 못하고 자기 임무를 다르게 이해하는 참가자들이 성공하진 못할 것이다.

적의 후방에서 전략적 잠행활동 상태에 있는 한, 동참자로서 빨치산 요원들은 아주 유용하다. 이 지역을 권력 조직이 점령한다면 빨치산은 아마 이익보다는 손해를 더 많이 끼치고 위험에 처할 것이다. 이 부대들의 모든 가치있는 것을 정규 조직의 틀이 허용하는 한 신속히 수용해야 한다.

충원. 충원 성격과 형태는 전략에서 중요한 의미를 지닌다. 중세 기사단 시대에 군부대(중기병)는 주로 지배계급, 봉건 상층부로 충원되었다. 그래서 비록 승리하더라도 전과확대를 하지 않았고 전투 후에 승자와 패자가 각자 집으로 흩어졌지만, 교전의 정치적인 의미는 상당했다. 러시아 역사에서 대지주는 거의 군에 입대하지 않았다. 이들은 러시아 전쟁술의 실질적인 구체화에 영향을 전혀 미치지 않았다. 러시아 연대의 평범한 농민요원은 인적자원의 경제적 지출에 영향을 적게 미쳤다.

군을 충원하는 데 노동자 계급 활용에 제한을 둘 필요성을 이미 언급했다. 그러나 옛날 차르 군대에는 "부러진 창"[19]이라도 유용했고 농민부대에서는 부르주아의 후예들이 아주 유용했던 것처럼, 농민군의 전술적 질이 높아지고 더욱 기민해졌고 간부의 책임의식이 향상되었다. 그래서 '붉은 군대'에는 특정한 비율의 노동자가 아주 필요하다. 경제동원을 판단할 때 자격을 갖춘 이 노동자층이 산업에 야기하는 희생에 대한 합의가 필요하다. 말할 것도 없이 이는 효율적이어야 한다.

전략 성격을 핵심적으로 규정짓는 이의 수적인 면만을 보자.

구스타프 아돌프(Gustav Adolf)는 주로 스위스 농민으로 이루어진 연간 1만 명을 충원할 필요가 있다고 생각했고, 징집 시장의 예상에 전적으로 의존하는 다른 군주들이 그를 질투심 어린 눈으로 바라보았다. 프리드리히 대왕은 열정적이고 지부를 둔 앞잡이–염탐꾼 망(프랑스의 공식적인 명칭은 징병관)을 조

19) 지배계급 의식이 있는 기사 집단을 속박하고 그를 약간 순종적인 수단으로 만들기 위해 16세기에 왕의 요청에 따라 갑옷을 벗고 모험가와 전쟁 전문가 중에서 선발된 보병 병사로 근무하게 된 가난한 프랑스 기사를 그렇게 불렀다. 규율과 임명되는 간부는 그 당시 보병에게는 낯선 개념이었다.

직했고 전쟁 기간에 포로는 고려하지 않고 강제징집 의무를 통해 1만 5천 명을 보충할 것으로 예상했다. 연대들은 보충대도 없이 겨울 숙영 중에 모집을 스스로 준비했다. 게다가 쪼른도르프(Zorndorf) 근처에서 러시아와 충돌은 프리드리히군에서 1만 8천 명을 차출하고, 쿠너도르프(Kunerdorf) 근처에서는 2만 5천 명을 차출했다. 몇 시간의 전투로 인적자원의 6개월분이 소요된 사실로 볼 때, 전략은 부여된 목표를 달성하기 위한 수단으로서 전투에 진입하고 기동에 중점을 기울일 때 당연히 크게 주의해야 했다.

프랑스 혁명으로 전쟁 수행을 위해 국가가 엄청난 인적 자원을 제공받고 첫 번째 계획을 추진하고 섬멸 목표를 추구할 수 있었다. 적과 질투자들은 나폴레옹을 하루에 3천 명의 병사를 삼킨 장군이라고 불렀다.

1870년 독일군은 상비군을 위해 후방에서 준비된 보충병력 25%를 보유하고 있었다. 전쟁 사례가 이러한 규모는 부족하다는 것을 증명했음에도 불구하고 20세기 초에 보병에 상비군의 25%를 보충부대로 편성한 것은 일반적으로 통용되는 표준이었다.

러시아군은 이 문제의 중요성을 제대로 평가하지 않았다. 특히 이 기준이 극동에서 대규모로 축소되어 계획에 따라 단지 11개 보충대대만, 시베리아군관구에 8개 대대만 편성되었다. 이 수량은 시베리아 소총연대에 3개 대대를 추가하는 것과 새로운 부대로 총독부 부대(제10 및 제17 군단의 여단들)를 증강하는 것을 고려하지 않았다. 사단에 1개 대대씩만 있었다. 이런 불운한 보충병력을 이용하여 수송, 병원, 제빵소를 편성해야 했다. 즉 모든 후방부를 편성해야 했다. 14개 중대로 편성된 보충대대들이 일부를 전개해야 했고 훈련에 영향을 미쳤다. 1904년 8월에는 6개 대대를, 10월에는 27개 대대를, 12월에는 96개 대대를 편성해야 했다. 결과적으로 중요한 시기에 우리 보병부대들이 심각한 병력 부족 사태에 직면했다. 라오얀(辽源) 작전 후에 4만 8천 명에 못 미쳤고 군은 보충병 4천 명과 부상에서 회복한 5천 명을 받았다. 샤허(沙河)강 전투 후에 미보충 인원은 8만 명으로 증가했고 묵덴(牧丹, 현 선양(瀋陽)－역자 주)전투 후에는 14만 6천 명으로 증가했다. 휴전 협정이 체결된 시기에 미보충 인원은 8천 명 이하로 거의 사라졌다. 모든 보충 문제는 어둠속에서 손으로 더듬는 식으로 해결했다. 전쟁 시작 전에 누구도 러일전쟁 비용이 한 달에 3만 명을 충원해야 한다는 것을 알지 못했다.

만주에 45만 8천 명의 보충 병력을 보냈고 이 중에서 5%는 이동 중에 있었고 6.5%는 후방부에 흡수되었다. 러시아의 유럽지역에 있던 유휴부대가 지원되지 않았다면, 보충부대의 필요성을 정확하게 고려하지 않아 발생한 오판이 더 큰 부정적인 결과를 초래했을 것이다. 충원병력은 59%뿐이었고, 11%는 유럽지역 연대의 단기복무 병사들이었고 30%는 유럽지역 연대들이 준비한 신병들이었다.[20)]

러시아군은 또다시 보충부대를 불충분하게 편성한 상태에서 세계대전을 맞았다. 보병부대는 보충대대 190개 정도를 보유했어야 했다. 하여튼 러일전쟁 경험이 보여준 것에 주의를 전혀 기울이지 않았고, 이런 면에서 러시아 총참모부는 허술하게 산출했다. 러시아군의 5분의 1만이 러일전쟁에 참전했다. 총동원 시에 당연히 러일전쟁에서 필요했던 것보다 5배는 계산했어야 했다. 세계대전 초에 이미 보충대대를 160개로 늘렸어야 했다.[21)]

세계대전간에 독일군은 아주 교훈적으로 충원했다. 이 문제의 한 측면, 즉 노동자 집단의 징집과 전선에서 그의 점차적인 소집해제는 이미 언급했다. 후

20) Военнно-исторической комиссии, *Русско-японская война 1904-5гг. Т. Ⅶ ч. 1*(1904년~1905년 러일전쟁 제7권 1장), С. 25~101.

21) 보충대대 수 산출은 동원 인원과 관계가 있다. 보충대대에는 2배의 소총이 필요했다. 왜냐하면 전선에 보충은 무기도 휴대해야 했기 때문이다. 제시된 160개 대대가 계획에 반영되었다면 1915년에 아주 유용했던 잉여 소총 35만 정을 보유했을 것이다. 러시아군의 보충부대 문제를 미온적으로 결정한 것을 모든 전쟁이 한 전선에서 이루어지며 국지전쟁으로 이해하고, 군대의 다른 부분이 보충부대 역할의 일부를 수행할 수 있다고 강요하는 엄청나게 큰 우리 영토로 설명하려는 경향이 있다. 세계대전을 미리 생각해두지 않았다. 제국주의 시대에 모든 이익의 속박 때문에, 미래의 세계적인 전쟁에 대비하게 하고, 다른 나라가 싸우는 것처럼 그 당시에 '붉은 군대'의 몇몇 부대의 태만 가능성을 고려하지 않았다. 그러나 1877년 터키와의 전쟁에서 러시아군의 동원 근거였던 동원일정 6호에 따라 세계대전까지 37년 동안 보충대대의 수는 15개 더 많은 199개였다는 것에서 세계대전에 대한 준비의 개략적인 수량을 구할 수 있다.

방에서 보충부대는 상비 연대에 1개 대대씩 제공되었다. 전쟁 기간에 구체화된 새로운 부대편성 양상 때문에 보충부대를 2배로 늘려야 했다. 이에 반하여 서부전선 제1선 군단들을 위한 2천 명으로 구성되는 야전 신병분소를 계획했다. 이 보충분소는 아주 편리했다. 군단의 손실을 지체 없이 보충했을 뿐만 아니라, 상비부대에서 차출한 간부들이 운영했고 그 부대에서 전쟁의 요구에 부합하게 훈련을 평가했기 때문이다. 후방 보충부대에서는 간부들이 새로운 전술적 상황에서 너무 벗어나 있었다. 이들이 정예돌격부대에서 활용하는 개별 집단과 방법으로 전투행동에 대한 훈련을 평가하려 했다면, 충분한 경험을 기초로 한 훈련은 장난감-만화 같은 전술로 이끌고 보충 병력에게 전투에 관한 날조된 개념을 배양시키고 잘못된 전투 방법을 숙달하게 했을 것이다. 1917년 가을 루덴도르프는 후방 보충부대들의 이러한 헛수고를 중단시키고 이들의 전투 계획을 사격 기초훈련과 군복무 원칙으로 제한해야 했다. 군단 예하 보충분소는 약 4천 곳으로 늘어났다. 이러한 보충분소는 모든 군단과 독립사단 예하에 창설되었고, 이 외에도 후방군단 관구에서 매달 약 2만 5천 명을 배출하는 대규모 전선군 분소가 바르샤바 근처와 베너루(Benerloo, 벨기에)에 창설되었다. 징집병을 전선군 보충부대로 전환하기 전에 이루어지는 후방 보충 부대에서 4주간의 훈련은 충분한 것으로 확인되었다.

독일에서는 보충부대에 러시아보다 더 많은 보충병들이 들어왔음에도 불구하고 오직 프러시아만 1915년~1916년 매달 평균 18만 명, 1917년 20만 4천 명, 1918년에는 13만 3천 명을 배출했다. 전쟁 기간에 50만~60만 명(최소는 1915년 4월에 38만 8천 명, 최대는 1916년 1월에 72만 명)을 오르내리는 보충부대의 상대적인 적정 인원에 관심을 기울였다. 이러한 적정 인원 덕분에 맹렬하게 훈련할 수 있게 되었고, 러시아에서는 후방의 보충병 수백만 명에 대한 전쟁성의 조치에는 유연성이 전혀 없다는 것이 증명될 당시에, 생산적인 노동에서 잉여 노동력을 전혀 낭비하지 않았다. 독일에서는 보충부대 인원은 전선에 보충이 거의 끝날 때인 1918년 11월 혁명 시기에만 증가했다. 보충부대는 104

만 4천 명이었고 이 중 7만 5천 명만이 훈련을 받았고 신체적으로 전선 근무에 적당했다. 보충부대 대부분이 심신이 극도로 피곤했고 후방부 근무나 노무자 부대에 적당하고(62만 4천 명), 이 중 3만 2천 명만이 파견에 적당했다. 핵심 요원, 환자, 군수산업에 임시로 파견된 자, 6월에 승인된 신병, 1900년에 태어난 이들이 보충부대를 가득 채웠다. 이 기관들은 활동을 멈추었다.

부상자를 잘 치료하면, 전선군이 충원을 요구하는 3분의 1은 건강을 회복한 부상자들로 충당할 수 있다. 1917년 독일에서 발생한 것처럼 전선에서 군사행동이 재앙적인 편중을 야기하지 않는다면, 중대한 피해를 입은 보병이 회복한 부상자가 보충에서 차지하는 비율은 절반 정도로 높아진다.

세계대전 전에 충원에 대해서는 농업적인 관점이 지배적이었다. 독일의 농촌에 비해 대도시에서는 출생률이 3분의 1로 낮을 뿐만 아니라(독일에서 여자 1천 명 당 자녀 2명을 낳은 인원은 농촌이 168명, 도시가 117명임), 소집되는 인원의 신체적인 수준은 2배가 낮았다. 즉 전쟁 전에 농민 67%, 도시민 32%만이 적합하다는 판정을 받았다. 독일에서 도시와 농촌 간의 인구 비율이 급격하게 변했을 때(농민이 1850년 67%였으나 1907년에는 28.6%밖에 안 되었다) 현실은 이 우려를 반박했다. 농업의 이러한 자료가 인적이 드물기 때문에 빵에 대한 높은 세금으로 농촌을 지원할 필요성을 방증한다. 평시에 노동자의 군 징집은 극히 엄격하게 행해졌다.[22] 전시에 신체적 요구조건이 낮아져 징집자의 개략 70%가 군 복무에 적합했고 이 중 60%는 상비군 근무에 적합했다. 그러나 높은 혼인율을 보인 30대~40대 징집자가 여기에 포함되었기 때문에 20대의 적합성은 더욱 높았다. 독일의 전쟁 통계는 도시민이 농촌 사람에 비해 특별히 신체적으로 연약하다는 데 주의를 기울이지 않는다. 도시민들이 농민들보다 연약했다면 2배가 아니라 훨씬 더 약했을 것이다. 이에 대해 도시민 중 신체적으로 가장 약한 유대인에 관한 자료로 판단할 수 있다. 1916년 10월경

---

[22] 제시한 수량은 Fürst Büllow, *Deutsche Politik*(독일의 정치), 1916에서 인용했다.

독일 유대인 60만 명 중에서 7만 4,323명이 징집되었다. 이들 중에서 상비군 근무에 부적합한 인원은 17%, 적합한 인원은 50%였으며, 후방근무에 적합한 인원이 33%였다.

전쟁 동안에 독일은 매년 2년 단위 연령대를 징집했다. 1개 연령대는 35만 명의 병사를 제공했다. 즉 연간 보충소요의 6분의 1이었다. 이 때문에 1917년 징집 연령은 18세로 낮아졌다. 그 다음에는 이런 방식을 계속할 수 없었다. 전쟁 16개월 동안에 한 해의 징집으로 만족해야 했고 보충문제가 극히 어려워졌다. 권리를 박탈당했거나 출옥하여 싸우기를 원하는 (아마 30만 명의 범죄자 중에서) 1천 5백 명의 청원에 대한 조치는 결국 효과가 없었다.

독일 기관의 유연성과 예비군부대 축적의 부재는 개별징집 공포에 관한 군단관구의 과도한 권한에 기인한다. 처음에 그들은 자신의 소요에 따라 모든 계층을 소집했고, 얼마 후에야 중앙 기관이 독일의 여러 부대에서 징집 노력에 균형을 맞춰나갔다.

훌륭하게 계획된 보충체계가 전략적으로 얼마나 중요한지 다음 자료를 통해 알 수 있다. 이반고로드–바르샤바 작전에서 러시아는 루덴도르프 독일군에 심대한 피해를 가하는 데 성공했다. 1914년 10월 27일 독일군이 비슬라에서 전면적인 철수를 시작했고 11월 5일 실레지아 경계를 넘어 후퇴했다. 11월 5일에서 10일 중간에 독일군 군단들이 실레지아에서 토른과 바르타강 사이의 전선인 호엔잘츠로 급히 전환되었고 게다가 보충병 4만 명을 5개 군단에 투입했다.[23] 즉 독일군 보병 부대들에는 자기 정원의 약 40% 규모가 보충되었다. 심한 타격을 입지 않은 것처럼 11월 11일 독일군은 신병으로 완전히 채워졌고, 아직 병력이 보충되지 않은 러시아군에 대항한 로쯔 작전을 수행했다.

제대로 정비된 보충체계는 섬멸을 실시간에 수행하는 데 어려움을 준다. 왜냐하면 피해를 입은 후 군 병력의 신속한 복원은 작전간 전투의 의미를 변화

---

23) Wrisberg, *Heer und Heimat, 1914-1918*(군과 고향, 1914~1918), f. 21.

시키기 때문이다. 병력이 사망하고 부상을 입고 포로가 되지만, 정원은 계속 유지되고 새로운 피로 채워진다. 이에 비해 전선에서 칸내 전역 같은 작전을 재현하지 못하는 상황에서는, 후방부가 완전히 소모되지 않은 동안에는 기관총, 야포는 영향을 미치지 않는다.

내전 사례가 전선군의 보충부대가 탁월했다는 세계대전의 결말을 증명하고 전쟁 전구에서 자원자 보충의 의미를 제기한다.

많은 자원자(물론 자기 지역 내에서)는 국민개병제가 주민을 충분히 참여시키지 못한다는 것을 증명했다. 1914년 가을 독일에서 엄청난 자원자 중 군 복무에 70%만이 적합했고 징집 대상 연령의 인원 전부를 활용하지 않아, 전쟁 준비가 불충분하다는 것을 나타낸 것이다.

독일 전쟁성 입장에서는 징집 연령 미만의 18세에서 19세 자원자를 많이 수용하는 것은 앞뒤를 잘 생각하지 않은 것이다. 이제르 전투[24]와 로쯔 작전에서 독일의 젊은 꽃들이 특별한 필요도 없이 스러져갔다. 어려운 가을 원정 여건에서 이런 미숙한 조직은 드문 경우이나, 그 후 징집자는 수적으로 그리고 특히 질적으로 극히 취약해졌다.

적국의 충원 능력 계산은 적이 지체 없이 전선에 보낼 수 있는 부대의 계산같이 중요하게 생각해야 한다. 자동화된 무기에는 자동화된 충원이 필요하다.[25]

부대의 편성. 형태 편향적인 사람들은 자신이 선택한 이론체계를 실현하려 애쓴다. 그러나 이상적인 조직도는 없으며 해당 경우에 더욱 많이 또는 명확하게 적합한 조직도가 있다는 것을 현실이 보여준다. 보병의 제대 편성에 셋 또는 넷이 좋은지에 대한 하나의 특정한 답이 존재하진 않는다. 당연히 전선

24) 이제르 전투는 중요한 전투라 불린다. 왜냐하면 여기에 주로 대학생, 고등학생 그리고 다른 자원자들로 구성된 새로운 군단들이 주로 참가했기 때문이다. 로쯔 작전 전에 루덴도르프군의 보충을 위해 독일에서 소집된 보충인원 4만 명에는 자원자가 아주 많았다.

25) 세계대전간 독일의 사망자는 전체 인구의 4.9%였다. 노동 가능 연령대의 불구자는 3.7%였다. 프랑스는 이러한 수치가 훨씬 높다. 즉 노동 가능 인구 전체에서 사망자는 5.3%, 여자를 포함한 불구자는 5.6%였다.

에 철조망, 포탄과 자동소총이 더욱 많이 등장하는 경제동원이 끝난 후보다 경제동원이 끝나기 전에 보병부대 소요가 더 많을 것이다.

그래서 아마도 처음에 연대에는 4개 대대 또는 대대에 4개 중대인 것이 좋고, 전쟁 말에 이들은 잉여분이 되고 이를 이용해 새로운 사단을 편성하는 데 유리할 것이다.

1914년 러시아군 편성은 전쟁 15일차에 독일 국경을 통과할 준비를 갖추어야 하는 러시아-프랑스 동맹의 요구에 기인했다. 여기에서 상비군과 간부의 증강, 평시에 향후 부대편성 능력의 완전한 망각, 군사훈련 양의 증강에 관해 비교적 관심이 적었다.

당연히 우리는 프랑스군의 약점을 우려했다. 뿌앙까헤(Poincare)와 조프르는 군 복무기간을 2년에서 3년으로 되돌리겠다고 약속하고 실행했다.[26)]

전쟁계획과 관련된 모든 활동에서 조치들 간의 조화가 무엇보다 중요하다. 대단히 좋은 개념이라도 이것이 상황에 부합하지 않는다면 피해만 줄 뿐이다. 물론 이 조화는 조직적인 조치가 필요하다. 게다가 군복무 기간이 짧은 '붉은 군대' 목욕탕에는 급수관 및 장작을 자르는 공업용 톱이 필요하다. 인력으로 물을 긷고 장작을 잘라야 하며, 연대에 채소밭이 있다면 더욱 장기간 근무가 필요하다. 군에 학교 같은 여건을 부여하기 위해서는 민병(경찰) 규율에는 훈련에 관한 상당한 신뢰가 요구된다. 계획의 목적은 노력의 편곡이며 조립이다.

개혁이 필요하다. 그러나 광범위한 전선에서 그렇다. 왜냐하면 조직의 모든 톱니바퀴는 서로 맞물리기 때문이다. 예를 들면 특별히 지역사단의 발전 부분에 이전의 경제를 유지하고 문화적 관습을 제거하고 도로가 볼품없는 상황 등에서, 한 방면에서 급격한 변혁은 견고하지 못하고 조화롭지 못한 조직이다. 역시 조직의 조화는 미래의 전쟁 성격에 관한 큰 개념과 결부된다.

현 작전수행 여건에서는 혼성부대 편성이 아주 빈번히 요구된다. 전투에서

26) *Мемуары Сухомлинова*(수호믈리노프 회상록), С. 171.

예비대는 전선의 과도하게 많은 독립부대로 즉흥적으로 편성된다. 이 현상은 현대의 교전 기간과 관계된다. 쿠로파트킨 장군은 샤허강 전투에서 40개 대대로 구성된 예비대를 편성했고 이의 도움으로 푸틸로프 구릉(Putilov Hill)을 탈취하고, 야간에 패배한 전투를 되돌려 놓았다. 그리고 작전적으로 새로운 장을 열었다.

세계대전간 독일군은 전 전선에서 대대 단위로 차출한 혼성사단과 군단들이 방어간에 정규사단과 거의 비슷하게, 완고하게 지탱하였다는 특징이 있다. 1915년 9월 독일군은 각각 다른 10개 사단에서 차출한 20개 대대로 편성된 군단으로 샹파뉴 돌파를 틀어막았다. 더욱 다양한 편성은 루츠코이 돌파 순간에 코벨을 엄호한 것은 베르나르트(Bernard) 혼성군단이었다. 이 대대들은 입방체처럼 아주 다양한 모양으로 편조할 수 있다. 이를 위해 부대의 높은 의식과 임시 지휘관이 자기 대대처럼 독일군 다른 대대와 도로에 관심을 기울이는 사람이라는 믿음이 필요하다.

프랑스 그리고 특히 옛 러시아군에서 이러한 즉흥적인 편성은 아주 성공적이지 못했다. 자기 휘하 부대를 할당할 때, 이기주의에 가득한 각 지휘관은 최대로 약한 부대를 선발했다. 약한 부대는 다른 집단에서 그들을 유감스럽게 생각하고 상을 주지 않을 것이라고 느꼈고 발휘한 열의보다 더욱 많은 열의를 나타내려 했다. 타 부대에 호소할 줄 아는 지휘관은 소중히 여겼다. 임무를 이해하는 것은 통상 좁은 조직 테두리로 한정된다.[27]

특히 전쟁 초기에 지역 부대들은 이 조직의 쇠약한 맥락을 유지하는 데 아주

---

[27] E. H. Сергеева, *От Двины к Висле*(다뉴브에서 비슬라로), C. 7, 8, 26~29에는 소련 영토에서 제정러시아군의 약점이 완전히 제거되지 않았다는 것을 나타내는 많은 자료가 담겨 있다. 1920년 봄 내부 관구들은 폴란드와 전쟁에 사단들을 내보내고 이들을 "독립하여 사는 자"로 보았다. 백해 관구는 파견하기 전에 제18사단에서 영국군 군복과 신발, 짐마차, 군마부대를 회수했다. 페트로그라드 지역에서 제7군은 이동 중에 사단의 이동식 취사장을 몰수했다. 프리우랄군관구는 전선으로 보내기 전에 제10근위사단을 대략 편성했다. 제2노동자군(엠빈스크 도로 건설)은 제4군 참모부 편성에 필수적인 기재 일부를 탈취했다. 경제 기지들이 극단적으로 분산되어 있는 상황에서는 급박한 이익을 추구하는 것을 거절할 수 있다.

신중할 필요가 있고, 천성적으로 예비대의 이런 통합 방법에 적합도가 낮다.

전쟁 준비간에 염두에 둔 구체적인 정치 목표는 심사숙고해야 하며 정확하게 만들어야 한다. 경솔하게 생각한 목표를 추구할 때는 전쟁계획과 군대 건설에 불필요한 문제를 야기한다. 그래서 콘스탄티노플 점령에 대한 슬라브 편애주의 망상은 보스포러스 연안에 상륙부대를 투입할 준비에 20년 이상이 걸렸지만 불충분한 기재를 사용했다. 러일전쟁 전까지 오데사군관구의 지적 활동은 이 상륙에 집중되었다. 상륙기동은 이루어졌고 연안에 상륙부대를 수송하기 위해 특수한 대형 함선이 준비되고 상륙정을 인양하기 위한 "러시아 기선 및 무역 협회" 증기선에는 일반 설비가 준비되었으나, 이는 상륙정용으로는 너무 약했기 때문에 더욱 튼튼한 것으로 교체되었다. 오데사에 일반물자 부대가 포함된 특수 상륙대대가 편성되었다. 물론 콘스탄티노플 점령처럼 정치 목표의 진지한 추구는 광범위한 경제적 정치적 그리고 군사적 조치들과 관계가 있다. 이러한 것이 없었다면 오데사군관구의 노력은 약간 필요했을 것이다. 1909년 "위험한 오락이 되는 것 이상으로 고가의 장난감"[28]이라며 이 상륙 준비를 폐기할 것을 주장한 수호믈리노프가 전적으로 옳았다.

비전투부대와 전투부대의 비율. 합리적이지 못한 조직의 예는 내전 기간에 '붉은 군대'의 보병부대 편성이다. 비전투요원의 비율을 줄이려는 중대한 희망 때문에, 첫 편성자들이 내전 시에는 당연히 옳았던 조직의 기본 단위로서 군단 편성을 거부했다. 그 후에 사단 정원은 5만 명까지 증가했다. 1918년 이 단락의 저자는 근무규정상 경제가 붕괴되고 철도수송이 극단적으로 불비한 상황에서 사단 정원이 적은 것이 내전에 유리하다는 것을 증명해야 했다. 즉 5천~6천 명의 사단 병력이 형성된 내전 상황에 더욱 적합하다는 전쟁 전 자카스피(Zakaspy)여단 정원의 표본으로 8개 또는 4개 대대와 3개 포병중대가 유리하다는 것을 밝혀야 했다. 그러나 상반된 요구가 승리했다. 즉, 18개 대대로 편

[28] *Мемуары Сухомлинова*(수호믈리노프 회상록), С. 168.

성된 사단이 27개 대대로 편성된 사단보다 우세했다. 사단의 18개 대대는 당시 전쟁의 경제적 기반에서는 아주 약했을 뿐만 아니라 몇 천 명을 넘지 않았다. 많은 보병을 보유하려는 희망 때문에 최고사령부는 대대 수를 늘렸다. 그러나 경제가 정체되었기 때문에 대대는 더욱 약해졌고 사단 전투원은 늘어나지 않았다. 대신에 후방부는 27개 대대로 늘어났다. 조직에 적합하지 않은 결과, 전쟁 특성 때문에 전투원보다 비전투원 소요가 크게 증가했다. 비전투원 12명 대 전투원 1명의 비는 결함이 없다고 생각되었고 더욱 커졌다.[29] 사단은 전(全)러시아 총참모부가 의도했던 2천~6천 명으로 편성하기 위해 노력했다. 거대한 후방부는 중심이 영웅적인 전선군을 향하던 빈약한 재고량을 삼켜버리고 철도를 후방부에 가둬버리고 기동을 축소시켰다. 전쟁수행 비용이 수배 늘었다.

세계대전 시에 인적 자원이 지독하게 제한되었던 (낮은 출생률, 즉 "여성의 재능" 부재) 프랑스는 아주 형편없는 후방부를 보유했고 전투원 1명에 비전투원 0.5명의 비율까지 이야기되었다. 1916년 10월 독일은 야전 군부대에 458만 5천 명, 보급부대와 후방부에 337만 7천 명이 있었다. 추정해보면, 상비군에 비전투원이 20%였고 후방부에는 약 20%가 전투임무가 부여되었다면 한 명의 독일군 전투요원에 0.85명의 비전투요원이 있었다.

그러나 실제로는 독일군의 비전투요원 비율은 2배로 많았다. 왜냐하면 보급부대 편성이 상당 기간 지체되었고 전투부대에서 많은 인원을 파견하여 충당했기 때문이다. 이러한 파견은 특히 겨울에 그리고 진지전적 교착상태에서 많이 이루어졌다. 대대에 파견된 인원은 400명에 달하는 경우가 많았다. 명부상 150명인 중대에 실제로는 병사가 60명~70명 정도였다. 부재 원인 현황은 환자, 구류자, 휴가자, 기관총학교 입교자, 건설중대 파견자, 통신중대 파견자, 지뢰작업 증원자, 초병, 위생병, 들것 담당자, 군마 손질담당자, 전령병, 문서병, 서

29) 폴란드군은 확실히 1920년 동원병력 7명에 전투원 1명 비율이었다.

기병, 마부, 부대숙소 관리자, 장교클럽 근무자, 무기정비병, 정비병, 경리사관, 통합 후방지휘반 상사(上士)였다. 적이 공격할 경우에 사단에는 이러한 파견자들을 집결시키는 특별 집결소가 설치되었고 간혹 이런 방법으로 상당한 예비대가 집결했다.

러시아 구식 군에는 세계대전 시에 전투원과 비전투요원의 비율은 1차 동원 시에 이미 후방부 요원 2명 대 전투요원 1명이었고, 나중에는 후방부 요원 3명 대 전투요원 1명으로 증가했다. 이 비율은 전체적으로 아주 확실하다.[30] 여기에는 영역의 크기가 반영된다. 이와 함께 보급 및 보충 지역에서 이격 정도에 따라 비전투요원이 증가한다. 많은 통합기지 및 예비군 소집 절차는 군 농장의 국영화 정도, 즉 해당 부대의 농장 수익은 총계에서 분리된다. 연대가 육군의 보급을 신뢰하지 않고 획득되는 모든 물품들(삽, 방탄막, 밀가루 등)을 자기 시설로 수송하려 한다면, 짐마차는 지금보다 2배로 늘어날 것이다. 풍부한 인적 자원, 지휘관의 역량, 높은 기강, 보충병의 사기, 철도망 밀도[31], 철도 운용의 규칙성, 화물 수송 측면에서 도로의 질, 짐마차 · 쌍두수레 · 이륜마차에 따라 수송 비율도 2배로 늘어날 것이다. 이륜마차는 쌍두수레보다 마부가 2배 이상 필요하고 가벼운 이륜마차를 선호하는 사람들이 비전투요원 수를 2배로 늘어나게 한다.

현대 군대가 병사에게 최대의 안락함과 위생적인 환경을 제공하려 한 결과, 거대한 후방부는 상당 수준 발전했다. 병사들의 건강 유지에 대단히 중요한, 건식 빵을 일반 빵으로 전환에 따라 20세기에 러시아의 3개 사단으로 편성된 군단의 연대 및 사단의 수송대열은 324대의 짐마차로 증가했다. 수송대열의 더욱 큰 증가는 부대 병력을 유지하는 이동식 취사장 도입과 관계된다. 아주 거대해진 후방부와 직면하지 않으려면 잉여 짐마차 하나하나까지 수송대열 편

30) 1794년 프랑스 혁명간 징집자 110만 명 중에서 40만 명 이상이 원거리 후방에 의심스러운 출장 상태에 있었다.

31) 다른 철도지선 건설로 육군 수송 소요를 3분의 1로 줄일 수 있다.

성에 꼭 필요한 것인지 심사숙고해야 한다. 1861년~1865년 남북전쟁 초 북군의 약점 중 하나는 사치스럽고 아주 무거운 식사를 제공받는 병사들이 과도한 보살핌으로 버릇이 나빠진 것이다. 이로 인해 나쁜 비포장도로에서 북군은 철도와 내륙수로에 완전히 의존하게 되었고 이들은 절반이 굶은 남부군이 보유하던 기동의 자유를 잃었다. 승리를 위해 북군은 안락함에 대한 많은 요구를 거부하고 중량이 최초보다 33% 줄어든, 배부르지만 적당한 식사로 전환해야 했다.

짐마차와 비전투요원이 늘어난 또 다른 이유는 보급 분야별 수송수단의 세분화였다. 알려진 바와 같이, 다양한 종류의 수송수단을 강력한 조직에 통합하면 도시에서는 수송수단을 얼마나 많이 절약할 수 있는가. 상비군 후방부에서 모든 소요를 충족시키기 위한 다용도 수송수단을 편성함으로써 대규모로 절약할 수 있다. 현재 생존을 위한 어떤 여건도 갖추지 못한 포병 무기고의 파손을 살펴보자. 간단한 짐마차를 말이 끌게 하면 탄약차보다 1.5배나 더 효율적이고 험한 도로나 탄착으로 파인 야지를 따라 이동하는 데 훨씬 좋다. 특수 포의 수송수단은 격렬한 전투행동이 전개되는 상황에서는 작동불가하고 진지구축을 위한 축성자재를 수송하는 통상적인 수송수단이 부족할 때에는 수년 동안 무용지물이 된다.

사단은 자체 소요를 충당하기 위해 약간의 수송수단을 보유해야 한다. 이 수송수단을 편성상 사단과 통합하지 않는 것이 유리하다. 수송수단 소요는 사단이 수행해야 할 다양한 작전적 역할 때문에 변동이 상당히 많다. 그 외에도 사단을 투입할 때에도 모든 수송수단이 사단을 후속할 필요는 없다. 타 사단의 상비병력과 통합되는 일시적인 활동이 항상 성공적으로 끝나지 않는다면, 보급부대에 전혀 모르는 부대를 지원하도록 요구할 수 있다.

비전투요원 비율의 축소 문제는 동시에 군의 유용한 활동의 증대 문제이기도 하다. 군이 계획된 양만큼 국가의 경제적 능력을 초과한다면 후방부는 억제할 수 없는 수준으로 증대될 것이다. 부대 세탁실과 극장이 늘어나고 자동

생산 공장으로 육성될 전선군의 작은 공장들이 출현할 것이다. 그러나 전투원은 늘지 않고 줄어들 것이다. 아주 신중하지 않으면 가난한 국가는 전쟁을 아주 비효율적으로 수행하는 방향으로 쉽게 기울게 된다. 소련처럼 조금의 여유도 없이 최대로 노력해야 전쟁 비용을 지불할 수 있는 국가는 비전투요원을 줄이는 문제에 가차 없이 저돌적으로 나서야 한다. 나머지 경제여건에서 프랑스군과 독일군보다 유리한 관계를 이루지 못하고 많은 비용이 드는 전쟁을 치르고 인적 자원을 대량으로 소모하는 운명에 처하더라도 여기에는 한계를 설정해야 한다. 노년층의 무제한적인 동원이 아니라, '붉은 군대'에 소집된 개인에 대한 세심한 배려가 승리를 제공할 것이다.

병종별 비율. 전구가 군마로 애로지점에 접근할 수 있는 공간을 형성하는 험준한 고산지대이고 평지에는 포도밭, 농원이 흩어져 있고 튼튼한 울타리가 있다면, 당연히 이러한 지형에서 활동할 준비를 하는 부대는 편제에 약간의 기병을 보유하게 된다. 이탈리아군이 편제에 다른 군보다 기병을 항상 적게 보유한 것은 아주 현명했다. 왜냐하면 알프스, 티롤, 하르츠(Hartz), 롬바르디아에서 기병 활동을 크게 전개하지 못했기 때문이다.

각 병종의 비율을 지형적인 여건에 따라 결정하려는 변증법적인 접근으로 한정하는 것은 잘못된 것이다. 확실한 것은 쌍방의 군사력 규모에 따라 전구 전체가 연결되고 밀도 높은 전선이나, 단절되고 희박한 전선을 예상할 수 있다는 것이다. 기병의 신속한 기동을 위해 후자의 경우 광활한 공간이 열려 있는 것이 확실하다. 작전 지역과 비교하여 병력이 적을수록 기병은 큰 능력을 발휘하게 된다. 그래서 수적으로 열세한 군대에서 기병 비율이 더 높아야 한다.

그러나 병력수만큼이나 적의 질적 수준도 중요하다. 기병의 황금기는 보병이 약하고 분열되고 부패하고 기피하는 경향이 있던 시기와 겹친다. 프리드리히 대왕 시기에 세들레츠에서 성공한 본질이 그러했다. '붉은 군대' 기병의 영광은 대담함뿐만 아니라 백군과 폴란드의 보병 기피 때문이었다. 내전 시의 기병은 예외 없이 자원자로 편성되었고 보병부대는 힘겨운 임무를 수행했던 강인한 간부들을 제외하고는 주로 강제로 동원된 농민들로 편성되었다.

의심의 여지없이, 세계대전 간에 모든 군의 몇몇 기병 지휘관은 아주 출중했다. 그러나 전체적으로 기병부대는 제2선으로 물러났다. 기병부대가 좋지 않아서가 아니라 전쟁 여건이 기병이 대규모 승리를 얻을 수 있는 가능성을 앗아갔기 때문이다. 반대로 내전 시에 경제의 붕괴로 기병이 제1선으로 올라섰고 지휘관들은 필요한 재능을 보유했다.

이처럼 다른 병종처럼 기병은 그 자체가 중요할 뿐만 아니라 전쟁의 특성으로 인해 기병 활동을 위해 제공되는 공간적으로도 중요하다. 구 편제에 어떤 비율로 기병이 편성되어야 하는가? 답은 미래의 교전 여건에 대한 평가에 따라 달라진다. 즉, 우리와 적이 경제수준을 향상시킬 수준과 훈련, 계급투쟁 전개로 적대 진영의 붕괴를 생각할 수 있는 만큼 어떤 지역에서 전투가 벌어질 것이다.

유사한 논의를 모든 병종에서 반복할 필요가 있다. 군 설계자는 일률적인 틀(나폴레옹 1세처럼, 소총병 1,000명에 야포 4문)에 얽매여서는 안 되며 한 번 부는 바람에 이얼리스 하프(Aeolian harp, 현악기의 일종－역자 주)처럼 유행에 반향을 보여서는 안 된다.

소총수(4,000명)를 기준으로 현대 사단은 세계대전 초기의 보병연대와 대등하다. 그러나 경계(警戒), 노동력, 전투 대형의 종심, 활동 기간에 대한 소요가 현대의 확장된 전선에서는 더욱 증가했다. 보충병이 아주 부족하고 보병의 공격정신이 심하게 약화되고 옹색한 장소에서 계속 머무는 것처럼 명확하게 한정된 전투행동을 하고, 산업동원이 종결되고 자동화 무기가 많아지고, 보병 전방에 연결된 철조망으로 둘러친 참호와 보병 후방에 포대의 밀집된 방책이 있고 공격에서 중요한 역할을 담당하는 전차를 많이 보유하고, 후방에 엄청난 병참선이 있던 세계대전 말에 기계화된 중대가 많이 등장했다. 그래도 지휘관이 형편없이 미숙하고 경험이 없고 전술훈련이 제대로 안 된 미군 보병이 1918년 9월 26일부터 10월 4일간의 마지막 중요한 전투에서 대규모 공격으로, 경험이 많고 고유의 집단 전술을 가진 프랑스 보병보다 더 넓은 공간을 획득하고 더 강력한 타격을 가했다는 것을 독일군은 깨달았다.

그렇긴 하나, 프랑스군은 세계대전 말에 보병 화력수단을 아주 효율적으로 이용했다. 근접전투 차량이 전장에 자주 나타나 사격을 했다. 보병 화력 증강은 전쟁이 끝난 후에 프랑스군에서 시작되었다. 보병 화력은 절대적인 것이 아니다. 프랑스군은 1914년 대대에 각 전투원이 12kg의 무기를, 1921년에는 44kg 이상의 무기를 휴대했다. 대대에 제공할 수 있는 탄약량이 전투원 수에 대한 총량을 기준으로 7.1배나 증가했다. 확실히 이는 현장에서 오래 머물고 조밀한 철도와 도로망에 대한 기대로 여겨진다. 이는 프랑스군이 자기 보병부대를 수제선 근처의 해안지대에서 활동하지 않는 한, 소련 전구와 비슷한 지역으로 파견하지 않으려 한다는 것을 증명한다. 이는 프랑스군이 독일의 거대한 개별 부대를 차단하고 역사적인 방어로 전환했다는 것을 증명한다. 이러한 숫자는 전혀 법칙이 아니다. 전선군의 실제적인 화력은 도로망을 포함한 많은 변화에서 파생된 것이다.

또한 기계화된 중대는 변증법적 접근이 요구된다. 어떤 경우에는 기계화 정도가 관계되고, 다른 경우에는 다른 것이 관계된다.

프랑스 중기관총 대대는 자기 정면을 방어할 능력이 없고 방호철조망 없이는 무력했다. 그러나 이 대대는 사전에 구축된 진지를 점령하고 유리한 활동 상황에서는 직접 타격을 통해 제 위치를 지킬 수 있었다.

내전 경험은 아직 평가되지 않았다. 중대 정원으로 감소된 연대들이 소총수 20명에 기관총 1정씩을 보유하고 넓은 구역을 지탱했으나, 전투경험이 없고 수동적이며 막 동원되어 많은 사람들이 과중한 역할만을 수행했던 사단들은 패배했다.

그러나 나머지 병종에 대한 보병 비율을 논의할 때, 다른 병종부대, 특히 포병 전투력이 소모되는 템포보다 의심의 여지없이 수배가 빠른, 전투에서 보병이 완전히 소모되는 템포를 잊어서는 안 된다. 그래서 보병은 유리한 전술적 상호관계에 요구되는 것보다 더 높은 비율이 필요하다. 진지전 시에는 전방에서 철수시킨 보병부대를 복원하고 그들에게 휴식을 주기 위해 보병의 교대 필요성이 첨예하게 감지된다. 철조망 없는 기동전 상황에서는 더욱 많은 보병이 필요하다. 독일군이 "층을 이룬 피로그(샌드위치와 유사한 러시아 만두—역자 주)"(1904년 쿠로파트킨이 자신의 위험을 이렇게 표현함)를 만드는 것을 두려워했기 때문에 1918년 루덴도르프의 돌파는 모두 실패했고 돌파 후에 연결된 전선을 유지하고 전 전선에 걸쳐 철조망을 보수하려고 애썼다. 독일군이 기동전으로 전환할 능력이 없는 것은 보병사단이 약하고 물자가 너무 많다는 데에 원인이 있지 않은가?

보병 비율의 설정과 이의 편성과 전술에서 결심은 전쟁의 전체 상황에 좌우된다. 모든 경우에 집단 전술은 집단의 준비된 지휘관이 필요하고 이의 준비에 따라서만 발전할 수 있다. 그러나 방어적 경향은 보병에 엄청난 장비 더미를 쌓이게 한다.

보병의 기계화는 포병화력의 증가와 밀접한 관계가 있다. 포병의 특성은 또한 상황에 좌우된다. 프랑스와 러시아가 국경지역의 축성 작업을 열정적으로 수행하자, 독일군은 강력한 중포(重砲) 제작에 속도를 냈다. 만약 적에게 콘크리트가 없을 것이라고 판단했다면 자기 부대에 특별한 대구경 화기로 하중 부담을 지울 필요가 없다. 가난한 국가는 곡사포 같은 아주 싼 포를 폭 넓게 이용해야 한다. 병참선이 좋지 않은 아시아 전구에서는 포병 비율이 아주 낮아야 하고 구경은 작아야 한다. 유럽 전구에서는 강력한 포의 필요성을 무시하면, 보병이 큰 피해를 입을 것이다. 보병은 무엇보다 정신적 전술적 준비 면에서 포병이 상당한 우위를 점하는 적에게 상당히 뒤질 것이다. 그리고 질적인 면에서 너무 뒤져서는 안 된다. 즉 서구에서 야포 사거리는 12km이고, 6밀리포의 사거리는 30km이다.

공군과 이의 편성의 중요성은 전쟁 성격에 기인한다. 공중전은 좁은 공중공간에서는 당연한 것이고 2시간 비행으로 주파할 수 있는 리에주(Liège)와 빌리포흐(Villefort)[32] 간의 공간에서 그러하다. 여기에서는 많은 과업이 요격기에 부과될 것이며 "에이스"(적기를 많이 격추한 조종사)는 긴 러시아 전선에서 훌륭한 공중 전사들이 획득할 기록을 많이 갱신할 것이다. 적대국의 고도화된 문명이 공중폭격을 위한 표적 수를 증가시키고 많은 폭격기를 요구할 것이다. 숲이 많은 벨라루시에서 공중정찰은 남쪽 흑토 스텝지역에서처럼 많은 성과를 얻지는 못할 것이다. 설비를 갖춘 공항이 필요한 공군은 기동력이 가장 뛰어난 병종이라는 것을 잊어서는 안 된다.

미래 작전의 성격을 명확하게 이해할 필요가 있고 전술을 위해 제기되는 요구사항을 지각해야 한다. 그래야만이 바로 병종 조직에 관한 임무를 올바르게 해결할 수 있고 실제로 필요한 비율을 만들 수 있다. 올바른 결정으로 엄청난 절약이 가능하고, 이것이 전략과 작전술, 전술의 거장인 조직자의 마음에 들 것이다.

철도 기동. 예전에는 행군 대열의 종심을 줄일 수 있고 비포장도로를 따라 행군대형이 형성되는 기동을 용이하게 하는 후방부 조직에 모든 관심을 기울였다. 현재는 철로를 이용한 기동 수행이 커다란 의미가 있다. 이의 속도가 철도 장비와 열차에 신속한 탑승, 하차역의 신속한 정리에 달려 있다고 생각하는 것은 잘못이었다. 중요한 의미를 지니는 것은 부대의 조직이다. 세계대전간 러시아군 사단은 60제파(梯波)가 요구되었다. 독일군은 단지 30제파만 요구되었다. 이동간에 독일군 사단은 종심을 절반만 점유했고 동일한 철도 여건에서 2배나 빨리 집결했다. 원인은 독일군 사단은 3개 연대형이나 러시아군 사단은 4개 연대형이었기 때문이다. 핵심적인 의미는 후방부 편성에 있다.

부대는 특정한 수량의 병참물자를 보유하고 소모자를 대신하여 이 병참물자를 싣고 수송하기 위한 짐마차가 필요하다. 이러한 보급 장비는 일정한 계

---

32) [역자 주] 리에주는 브뤼셀 동남쪽 약 90㎞, 빌리포흐는 리옹 남서쪽 약 160㎞ 거리에 위치한 지역이다.

층적 기관과 일치시켜야 한다. 병참물자의 분배 기능이 상식적인 방법으로 지휘기관의 권위를 높인다. 그러나 각 지휘관이 자신이 지휘하는 부대 내에 자신의 병참부사관을 꼭 거느릴 필요는 없다.

원칙적으로 병참 재고량과 보급 기능을 소수 제대에 집중시키는 것이 바람직하다. 병참물자의 집중이 이들을 분산하는 방법보다 적은 양을 필요로 하고 이들을 이용하는 데 더욱 합목적적이다. 즉, 탄약을 전투원에게 운반하고 식량을 현장에서 손에 넣을 수 없는 이에게 수송한다. 그러나 전선군의 모든 병참물자를 전선군 상위제대에 집중시키는 것은 합리적이진 않았다. 왜냐하면 전선군 상위제대가 다양한 부대의 모든 소요를 감독할 수 없기 때문이다. 개별 부대가 전투간에 발생하는 소요를 자신의 수단으로 충족시킬 수 있도록 하려면 차량 부품과 짐마차의 특정 부분은 개별 부대의 편성에 포함할 필요가 있다. 그러나 사단의 짐마차 규모는 아주 상대적이다. 예를 들면, 독일군 사단은 군단에 위임된 모든 병참 기능 덕분에 여기에서 벗어나 있었다. 이런 가벼운 사단 조직이 현대 전쟁에 적절하다. 만약 사단이 전선에서 2주간의 전투로 피로해져서 후방으로 철수한다면, 무슨 목적으로 수개월에 걸쳐 날마다 정기적으로 활동할 수 있는 예비대와 후방 기관에 합쳐지는가? 그렇기 때문에 이 기관에겐 잉여분이다. 만약 다른 구역을 희생하여 전선의 한 구역을 강화할 필요가 있다면, 대체로 전투원의 증원만 요구되지, 후방부 자산이 요구되는 것이 아니다. 따라서 독일군은 군단을 자산 단위로 본 것이다. 독일군은 특별한 소요 없이 군단을 파견하지 않았고 사단을 수백 번이나 한 전선에서 다른 전선으로 파견했다. 서부전선의 격렬한 교전구역에서는 사단이 정기적으로 교체되었다. 독일군 군단은 사단이 사마바르(러시아의 차 끓이는 주전자－역자 주), 접시와 모포 없이도 나아갈 수 있는 호텔 같은 곳이었다. 러시아군 사단은 옛날의 지주처럼 모든 살림살이를 끌고 다녔고 결국 상습적으로 늦었다.

이러한 지체는 부대가 병참물자로 무거워질수록 예외 없이 더욱 길었다. 러시아 근위부대는 사단별로 화차 120량을 필요로 했다. 왜냐하면 사단은 지방과 도시 연맹의 모든 기관에서 아주 풍부하게 지원받았기 때문이다. 이런 기관에는 치과 치료실, 이동식 목욕탕, 분수형 우물 축성팀, 장교협회 파견대, 위생회 연구회원 등이 있었다. 마주르(Masur) 호수지역의 동계 전투(1915년 2월)는 조우전(이동하는 부대 간의 교전－역자 주)을 치렀어야 했으나 우리가 늦어버렸다. 근위부대는 남서 전선에서 윔자로 끝없이 오랫동안 모여들었다. 전투에는 특별히 도움이 되지 않는 근위군단이 상급사령부가 제파 수송 중단과 공급 단절이 우려되는 시설을 전방으로 추진했다. 수백 량의 열차가 윔자에 도착한 후에도, 근위부대는 아직 어떠한 전투력도 아니었다.

내전 시 사단에 필요한 제파 수는 간혹 제파가 제공한 전투원 수에 일치하지 않았다. 중앙이 병참보급을 부분적으로 중단하여 사단은 2개월분 이상의 밀가루를 자체 능력으로 마련해야 했다.

상급 참모부가 간부들에게 병참에 대한 믿음을 주고 지주(地主)사단 형태를 없애야 한다. 잉여 제파의 요구로 인해 이동간에 작전적 기동이 지체되는 것이 어떤 범죄인지 모두가 알아야 한다. 작전적 범죄는 처벌을 피할 수 없다는 형사 범죄라는 모범을 보일 필요가 있다. 조직의 변혁이 필요하다.

평시에 전략은 조직에 관한 문제에 많은 관심을 기울여야 한다. 왜냐하면 만들어진 조직은 장차 전략적 결심을 일정한 모습으로 속박하기 때문이다.

3. 군사적 동원

동원의 영속성. 군사적 동원은 모든 국가기관의 건전성 시험이다. 1870년 프러시아의 성공 후 동원술에 많은 관심을 기울였다. 각국은 경험 많은 동원－기술자를 보유하고 있다. 그러나 전략 이론은 군의 전투능력과 밀접한 동원 문제를 진단하지 못하므로 최근 전쟁의 관점에서 비판적으로 이에 접근해야 한다.

1870년 군사행동 첫 달에 프러시아는 메스에서 바젠느의 뛰어난 프랑스군을 차단하고 포위했고, 이어서 맥마흔(McMahon)군을 스당 근처에서 포로로 하는 데 성공했다. 나머지 보잘것없는 프랑스 간부, 수병, 소방수, 편성 중이던 부대들이 파리로 집결했고 프러시아군에 포위되었다. 프랑스 지방들은 전혀 방어능력이 없었다. 그러나 경베따(Gambetta)는 프랑스의 경제력과 열려 있는 해상 항로에 의존하여 프랑스 전역(全域)에 걸쳐 광범위한 동원 활동을 전개했다. 동원 4.5개월 동안에 경베따는 하루 평균 보병 6천 명과 2개 포병중대를 편성했다. 몰트케는 새로운 적 부대들이 증가하는 속도에 깊은 감명을 받았다. 1870년 그는 슈틸(Stile)에게 "미증유의 성공을 거둔 작전에서 독일군은 적이 전쟁 초기에 내놓았던 모든 병력을 포로로 할 수 있었다. 게다가 단지 3개월 만에 프랑스는 수적으로 전사자를 초과하는 새로운 군을 건설할 가능성을 찾았다. 적대국의 수단은 거의 고갈되지 않으며 만약 우리가 대등한 노력으로 대응하지 않으면 우리 무력의 신속하고 결정적인 승리가 의문시된다."라고 말하였다. 그 후에 몰트케는 "이 투쟁에서 제기된 문제를 수년 동안의 평화로운 기간에 연구해야 할 정도로 군사적인 관점에서 우리를 놀라게 했다."라고 수십 번을 되뇌었다.[33]

대 몰트케 자신은 형성된 상황을 판단하고 2개 전선에서 1년 동안의 군사행동으로는 프랑스와 러시아를 섬멸하는 것은 불가능하다고 생각하고, 프랑스 방면에서는 방어를 하고 러시아 방면에서는 제한된 목표로 세들레츠 방향으로 공격하는 소모전 계획을 주장했다. 그러나 몰트케는 제기한 문제를 이론적으로 설명하지 않았다. 왜냐하면 이의 설명은 전략의 전통적인 위치가 근본적으로 파괴되는 상황에서만 가능하기 때문이었다.

실제로 경베따가 새로운 편성을 구체적이고 즉각적으로 완료하였다면, 특정

33) Paul Deschanel, *Gambetta*(경베따), Paris : 1919, p. 112.

한 준비간에 국가의 새로운 병력 동원으로 거대하고 견고한 군대를 창설했을 것이다.

최근 100년간 인류사회 진화의 특징은 노동 생산성의 엄청난 향상, 물질적 가치의 축적, 수송 능력, 신속한 통신과 조직 숙련도의 향상이다. 과거 수년이 소요되었던 과제가 이제는 몇 달 내에 해결된다. 이러한 상황이 단기간에 새로운 부대를 성공적으로 편성하는 여건이다. 전쟁 상황에서 이런 편성은 어느 한 국가도 포기하지 않는다. 동원이 얼마 전에 변화를 보였다. 동원된 기관은 단번에 증폭되고 전쟁을 시작하고 수행하고 종결하는 인적 물적 수단을 2주~3주 사이에 모으기 위해 국가의 민간 기구를 증폭시킨다. 세계대전 전에 포병총국의 탄약과 포탄을 동원하는 데 420일이 소요된다는 통보는 비애와 웃음거리가 되었다. 전쟁 첫 달에 우리는 병력과 장비의 전략적 전개를 마쳤다.

인류의 새로운 경제력은 동원에 시간 척도를 제공하고 동원을 전 전쟁 기간으로 늘리고 영구화한다. 의심의 여지없이 세계대전을 소규모 전쟁처럼 준비한 것은 실수였고, 사실 작은 동원을 염두에 두었다. 알려진 바와 같이 독일은 평시에 실제로 신체적으로 건강한 국민의 70%만이 병역의무를 수행했다. 이 70%의 일부는 전쟁이 선포된 상황에서 직접적으로 동원되었고 다른 일부는 이들의 보충요원이었다. 이 70%는 동원된 장비를 보급 받았다. 그러나 전쟁에는 극도의 노력이 필요하기 때문에 나머지 30%의 인적 자원이 소요되었다. 이들 중에서 새로운 부대를 구성하고 이들을 훈련시키고, 간부들을 보직하고 이들에게 필요한 것들을 주문하고, 게다가 당연히 첫 번째 인도인접간에 동원된 부대의 나머지 장비를 광범위하게 이용해야 했다. 실제적으로 전쟁 선포 2주 후인 1914년 8월 16일 동원의 분주함이 가라앉자마자 전쟁성장관 팔켄하인 장군은 6.5개의 새로운 군단(제22~제27 예비군단, 제6바바리아 예비사단) 창설에 관한 명령을 발령했다. 이를 편성하는 데 55일이 걸렸다. (준비 완료일은 10일 10일임) 지원자의 절반인 이 군단 병사들은 훌륭했고 간부들은 개선해야 할

점이 많았다. 왜냐하면 이 편성을 위해 야전 부대에서 간부들을 할당할 계획을 수립하지 않았고 간부들은 예비역 및 국민군 장교들로 구성되었기 때문이다. 산업동원이 막 시작되었기 때문에 장비는 가능한 대로 수집해야 했다. 철모는 경찰에서 거두어들여 힘들게 마련했다.

군수산업이 가동을 막 시작한 11월 13일 새로운 군단 4.5개(제38~제41 군단 및 제8바바리아 예비사단)의 동원인 제3제파에 관한 명령이 내려졌다. 목표일까지 68일이 주어졌다(1915년 1월 20일까지). 이 군단들의 야포는 중대 화기수를 6문에서 4문으로 전환하여 전선에 임대하는 형태로 채웠다. 보병 및 참모부의 괜찮은 간부들은 전선군에서 열정적인 부서장을 임명하는 방식으로 채워졌다.

이와 동시에 15만 명에 달하는 철도, 전신, 자동차, 공군 부대를 편성할 필요가 있었다.

1915년에 사단을 3개 연대 편성으로 조정하여 편성하는 방법으로 50개 사단을 조직했다.

1916년에는 기존 사단들의 참모부를 줄인 일부로 새로운 14개 군단(제51~제64) 및 48개 사단 참모부를 편성했다. 1917년 또다시 10개 사단(제231~제240)을 조직했다. 이에 관한 명령을 1916년 11월 6일에 발령했고 1917년 3월에 편성을 완료했다. 이어서 14개의 새로운 사단과 4개의 새로운 군단 참모부를 조직했다. 여기에 더하여 옛 편제를 줄여 새로운 사단 8개를 편성하였다.

이와 병행하여 후방부는 최초에 계획한 동원계획에 반하여 기관총 부대를 수배로 늘려 이러한 부대를 급하게 편성했다. 경포 및 산악포 중대 1,141개를 2,821개로 늘렸고 대공포는 18문에서 2,558문으로 늘렸다. 전쟁간 중포병(重砲兵)은 병력 3만 5천 명, 말 3,400필, 포 576문에서 병력 41만 9천 명, 말 20만 2천 필, 포 6,500문으로 늘어났다.

이러한 수준에서 다른 기술부대들도 증강되었다. 영국도 영구적인 동원의 이런 교훈적인 예였다. 평시에 영국군은 보병 6개 사단과 지역사단 14개로 편성되어 있었다. 이미 9월에 프랑스 전선에 있던 야전사단을 지원하기 위해 제1캐나다 사단이 도착했고, 11월에 인도 사단들이 도착하기 시작하고 12월에는 영국에서 지역사단들이 도착했다. 키치너는 야전사단과 지역사단을 2배로 늘리는 계획을 수립하고 새로운 (키치너) 사단 30개를 편성하여 이 계획을 완수했다. 전쟁 발발 20개월 후인 1916년 영국은 프랑스에서 자신의 전선을 확장하기로 합의했다. 1917년 모든 사단이 준비되었으나 사령부는 강화되지 않았다. 사단들은 기동전을 수행하기에는 아직 미흡했다. 1918년 정점에 도달한 영국의 노력을 검토할 필요가 있다. 영구적인 동원의 아주 놀랄 만한 예는 1917년에서 1918년 사이의 미국군 편성이다. 이 기간에 미국은 어떤 전선을 유지해야 하진 않았다. 그래서 미국은 아주 차분하게 과업을 추진할 수 있었다.

세계대전의 예를 더욱 상세히 기술하겠다. 1861년에서 1865년 미국의 분열 방지를 위한 전쟁이 아주 관심이 간다. 물론 내전 경험이 모든 전쟁간 동원의 영속성을 증명한다. 왜냐하면 모든 '붉은 군대'는 전쟁기간에 이루어졌던 부대 편성 과정에서 발생했기 때문이다.

현재 프랑스는 동원문제를 제파식으로 해결하고 있다. 정예 간부들로 편성된 32개 사단인 "엄호군"이 먼저 구성된다. 둘째로는 200만 명의 예비군으로 구성된 새로운 편성이지만 간부 90%와 필요한 보급 등 아주 많은 부분이 없다. 두 번째 동원에는 수일, 수개월이 소요된다. 그리고 완전히 독립적인 동원 과업은 흑인부대 편성에 따라 식민지에서 착수할 것이다. 엄호군의 준비만 산업동원 성공과는 전혀 상관이 없다.

여기에서 전쟁간 후방부의 역할이 첫 동원과 보충병의 계속적인 파견에 한정되지 않는다는 결론에 도달하게 된다. 또한 산업동원의 실패와 경제의 권위주의적 명령이 무력 확장을 거부할 경우에, 필연적으로 많은 새로운 기술부대를 편성해야 했다. 평시의 판단이 미래의 전쟁 소요에 적합하지 않은 만큼이나 역시 이의 성격은 대체로 연구되지 않은 것이고, 현존하는 조직에 크게 개선할 필요는 없다고 생각해서는 안 된다.

현대의 제파식 동원은 오래된 과거를 상기시킨다. 1813년 휴전 협상간에 프러시아에서 러시아 상비군이 9만 명에서 17만 명으로 증강되었다. 동시에 폴란드에서는 급하게 라이프치히(Leipzig) 전역에 투입되었던 이른바 베니그센(Benigsen)의 폴란드 예비 야전군이 편성되었다. 러시아 내륙 지방에서는 로바노바-로스토프스키의 예비 야전군 같은 제파 구성이 추진되었다. 지금은 전쟁 개시 전의 능력에 따라서가 아니라, 모든 준비를 마치고 최대의 노력으로 준비하는 것이 경제적이다.

유연성의 필요. 동원조치에서 유연성이 필요한 것은 정치적 상황에 동원이 예속되어야 한다는 데 기인한다. 1914년 러시아에는 총동원계획이 있었다. 그러나 정치 상황이 오스트리아에 대항한 동원만을 요구했다. 페트로그라드, 빌뉴스 그리고 바르샤바 군관구 일부의 동원은 독일에 대비한 것이었음이 분명하다. 전쟁에 대한 독일의 직접적인 도전의 증오를 피하기 위해 이 조치를 피하는 것이 바람직했다. 게다가 군관구 일부의 동원은 기술적으로 검토되지 않았고 군관구는 물량을 대규모로 서로 주고받는 관계에 있었고 구체적으로 검토한 총동원의 거부는 러시아군을 임시방편의 바닥으로 내몰았다. 그래서 군사 지도부는 총동원 명령을 발령하기 위해 모든 방법을 이용했으나 성공하지 못했다. 정치는 조잡하고 유연성이 없는 동원기술에 예속되었다. 수단이 목표를 이긴 것이다.

물론 동원은 대열의 거센 흐름에서 길을 잃지 않기 위해 국가를 들끓는 상태로 이끌고 각자에게 확고하게 설정된 위치를 아주 간명하게 지시한다. 그러나 동원에는 커다란 유연성과 분권화가 필요하다는 것을 알아야 한다. 군은 나머지의 동원 준비를 조금도 방해하지 않으면서 어떤 사단의 임의의 인원을 동원할 능력이 있어야 한다. 군의 총동원은 모든 군부대 동원의 총합이며 개별적인 총체를 의미하는 것이 아니다.

동원에서 단일 행동이 아니라 활동의 부단한 흐름을 보기 때문에 총동원 개념을 핵심에 부응하는 것으로 전혀 볼 수 없다. 현대의 동원은 부분적이다. 또한 전(全) '붉은 군대' 동원을 전쟁 초에 동원의 첫 제파로만 간주할 것이다.

우리의 역사적인 시대에는 몰트케 이전에 일반적으로 행해졌던 지루한 전쟁준비로 회귀를 예상해야 한다. 국제연맹 헌장 제12조, 자치령 자원을 활용하려는 열망(영국), 검은 아프리카 식민지(프랑스), 무장 불가피성(독일), 평시 준비가 낮은 수준(미국)이 이를 뒷받침한다. 현재 2개의 적대국가에서 무력이 평시 편제로 남아 있는 동안 경제동원 선포의 그림을 그릴 수 있다.

여러 방면에서 역량의 절약이 아주 중요하다. 만약 국가가 제공할 수 있는 것보다 전쟁에 더 많은 역량을 할당한다면, 국가는 붕괴될 것이다. 1917년 초에 러시아는 과도하게 동원되었다. 전쟁 과업을 확실히 해결하는 데 필요한 것보다 많은 역량을 계획한다면 평화적인 상태는 붕괴될 것이다.

동원 이전 시기. 제시하는 세계대전 초기 유럽의 상황 일람표는 전쟁 전에 모든 국가가 동원 이전 시기를 이용하는 데 관심을 기울였다는 것을 알 수 있다. 영국에서는 "경고 전신", 독일에서는 위협적인 위험에 대한 상황, 긴장 시기의 7가지 조치와 프랑스의 동원 이전 일정 "B", 이들은 동원 이전에 취한 우리의 조치들과 대체로 일치한다. 각 군은 예비물자 요청과 말(軍馬) 조달 그리고 진지구축 없이 할 수 있는 모든 것을 준비하고, 동원에 직면하는 것이 바람직하다. 미래에는 동원 이전 시기에 활동을 크게 발전시킬 것으로 예상된다. 훈련이나 점검을 위한 비상물품 수집, 훈련을 시작하기 위한 지역사단의 소집 그리고 무엇보다 광범위한 경제적 조치들이 미래에는 동원 이전 시기의 보충이다. 지시된 조치들은 외교관들의 출장과 지도기관의 전투진지 인쇄물 검열 등 외교적이고 군사적인 요원들이 주의 깊게 감시해야 할 항목들이다.[34)]

34) 러시아에 대응하여 오스트리아군의 동원 첫날의 임무에 관한 문제는 작전계획을 고찰할 때에 밝힐 것이다.

〈세계대전 초기 유럽의 상황〉

일자	러시아와 세르비아	프랑스	영국	독일	오스트리아-헝가리
7월 24일			제1해군성장관의 명령: 해군은 기동 후, 동원태세로 대기.		
7월 25일	*세르비아의 동원(야간).* 러시아군의 상설 주둔지로 복귀.	유럽에서 모로코의 프랑스군 부대 운용을 위해 이의 동원계획 변경. 철도에 사전경고. 철도요원 휴가 복귀.	함대에 지휘요원 보충.	전투분견대 노르웨이에서 소환.	저녁 9시 30분. 세르비아에 대항하여 부분 동원.
7월 26일	요새들의 전투태세 유지. 러시아, 유럽지역에서 동원 이전 시기의 시작.	휴가 금지. 휴가자 전원 복귀 요구. 민간 요소에 의해 철도 경비.	기동 종결: 한 척은 동원태세로 대기.		세르비아 국경에 있는 군단에 전쟁태세 발령.
7월 27일		모든 부대의 주둔지 복귀. 군이 철로 경비.	함대의 재고 보충.	제16군단에 바바리아 지역으로 휴가 금지 지시. 수확을 위한 출타자의 메스로 복귀	
7월 28일		위기조치 7대 항목 시행. 철도역을 군 통제로 전환.		철로 근무자들이 철도 경비. 개별부대들의 주둔지 복귀	세르비아에 대항한 동원 1일차.
7월 29일	(주간) 부분 동원.		제1주력 함대 전투기지 스카파-플로로 출항. 경고전신(육군과 해군에 위협적인 군사적 위험에 대한 경고).	모든 부대의 주둔지 복귀(야간). 모든 휴가자의 복귀. 인공 구축물 및 동원시의 진지시설의 경비에 관한 지시.	저녁에 리투아니아 4개 B 군단 + 3개 국경 근처 군단이 세르비아 전선으로 이동 시작.
7월 30일	(저녁 6시) 총동원령.	국경경비태세 확립 명령(11개 보병사단 및 10개 기병사단 동원).		국지적 명령으로 동부 국경의 부분적인 경비 수행. 동부 국경 요새 동원에 관한 명령. 해군은 전쟁사태 선포.	
7월 31일	동원 1일차.	동원과제에 관한 조치 시행(무관세 증명 B). 국경경비 제2선 설치. 철도동원. 엄호부대 수송 시작		(낮 1시) 위협적인 군사적 위험 상태. (낮 3시) 프랑스 국경에서 철도 결합 지점 및 전신선로 차단.	러시아 국경에 전쟁 사태 선포(오전 11시 30분). 총동원.

일자	러시아와 세르비아	프랑스	영국	독일	오스트리아-헝가리
8월 1일		육군 및 해군 동원(낮 4시 40분).	(낮 2시 15분) 함대 동원.	(낮 5시) 육군과 해군 동원. 러시아에 전쟁 선포. 칼리쉬 점령.	러시아에 대항한 전쟁 사태 1일차.
8월 2일	러시아 기병이 독일 국경 통과(제4기병사단).	동원 1일차.	(새벽 2시 15분) 예비 함대 동원 명령.	동원 1일차.	
8월 3일		(아침) 엄호부대 수송 완료.	(낮 12시) 지상군 동원. 동원 1일차로 8월 5일 지정.	프랑스에 전쟁 선포. 독일 기병이 벨기에 국경 통과.	갈리시아 엄호 강화를 위한 부대 도착하기 시작.
8월 4일		주요부대 동원 및 수송 완료.		에미히(Emich)의 6개 보병여단이 리에주에 대항하여 벨기에 국경을 통과.	러시아에 대항한 동원 1일차.
8월 5일		집결을 위한 수송 시작.		저녁에 리에주에 대한 전면적인 공격 시작.	
8월 6일	오스트리아 국경에서 첫 적대행위.				오스트리아-헝가리, 러시아에 전쟁 선포.

동원과 전략적 전개 계획. 동원에 관한 조치와 작전적 목표를 위한 동원부대의 상호 이용에 관한 조치들이 완전히 독립적으로 이루어지는 것이 바람직하다. 이러한 조건에서만이 유연성과 동원, 작전적 판단의 요구를 충족시킬 수 있다. 그러나 이런 조치들은 동원과 동시에 전투를 수행하게 되는 국경 군단에서는 긴밀하게 얽혀 있다. 중요 지형지물(1914년 리에주 요새) 또는 상당한 인공 구축물(서다뉴브강에 걸쳐 있는 철교) 또는 국경 방어계선(드네스트르)의 특성과 일치되는 국경지대에 있는 경우, 해결해야 할 전투 임무가 지나치게 커질 수 있다. 이를 해결할 통상적인 방법은 우선 동원되는(기병) 또는 동원과 전투 행동을 동시에 수행할 능력이 있는 (공군) 부대들을 끌어들이고 국경에서 과도하게 이격되지 않은 각 군단에 몇 개의 포병중대를 포함하는 혼성보병여단을 편성하는 것이다. 이 혼성여단은 구매하거나 다른 부대에서 차출하여 말을 보충하여 평시 편성으로 출발하고 사전에 예비군을 개별적으로 소집하는 방법이나, 동원하거나 전선에서 이의 보충분, 탄약 박스와 마차를 배달하거나

부가적으로 동원을 마친 부대가 이를 교체하자마자 자기 숙영 지점으로 복귀하는 방법으로 동원한다. 동원을 쉽게 하려고 국경 군단을 더 큰 부대 편성에 포함시키는 관례도 있다.

제시한 방법을 고려하여 동원을 엄호하게 되어 있는 몇몇 연대의 평시 현역 편성을 특별히 늘리는 것이 유리하다. 엄호부대의 필요성을 염두에 두고 프랑스에서는 법률로 전쟁성이 총동원 또는 부분 동원령 선포를 하지 않고 예비군을 개별적으로 소집하는 권한을 부여받았다. 1914년 이런 방법으로 총동원을 시작하기 전에 그리고 사법부의 주의를 끌지 않으면서 이틀 동안에 전쟁성은 5개 국경 군단을 충원했다. 이와 같은 개별 소집으로 증강된 편성 부대를 유지하는 데 대규모 소모를 피할 수 있다.

연령별 분류. 동원은 군사력 보강을 위해 들어오는 수백만 명에 달하는 인적 자원을 합리적으로 이용한다. 옛 러시아에서 이러한 때에 전문가 계층에 관심을 기울였고, 소집된 인원의 연령에는 관심을 거의 기울이지 않았다. 경계 임무를 수행하는 자원자 부대에는 탁월한 20대 젊은이가 적지 않았다. 신체적으로 발달된 인원들이 마차 수송에 근무했고, 야전 보병부대에는 1914년에 이미 40대 텁석부리들이 많았으며 30대도 상당히 있었다.

강인한 그리고 연약한 인원으로 편성된 중대가 출정, 즉 전투에 참가하게 된다. 젊은이들을 빠른 걸음으로 이끌어서는 안 된다. 중년들은 느린 속도로 행군해야 한다. 훈련원칙 자체와 방법은 나이에 따라 변한다. 장난기 있고 낙천적인 학생을 대하듯이 가장을 대해선 안 된다. 러시아의 동원은 보병중대를 이와 유사하게 준비된 것으로 생각하지 않고 충원하려 했다. 이는 러시아 보병이 둔중하게 되는 데 영향을 미쳤다. 중대의 이동속도는 시간당 4.2㎞를 넘지 않았다. 50분마다 10분의 소휴식이 필요했다. 그리고 장거리 이동 시에 낙오자가 많이 생길 수밖에 없었다.

전쟁 초기에 독일군 보병은 2시간에 10㎞ 속도로 이동하고 2시간 후에 짧은 휴식을 취하고 거의 낙오자 없이 장거리를 이동했다. 전쟁 초기 야전 부대에는 26세가 한계 연령이었다. 54%는 현역으로 복무하는 병사였고 46%는 그 당시 퇴역한 지 2년 이내의 예비역이었다. 아마도 그들은 적령기를 지난 러시아 예비군으로서, 훈련한 것을 잊지 않았을 것이다. 독일군 예비 부대들의 연령 한계는 30세였다(1%는 현역, 44%는 예비역, 55%는 후비군으로 편성되었다). 전쟁 기간에 많은 보충이 필요할 때 이러한 기준은 무시되었고, 모든 징집자는 각각 신체 적합성 검사를 받고 적합한 직무를 부여받았다.

러시아의 동원은 비효율적인 방법을 청산해야 한다. 건장한 청년들을 비전투 및 후방부 근무에 보직하는 것을 엄격하게 금지해야 한다. 군사적 적합성에 관한 몇 가지(상비군, 후방부 부대, 비전투부대, 노무부대에 적합한) 등급을 도입할 필요가 있다. '붉은 군대' 보병은 젊은이여야 한다.

동원계획. 동원계획은 예전처럼 제1제파 동원만을 아우를 수는 없다. 우리 여건에서는 지역사단을 동원 제2제파로 간주할 필요가 있다.

동원속도의 기록 갱신은 삭제할 필요가 있다. 삼소노프군의 제13군단이 충분하지 못한 전투력을 보였다면, 이는 이 군단이 열차에 타기 직전에 예비군을 받았고 단결시키지 못한 것이 부분적인 원인이다. 보충된 인원은 이름이 밝혀지지 않았고 중대 지휘부를 알지 못했다. 아주 좋은 동원여건에 있었던 제15군단은 더욱 높은 전투성과를 보였다. 삼소노프군 군단들은 기병과 군수품을 받지 못했다. 군 참모부는 다양한 기병부대에서 이제 막 집결했다. 통신장비도 이제 막 모아졌다. 게다가 2일~3일 지체하면서 행동의 조화가 상당히 향상되었다.

위에 제시한 유럽의 상황 일람표에서 모든 국가가 동원 예정사항들을 강행해야 한다고 느낀 것이 확실하다. 7월 25일 오스트리아-헝가리는 세르비아에 대응하여 동원할 것을 결심한다. 그러나 첫날을 26일이 아니라 28일로 정한다. 영국에서 동원은 8월 3일로 정해지지만 동원 첫날은 8월 5일로 정해진다. 위협적인 위험이 드리우지 않으면 동원 첫날로 정하는 것이 일반적으로 3일~5일 늦어진다(세르비아에 대항한 오스트리아-헝가리, 영국). 동원 첫날을 명료하게 실행하기 위해서는 좀 더 연구할 필요가 있다. 인간 행동에 편안한 템포로 동원을 고려했어야 했다.

불충분한 훈련과 기술적 채비를 했을 때에는 몇 개 사단과 군단을 준비와 전선으로 나아갈 더욱 편리한 순간을 기다리면서 전략예비가 될 후방에 대기시키는 것이 빈번히 더 유리하다. 전선에서 행동은, 특히 그들이 후퇴행군과 관계된다면 야전군 부대들을 준비상태에 두는 것이 좋다.

세계대전에서 러시아가 그랬던 것처럼, 육군과 해군 총사령부와 군사 후방부를 지휘하는 전쟁성의 권한을 너무 예리하게 나누면, 모든 국력을 합리적으로 이용할 수가 없다. 군사 후방부와 전선군 권한은 통합돼야 하고 군사 사령관에게 있어야 한다. 전쟁성장관이 민간인이라면 전선군과 후방부를 통합하기 위해 장관 곁에는 권위 있는 전문가인 총참모장이 필요하다. 프랑스는 뼈아픈 경험을 통해 1917년에 그렇게 하였다. 참모본부 제1본부장은 페탱 장군이었고 제2본부장은 포쉬였다. 이들의 명칭은 후방부의 전략적 지휘권을 부여할 필요가 있다는 것을 증명한다.

향후 후방에서 편성의 성공은 전선군 역량과 관계될 것이다. 1914년 가을 러시아는 삼소노프와 함께 사라진 군단 대신에 후방에 제18군단, 제15군단을 편성한다는 보잘것없는 목표를 세웠다. 그러나 전선군은 전쟁성이 모을 수 있었던 인적 물적 자원을 보충하기 위해 전쟁성 주변에서 선발하려고 맹렬하고 비효율적으로 활동했다. 전선군은 몇몇 손실을 부대차출을 통해 충당했다. 레넨캄프군은 마주르호에서 첫 패배 후에 신속하게 군을 정비하기 위해 피해를 많이 입은 중요하지 않은 예하 사단 3개를 해체했다. 이 군은 10일 정도 빨리 공격 준비를 갖추었다. 1918년 독일군은 전투손실을 충당하기 위해 부대해체 방법을 바꾸어야 했다. 우리 전쟁성이 복원하는 데 애를 먹은 2개 군단은, 독일이 이미 11개의 새로운 사단을 성공적으로 편성한 1915년 1월에야 준비가 되었다. 이는 2개는 정비하고 11개는 새로운 군단이며 당시 독일과 러시아 후방부의 능력 관계, 러시아 전선군이 비효율적으로 수행한 핵심적인 재편성은 반영하지 않은 것이다. 진지전적 교착상태가 시작됨과 동시에, 산업동원이 성공하기 시작한 1915년 가을 러시아 후방부에서는 새로운 사단과 기술부대의 편성이 아주 빠르게 진행되기 시작했다.

동원계획은 이때까지 특별하게 훈련받은 예비군들과 실제로 존재하는 병참물자를 대략적으로 고려하고 제1제파 동원에만 관심을 기울이는 식으로 구성되었다. 물론 동원계획의 이러한 부분은 이제부터 유연성을 개선하면서 보전되어야 하지만, 이는 신편부대 동원 등 다른 부분도 포함해야 한다.

당연히, 신편부대 동원의 성공은 사전에 편성을 숙고한다면 의미가 클 것이며, 신편부대는 유리한 방법과 여건에서 창설될 것이다. 이 신편부대는 경제동원 계획과 연계되어야 하며, 아마 전선에서 특정한 활동 요인이 될 것이다. 신편부대를 위해 경험이 풍부한 지휘관과 젊은 간부의 군사훈련 과정을 준비할 필요가 있다. 비록 사용하여 낡은 병참물자일지라고 국가에 남아 있는 것을 이용하는 것을 생각하고, 이것과 보충 준비가 된 부품들에 모든 설비를 분배해야 한다. 병참보급을 위해, 특히 섬멸 방법을 적용하면서 전선군을 과도하게 약화시킬 필요가 없고 숫자에 몰두하여 야전군의 전체적인 질을 너무 저하시켜서는 안 된다.

새로운 편성, 요구사항, 산업동원에 관한 과제에 포함되는 보급 양과 조달기간에 관해 준비된 계획이 있어야 한다.

전쟁 개시와 함께 거의 억제하기 어려운 전선군에 우수한 병력의 (특히 총참모부에 의해) 투입이 시작된다. 세계대전 시에 러시아 전선군에는 사단 참모부의 젊은 실무자들은 전쟁에 부적절한 후방의 고위직 인원들보다 때로는 질적으로 훨씬 우수했다. 전쟁간에 후방부를 지휘하기 위해 아주 특출하고 믿을 만한 인원들을 사전에 지정하고 유지할 필요가 있다.

부대 전개. 특히 특수한 훈련을 받아야 하는 기관총, 포병, 공군 및 다른 기술부대를 위한 동원센터 창설 준비가 필요하다. 이 동원 센터는 현존하는 사격훈련장, 보병학교, 공군기지 등과 더욱 편리하게 일치시켜야 한다. 세계대전

시에 장교보병학교는 기관총 센터 역할을 했고 수백 명의 콜트 기관총 지휘자를 배출했다. 이 대규모 업무는 자연발생적으로가 아니라 계획적으로 발전시켜야 한다. 부여된 동원임무를 수행하기 위해 포병훈련센터(루가 사격훈련장)는 성공적으로 배치되었는가? 병영막사 건설계획이 동원 소요에 적합한가? 물론 소련은 상비군의 병영막사를 물려받았다. 그러나 사격, 비행, 기동을 가르칠 수 있는 육군 학교에는 동계 가건물 형태의 병영막사라도 있어야 한다. 이러한 동원 센터는 적당한 시기에 건축하고 설비를 갖출 필요가 있다. 이를 위해 동원소요와 육군의 평시 훈련 설비를 일치시킬 필요가 있다.

평시 부대 배치는 편리뿐만 아니라 전쟁 소요에 부합하게 생각하고 헤아려야 한다. 여기에서는 다른 2개 군단 부대들이 뒤섞인 배치나 국경 근처의 장기간 동원된 지역 부대들의 분산배치 등 전략의 요구에서 벗어난 이야기는 하지 않겠다. 전개를 엄호하고 촉진하기 위해서는 평시에 국경 지역의 중요하지만 위협을 받는 구역에는 부대들을 충분히 둘 필요가 있다.

그러나 부대 집단이 작전적 필요 이상으로 국경에 가까워서는 안 된다. 동원은 평시 부대 배치가 전쟁 선포하에서 예비군을 보충하는 원천에 가까울 정도로 유연해야 한다. 무장한 국민의 기반은 지역 원칙이며, 원칙의 심각한 위반은 크게 해롭다. 전략적인 면에서 국경 지방은 충원과 보충의 믿을 만한 원천이 아니다.

이런 관점에서 1890년~1910년간의 러시아군의 배치를 호되게 비판할 것이다. 독일이 전쟁 첫 주에 고립된 프랑스를 분쇄할 가능성을 주지 않기 위해, 프랑스-러시아 동맹의 압박하에서 오브루체프(Obruchev)는 가능한 한 빨리 러시아군을 삼국동맹의 전장에 투입하려 했다. 러시아가 독일보다 철도 능력이 훨씬 낮았기 때문에 오브루체프는 평시에 서부국경 관구에 야전부대 대부분을, 특히 기병부대를 배치하기로 했다. 러시아군 배치는 비슬라 지역에 과잉현상을 나타냈다. 러일전쟁 전에 서부군관구에는 16개 군단을 배치했고 4개 군단은 페테르부르크와 발트 연안을 엄호하고 감소편성된 7개 군단은 국가 종심지역과 다른 변두리에 있었다. 러시아 영토의 중요한 후방지역인 모스크바 군관구와 카잔군관구는 군 편성의 10%를 넘지 않았다. 이러한 부대는 겨우 초병근무를 수행하고 이곳에서 전개할 임무가 있는 예비부대의 동원 병력을 관리했다. 내륙 관구의 훈련과 전투 준비는 극히 낮은 수준에 머물렀다.

러시아군 부대의 이러한 배치는 시베리아 보병부대를 제외하고 주요 제2선 및 약한 부대로 시작해야 했던 러일전쟁간에 도움이 되지 않았다. 과잉현상이 두드러지게 나타났다. 그러나 독일과 투쟁에서 이러한 배치는 성과가 없었다. 각 전구에는 신병 8분의 1만 근무했다. 신병 8분의 7은 자기 고향에서 먼 곳에 배치되었다. 이런 상황에서 예비군은 그들이 근무해보지 않은 부대에 보직되고 완전히 새로운 환경에 처했다. 민족문제는 배치로 인해 형성된 상황을 더욱 복잡하게 만들었다. 동원된 경우에 모든 폴란드인은 바르샤바군관구를 가득 채운 부대들에 보직되어야 했다. 바르샤바군관구 부대에 러시아의 특성을 유지하기 위해 모든 폴란드인은 평시에 멀리 동쪽에서 복무하도록 보내졌고 다른 관구에서 신병을 받았다. 동원 시에 국경관구에는 43세의 중년들이 소집되었고 이로 인해 우리 보병의 수준은 급격히 떨어졌고 현지 예비군이 부족했고 동원간에 관구에서 관구로 수만 명의 예비군을 전환해야 했다. 1910년 이후에 128개 대대와 이에 상응한 포병과 기병 등 러시아군 12%가 바르샤바와 빌뉴스군관구 지역, 즉 보충 원천에서 가까운 내륙으로 보내져 배치되었고, 동원 시에 예비군 22만 3천 명을 관구에서 관구로 전환해야 했고 이 중에서 바르샤바군관구로 8만 2천 명이 보내졌다.[35)]

오브루체프의 배치와 관련된 국경지대에 하나의 추가적인 병영을 건설하는 데는 약 1억 루블이 소요되었다. 폴란드주의 병영설비는 전쟁기간에 보충 준비에 이용할 수 없었다. 왜냐하면 바르샤바군관구의 예비군 부대들이 계획적으로 러시아 내륙으로 보내졌기 때문이다.

---

35) Зайончковский, *Подготовка России к мировой войне*(러시아의 세계대전 준비), С. 87.

사실 예비군으로 보충과 새로운 부대 편성의 성공은 출전하는 군이 남긴 전통, 거주지, 조준기 제조기, 사격장 등의 유산과 긴밀한 관계가 있다. 1870년 전쟁 후반기에 평시에 많은 부대(Federbe, 뻬데흐브군)가 주둔했던 북프랑스 그리고 내륙 지방(Loire, 루아흐군)에서 새로운 편성의 성공에는 상당한 차이점이 있다. 그 때 북쪽은 새로운 부대편성을 빠르게 완료하지 못했을 뿐만 아니라 전투력이 더 뛰어난 부대를 내주었다. 물론 북프랑스 주민, 과도한 부가적인 기재들이 있는 오래된 요새로 더럽혀진 많은 전구는 대단히 호전적이라는 특정한 의미가 있었다. 특히 농업이 중심인 프랑스 남부와 비교하여 산업적 특성이 영향을 미쳤다. 전쟁 시작과 함께 매달 10만~13만 명의 전투원을 군에 보충하는 엄청난 임무가 주어진 중부 및 내륙 지방은 평시 배치를 통해 이 임무를 준비해야 한다. 물론 이 임무는 철도망과 일치되어야 한다.

관구 또는 군단? 군단이 점령한 지역에서 군단이 동원에 필요한 모든 물자를 보유하고 있다면, 동원 예비 집단은 아주 훌륭하다. 문제 해결의 나쁜 모습은 빈에 전국적인 대단위 조병창을 건설한 19세기 전반기 오스트리아에서 찾을 수 있다.

서구에서는 우리 군관구 역할을 군단 관구가 수행한다. 최근 조직은 완전한 분권화와 지역특성에 적응성을 유지하고 있다. 이와 동시에 군단 관구 중앙기관은 고유의 특성을 만들어내고 군의 준비 단일성을 파괴하는 관구보다는 순응하는 기관을 항상 찾는다. 그 외에도 내륙 군관구를 수장으로 하는 활동은 군사령부와는 미미한 관계도 없고 전략가가 아니라 행정－기업가를 위한 훈련소이다. 내륙 관구는 부대의 전투 준비에는 별로 좋지 않은 기관이다. 러시아군은 1914년 이를 완전히 확신할 수 있었다. 몇 개의 군단을 통합하고 모든 행정 및 기업 활동에서 면제되고 군 참모부의 은폐된 작전 준비를 확인하는 검열 관구사령관을 교체하는 것이 전쟁 준비 관점에서는 대단히 유용하다. 아주 중요한 방면에 전선군 지휘가 준비된 골격처럼 몇몇 국경부근 관구만이 특정한 의미가 있다.

동원과 철도. 동원 기간에 철도에는 어려운 임무가 부여된다. 철도는 자체적으로 동원을 수행해야 한다. 즉, 집결을 위한 수송을 해야 한다. 그러나 동시에 동원 수송에 관한 엄청난 특별 임무를 수행해야 한다. 이를테면 수만 명의 예비군, 군마, 추가로 징발된 말을 수송하고 긴급 군수물자를 운반해야 한다. 동시에 국경지역 중요 방면의 방호력을 증강하는 엄호부대 수송을 시작해야 한다.[36] 같은 시기에 시민생활이 철도에 특별한 소요를 창출한다. 시민들은 자신의 정착생활 장소나 경제동원에 부합하게 새로운 활동지역으로 급하게 이동하려 한다. 부대의 하역을 위해 화차와 철도 플랫폼을 비워야 하고 빈 화차를 집결 대열이 국경으로 출발하는 장소에 집결시켜야 한다. 국경에 이르는 주요 간선을 보강하기 위해 직원들을 파견해야 하고, 동시에 평시에 비해 3배의 과업을 수행해야 한다. 적당한 시기에 임박한 동원을 철도당국에 경고하는 것이 특히 중요하다. 철도동원 계획을 아주 구체적으로 수립하는 것이 중요하며, 군사기관이 요구하는 과업의 실행 가능성을 고려하는 것도 중요하다. 전쟁 시작과 함께 시민들의 철도에 대한 요구를 완벽하게 예측하려는 시도는 경계해야 한다. 동원은 이루어지지 않고 국가 경제생활의 폐쇄가 발생한다. 기차역은 열차에 탑승하려는 사람들로 가득 차고 열차 지붕은 경비가 약한 통로로 들어온 사람들로 만원을 이룬다. 생활은 모든 면에서 무질서해지고 세금은 2배로 오른다. 주민들의 절박한 수요를 충족시키기 위한 소소한 움직임은 보호해야 한다.

평시에 부대와 물자의 합리적인 배치는, 반대의 경우에 엄청나게 늘어나는 동원수송을 줄이는 아주 좋은 수단이다.

[36] 1914년 8월 독일은 동원에 화차 2만 800량이 필요했다. 이때 동원 3일에서 7일 사이에 1만 7,991량이 필요했다. 화차 수량은 집결을 위한 수송보다 훨씬 많았다. 그러나 편제 인원은 적고 군마는 아주 부족하고 과업은 모든 노선에 골고루 할당되었다. 동부의 광범위한 농업 부분 및 동부와 중부의 급격히 산업화된 지역의 존재는 독일에 불리했다. 인원을 서부에서 수송하고 말을 동부에서 수송해야 했기 때문이다. 라인강 좌안에 밀집된 부대 배치로 라인강 우안에서 인원과 말을 수송해야 했다. 독일 동부에는 철도망이 빈약하여 산업화된 서부에서 기관차 530량과 화차 50량 당 인원 173명을 보강해야 했다. 부대전개, 요새, 해군동원을 위한 군용 화물량은 40만 톤에 달했다.

철도동원은 독일에서는 3일, 러시아에서는 세계대전 전에 4일~8일이 소요되었다. 러시아가 꽤 장기간 철도동원에 실패한 이유는 수십 개의 러시아 철도에 관한 1908년 자료를 기초로 한 아래의 계산으로 명확해진다. 자체 동원 말까지 러시아 철도는 하루 평균 4.5개 제파를, 동원이 끝날 때는 15.7개 제파를 통과시켰다. 부대 수송에서 철도의 실적은 3.5배 증가했다.

철도가 빈약할수록 집결 대열이 이동하는 노선은 다른 노선에서 많은 수단을 빌려야 했고 제1제파 동원에 소요되는 기간은 더 길었다. 평시에 준비된 모든 잉여 기관차와 화차가 동원 기간을 단축한다. 동원 및 전개 기간에 중화물인 연료의 수송 부담을 없앨 수 있게 2개월~3개월분의 연료를 보유하는 것이 철도에는 특히 중요하다. 마지막 경우는 연료 생산지에서 멀리 떨어져 있는 철도에, 연료수송 방향이 부대수송 방향과 일치하는 경우에 특별히 중요하다. 세계대전 전에 시베리아 철도는 부대수송 기관차 20쌍~27쌍을 통과시킬 수 있었다. 그러나 동원된 석탄 수송량이 줄기 전까지만 그러했다. 그때부터는 철도를 이용한 부대 이동은 12쌍으로 줄었다.

4. 국경전구의 준비

조직 준비. 국경지역에는 평시에 특정한 군사조직이 존재한다. 여기에는 참모부가 있고 다양한 병참물자를 제공하는 무기고와 병참창고가 있고 정비소가 위치하며, 막사와 야영지 그리고 사격장이 위치한다. 평시 수요는 상설 통신선으로 충당한다. 국경지대에는 국경경비대가 위치하며 자체 설비를 갖추고 있다.

전쟁 발발 후 관구 설비계획은 전선 설비계획으로 단기간에 바뀐다. 많은 사항들이 확장되고 새로 만들어진다. 그러나 평시 설비를 충분히 이용하고 자기 부대에 있는 관구 설비계획이 전선 조직으로 들어간다면, 전투조직을 만드는 문제는 상당히 간단할 것이다. 모든 것이 고조됨에 따라 국경지역 상황을 제대로 파악하지 못한 수천 명의 간부가, 지체 없이 하차역을 정비하고 필수적인 지시에 따라 먼 곳에서 자기 부대 및 시설부대와 함께 도착하여 사전에 구축된 영구적인 장소에서 기능수행을 시작하고 전체 시설의 고정된 작은 부분을 엄청난 규모로 조직하게 된다. 설비가 없는 곳에서 전선군과(야전)군 참모부를 만들 것인가 아니면 이들을 군관구와 군단 참모부의 상급부대 영내에 둘 것인가도 쉬운 일이 아니다. 요구되는 크기로 투박한 일반 식량창고를 배치하는 것이 새로 만드는 것보다 훨씬 쉽다. 동원 시작과 동시에 도로나 진지 구축을 지체 없이 시작해야 하는 곳에 있어야 하는 공병 자재 창고는 많은 노력을 필요로 한다. 반대로 모든 것을 전환하고 후송해야 하고 동원이 주민 대이동과 다름없다면, 모두가 평온해지고 형편이 좋아지는 시기는 지연될 것이다. 추가적인 과업이 많이 요구되고 피할 수 없는 혼란 기간에는 지도부에 대한 신뢰는 높아지지 않을 것이다.

전선의 과업 해결을 염두에 둔 관점에서 국경 관구의 각 조직 구성에 관한 조치를 검토할 필요성이 여기에서 나온다.

도로 준비. 투쟁 전구의 구축에 관한 특별한 조치는 병참용 도로를 개설하고 보수하는 데 우선적으로 반영되어야 한다. 군의 작업능력은 후방에 이르는 도로의 질에 정비례하기 때문이다. 좋지 않은 길은 전선군을 약화시키고 후방부를 증대시킨다.

공격 방향으로 예정한 지역에 양호한 도로를 개설하고 수세적으로 머물기로 생각하고 적의 공격이 우려되는 곳의 도로망은 등한시하려는 것은 당연하다. 그러나 작전적 상황을 심각하게 고려하고 도로 함정을 우선적으로 설치할 필요가 있다. 세계대전 전에 우리는 네만강 쪽에서 동프러시아 침공을, 키예프 군관구 끝에서 갈리시아 침공을 준비하는 것이 유리하다고 생각했고, 여기에 국경까지 자동차 전용도로를 개설했다. 우리는 비슬라를 우회하여 바르샤바군 관구에 이르는 방향(북쪽에서는 동프러시아에서 나레브 선까지, 남쪽에서는 갈리시아에서 루블린－헤움 선까지)은 우리에게 위험하다고 생각했다. 이곳에는 철도와 자동차 도로가 거의 없었고 비포장도로가 모래땅이나 습지를 통하여 놓여 있었다. 그러나 형성된 상황은 우리가 아주 적극적으로 행동하고 나레브(삼소노프의 제2군)에서 동프러시아를, 루블린－헤움 선(제9, 제4, 제5군)에서 갈리시아를 침공하는 통로를 이용하게 했다. 우리는 자기 계략에 빠졌다. 삼소노프군은 도로가 없는 공간을 극복하는 어려운 상황에 처했다. 삼소노프군은 분산되었다. 유일한 통로는 믈라바 철로였고 철로 좌측방에서 후퇴하고, 철로는 제1군단이 차지하고 있었다. 이 군단에 대한 공격으로 군단은 철로를 따라 후방으로 철수해야 했고 이와 같이 군단들의 견고한 측방과 후방을 개방해야 했다. 오스텔스부르크에서 북쪽으로 철로와 몇 개의 좋은 차량용 도로가 있었다면, 모든 작전은 완전히 다르게 진행되었을 것이다. 제4군, 제9군이 결국에는 오스트리아군을 물리쳤다. 그러나 루블린 남쪽 아주 평범한 도로 근처는 자동차와 화물차의 어떤 묘지였는가![37] 모두가 묘지를 우회하여 야지로 향했고, 기병 집단 대부분이 루블린 들판에서 쇠약해져 쓰러졌다. 루덴도르프의 기동이 드러났을 때 제4군, 제9군은 후방인 노바야 알렉산드리아－바르샤바 전선으로 다시 철수해야 했다. 모든 후방은 다시 혼란에 빠졌고 포병중대는 말(군마) 대부분을 잃었다. 우리는 비슬라강의 도하지점 점령도 늦었고 이반고로드－바르샤바 작전은 상당히 지연되었다.

자금을 아끼지 않았던 노보게오르기예브스크(Novogeorgievsk) 요새가 우리에게 있었다. 이 요새는 부크－나레브강과 비슬라강 합류지점의 3방향 교두보였다. 그러나 독일군이 비슬라강 좌측에서 이동하는 것을 어렵게 하기 위해 요새 쪽에는 좋은 도로를 두지 않았다. 비슬라강 좌안의 가는 모래가 평시에 요새를 봉쇄했다. 그래서 노보게오르기예브스크에서 비슬라강 좌안으로 압박

[37] 이러한 특별히 중요한 자동차 도로가 있을 때에는 부단한 정비를 위해 수백 톤의 도로용 쇄석을 준비해야 하고 이의 수송을 보장해야 한다.

을 가할 필요가 있던 바르샤바 작전 때(1914년 10월) 압박이 아주 약했을 것이다.

공격만을 생각하고 직접적으로 하차역 지역에 그리고 멀리 국경선으로만 도로를 개설해서는 안 된다. 그렇게 하는 것은 1904년 전까지 군사용 도로를 건설하던 기본 방침이었다.[38] 적이 도로가 준비되고 국경을 따라 뻗은 좁은 지대에서 우리를 그 지대 뒤의 습지가 많은 숲으로 격퇴하는 데 성공한다면 이 지대는 우리에게 불리할 수 있다.

우리가 개설한 도로를 적이 공격에 이용할 수 있다고 우려할 필요가 없다. 부대 화물차의 이동으로 도로가 상당히 망가질 것이다. 말발굽과 바퀴가 망가뜨리지 못한 것은 합당한 준비가 되지 않았다면 면화약이 삼켜버릴 것이다. 우회하기 힘든 곳에 일련의 깊은 도로대화구를 설치하면 통행을 장기간 어렵게 할 수 있다. 1917년 3월 루덴도르프는 지그프리드(Siegfried) 진지(알버리흐(Alberich)의 작품) 전방 40㎞의 지대에 도로를 파괴하고 영국－프랑스군이 이 통로를 매년 정비했음에도 불구하고 1918년 3월 공격 때에 많은 어려움을 겪었다. 통로의 "대량" 파괴는 세계대전의 새로운 현상이다.

전구에 철로를 부설하는 것은 전략적으로 충분한 의미가 있다. 세계대전 전에 우리는 군사적인 목적으로 서부에 4,000㎞ 이상의 철로를 부설했고, 서부 국경이 엄청나게 긴 상태에서 적지 않은 철로가 우리 서부 국경전구의 강화계획에 지금도 포함되어야 한다. 현존하는 몇 개의 차량용 도로는 후방에 약간의 괜찮은 비포장도로가 없기 때문에 전선의 몇몇 중요한 구역 점령이 극히

[38] 러일전쟁 전 20년 동안 러시아는 국경전구의 전개를 준비할 때 군비에서 ㎞당 15루블을 지출하여 연평균 160㎞의 도로를 개설했다. 후방부가 육중해지고 자동차 수송수단의 발달을 예측했어야 했던 1909년에 매년 700㎞ 정도의 자동차 도로를 건설하기로 했다. 국경전구에서 우리 자동차 도로는 서부유럽보다 50배~200배나 적었다. 그러나 우리 후방부는 대단히 컸고 자동차 도로 건설 일반 계획을 합리적으로 부흥시켰다. 도로를 중(重)차량 복선 통행에 적합하게 할 필요성 때문에, 우리 후방부는 쇄석 표면을 크고 두껍게 만들어야 했고 단위 거리당 소요예산이 2배로 증가했다. 도로당 지출은 비건축용에 대한 건축용의 비보다 높은 지출이었고 전쟁을 경제적이고 성공적으로 수행할 가능성에 초점을 맞춘 지출이었다.

위험하다는 문제를 안고 있다. 상식적으로, 힘들게 접근할 수 있는 공간 전방에 전개한다고 결정되면 이런 것들을 수행해야 한다. 차량 도로는 우마차 및 자동차의 광범위한 이동이 예견되는 모든 곳에 개설되어야 한다.

1853~1856년 동부전쟁에서 세바스토폴이 포위되었을 때 물자 경쟁 성격이 적용되었고, 우리는 세바스토폴에 다량의 화물을 집결시켜야 했다. 우리 후방에서는 짐마차 13만 2천 대가 운용되었다. 이의 대부분은 카호브카－페레코프(Perekop)－심페로폴－세바스토폴의 비포장 구역 약 290km 거리를 운행했다. 이 구역에서 짐마차로 운반하고 마초가 소모되었기 때문에 말과 황소 수천 마리가 숨졌다. 수송수단의 이동속도는 1일 4km까지 떨어졌다. 화물이 많지 않은 양으로 지체되면서 서로 밀치며 세바스토폴로 지나갔다. 확실히 짐마차 수량은 2배였으나 그만큼 효과는 얻지 못했다. 짐마차는 늘리고 도로망에는 관심을 기울이지 않으면서 긍정적인 효과를 거둘 것이라고 가정한 것은 큰 실수이다. '붉은 군대' 후방부 편성의 일방적인 비대화와 도로망 상태 간의 불균형을 살펴보자. 도로 상태와 이의 확충은 걱정하지 않고 철도 수송 자산을 일방적으로 증가시킨 도로위원회에 대해 이야기하면 뭐하겠는가?

우리는 몇몇 구역에서 공격을 가할 예정이고 평시 경험으로 볼 때 구역 전방에서 한번 수송을 위해 모래에는 널빤지를 깔고 차량을 손으로 밀어야 한다면, 타격 성공에 대한 걱정은 전방으로 좋은 도로를 설치하는 것으로 나타날 것이다. 도로망 발달은 부대전개와 의도된 기동과 일치해야 한다.

도로는 전신망 발전에까지 영향을 미칠 것이다.

물론 전쟁계획의 모든 고질적인 문제와 도로 준비에 관한 문제는 모든 경우에 절대적인 해결책이 있는 것은 아니며, 미래 전쟁의 특성에 관한 우리의 개념 프리즘을 통하여 변증법적으로 평가되어야 한다. 제정러시아에 중요한 것은 프랑스가 주장한 아를－세들레츠 간의 4선 간선 철로 부설인가? 아니면 무르만스크 철로 부설인가? 섬멸전략을 수행한다면 집결지에 1일 150량 이상의 기관차를 이동시킬 수 있는 초(超)간선 철도가 비교할 수 없을 정도로 중요하다. 그러나 세계대전에서 실제로 형성되었던 소모전략 상황에서 무르만스크 철로는 러시아의 경제적 숨통을 틔워 상당히 효과가 있었다.

거점 준비. 현물 경제에서 각 도시의 개별적인 방호는 구호이다. 그러나 자본주의 경제의 발달에 따라 경제 기반은 튼튼해지고 타격수단은 증대할 것이다. 강대국 영토에서 고립된 지역의 방호 능력은 줄어들고 있다. 지금의 전술에서 밀집된 다면보루 세기가 지나간 만큼이나 항구지역과 함께 폐쇄형 요새 형태는 전략에서 과거가 되었다. 이러한 요새를 구축하려는 시도 때문에, 이제 구역의 직경을 100km로, 포는 4천 문까지, 탄약은 수억 톤까지 늘렸다. 요새 구축에는 10억 루블 이상이 소요되었고 이를 방호하기 위해서는 30만~40만 명의 경비대가 요구되었다. 이는 아주 부강한 나라라도 현실적으로 실현 불가능한 수치이다. 이에 반해, 이러한 요새를 점령하는 데는 요새의 물질적 가치의 5%를 소비하고 요새 경비대의 20~30%에 달하는 병력으로 2주~3주 소요되었다.

구형 요새는 좋은 병참선이 없는 경우, 뒤떨어지고 형편없는 기술 장비로 무장된 적과의 투쟁 전구에서는 그 중요성을 유지할 것이다. 물론 유럽 각군은 물질적으로 사상적으로 이러한 요새를 공격할 준비가 되어 있어야 한다. 러시아군의 이런 준비 부재가 프세미슬에 접해서 장기간 지체를 야기했다. 대구경 포병의 충분한 기동성과 체계성을 보유하고 준비된 축성시설에 대한 신속한 공격 방법을 지휘관과 부대가 폭 넓게 숙달하는 것이 특히 요구되었다.

요새 가치의 부정은 영구 축성물 준비의 부정과 전혀 동등하지 않다. 그러나 오늘날 달성될 수 없는 목표인 작전부대의 기동과 긴밀하게 결합되지 않으면서 적에 저항할 수 있는 자립적인 축성체계를 만드는 영구 축성물 준비는 폐기해야 한다. 반대로 장기 방어설비는 전구의 특정하고 중요한 진지를 강화하면서 이러한 기동과 긴밀하게 연관성을 지닌 가치를 유지하고 있다.

현대 전선에서 축성 과업의 필요성은 무엇보다 전선군의 점령 밀도를 극단적으로 강하게 변화시키는 데서 연유한다. 한 구역에 주먹(밀집부대, 공성부대)을 날리기 위해서는, 다른 구역에서는 부대가 상당한 수준으로 희박해져야 한다. 1916년 5월 하순 제32군단은 왼쪽 끝 구역을 형성하고 절반의 부대로 루츠크(Lutsk) 돌파에 참가하라는 명령을 받았다. 군단은 2㎞의 전선을 타격하기 위해 제101사단을 집결시켰고, 제105사단은 55㎞의 전선에 전개했다. 타격구역 뒤에는 야전군 예비인 제2핀란드 소총사단 예하부대가 전개했다. 공세적인 구역의 전개 밀도는 소극적인 구역보다 28배나 높았다. 사실, 그곳에 집중하는 임무는 제105사단 정면 대부분을 증강한 이크바강 일부에서는 쉬웠다. 이러한 지형적인 유리점이 없을 때 전선을 합당하게 강화한 상태에서 소극적인 구역에서는 타격구역과 비교하여 여러 배 더 희박하게 할 수 있다.

사전에 축성을 준비하지 않았다면, 동원과 동시에 강화된 진지구축을 맹렬하게 전개해야 한다. 진지 계획의 준비, 산병호 구축 도구와 철조망, 노무병과 수송수단의 준비에도 불구하고, 이러한 일의 성공은 여전히 의심스럽다. 왜냐하면 작업을 아주 넓은 곳에 분산해야 하고 적의 습격으로 이의 수행은 방해받고 전쟁 선포 후 첫 주는 계획 준비에 소요되고, 3주차에는 어떤 경우에는 거점(강화된 구역)들이 고유 임무를 이미 수행할 것이기 때문이다. 거점 구축을 위해 급하게 동원된 인원은 모든 경우를 피할 수 없다. 그러나 사전에 만들어진 몇 개의 축성 골조가 있을 때는 이러한 일은 상당히 성공적으로 이루어질 것이다.

부대가 타격을 위해 병참선이 많은 지역에 주로 집결하고, 전선의 소극적인 구역들은 황량하고 도로가 없는 구역인 것은 당연하다. 이러한 견해 및 위 사항과 일치를 근거로, 공성부대가 집결할 통로의 개방된 주요 지점을 제쳐두고 적당한 시기에 부차적인 방면에 방벽을 구축할 필요가 있다고 결론을 내리는 것은 잘못이다. 강화된 진지는 방벽일 뿐만 아니라 출입구이다. 교통 중심지는 부대가 우선적으로 엄호해야 한다. 영구 축성물의 존재는 이런 부대에 특히 가치가 있다. 이곳에는 주력부대가 순차적으로 집결한다. 영구진지는 이의 집결을 엄호하고 조직하는 데 큰 역할을 한다. 이러한 진지가 있으면 적당한 시기에 특정 분량의 중포와 기술자산을 국경 근처에 집결시키고 상설 통신망을 설치할 수 있다. 황량한 지점은 황량하게 두는 것이 좋다. 연결된 전선으로 이를 차단하는 것은 전쟁의 차후 기간으로 연기할 수 있다. 적이 이를 돌파할 경우에 우리는 나쁘지 않은 위치에 놓일 것이다. 왜냐하면 보장받는 통로의 목지점이 있으면 최대로 유리한 상황에서 측방타격을 가할 수 있기 때문이다.

장기간에 걸쳐 준비된 진지는 측방 타격부대가 좁고 험한 길을 빠져나올 때 엄호하는 방패 역할을 할 준비가 되어 있어야 한다. 고립된 작은 진지에 자산을 분진시키는 것을 거부할 필요가 있고, 강력한 진지는 그러한 기동축이 아니다. 강력하고 국지적인 계선이 있을 때는 전선을 따라 3일~5일 행군 거리에 이러한 진지를 구축할 수 있다. 양호한 도로, 측방 거점의 상당한 종심, 진지 거점의 치밀한 배치는 장차 기동의 성공을 보장할 것이다. 독립중대 또는 대대가 아니라 야전군 규모의 진지 준비를 염두에 둘 필요가 있다.

세계대전 경험에서 교량전방 진지는 적합하지 않다는 것이 명확해졌다. 자기 부대를 괴멸시키는 확실한 방법은 부대를 교량전방 진지에 분산 배치하는 것이다. 게다가 강들이 주요 계선을 형성하는 우리 서부 국경에는 교량전방 진지에 모든 축성 준비를 집중하게 하는 큰 유혹이 있다. 건전한 전략적 사고는 이러한 방침에는 결연하게 저항해야 한다. 파괴된 교판을 신속하게 보수하기 위해 적의 공격간에 교량전방 진지를 점령함으로써 교량을 고수하려는 것보다는 후방에 예비 철도 교량을 준비하는 것이 비교할 수 없을 정도로 저렴하다. 현대전 상황에서 교량전방 진지는 강과 교량에서 하루 행군거리까지 추진되어야 하고, 이를 보호하기 위한 투쟁은 항상 우리에게 불리하게 작용한다.

물론 하천선은 방어 시에 이용해야 한다. 그러나 우리 부대가 하천 때문에 이익을 얻되 손해를 보지 않아야 한다. 영구 축성물 준비는 방어 또는 공격 측익을 형성하여 하천선을 강화해야 한다. 이 때 이러한 목적으로 지류의 하상을 이용할 수 있다. 프랑스군이 라인강 하류를 거쳐 도하해야 했다면, 독일군은 빌리젠의 개념에 따라 북쪽 부대 집단이 좌익의 마인츠 요새와 협력하여 마인(Main)강 선을 점령했어야 했다. 그렇게 했으면 프랑스군이 가장 나쁜 상황에서 결정적인 전투에, 후방부는 북해 쪽에 그리고 좌익은 우익에 걸쳐 있는 라인과 네덜란드 국경, 기묘하게 휘어진 병참선이 있는 독일 내륙 지방으로 투입되도록 할 수 있었을 것이다. 공세적인 측익의 예는 1870년 8월 독일 제3군의 라인강 전방에 전개를 들 수 있다. 이러한 전개는 공세적인 측익 진지를 형성하고 강 전체를 방호해야 한다. 세계대전간에 스트라스부르크(Strasbourg) 고지에서 알자스 계곡을 차단하는 영구 진지는 라인강 상류 전체를 엄호하였다. 물론 이런 공격적인 그리고 방어적인 굴곡부 구축은 하천 장애물의 직접적이고 소극적인 영향과 통합될 수 있다. 계곡 자체에 위치한 중요한 목을 방호하기 위해 대안으로 전진할 필요가 간혹 생긴다. 그러나 이러한 활동 모습은 약간 해롭다고 간주하고, 위협이 되는 목지점이 없이 우회할 수 있는 우회철로와 도로를 건설하는 것이 유리한지 검토할 필요가 있다. 필요한 경우, 아군이 준비한 대안으로 도하를 용이하게 수행할 수 있다. 정찰을 위한 본거지로서 교두보는 현재 공군의 발전으로 감소했다.

군비의 상당 부분을 거점 구축에 사용하는 것은 낭비이다. 그러나 국경전구의 방어력을 향상시키기 위해 매년 계획적으로 지출되는 군비의 1~2%는 당연히 수지맞는 일이다. 왜냐하면 전략적 전개의 전위부대를 곧장 단단한 토대로 만들기 때문이다.

여기에서는 해군과 공군을 위한 전구 설비에 관한 문제는 다루지 않는다. 이 장에서는 전체적으로 작전술 영역을 광범위하게 다루었다. 해군 기지에 관해서 전체 기지, 즉 국가 내부와 보장된 교통망에서 이러한 기지가 해양 쪽으로 무엇이 얼마나 가까이 놓여 있는지에 따라 전략적 이점이 높아지는지 제시하는 정도로 한정할 것이다. 1904년 동부의 러시아 원정군 기지인 뻬이징만(현 보하이만—역자 주) 내에 위치한 포트 아서(Port-Arthur, 여순항)와 산둥반도 출구에 위치한 독일 극동 순양함대 기지를 비교하고 포트 아서에 갇힌 러시아 함대의 운명과 영국군이 남아메리카 해안 근처로 몰아가는 데 성공한 독일 함대의 돌파를 상기하는 것으로 충분하다. 이러한 주장에 동의할 것이다. 크론스타트(Kronstadt, 페테르부르크 앞 섬 - 역자 주)에서 스케파 플로(Scapa Flow, 스코틀랜드 북서 해안 - 역자 주)까지 발트해와 북극해 연안을 예로 들면, 마르키즈(Marquis)만의 크론슈타트가 함대기지로서는 아주 열악한 전략적 여건임을 인지해야 하고 크론슈타트에서 서쪽으로 멀어질수록 다른 항구의 전략적 여건이 점차적으로 좋아진다는 것을 알게 될 것이다. 해양 전역(투쟁)에서 기지 건설 문제는 아주 결정적인 역할을 한다.

5. 작전계획

작전계획의 내용 및 범위. 작전계획은 초기 작전계획과 그 계획에 추가되는 모든 행동계획(작전기지 구축계획과 집결을 위한 수송계획, 부대전개 방호계획, 작전전개 계획) 및 보급계획을 포함해야 한다.[39]

아래에서 설명할 것처럼 작전 집단의 분할에서 최종 군사목표는 강령과 지침의 의미를 지닌다. 그러나 목표에 이르는 모든 통로를 사전에 개설하려는 시도는 일정이 아니라 계획적인 성격을 띠며 전제조건들과 선입견, 상황의 축적물일 뿐이다. 작업은 변함없이 공상(空想)의 성격을 띨 것이다. 2개의 예측 시기, 즉 적 주력과 교전하기 이전과 그 이후로 나누어 설정해야 한다. 암막에 싸인 군사행동의 장기적인 미래를 어렴풋하게라도 꿰뚫어볼 수 있는 정도까지 가능한 한 예상되는 위기에 선행하는 모든 것을 구체적으로 만들어야 한다. 최고사령부와 총참모부의 사고(思考)가 승리를 이용하거나 패배를 만회할 능력을 준비했던 통계적 작전적 성격의 특정한 작업이 바람직하다. 그러나 이러

39) 우리는 전시 정치적 행동 정책을 필두로 한 소개(疏開) 정책에 대하여 언급했다. 소개 문제와 소개 계획을 다시 다루지는 않는다.

한 작업은 순수한 이론적 성격을 띨 수 있다. 전쟁이 섬멸로 구성되고 적과 무력충돌이 아주 결정적인 특성이라면, 패배는 특히 개선되어야 한다. 소모전을 의도한 전쟁에서는 계획상의 예측 범위는 몇몇 부문에서는 확장된다. 왜냐하면 우리가 소모전에서 주요 작전이 유일하고 모든 것을 해결하는 수단은 아니라고 정의했기 때문이다. 따라서 사전에 고려될 수 있는 행동의 다른 수단들, 소모전 투쟁에서 예상되는 최초 교전 시기에 계속되는 일련의 군사적 조치들을 예정하는 데 몇 가지 측면에서 도움이 될 것이다.

최종 군사목표는 정치와 당 강령 관계처럼, 전략가와 관계된다. 최종적인 이상만을 고려하고 현재의 실상을 고려하지 않는 전략가와 정치가는 크릴로프(Krylov)의 형이상학적인 상태에 빠진다. 최근 목표에 대한 관심이 실천술(實踐術)로서 전략의 특징을 나타낸다.

작전계획의 변경 수준. 작전계획은 정치적 경제적 상태에 관한 정보 그리고 장차 전쟁의 특성과 피아의 무력에 관한 우리의 이해, 잠재적인 적의 전개, 우리 철도망의 능력과 모양, 우리의 동원 여건, 국경지역의 현 준비 상태를 기초로 만들어진다. 전쟁계획에 관한 모든 작업은 작전계획을 수립하기 위한 초기 정보를 결정하는 일련의 행동이다. 이와 동시에 작전계획은 우리의 준비 상태의 결함이 무엇이며 어느 방면의 준비를 강화하는 데 노력을 기울여야 하는지 명확히 보여준다. 이와 같은 작전계획 분석을 통해 전쟁 준비에 관한 지령이 도출된다.

전쟁계획 작업은 체감할 수 있는 결과를 얻기 위해 하나 또는 수개 방면에 대비하여 수년에 걸쳐서 이루어진다. 게다가 작전계획의 전제조건은 정치적 쟁점, 적의 능력, 적 지도자의 관점, 적의 계획, 흉작 등 변화하는 우리의 경제 상황, 독립적인 또는 이차적인 전구에서 투쟁을 위해 차출되는 무력의 일부 등 아주 변화무쌍한 정보이다. 이러한 변경된 정보들은 최고사령부를 대표하는 인물의 교체에 따라 아주 다양하게 평가된다. 자연히 이러한 상황의 영향으로 매년 나오는 작전계획은 다르고, 작전 기본계획과 함께 이에 대한 몇 가지 방안이 존재해야 한다. 유연하고 변하기 쉬운 작전계획은 준비에 관한 아주 장기적인 작업을 지도하는 명령이 될 수 있는가?

실재가 무엇이 가능한지 보여준다. 첫째, 군사지형 정보의 의미는 특별히 느리게 진화한다. 군사지형 정보는 점차적으로 확장되는 보급로를 포함한다. 민스크, 말라제치나, 보리샤프, 보브루스크, 오르샤, 스몰렌스크, 비텝스크, 폴로츠크, 드리싸, 베레지나, 드네프르, 다뉴브, 울라는 1812년 벨라루시 전구에서 중대한 의미를 지녔고 지금도 그 의미를 유지하고 있다. 벨기에를 통과하는 통로는 프랑스를 침공하는 데 아주 편리하다. 18세기 크림에서 타타르의 습격은 돈강과 드네프르강의 분수령으로 향했다. 그 방향은 1919년 데니킨이 모스크바를 공격하기 위해서도 선택했다. 카호브카는 1855년 세바스토폴을 부양하였고 1920년 브란겔(Wrangel)에 대항하는 중요한 본거지가 되었다. 프룬제보다 183년 전에 미니흐(Minikh)는 시바쉬(Sivash)를 거쳐 페레코프 요새를 우회했다.[40] 피아 전력비는 통상 점진적으로 변한다. 대체로 작전계획은 완전히 새롭게 구성되지 않고 이전의 방안에 특정한 수정을 가하는 방법으로 1년~2년 사이에 최신화될 뿐이다. 이와 같이 전쟁계획에 따라 도달한 준비 단계는 수행된 작업 때문에 유용한 것이 아니라, 계획이 역사적 계승의 길에 있는 만큼 다양한 범위에서 새로운 작전계획에 사용된다.

섬멸이 임무이고 주력부대가 전개되는 곳에서는 작전계획의 급격한 변경이 적은 편이다. 1870년 이후, 프랑스 전선에서 독일군은 처음에는 자르(Saar)강에 주로 방어적인 전개를 준비했다. 세계대전 전 15년 동안 벨기에를 거쳐 공격하는 것을 준비했고, 1905년 이러한 규모를 증가시켰다. 러시아 전선에서 독일은 나레브에 또 실레지아에 (많지 않은 병력) 전개를 계획했다. 그리고 모든

40) 물론 이 역사적인 반복에는 기적은 없다. 드네프르강과 돈강의 분수령은 모스크바, 오카강까지 연하는 통로의 모든 하천 장애물을 우회한다. 카호브카는 드네프르에서 아주 가깝고 크림에 근접한 촌락이다. 시바쉬는 감지되는 서풍에 의해 페레코프 지협 우측방을 놀라울 정도로 방호해 준다. [역자 주] 언급된 지명들은 우크라이나에서 크림반도에 이르는 지협에 있다.

곳의 전개 개념은 수십 곳의 하역장과 다른 설비의 모습으로 흔적을 남겼다. 이 작업은 러시아 전 국경에 산재하였고 그냥 없어지지 않았다. 독일군이 국경을 따라 신속하게 측방으로 기동할 수 있게 되었다.

러시아의 네만과 키예프군관구 지역에 전개는 세계대전 이전 25년 동안 강고하게 유지되었고 바르샤바군관구 지역에서 임무에 대한 관점만 크게 변했다. 물론 최고사령부의 돌변이 전쟁 준비에 건전하지 않게 나타나진 않는다. 러시아에서 이러한 급변은 쿠로파트킨 장군이 전쟁성장관에서 퇴임할 때인 1904년에 발생했다. 1908년 러일전쟁의 종결로 독일과의 전쟁 대비의 연속으로 전환되었고 급격한 변동이 있었다. 많은 부대가 비슬라강 강안 지방에서 내부 종심으로 차출되었고 많은 성들이 파괴되고 예비 여단들이 없어졌다. 한편 이러한 파괴의 기저에는 러일전쟁 결과를 이용하려는 시도, 무엇보다 러시아군과 지휘부의 장점에 대한 부끄러운 평가가 깔려 있었다.

우선, 최고사령부의 단호함과 작전계획 수립을 주도한 조직(총참모부)의 활동을 계승해야 한다. 가볍게 생각하여 한쪽에서 다른 쪽으로 급격하게 전환하지 않기 위해서는 전략적인 문제에 대한 지대한 관심과 깊은 연구가 필요하다. 전쟁술에 관해 마지막까지 남은 관점으로 지휘하는 것이 필요하다. 물론 구태의연함, 보수주의, 전통은 작전계획 수립 시에는 아주 위험하다. (이를테면, 이는 프랑스 17번 계획 구상에 나타났다) 확고한 토대가 없고 상시 반복되는 주장은 시간이 흐름에 따라 어떤 신성한 진리가 되고, 특히 그 내용이 특급비밀로 분류되어 소수 집단들에게만 비평할 수 있도록 허용되는 경우에 절대적인 가치를 얻게 된다. 그러나 수행의 특정한 항구성을 보장하는 현명함, 진화 요구의 이해, 그러나 유행에 따라 경솔하게 생각하지 않고 추진하고, 끊임없이 작업을 진행하는 지혜가 절대적으로 필요하다. 작전적 관점의 혁명적인 변화는 위험하고 해롭다.

작전계획의 유연성. 근본적으로 정치의 요구와 모순되는 과학기술－작전적 근거에 따라 결심을 강요해서는 안 된다. 따라서 작전계획은 유연해야 한다.

즉 정치적 지시에 따라 섬멸전과 소모전, 공격과 방어, 우리에게 적대적인 동맹의 여러 국가를 타격할 수 있어야 한다.

전쟁의 정치 목표는 정치적 상황이 최종적으로 규정되고, 전쟁 선포 직전에 책임있는 지도자가 최종적으로 설정한다. 이에 따라서만이 무력전선에서 투쟁의 최종적인 군사목표가 정확하게 설정될 수 있다. 그러나 어떤 적과의 전쟁에 관한 특정한 정치적 임무는 이미 오래 전에 예견할 수 있다. 작전계획을 수립할 때에는 몇 가지 정치적 방침에서 출발해야 한다. 작전계획에 의해 (극단적으로는) 전쟁 개시와 함께 달성해야 할 최근 단계에서 작전적 노력을 우선적으로 지향해야 하는 첫 번째 목표를 설정할 수 있으면 이 방침은 충분하다. 만약 현재의 방침이 충분히 명확하지 않으면 단일 최초목표로 나아가서는 안되며 두 개의 목표, 그것도 더욱 큰 목표로 나아가야 하며, 이에 따라 별도의 작전계획 안을 만들어야 한다. 하나의 방안은 국경에서 멀지 않은 곳에 집결한 적 부대를 공격할 준비를 갖추고 국경의 중요한 계선으로 이동하는 것이고, 다른 방안은 자기 영토에서 아주 중요한 계선 중 하나를 방호하는 방어적인 목표이다.

모든 경우에 수행할 수 있는 조치들을 강구하고, 전쟁 준비의 큰 틀을 제공하기 위해 방안별 방법을 포함하는 것이 중요하다. 그래서 동원을 작전계획의 모든 방안에 똑같이 두는 것이 더욱 바람직하다. 그리고 여러 방안에 전선군의 예정된 조직을 유지할 수 있다. 이 조직에는 사령부, 국경 부대, 후방부 그리고 방안에 따라 다양한 군(군단)의 수 또는 전선군에 포함되는 부대 수가 포함된다. 똑같은 모양으로 집결을 엄호하는 문제를 해결할 수 있을 것이다. 그러나 동원과 함께 기병습격(이는 20세기 초 러시아 계획에서 커다란 역할을 했다)을 하거나 적 영토의 중요지점을 점령하자거나(리에주) 항공 편대들로 공습하자는 제안이 있다면, 선정되는 방어적인 작전모습을 위해 집결을 엄호하는 다른 방안이 일반적으로 필요하다. 집결할 때에는, 모든 방안에서 똑같은 지역에 전개되는 야전군과 군단을 정하는 것이 아주 중요하다. 방안에 따라 다양한 지역으로 보내지는 다른 군단이 경우, 방안별 방법에 따라 군단 선두제대가 좌측 또는 우측으로 수송대열을 보내야 하는 철도 요충지에 도착한 후에, 그 방안을 시작하기 위해 이들을 열차에 탑승시키는 절차와 최초 운행 방향에 성공적으로 전개할 수 있다.

세계대전 시에 러시아 총참모부의 작전계획은 유연성이 아주 많았다. 러시아는 유연성이 특히 필요했다. 왜냐하면 러시아군이 전개하는 전선이 특히 넓었고 이 전선 상황은 독일이 주력을 프랑스 또는 러시아에 지향하느냐에 따라 완전히 다른 모습으로 발전했기 때문이다. 프랑스에 대항한 경우인 1912년 전개 계획(방안 A)은 명확하게 제시된 공격임무를 위해 오스트리아－헝가리에 대항하여 주력(744개 대대)을, 독일에 대항하여 좀 적은 부대(480개 대대)를 집결하기로 사전에 결정되었다. 두 번째(방안 G)의 경우, 중심은 동프러시아에 대항하여(독일군에 대항하여 672개 대대, 오스트리아－헝가리에 대항하여 552개 대대) 이동했다. 본대가 양쪽 전선에 최종적으로 할당되었을 때, 제4군은 어떤 경우에는 루블린 지역에 전개하고 다른 경우에는 리가－샤벨리 지역에 전개했다. 192개 대대, 126개 기병중대와 '100인부대'(카자크 기병), 708문의 포 등 전개되는 전체의 약 15%가 어느 한쪽 또는 다른 쪽으로 보내졌고 방안이 완전히 바뀌었다. 전환수송의 편리성과 축소를 위해 다른 군들의 편성이 약간 변하였다. 전쟁 초기 며칠 동안은 과업이 양 방안에 따라 완전히 동일하게 이루어졌다. 동원 7일차에 최고사령부는 방안 A나 G를 선택했다.[41]

그러나 이러한 계획에는 유연성을 충족시키려는 노력이 강조되는 성격을 지닌다. 군사협정에 따라 독일에 대항하여 90만 명을 보내라고 우리에게 요구할 권리가 있는 프랑스를 특별히 즐겁게 하는 방안 G가 마무리되지 않으면 어

[41] 러시아 총참모부는 필요한 방안을 실수 없이 선택하기 위해 독일 제2군단, 제5군단, 제6군단(포머라니아, 포즈난, 실레지아) 지역에 현지인 첩자들을 파견했고 이들은 이 군단들이 서쪽으로 출발하는 것에 관한 긴급전보를 보냈다. 이 방법은 2개 전선에서 싸우는 국가와 투쟁할 때는 아주 중요하다.

떡하나 하는 의구심이 생긴다. 극단적인 경우에, 이런 외교적인 절차의 유연성을 1914년 수행된 독일 작전계획에서 보게 된다. 즉, 비밀유지를 위해 대용사단이라 불리는 5개의 정예 예비사단을 동원 11일 전까지 러시아 전선에 남겨두었다. 그 다음 프랑스 전선으로 전환할 수 있었다(그리고 전환했다). 여기에는 오스트리아를 기만하는 사전 계획이 있었다. 벨기에를 경유하여 크게 우회하는 계획에 포함된 이 5개 사단은 동시에 나레브강을 경유하여 세들레츠 방향으로 공격을 위해 오스트리아에 약속하고 동프러시아에 남긴 13개~14개 전투사단의 편성에 편입되었다.

1914년 러시아의 계획에 유연성이 더욱 요구되었다. 우선, 장기간 동원되고 동원 20일 후에 전개지역에 도착한 제2제대 7개 사단은 사전에 각 군에 배분되지 않았고 최고사령부의 직접 통제하에 두었다. 이 방법을 현명하다고 인정해서는 안 된다. 사실, 동원 2일차부터 모든 전선에서 치열한 전투 전개가 예상되었다. 이러한 전투 개시 1주~2주 후부터 상황은 급격하게 변했다. 이 상황에서 사전에 결정되어 도착한 증강부대가 연계되고, 전개지역의 철도망이 이들을 우리의 광활한 전선 어느 구역으로든 보낼 수 있었는가?

1914년 방안 A와 G는 없었고 대신에 북서 전선에 기병군단과 제8군단을 계획했고 남서 전선에 제1 · 제16 · 제25군 및 제3기병군단 등 7개 군단을 계획했다. 이를 위해 네만 또는 갈리시아에 대응하는 것 같은 다양한 수송계획이 만들어졌다. 러시아 총참모부는 빌뉴스, 키예프, 모스크바와 오데사 군관구 부대들의 전개를 옴짝달싹 못하게 고착시키면서 페트로그라드, 카잔 그리고 카프카즈 군관구 군단들을 자신의 휘하에 두었다. 발트해와 흑해 연안을 감시하기 위해 자유롭게 기동할 수 있는 최초에 168개 대대를 총참모부 통제하에 두고, 아시아 군관구가 우선적으로 수송할 준비를 한 110개 대대는 동원 26일~41일 사이에 전개지역 후방지역에 주둔했어야 했다.

최종적인 계산 결과, 전체 군사력의 51.6%가 1914년 계획에 따라 작전적으로 전개한 경직성 조직(950대대)이었다. 12.2%는 7개 군단 집단이었다. 전선에서 이들의 위치는 사전에 만들어진 수송계획에 따라 변경할 수 있었다. 21.2%는 최고사령부의 예비부대 집단이었다. 최고사령부는 이들(지연되는 제2제대 사단들, 연안감시 부대들, 아시아 군단들의 제1제대)을 동원 시작 후 5주·6주·7주 사이에 자체 판단에 따라 처리할 수 있었다. 15%는 러시아 잔여 부대인 주로 아시아 제2제대였다.[42] 1914년 동안에 우리는 이러한 계획에 의해 이루어진 유연성과 관련된 거대한 발전을 인정해야 한다.[43] 지금은 전개의 유연성이 더욱 많이 요구된다. 1914년 1912년 계획의 실제적인 전개과정에서 발생한 수많은 변화에 따라 우리 철도망의 대규모 사용중단에도 불구하고 전체적으로 큰 혼란 없이 계획상의 일정이 변경되었다.

오스트리아-헝가리의 소요는 비교할 수 없을 정도로 좋지 않았다. 세르비아에 대항하는 사바(Sava)강 근처의 남서 그리고 러시아에 대항하는 갈리시아 북동, 2개의 반대 방향으로 집결하는 여건은 아주 어려웠다. 전개 계획은 러시아와 세르비아의 정면인 리투아니아 A 구역을 견고하게 요새화하고, 리투아니아 B 구역은 제6·제7군단 그리고 2개(제8, 제9) 체코 군단을 전개하는 것을 계획했다. 리투아니아 B 구역 군단들은 상황에 따라 러시아 또는 세르비아 전선에 전개할 수 있었다. 7월 28일 세르비아에 대응한 동원이 처음으로 이루어졌다. 오스트리아-헝가리 참모본부는 세르비아에 대한 타격을 섬멸 형태로 수행하려 했다. 리투아니아 A 구역에서 세르비아에 대항하는 3개 국경군단(제8·제15·제16)이 지정되었다. 이 구역은 리투아니아 B구역의 4개 군단으로 증강되었다. 세르비아 전선의 전력은 19개 보병사단 및 1개 기병사단에 달했

42) 세계대전 전 13년 동안 러시아의 작전적 전개 계획에 대한 이전 세대의 전략적 사고의 관점에서 이루어진 구체적인 기술은 **Зайончковский**의 *Подготовка России к мировой войне*(세계 대전에 대한 러시아의 대비), **Москва** : 1926를 참고할 것.

43) 이는 전개에서 지연된 "매개물" 자산을 이용하는 것이다. 러시아 총참모부는 세계대전에 대비한 준비에서 기록적인 유연성을 우연히 달성한 것이 아니다. "대양"같은 러시아 땅에 파견된 군사력의 작전적 전개는 항상 오래 걸리는 경향이 있는 만큼, 우리 상황에서는 특히 작전적 전개의 유연성이 요구된다.

다. 체코 군단들은 슬라브족과 투쟁에는 특히 불안했기 때문에, 오스트리아-헝가리 참모총장 콘라드 장군은 세르비아 전선은 리투아니아 A 구역에서 차출한 제3군단과 2개 사단, 즉 작전계획의 축소에 따라 러시아 전선에 고착시키기로 한 사단으로 증강했다.

7월 29일 저녁 4개 철로를 통해 다뉴브로 부대를 수송하기 시작했다. 다뉴브 노선을 동원하기 위해 다른 철도망에서 인원 및 수송자산을 차용했다. 세르비아에 대응한 (병력 51만 2천 명, 말 6만 4천 필, 마차 1만 9,300대, 화물 약 3만 3천 톤) 투입에는 화차 50량씩 연결된 2,064량의 군용 열차가 필요했다. 수송은 최고속도로 이루어졌다. 빈의 많은 오해 때문에 러시아의 전체적인 동원이, 베를린이 인지한 지 하루가 지난 8월 1일 아침에야 알려졌다. 독일군 참모본부는 빌헬름의 전보(7월 31일 낮 4시 40분)를 통해 오스트리아-헝가리는 러시아에 대항하여 주력을 정렬하고 세르비아 원정에 마음을 빼앗기지 말 것을 요구했다. 콘라드 장군은 세르비아에 대응한 집결을 중지시키고 리투아니아 B 구역 군단들과 러시아 전선에서 리투아니아 A구역 군단들에서 차출한 부대를 갈리시아로 전환하고 싶었다. 그러나 군 병참선사령관 슈트라우프 대령은 화차 2,000량의 이동 방향을 돌리는 것과 동원이 해제된 갈리시아의 철도망이 이를 수용하는 것이 불가능하다고 설명했다. 1개 기병사단(제2사단)만 다뉴브로 이동을 시작하지 않았다. 슈트라우프 대령은 이미 이동 중인 제1기병사단을 갈리시아로 전환하는 것에 동의했다. 이동 중인 나머지 부대들은 다뉴브까지 그대로 수송되었다. 여기에서 환승한 후에 두 번째로 갈리시아로 수송되었다.

오스트리아-헝가리에는 7월 31일 총동원령이 선포되었다. 그러나 첫 동원일은 8월 4일로 정해졌다. 세르비아에 대응한 부분 동원으로 야기된 공황 후에 총동원 상황의 질서를 유지하는 데 4일이 소요되었다. 8월 5일 저녁에야 러시아에 대항한 부대 이동이 갈리시아로 향하는 7개 노선을 따라 총 3,998량의 화차로 시작되었다. 그때까지 무방비였던 오스트리아-헝가리는 8월 6일에야 러시아에 선전포고를 하기로 했고(독일에는 5일 늦게) 국경에서 적대행위를 시작했다. 다뉴브에 하역된 군단들(제4 및 제7군단, 제20 그리고 제23사단)의 수송이 시작되고, 8월 18일에 도착했다. 갈리시아 전투 전반기에 알려진 바와 같이 그들은 늦게 도착했다.[44)]

대체로 오스트리아-헝가리가 충분한 유연성 없이 세르비아에 대응하여 모험을 시도하여 리투아니아 A구역 군단들을 갈리시아에 전개하는 데 5일, 리투아니아 B 군단들을 전개하는 데 7일이 걸렸다고 생각해야 한다. 오스트리아가 계획적으로 행동했다면 그는 갈리시아 작전을 5일 빨리 시작하고 키예프군관구에 대항하여 파견된 엄호부대 병력을 2배로 늘릴 수 있었다. 이러한 결과는 루블린-헤움 축선의 심대한 위기인 삼소노프 재앙의 순간인 8월 29일경에 달성되었고, 러시아군이 비슬라에서 부크강 중류(中流)로 철수했을 것이라고 생각한다.

폴란드는 2개 전선에서 전쟁을 할 경우에, 어느 곳으로 주공격 방향을 지향할 것인지를 일정한 기간 내에 어렵게라도 정할 수 있었을 것이다. 왜냐하면 폴란드의 집결 방향은 완전히 반대였기 때문이다. 폴란드로서는 러시아 전선과는 비교할 수 없을 정도로 독일 전선이 중요하다. 왜냐하면 제2의 철도가 독일 전선을 횡단하고 그 근처에 경제적으로 아주 중요한 지역이 위치하기 때문이다. 폴란드에 가장 좋지 않은 경우는 동쪽으로 부대 수송을 시작하고 나서 독일의 방해를 받으며 러시아와 전쟁에 돌입하는 것이다.

세계대전 전 작전계획에 유연성이 없었던 것은 모든 참모본부들의 입장에서 전략 및 작전 예비에 대한 개념에 약간 부정적으로 접근한 것이 원인으로 보인다.[45)] 전략예비에는 다른 대륙에서 도착해야 할 성분(시베리아 군단들,

44) 콘라드의 회상록과 러시아 전선에서 군사행동 수행에 대한 협정체결에 관해 몰트케와 주고받은 서신을 통해 알 수 있듯이, 이러한 오해는 1901년 이미 콘라드 장군이 예견했다. 콘라드는 러시아는 오스트리아가 세르비아와 전쟁을 할 시간을 주었고 늦게야 행동한 것을 나쁘게 생각했다. 세르비아를 제물로 삼아 러시아는 갈리시아에서 3개월 동안 오스트리아군 30개 사단만 자신에 대항하게 만들었다(Reichsarchiv, *Der Weltkrieg, V. 2*(세계대전 2권), ff. 3~14).

영국과 프랑스에 있는 식민지 사단들)인 통상 장차 편성될 부대가 포함되었다. 휘하에 있는 것들은 지체 없이 각 군과 전선군에 할당했다. 전략예비에 대한 다른 접근과 나중에 우리가 이유를 이야기할 필요성을 통해 최초 작전계획에 비교할 수 없을 정도로 큰 유연성을 부여할 수 있고 1914년 오스트리아-헝가리의 전개가 저질렀던 실수를 피할 수 있다.

작전적 전개. 전쟁을 시작하는 작전은 후속하는 모습으로 이루어진다. 작전에 대한 전략적 접근도 똑같다. 그래서 이에 대한 기본적인 연구는 전쟁목표 달성을 위한 작전들의 조합에 관한 문제를 언급한 다음 장에서 다룰 것이다. 여기에서는 최초 작전에 부여된 목표에 따라 모든 작전 준비가 이루어져야 한다는 것을 이야기하겠다. 실제로 수행된 전개에서 처음 작전들이 연유한다면, 계획 수립 관점에서 전개가 처음에 예정된 작전들에서 연유한다. 전개는 부여된 목표에 종속되는 방법이다.[46)]

이와 똑같이 전체적으로 볼 때, 전개는 공격적인 또는 방어적인 목표 설정에 적합할 수 있다. (야전)군 범위에서, 극단적인 경우 전선군 내에서 편성을 변경할 필요가 생길 수 있다.

그러나 섬멸과 소모 간을 오락가락할 때는 다른 방안을 모색해야 한다. 왜

45) 1914년 프랑스 17번 계획에 따른 집결은 너무나 유연성이 없었다. 제4군의 2개 군단만이 하차 장소를 아르덴느의 한 방향 또는 다른 방향으로 바꿀 수 있었을 뿐이다. 수송에 관한 이런 경직된 계획은 집결 장소로 향하는 보유 중인 10개의 철도망 모두가 수송하는 데 꽉 차(노선별로 1일 58회 왕복) 있었다. 주도권을 획득하기 위해 최대의 시간 획득은 어떤 철도 기동도 허용하지 않았다. 프랑스가 파리 근교에 몇 개 군단으로 작전예비를 임시로 편성하고 20~30% 선에서 수송기간을 줄였다면, 프랑스 상황은 비교할 수 없을 정도로 유리했을 것이다. 동원 15일차(8월 16일)에 프랑스로서는 모든 수송을 마칠 때까지 여전히 좌익 보강을 위한 철도 기동을 해야 했다. 그러나 이 철도 기동은 아주 어려운 상황에 맞춰 계획되었고 예비대를 파리에서 곧장 보내는 대신에 우익에서 차출해야 했다.

46) 사실상 프랑스 17번 계획의 작전들은 군에 부여된 간략한 임무 초안 형태로 계획되어 있었다. 모든 준비의 중심은 구체적으로 작성된 수송과 집결 계획에 있을 수 있다. 그러나 이상적인 중심은 최초 위치의 점령에 있는 것이 아니라 예정만 되었을지라도 작전들이어야 한다. 작전들이 총사령관 머릿속에만 있다면 좋지 않다. 우리는 다양한 워 게임과 총참모부의 야외기동훈련 모습일지라도 작전들의 작성에 커다란 의미를 부여한다. 공식적인 결정인 최종 승인은 그 어디에도 없다.

냐하면 소모전에서 지형 목표와 대체로 부차적인 지역은 많은 병력을 고착시키기 때문이다. 이런 형태로 우리에게 부여된 전략적 행동선(전략 축선)이 전개 계획에 나타난다.

전쟁 성격을 예측하는 것과 우리의 병력과 적의 저항을 평가하는 것, 목표로 부여되는 것이 보유하고 있는 수단에 적합했으며 이에 따라 달성되었다. 그러나 현존하는 가능성을 실현하기 위한 귀중한 시간을 사용하는 것은 초기 작전 계획의 작성에 기본적으로 요구되는 것이다.

모든 조직적인 조치에서는 수송되는 부대를 집결시킬 올바른 계선을 선정하는 것이 대단히 중요하다. 이 계선은 공격 시에는 공격출발진지이며 동시에 방어에 유리한 곳이어야 한다. 왜냐하면 처음에는 그곳에서 부대가 엄호되어야 하고, 그 후에 적이 그곳에 우리가 집결할 것을 사전에 알게 되면 아마 다른 부대의 집결을 위해 군의 일부 부대가 전투를 벌여야 하기 때문이다. 적이 자신의 동원 준비와 철도 능력에서 우리를 능가할 경우, 우리가 필요한 시간을 얻기 위해서는 이 계선이 국경에서 상당히 멀어야 한다. 영구진지의 현존, 강력한 지역 장애물, 많은 인접지역이 영토 손실을 최소화하면서 국경 가까이에 어떤 계선을 선정하는 데 기본이 된다. 가능하다면 전개지역에서 전투에 돌입하고 그 규모와 기간에 따라 적이 동원과 전개, 그곳에서 아군 지역으로 행군하는 데 소요되는 시간을 정확히 산정하는 것이 중요하다. 교전 순간에 전개지역에서 우리가 저항하는 데 충분한 병력을 배치하는 것이 아주 바람직하다. 뒤늦게 군단들의 3분의 1이 이동 중이라면, 전개선을 더 종심으로 옮기는 것이 유리하다. 작전을 능숙하게 수행할 때 이 3분의 1은 전략예비로서 결정적인 순간에 전투에 돌입할 수 있는 유리한 상황이다. 왜냐하면 현대의 대규모 교전은 수일이 걸리기 때문이다.

적 전개가 무한정할 경우에는, 필요하다면 2일~4일 이동거리의 국가 종심에 하차역을 계획적으로 포위할 수 있는 방법으로 기만하는 2개의 전개 방안이 가능하다(1870년 몰트케).

우리는 몰트케에게서 너무 배우려하지 않는다는 비난을 두려워하지 않는다. 지난 50년과 새로운 사실들의 발견(철도 기동)이 우리가 회피하려는 이유이다. 이미 과거에 알려진 '전략의 첫째 임무는 전투수단을 갖추고 군의 첫 전개'라는 몰트케의 사고는 지나갔다고 생각된다. 이때 다방면의 정치적 지형학적 그리고 국가적 판단을 고려해야 한다. 군의 최초 집결간에 저지른 실수가 전역의 모든 과정에서 교정될 수는 없다. 그러나 이와 관계된 계획은 사전에 착안할 수 있고 현대의 동원과 수송 계획의 전제조건에서 계획된 결과에 실수 없이 도달해야 한다.[47] 지금은 작전적 전개가 전략의 첫 번째 임무가 아니다. 철도 기동과 작전예비의 보유가 전개의 실수를 교정할 수 있다. 전략적인 업무는 전개 기간에 평시에 준비된 계획을 자동적으로 수행하지 않고, 적에 대한 새로운 정보에 따라 전개를 조율하는 것이다. 작전적 전개 업무는 작전수행 업무만큼이나 예민한 성격을 띤다.

전선군 조직. 임박한 작전에 대한 이해를 바탕으로 우리가 설정해야 할, 작전에 필요한 병력수와 최초 위치를 결정하게 된다. 병력은 특정한 구역을 점령하는 (야전)군에 조직되어야 한다. 합동작전을 수행하거나 독립적인 전구에 전개되는 몇몇 군은 전선군이 된다. 만약 독립적인 전구에서 몇 개의 기병사단을 포함한 6개 군단을 넘지 않는 정도라면, 여기에는 별도의 군을 창설하는 것이 바람직하다.

전선군을 지정한 후에 전역계획은 전선군 조직, 즉 전선군 지휘편성, 인접 전선군과 국가 종심지역과의 경계 설정을 다루어야 한다. 인접부대와의 경계는 계획된 작전을 수행하기 위한 기동에 방해가 되어서는 절대 안 된다. 후방지경선은 전선군의 공격과 후퇴 폭의 크기에 따라 설정되어야 한다. 공격을 전개할 것이라고 믿는다면 후방지원부대 모두가 전방부대에 근접하도록 짧은

47) Moltke, *Militärische Werke, раздел II, T. II*(군사적 업적 제2부, 2권), f. 287. 1872년 출판본의 보불 전쟁 공간사에서 발췌했다.

종심을 부여하는 것이 바람직하다. 반대로 상당한 후퇴가 예상될 때는 후방지원부대를 상당한 정도로 제대화할 수 있도록 전선군 지역을 종심 깊게 편성하는 것이 유리하다. 풍요롭고 주민이 많은 지역은 전선군의 종심 경계선을 제한할 수 있다. 주민이 적은 지역에서는 전선군이 부대와 시설을 배치하기 위해 주거 또는 비주거 공간을 충분히 확보할 수 있도록 종심을 늘려야 한다. 시설은 후방 종심의 철도망과 아주 깊은 연관이 있다. 시설 배치를 위해서는 철도역에서 가까운 주거 지역만을 이용해야 한다.

전선군 후방시설의 수량과 규모는 천편일률적으로 정할 수 없고 병력수에 따라 정해야 한다. 후방시설 수는 전선군 후방시설에 제시된 계획된 작전 소요 규모, 모든 필요한 것을 중앙에서 전선군에 쉽고 빠르고 확실하게 보급할 수 있는지에 따라 달라진다. 이와 같이 중앙과의 관계에 중요한 수정을 위해 정확히 계산해야 한다.

전선군 후방부를 간혹 자족할 수 있는 강력한 병참조직으로 편성하려는 경향이 나타난다. 중앙이 정체 없이 작동하고 철도망이 이와 관련되어 확실하게 보장되기 때문에 전선군의 병참활동 확대는 바람직하지 않다고 본다. 효율성 관점에서 보면 전선군 지역은 적절히 줄일 수 있다. 왜냐하면 전선군 면적 전체는 일반적인 국가 경제활동의 범주에서 나오고 내부 영역의 경제적 부담이기 때문이다. 전선군 병참과업 수행은 동원되는 인적 자산의 과도한 소모와 관계되고 이들의 경제적 타당성 문제도 전선군이 자기 영역에서뿐만 아니라 항복한 적의 영토에서도 병참 업무를 전개해야 하는 경우에만 일어난다.

작전기지. 전선군 병력은 전개를 위해 선정된 계선에 집결한다. 여기에서는 부대 집결을 엄호하는 전위부대가 통상 적의 공격을 억제한다. 핵심적으로 말하면, 이 계선이 국가의 실제적인 전략적 경계선이다. 1914년 러시아의 독일에 대응한 전략적 경계선은 네만, 보브르, 비슬라를 연하는 선으로 형성되었다. 제시된 계선에서 서쪽과 북쪽에 위치한 이 지점들이 전략의 최전방 기준점이었다. 전쟁 발발과 함께 이 지역에서 국가기관들은 그렇게 안정적으로 기능을 수행하지 못했다. 경제적으로 이 지역은 적이 기동할 경우에 적에게 포기해야 하는 소유물이었다. 공격을 위한 이동이 계획되지 않은 지역들은 동원과 함께 계획적으로 소개되어야 한다.

제시된 계선에서 후방지경선까지 전선지역을 작전기지라고 생각해야 한다. 이 작전기지는 철도망이 부대 수송에 진력할 때 집결하는 부대에 지방 자산들과 함께 지원할 물자를 비축하는 것이 바람직하다. 그러나 병참물자가 전체적으로 충분하지 않을 경우 중앙부처가 이들에게서 회수하고 변두리에 모든 것을 집결시키는 것은 실책이었다. 보급의 계단화 원칙은 유지되어야 한다. 이와 똑같이 영구진지 준비 부재와 어떤 국경에서 상황이 충분히 견고하지 않은 것은 작전기지에 보관되는 병참물자 축소로 이어질 수 있다.

전선 지역의 작전기지는 철도망에 따라 완전히 자급자족적이고 극단적으로 한두 개의 철로가 연결되게 하는 방법으로 나누는 것이 바람직하다.

집결을 위한 수송. 세계대전간 독일군의 집결을 위한 수송에는 열차 1만 1,100량이 소요되었다.[48] 객차는 유개차 16만 5천 량, 무개 차 6만 량이었다. 구성은 전개 기간에 두세 차례 바뀌었다. 서부전선으로 향하는 13개 간선을 따라 1일 최대 600량의 열차가 운행되었고 이 중에서 라인에는 550량이 운행되었다. 복선 철로를 통해 하루 72개 조가, 단선 철로를 통해 24개 조가 그리고 36개 조까지 운행되었다. 8월 2일부터 18일까지 2,150량이 쾰른 근처의 교량을 통과했다. 미래의 전쟁에서는 집결을 위한 수송이 더 늘진 않을 것이다. 1914년 독일에서 1차 동원 규모는 병력 312만 명, 말 86만 필이었다. 지금은 프랑스를 포함한 모든 유럽 국가가 1차에는 아주 적은 규모의 병력을 동원할 것이다. 이처럼, 전개 지대에 하루에 도착하는 철도차량은 1914년에 도달한 최대 3만 량이 될 것이다.

소련-폴란드 전쟁 시에 집결은 아주 느리게 이루어졌다. 1920년 3월 서부

[48] Reichsarchiv, *Der Weltkrieg I*(세계대전 제1권), ff. 144~145.

전선에 총 83개 제파가, 4월에는 203개 제파가 도착했다. 철도는 1개월 동안 하루 24시간 운행되었다.

지금 소련의 철도 이동이 점차적으로 발전하고 있다. 일일 화물수송량은 화차 1만 5,000량을 상회한다.[49] 우리 철도망은 단선철로로 4회 이상(2개 철로는 8회)을 기대하기 힘들던 1919년~1920년 붕괴의 시대에서 크게 벗어났다. 철도 수송능력이 3분의 1로 떨어졌을 때, 120대의 기관차로 600㎞를 수송해야 하는 군단이 이동대형으로 집결할 수 있는 속도로 단선 철로로 수송할 수 있었다. 750량의 열차가 필요한 군에는 이동속도를 높이지 않고 이동 대형으로 1,000㎞를 극복하는 데 8주가 소요되었다. 3개 철로를 이용할 경우 10주가 소요되었다.

철도를 이용한 이동이 꾸준히 이루어진다는 상황이긴 하지만, 집결을 낙관적으로 전망한다. 왜냐하면 지금 집결을 위한 수송은 대규모로 커지지 않았고 전체적인 규모는 줄기 때문이다. 수송을 순차적으로 준비하고, 각 노선에 제기되는 소요를 확인하고 부족할 기관차 · 전신기의 수량을 계산하고 동원 기간에 이들을 조금 여유있는 방면에서 임차할 가능성이 있다. 철도의 최초 집결 임무는 파괴 손실을 보충하고 적의 측방을 타격하기 위해 아주 짧은 시간에 수백 량의 화차로, 사전에 수송 준비가 전혀 되지 않은 방향으로 기습적인 수송인 철도 기동을 해야 하는 후속 집결 임무보다 비교적 더 쉽다. 전략가가 전개를 강행할 것을 염두에 두고 국경에 이르는 철도망을 사전에 특별히 평가했다면, 이제 그는 이 임무를 훌륭하게 또는 꽤 좋게 수행할 수 있다[50]고 생각할 것이고 전략 및 작전 예비가 측방기동을 할 수 있고 이용할 수 있는 국경과

[49] 제1판의 이 숫자를 그대로 인용한다. 1년 반 후에 나온 제2판에서는 이 숫자가 2배, 즉 화차 3만 량으로 늘었다는 것을 언급해 둔다.

[50] 우리는 이를 전쟁 준비에서 아주 중요한 문제에 관심이 없는 것으로 받아들이고 싶지 않다. 군사행동의 성공은 작전 수행술, 동원과 작전적 전개, 보충과 병참보급의 합리적인 준비에 대등하게 좌우되며, 이 모든 문제는 대등한 관심을 기울여야 하며 똑같이 치밀하게 준비되어야 한다는 데 전체적인 관심을 기울이고 있다(영국의 1920년 전쟁계획 제5장 정책 지침).

평행하게 연결된 철도망에 대하여 주의를 기울일 것이다.

예전엔 전 국경을 따라 연결된 전선을 경솔하게 단번에 형성했었다. 현대의 집결 기술은 전개의 엄청난 정면과 기능을 올바르게 수행할 수 있는 후방부 전투력에 따라 결정된다. 최대로 빨리 전투 준비를 갖추고 더욱 중요한 구역에 집중해야 한다. 쭉 펼쳐진 약한 엄호 막, 이들 사이의 미점령 구역은 군의 상당부분이 후방 철로 상에 위치하고 2일~3일 사이에 수백 개 제대가 적의 일부가 돌파하려는 것에 대비하여 측방으로 투입될 수 있을 때는 그렇게 위험하지 않았다.

광정면 공격을 통해 프랑스 전선에서 전쟁을 시작할 수 있는 충분한 정보를 보유하고 슐리펜의 섬멸계획을 수행하기로 결심한 독일은 1914년 어려운 집결계획을 현란하게 수행할 수 있었다. 엄호부대를 충원한 후 동원 2일~3일차에 작전적 집결지역에 야전제빵소 요원과 현지 주민들의 말(馬)로 구성된 야전수송부대인 "야전 기병대"를 투입했다. 이처럼 동원을 끝내고 강력한 엄호하에 집결지역이 병참 분야에서 부대 수송을 시작할 준비를 했다. 이는 아주 중요하다. 왜냐하면 야전 수송대열은 부대를 후속했고 사단과 군단들은 후방지원 분야를 전혀 갖추지 않은 상태로 투입되었기 때문이다. 하나의 간선 철로로 2개 군단 부대들이 수송되었다. 수송 시작과 함께 주로 보병이 후속했고 그 다음 포병, 어느 정도 시간이 지나 군단 예비대 수송이 이루어졌다. 모든 부대가 수송된 후에 사단과 군단 후방시설들이 수송되기 시작했고 이들의 동원에는 많은 시간이 소요되었다. 통상 2개 군단의 4개 사단 부대들이 번갈아가며 수송되었다. 특정 역에서 사단을 하역하는 데 적재와 하역 작업을 조직하는 것이 순차적이 아니라 동시에 이루어졌다. 1870년 독일군은 집결에 유연성을 발휘하여, 필요할 경우 라인강에서 수일의 행군거리 후방에 있는 하차역이 포위될 우려가 있었다. 1914년에는 그런 경우가 없었다. 집결지역을 가로지르는 4개의 대규모 측방 간선 철로가 최고사령부 재량으로 재편성을 위한 강력한 수단이었다.

세계대전 후 어떤 경우든 사단과 군단에서 후방지원시설을 제거해서는 안 된다. 야전군과 전선군 후방부가 구성되지 않았을 때는 더욱 그렇다. 몰트케 시대에는 부대가 휴대하거나 수송한 탄약으로 전투를 연달아 수행할 수 있었다. 지금은 불가능하다. 전개지역에 하차한 부대는 철도망을 끌어들이지 않고 기동할 수 있다.

철도 기동 능력이 있는 유연한 집결 개념에 관한 우리의 관점에서 보면, 전혀 특색이 없는 것은 아니지만 4개의 간선을 이용하여 12일 동안에 8개 군단을 수송하거나 이 군단들이 2열로 6일 간격으로 후속하거나 한 조씩 3일 안에 집결을 완료할 것이다. 첫 번째의 경우, 무엇보다 우리는 마지막까지 아주 기동성이 뛰어난 부대를 보유하지 못할 것이다(삼소노프군 군단들은 완전히 와해될 때까지 군단 수송수단을 갖지 못했다). 둘째는 12일 내내 특별한 체계상의 혼란 없이는 어떤 철도 기동도 할 수 없을 것이다. 수송을 중단하고 군단 후미를 선두부대와는 다른 방향으로 보내는 것은 절박할 때 취하는 조치이다. 그래서 전혀 권할 수 없는 대책이다. 하여튼 두 번째의 경우, 선두부대가 아직 하역과 관계가 없는 군단은 새로운 방향에 쉽게 투입할 수 있고, 한 군에서 다른 군으로 전환할 수 있다.

집결을 위한 수송을 완수할 목적으로 프랑스는 1914년 2열로 나누었다. 프랑스는 철로에 한숨 돌릴 기회를 주고 뒤처진 제대들을 독촉하기 위해 동원 11일차에 12시간의 휴식을 취했다. 실제로 제1열의 열차 2,534량 중에서 20량만 그렇게 했다. 모든 군단과 예비사단 부대들은 수송 제1열에 포함되었고 후방부와 몇몇 기술병과 부대들은 제2열에 속했다. 우리는 수송을 몇 개의 열로 나누어야 하며 각 수송 열은 철도를 자체적으로 운용할 뿐만 아니라 작전 전체를 자체적으로 조직해야 한다고 생각한다. 다음 수송 열은 발생하는 기동 필요성에 따라 다른 방안으로 수행될 것이다.

우리가 제안한 제대화된 수송은 큰 어려움에 봉착한다. 여러 군단을 위한 동원 기간은 다양하게 계획되어야 한다. 한 곳에 이동수단 보급과 한 지역에

3일간에 걸친 군단의 하역은 활동의 분산보다 더 바쁘다고 생각된다. 제1제대 군단들의 대대급 후방부대 동원을 앞당기는 것은 아주 어렵다. 우리는 하역하는 역에 대해 걱정은 덜 한다. 왜냐하면 하역 지역이 3일 이동거리만큼 상당히 넓다면 이러한 제대의 수송을 위한 특수 설비가 필요하지 않을 것이기 때문이다. 그러나 철도를 이용한 수송에 대한 우리의 관점을 근본적으로 바꾸어야 한다. 몰트케 시대에는 이 기간을 부대가 무방비 상태라 간주했고, 요새나 전개를 종심지역으로 옮겨서 부대를 엄호하기 위해 노력했다. 객차 내의 부대는 배의 선실에 앉아 있는 여행객이 선장을 믿는 것처럼, 철도국장에게 자신을 맡긴 승객이었다. 그런데 이들은 승객이 아니라 작전예비이다. 그래서 수송 자체는 철로 위로 기동한다고 생각해야 한다. 수백 량의 화차가 작전적 기동 대열이며[51] 대열에 적당한 유연성을 유지하기 위해 전략가가 이의 편성에 관여하는 것은 아주 합법적이다. 철도 과학기술은 철도에 새롭게 제기되는 요구사항을 충족시킬 정도로 1870년에 비해 앞서 있다. 이와 동시에 집결을 위한 수송을 이런 방법으로 준비하면서 철도요원들은 전쟁 진행간에도 수시로 요구되는 철도 기동을 준비하고 있다.

철도 수송은 행군과 폭넓게 통합해야 한다. 야전군들이 처음에 견고한 전선이 아니라 개별 구역으로 전개된다면, 철로를 최대로 이용하기 위해서는 행군으로 집결하여 전선으로 이동을 완료할 수 있도록 하차역을 선정된 전개 전선에서 1일~2일 이동거리를 벗어나서 더욱 넓은 구역에 선정할 수 있다. 이런 것이 "교전"을 위한 철도 기동의 표준적인 방법이다.

우리의 철도 기동 능력에 관한 개념은 환상이 아니라 현대의 실재적인 능력에 부합하며, 러시아 제9군 · 제10군이 철도 기동을 했던 1914년 8월 러시아의

---

[51] 독일 교범은 작전적 요구에 따라 수송을 아주 치밀하게 구성했다. 하차역을 보호하기 위해 선두에 대공포를 배치한다. 그 뒤에 정찰을 수행할 부대와 통신부대가 따른다. 그 다음 포와 전투를 치열하게 수행하는 데 필요한 수송 장비로 무장한 공병과 보병이 후속한다. 이동대형을 편성하는 기술은 철도에도 적용해야 한다.

전개 사례가 이를 증명한다. 제9군은 초기에 바르샤바 지역에서 비슬라강 좌안을 따라 공격으로 전환하여 제1군 · 제2군이 비슬라강 하류의 장애물을 극복하는 것을 지원하는 전략예비 역할을 수행해야 했다. 전선에서 과업전환에 실패했을 때 제4군 근처 루블린 남서쪽에 전개한 제9군은 오스트리아－헝가리에 대항하는 남서전선군의 작전적 전개의 중요한 약점, 즉 대단히 중요한 공격임무가 부여되었던 전선 우익의 커다란 취약성을 제거했다. 전체적으로 제9군 기동은 아주 성공적이었다. 제2군으로 전환에 실패한 후 제10군은 제1군 · 제2군 사이에 전개해야 했다. 아쉽게도 제10군은 늦어버렸고 자기 역할을 수행하지 못했다. 그러나 늦은 것은 수행상의 여러 가지 착오와 제10군 하차를 엄호하고 이들과 통신을 유지하기 위해 제1군을 왼쪽으로 기동시켜야 하는 필요성을 이해하지 못했기 때문이다. 제10군의 기동 실패는 철도 기동 개념에 전혀 해가 되지 않았다. 반대로 저지른 실수에서 이러한 기동 수행 방법에 대한 귀중한 작전적 교훈을 얻었다.

철도의 많은 고장과 내전 시 느린 활동에도 불구하고, 전개간에 성공적인 철도 기동의 예를 제시할 수 있다. 이를테면 1919년 8월에서 9월간 데니킨에 대한 결정적인 공격으로 전환할 때, 제13군에 타격부대의 집결이나 페트로그라드에 대한 유데니치(Yudenich)의 공격을 격퇴할 때 집결 등이다.

프랑스와 독일은 철도가 상당히 표준적인 수준에 있었다는 여건이 그들의 큰 장점이었다. 집결을 위한 수송에 사용된 프랑스 간선 10개는 57쌍의 군용 기관차가 운행할 정도에 달했고, 독일 복선 철로로는 48쌍의 군용 기관차가 통과했고 단선철로로는 24쌍의 군용 기관차가 통과할 정도였다. 철도망이 이러한 표준형을 갖는다면, 하나의 복선 철로에서 다른 복선 또는 2개 단선 철로로 수송 대열을 전환하는 것은 아주 간단하며, 철도 기동 능력이 상당한 수준으로 향상될 것이다. 러시아의 각 철도는 특유하고 특수한 유형이었다. 군사당국은 경직되게 정해진 전개에 따라 수송에서 최대의 성공을 거두고, 각 전개 주요 교통로의 정체 해소만을 걱정했다. 이들을 균등하게 하는 것은 고민하지 않았고 군사적 요구 자체가 모순을 야기했다. 그래서 페테르부르크−바르샤바 철도는 여러 구역에서 다양한 규모의 집결 대열을 처리해야 했고 통과능력은 5배 폭(군용 기관차 30쌍에서 60쌍)으로 변화했다. 철도의 이런 편중된 준비는 철도 기동의 성공에는 아주 커다란 위험요소이다. 왜냐하면 계획된 수송을 철회할 가능성이 약해지고, 이어지는 부대편성 수행에 대한 소요를 전혀 충족시킬 수 없기 때문이다. 군용 기관차 12 · 24 · 28 · 60쌍으로 아주 폭이 넓지만 철도의 기준 정립과 현존 철도망의 속도 증가로 철도 기동 능력이 커졌다. 이제 철도 분야에서도 우리는 특유의 구경을 가진 포와 총이 있고 우리의 창이 특유의 길이를 갖게 된 20세기 중반에 와 있다.

우리는 철도전문가들이 주둔지에서 군단들의 동원 준비 기한에 대한 현황을 검토하고 구체적인 방법으로 철도망의 모든 특성을 이해하여, 아주 즉흥적으로 만들어진 전개 계획에 따라 3시간 내에 근거가 확실한 수송계획을 수립하고, 3일 후 수송간에 전개 계획의 몇 가지 대규모 변경 가능성을 계산하여 수행할 수 있을 때 이상적인 수준에서 철도의 전개 준비는 끝났다고 생각한다. 이를 위해 수개월에 걸쳐 산더미 같은 일정표를 그려야 하는 전문가들은 현대 전쟁의 요구에 부응하지 못한다.

전개 엄호. 물론 군사행동 수행의 첫 행보에 헛발을 딛지 않도록 실제적인 주의를 기울일 필요가 있다. 만약 적이 우리가 부대전개를 계획한 지역에 돌입하여 수송되는 부대의 전개를 방해하고 다양한 방향의 여러 역에서 하차하도록 강요했다면 이는 우리로서는 커다란 실패였다. 발단, 현상의 시초는 전쟁술에서 언제나 특별히 중요하다. 그러나 그 중요성을 과대평가하고 현상의 시초를 독립적인 역할로 인정한 것은 실수였다. 전투의 모든 문제들을 전위부대에 관한 문제와 결부시키는 프랑스는 그렇게 한다. 전략에서 집결을 방호하는 부대들은 특정한 분야에서 전략적 경계 역할을 수행한다. 프랑스는 이 역할을 현존하는 상비군을 "엄호 군"이라고 부를 정도로 강조한다. 이는 군에 제2동원 제파를 엄호하는 전략적 엄호 역할이 있다고 생각한 것이다.

전선군은 전개가 완료될 때까지 위기 상황에 놓일 것이다. 특히 국가동원이 아직 진행되고 집결을 위한 수송이 많지 않은 부대에만 해당할 때인 첫 주에 국경지역 상황은 특히 유동적일 것이다. (거의 전시 편제로 구성된 기병부대는 이틀 사이에 먼저 동원되었다) 이러한 첫 주에는 크지 않은, 부분 동원된 부대(국경지역 군단에 동원된 여단 정도)는 무거운 군수품이 거의 없이 국경경비대만으로 증강되고 인접부대와 며칠간의 이동거리에 있는 후방부의 지원을 받지 못하면서 중요한 역할을 수행해야 한다. 그러나 이런 위험은 국경의 아군 부대뿐만 아니라 적군에게도 있다.

전개 정면이 국경과 아주 가깝고 위치가 아주 중요한 지형 목표일 경우에 엄호 임무는 국경군단들에게는 힘겹다. 다른 군단의 전투력을 사용해야 하고 부분 동원된 부대들의 집결 제1제파를 받아들여야 한다. 프랑스로서는 독일과의 국경이 짧고 국경지역에 부대가 밀집되어 주둔함에도 불구하고, 엄호부대와 함께 약 385량의 기관차와 엄호부대에 각각의 보급품을 실은 349량의 기관차 제2제파를 보내야 했다. 엄호부대 수는 5개 군단과 10개 기병사단에 달했다. 엄호를 위한 수송은 동원 첫날 2일 이전 사이에 시작되었고 동원 이튿 날 아침에 종료되었다. 규모 면에서 이 수송은 집결 물량 전체의 10%가 넘었다.

미래의 전쟁에서는 15일 동안 양측 국경에 차분하게 부대를 집결하고 기병의 가벼운 습격이나 국지적이며 우발적인 침공(리에주),[52] 그 후에 수백만 부대의 정면충돌이라는 명확한 구분은 없을 것이다. 소모전략에 제시되는 부차

52) 작전적 전개 여건을 유리하게 할 목적으로 수행되는 동원 초기의 공격적인 조치들은 부대와 철도의 준비에 많은 것을 요구한다. 독일이 리에주를 탈취하거나 룩셈부르크를 점령하는 데는 엄호를 증강하기 위해 1,440량의 기관차가 필요했고 그중에서 동원 1~2일차에 340량이 요구되었다. 리에주 작전은 아주 비밀리에 이루어졌기 때문에 이와 관련된 엄호를 위한 수송의 절반에 관해서도 철도당국에 전혀 알리지 않았다. 제16보병사단은 동원 첫날 밤 12시 45분에 룩셈부르크를 점령하라는 명령을 받았다. 그 때에 평시 편성이던 2개 연대는 장갑 열차, 일반 열차, 차륜차량에 탑승하거나 자전거를 이용했다. 아침경에 룩셈부르크 공국은 중요한 철도들과 함께 점령당했다. 사단은 나머지 2개 연대를 동원 첫날인 아침 7시까지 출동시켰다. 사단은 프랑스 국경을 에워싸고 동원 2~4일차에 자신의 동원병력을 접수했다. 리에주를 공격했던 여단들은 작전 중에 동원병력을 받았다.

적인 목표들 때문에 아마 부차적인 작전들에서 전쟁을 시작하게 될 것이다. 엄호지원의 점차적인 증대에서 기인하는 격렬한 전투와 대규모 작전 가능성이 예상된다. 그러나 우리의 서부 국경에 집결 완료 이전의 시기에, 이러한 적극성을 실행할 만한 지형적으로 충분히 가치 있는 곳은 전혀 없다. 반대로 양측 국경의 여러 구역은 엄호부대가 후퇴 기동을 해야 할 정도로 빈곤하다. 며칠 이동거리에 있는 많은 촌락들로 이동해봐야, 보급로에 대한 번거로움 외에는 아무 소용이 없다.

엄호임무 수행을 국경에 연한 초병선(哨兵線)을 형성하는 것으로 생각하는 것은 잘못된 것이다. 엄호부대는 중요한 지역에 집중되어야 한다. 조금 덜 중요한 방향은 국경경비부대와 독립기병중대가 차창해야 한다. 국경지대 주민의 특성이, 살고 있는 지역에서 소수의 적 부대가 침투하는 것을 저지하고 중요한 인공시설들을 경비하는 특수한 국경 민경대를 그곳에 창설하는 데 도움이 되는 경우, 민경대가 지하활동으로 적의 공격을 제거하고 그 후방에 빨치산 부대를 조직하기 위한 준비된 요원들이 된 경우에는 아주 유리했다.

엄호는 선형이 아니라 종심에 상당한 공간을 점하고 예비가 필요하다. 국경지역의 중요한 요충지들에는 돌파한 적 기병부대에 대항하여 즉각적으로 파견하기 위해 준비된 병력, 출동준비가 된 기관차와 포로 무장된 2개~3개 중대가 있어야 한다. 이러한 방법은 종횡으로 많은 지선들이 깔려 있는 모든 국경 구역에서 중요하다. 국경과 평행으로 흐르고 차안에 철로가 있는 강들은 이를 적용하는 데 유리하다. 수송이 시작되면 이런 철도 예비는 이미 불필요해진다. 그리고 전체적으로 모든 엄호는 전선군으로 전환된다. 왜냐하면 예비대 역할은 철도망에 있는 부대로 전환되기 때문이다.

세계대전 초에 프랑스의 알자스에 대한 첫 공격은 로렌느로 집결하기 위해 수송된 독일군 부대들에 의해 격퇴되었다. 프랑스군을 타격할 때 독일군 부대들은 열차에 탑승하여 각자 지정된 곳으로 보내졌다.

엄호에서는 기병부대와 자전거부대, 자동차부대, 일반 열차에 타고 있던 독립중대 같은 기동부대들이 특히 중요했다. 만약에 평시에 이런 오지에 공항이 설비되어 있어 항공기가 민간공항에서 엄호를 지원할 수 있다면, 이러한 목적을 위해 충분한 항공 전력을 즉시 할당해야 한다. 어떤 경우이든 집결지역에는 임시 공항의 엄호가 필요하다. 국경지대에 있는 반항공 포병은 사격준비를 갖추어야 한다. 전투기 편대들의 역동적인 활동은 초기에 특히 중요하다. 공중에서 첫 결투는 격렬할 것이며, 특정한 상호관계와 공군의 평판을 오래 유지할 것이다.

엄호 활동은 사전에 구체적으로 구상된 계획에 따라야 한다. 독립적인 부대집단, 이의 임무, 현존하는 영구 요새들의 동원, 새로운 공항 건설에 관한 계획, 도로 정비, 위장, 이 모든 것을 각 구역의 전선지역 군단들이 구체적으로 수행해야 한다. 지휘관들은 자기 구역을 알아야 하며 합당한 전술적 임무들, 보고, 워 게임, 부여되는 임무를 야외기동훈련으로 숙달해야 한다.

엄호와 관련된 문제를 숙달하는 데 특별한 관심을 기울여야 한다. 왜냐하면 부대가 과업을 수행해야 할 때 거리가 통상적인 기준을 훨씬 넘기 때문이다. 전개 지역에 상설 전신 및 전화 선로를 광범위하게 가설해 놓으면 엄호 활동이 상당히 용이해질 것이다. 그러나 이 망은 사전에 익숙해야 하고 이의 사용을 충분히 생각해 두어야 도움이 될 것이다.

엄호부대는 가능한 한 지역주민의 노동력을 이용하여 자기 정면의 진지보강을 첫날부터 시작해야 한다. 근본적으로 엄호 진지는 집결하는 군이 방어를 해야 할 경우, 그곳이 격전을 치를 진지이다. 전개가 완료되기 전에 구축할 수 있다는 것은 저항의 귀중한 골간이다. 이 진지의 일부는 아마도 평시에 이미 철근콘크리트 설비로 보강될 것이다. 진지는 하차역에서 멀지 않은 이동거리에 위치하고 철근콘리트 작업은 적이 진지로 접근한 후에도 방해받지 않고 계속하는 것이 바람직하다. 물론 진지구축 작업은 엄호부대가 언제든지 이곳에 의지할 수 있도록 "상시 준비" 원칙하에 계획되어야 한다.

노무자 부대는 상당히 이격하여 경비부대가 엄호할 경우에만 거점을 성공적으로 구축할 수 있다. 엄호부대가 미약한 초기에는 이들의 대부분은 주요 방향에 설치된 경계 진지에 투입된다.

통상 거점이 구축되고 진지들이 확장되고 새로운 부대들이 도착함에 따라 엄호의 특성은 계속 바뀌고, 엄호 임무와 요도를 동원과 전개 전 기간에 전술적 결심지도의 형태로 날마다 고안해야 한다.

전개 임무를 전술적 방어 방법뿐만 아니라 공격으로 해결할 수 있다. 수색부대는 아주 중요한 교통중심지, 특히 중요한 인공지물에 파견하여야 한다. 첨예한 계급투쟁의 분위기에서 군사행동이 이루어질 경우, 주민들을 남겨두고 그들에게 동정심을 표시하고 그들을 돕는 짧은 기간에 아군 부대의 도착과 후퇴로 외국에 있는 우리 지지자들을 어려운 상황으로 몰아서는 안 되며 그들의 정치적인 적(반대파)을 징벌하지 않도록 고민해야 한다. 첨예한 민족적 대립 상황에서는 습격이 빈번히 부정적인 결과를 낳았다. 1877년 구르코의 발칸 습격은 습격대가 접근했을 때, 투르크인들이 궐기한 불가리아인을 대량으로 학살하는 결과를 초래했다. 1914년 8월 프랑스의 두 번에 걸친 알자스 침입도 프랑스에 동조하던 알자스인들에게 치욕을 주었을 뿐이다.

이러한 생각과 외교 관습상의 사고에 따라 엄호부대가 외교 관계 단절과 국경에서 개별적인 총격 사건들을 국경 통과의 해결책으로 받아들여서는 안 된다. 적대행위의 시작에 대한 상급사령부의 원칙적인 전신(통신) 명령 후에 국경 너머로 기병척후대 파견과 항공기 비행이 이루어질 것이다. 이 명령은 전쟁선포와 시간적으로 합치되지는 않는다. 국경 통과를 빈번히 질책하는 것은 불리하지 않다.

엄호간에 지휘관은 전투를 치열하게 치를 것이라고 예상되는 구축된 진지에 도착 순서와 위치를 알려주어야 한다. 또한 지휘관은 폭파 준비를 해야 하는 도로와 교량 · 구축물, 또한 어떤 상황에서 교통로 파괴를 방지해야 하는지, 어느 도로가 해로운 영향을 미치는지를 알아야 한다. 이러한 명령은 각 군관구에서 준비해야 할 파괴에 관한 하나의 전체적인 준비계획의 일부이다.

적의 강력한 습격 때문에 선정된 지대에서 전개를 성공적으로 마무리하는 데 방해가 된다면, 전선군 사령관은 이 계선에서 벗어나 다른 지역에서 결정적인 전투를 전개하라는 명령을 내리는 것을 주저하지 말아야 한다. 엄호계획의 수동적인 방안은 자신의 구역에서 이러한 기동을 고려해야 한다.

군의 이상적인 준비. 확정된 작전계획의 실행에는 군과 간부들의 합당한 준비가 필요하다. 독일군 참모본부는 독일군이 프랑스, 벨기에 그리고 러시아로 진입하는 통로에 장애가 되는 요새들을 돌파하면서 중포(重砲) 도입과 기술부대 증강에 그치지 않고 군에 신속한 공격 사고를 전파하고 전투공병의 수백년 전통을 지닌 예비대를 도입한 요새공격 교범을 만들었고 부대에 요새공격 훈련(1907년 포즈난에서 대규모 요새 기동훈련)을 폭넓게 실시했다. 고위 간부와 참모본부는 요새지역에서 많은 야외기동훈련을 통해 대규모 요새의 공격과 방어 문제에 관해 토론하였다.

군단과 군의 보고는 각 작전계획에 관한 필수적인 훈련단계이다. 작전계획에서 나오는 전체적인 임무는 전선군, 군 및 군단의 작전적 전술적 임무들로 세분화된다. 이러한 임무는 이를 수행해야 할 각 조직이 해결하도록 부여된다. 관구 참모부에서는 아마 합동토론 방법을 적용하여 이 문제를 검토하고 토론하고, 요약 형태로 최고사령부에 보고한다. 작전계획은 일련의 과업들이다. 보고와 관련하여 상급사령부는 전선군과 군과 군단이 이런 작전적 전술적 과업들을 어떻게 해결하는지 명료하게 이해하게 된다. 보고는 다양한 작전적 견해를 밝혀주고 이를 검토하는 최고사령부가 사령부의 작전 준비에 바람직한 측면에서 의도적으로 관여하게 된다. 보고는 임박한 활동의 성격을 각 지휘관에게 사전에 알리는 역할을 한다. 국경지역 군단급 지휘관은 엄호 및 전투 집단의 훈련을 위해 점령하고 있는 숙영지에서 다른 지역으로 부대 이동, 부대 배치와 급식 그리고 모든 후방부의 편성 규모 등에 대하여 판단하게 된다. 다른 한편으로는 이런 문제들에 관해 이론적인 답변을 준비한 군단 참모부는 실전에서 이런 문제를 아주 쉽게 해결할 것이다.

현존하는 작전계획에 대한 가능한 방안들인 다양한 상황은 야외기동훈련과 워 게임이다. 이러한 2가지 훈련은 작전적 제안들의 취약한 면을 밝히는 데 중요하다. 적을 묘사하는 측은 자체 활동으로 상대편의 계획을 실용적인 방법으로 비평한다. 총참모부의 기동훈련은 작전계획에 비교적 새롭고 바람직한 근본적인 변화를 줄 수 있는 상황을 연출하는 데 자주 이용된다.

워 게임과 기동훈련에 대한 러시아 지도부의 전형적인 실수는 첨예한 상황을 회피하려 하고 주로 대등한 전력을 가진 2개 전선군 간의 서로 비슷한 교전인 안정적인 방안들만 연출하려 했다는 것이다. 그러나 사실은 명료한 결심이 요구되는 첨예한 상황들에 대한 토론에서 간부들의 사고를 단련시키는 것이 아주 바람직하다. 제안된 작전이 유연하게 진행되는 상황뿐만 아니라, 특히 위험한 방면에서 실패와 연관된 재앙에 가까운 상황에 관한 주제를 선정하는 것이 필요하다. 전략적 그리고 작전적 사고는 로쯔 부근에서 쉐퍼-보아델(Sheffer-Boiadel) 부대 또는 아우구스토프에서 러시아 제10군 중앙 부대의 포위 같은 상황을 연구하는 데 익숙해져야 한다.

보급계획. 경제동원 계획 및 국가 수준에서 수립된 계획과는 상관없이, 군사당국에는 전쟁에 대비하여 군의 보급문제를 해결할 계획이 있어야 한다. 이 계획은 보급 부분에서 부대의 다양한 소요를 사전에 계산하고 이를 충족시키기 위해 예정된 방법을 제시해야 한다. 계획적인 경제 조치와 상관없이 군사작전 계획은 현존하는 물질적 능력과 항상 연계되어야 한다. 종국적으로 물질적 능력은 합리적으로 이용될, 동원의 범위와 전선군에 허용되는 주동성(主動性)을 결정한다. 이들을 고려하지 않으려는 것은 작전적 공중누각이나 동원 카드 건물을 건축하고, 어떠한 교육도 받지 못하고 의복과 신발도 없이 예비물자를 찾아 헤매야 하는 수천만 국민의 평화적인 노력을 무산시키게 된다. 보급과는 반대로 급양해야 할 식구는 증가할 것이다. 그러나 전투원 수는 그렇지 않다.

1916년~1917년 겨울 러시아군은 3분의 1이 증강되었고 3일 중 이틀은 기름기 없는 음식을 보급하는 것으로 정해졌다. 십중팔구 1주일 전부가 고기를 먹는 날로 했다면 이러한 팽창 없이 군은 아주 강해졌을 것이다. 과거 프러시아의 위풍당당한 군단장이었던 프랑수아(Francois) 장군은 식량봉쇄가 독일을 덮친 1918년 재앙에서도 다소간 배를 채우는 급식의 관점에서 전쟁사의 모든 현상을 분석하고, 결국 1812년의 예는 이미 여담임을 증명하려 했다.

계획은 보유 중인 물질적 능력을 고려해야 한다. 물질적 능력은 평시에 미리 준비한 예비 물자, 사전에 산업체에 부여된 주문, 시장에 있는 상품들, 외교적 위기 순간에 그리고 전쟁 초기에 산업체에 할당할 수 있는 주문이다. 확실히 전체적인 보급계획은 병참의 다양한 특수성에 따라 몇 개 부분으로 나누어진다. 이런 부분들은 서로 조화롭게 결합되어야 한다. 옷감 분량, 전투화, 소총 및 탄과 포탄 소요 간의 비율은 미래의 전쟁 성격에 따라 대부분 달라지고 가능한 한 근접해야 하는 특정하고 불가피한 내부 관계가 있다. 그래서 세계대전 전에는 탄환 500발에 포탄 1발을 소모한다고 가정했다. 그러나 실제로는 500분의 1에서 100분의 1로 전환해야 했다.

상품을 국내 시장에 의존할 권한이 있는 인물들은, 전쟁이 야기하는 농산물 수확과 시장 변화의 예측에 따라 구매력과 이를 위해 소요되는 시간을 예측할 수 있을 것이다. 산업에 대해 잘 알고 경제동원에 대한 판단에 참가하는 인물들은 현재의 산업능력(주문량과 소요 기간)을 평가할 수 있다. 소련 경제의 현 발전 속도에서는 보급계획이 매년 새롭게 수정되어야 한다.

군 보급을 위해 존재하는 예비물자 산출은 현존 비축량과 새롭게 생산되는 특정 양을 제시하는 표로 표현하고, 명확하게 산출할 수 있는 하나의 그래프에 수량과 특정하게 지연될 가능성이 있는 조달 수량을 명확하게 구분하게 된다.

물론 보급계획은 준비된 능력뿐만 아니라 수송 여건과도 조화되어야 한다. 예비 물품을 생산하는 시설에서 전선군이 인수하는 데까지 긴 경로를 만들어야 한다. 러시아처럼 그렇게 거리가 멀고 수송수단이 부족한 국가에서 보급은 아주 어려운 일이다. 이러한 것을 극복하기 위해서는 대규모 유동성 보급물자를 보유해야 한다. 우리는 보급 정체가 철로에 의해 크지 않고 작게 나타나는 다른 국가보다는 아주 튼튼한 저장소를 만드는 방법으로 피할 수 있다. 모든 보급품의 일일 소모량이 정해지면, 공장에서 전선 부대까지 도로를 개설하기 위해 수일분을 저장소에 보유해야 한다. 물론 다양한 보급소에 따라 이러한 유동성 자산은 많지 않았으면 좋겠다. 계절적인 보급과 보급품 종류가 있다. 예를 들면, 병력수와 전구의 가용자원에 따라 모든 전선에 동일하게 필요한 식량, 전선군 활동과 밀접하게 관계되어 소모되는 전투물자가 있다. 또한 진지용 병참물자 그리고 전선군이 정지하면 소요가 갑자기 증가하는 철조망, 대형 삽, 도끼, 톱 및 진지용 설비(시멘트, 철제 들보, 방벽, 벽돌, 철제 난로, 램프 등)가 필요하다. 보급품의 다양한 특성 때문에 보급을 다양하게 계단화하고 예비품들을 중앙집권화하거나 분산하는 것 등이 필요하다.

이 모든 문제를 연구하면, 특정한 작전의 소요를 충족시키기 위해 어떤 저장창고가 필요한지, 각 저장고에 어떤 보급품이 필요하고 어떤 비율이어야 하는지, 평시에 최소 어느 수준까지 사전에 준비해야 하는지, 예정된 동원과 작전계획은 어떤 수준에서 물적 자원을 끌어들여야 하는지 알 수 있다.

보급계획은, 특히 동원과 집결에 중요한 날에는 수송-적재 수준을 최소화되도록 해야 한다. 이를 위해 저장소들은 이미 평시에 군사 그리고 동원 예비물자를 필요한 곳에서 최근 거리에 둘 수 있도록 집단화해야 한다. (제2대열 연대가 어떤 주둔지에 동원된다면, 평시에 이 주둔지를 점령하는 부대는 이 연대용 병참물자를 저장해야 한다) 작전기지는 집결을 위한 수송 기간에 필요한 예비품목 일부를 지원받아야 한다.

보급품의 사전 준비에 충분한 주의를 기울이지 않으면 집결을 위한 수송 효과는 극히 제한된다. 철도는 부대 수송에 그들이 양보할 수 있는 전체 기관차의 최소비율로 줄어들 것이다. 말 100만 필을 한 달 동안 먹이는 데 귀리[53]

[53] 1912년 우리는 국경 관구 지역에 기지용 저장고들, 주로 서(西)다뉴브 그리고 드네프르의 전방추진 및 불출 창고에 3일분의 식량과 20일분의 귀리, 15일분의 건초를 저장하는 것을 구상했다.

약 16만 3,800톤이 필요하다. 아마 전쟁 초기 두 달 동안 필요한 물량을 집결 지역으로 수송하는 데는 1,000량 이상의 화차가 필요할 것이다. 이는 부대로 편성된 제파 수와 동일했다. 게다가 하차역에서 부대로 편성된 제대의 수용과 송출은 병참, 공병 그리고 포병 화물 제대의 수송보다 비교할 수 없을 정도로 덜 분주한 작전이다. 기지 저장고의 저장량을 줄이는 것은 철도망이 크게 증강된 경우에만 가능하다. 물론 화물의 일부는 어떠한 경우에도 전쟁 발발 후에 수송되어야 한다.

차기 작전에서, 철도망이 제대로 작동하는 경우에는 기지 및 중간 저장창고를 없애는 것이 훨씬 유리하며, 제한된 물량을 불출창고로 곧장 이동하는 차량 또는 열차에 싣는 것이 유리하다.

세계대전이 발발할 즈음에 우리 체계는 내륙 종심에서 식량을 기지 창고로 수송하는 하역과 전구 내에서 기관차 2개 조의 기지와 중간 창고 간 그리고 종점과 불출 창고 간의 운행이었다. 1914년 남서전선군은 기관차 7량은 기지 저장창고와 중간 저장창고 사이를, 10량은 중간 저장창고와 불출창고 간의 정기적인 일일 운행을 계획했다. 이런 형태의 계획을 없애서는 안 되지만, 이는 비전투용 기관차를 증가시키고 종심 후방부를 아주 신뢰하고 전선군들이 완전히 독립적인 재정(예산)으로 생존하려는 갈망을 줄이면 피할 수 있는 기관차들의 잉여 하역과 적재를 야기했다. 마지막 체계를 적용한 프랑스와 독일은 세계대전간 비전투적인 요소를 크게 줄였다.

보급계획 수립은 중요하기 때문에 계획을 수립하는 인원을 구성할 때 작전계획을 주도적으로 수립한 인원을 참여시켜야 한다. 첫 번째 특수성(가능성과 필요성)은 최고사령부와 이의 책임자들이 아주 잘 알아야 한다. 보급계획을 수립할 때 이들은 소극적이 아니라 아주 적극적인 역할을 해야 한다. 실제로 보급계획을 위한 모든 기초 자료는 예정된 작전 성격에 좌우된다. 작전 성격이 보급에서 요구되는 기간 및 규모 그리고 기지에서 실 작전부대로의 수송 여건을 결정한다.

보급과 군사행동의 조정. 군사행동 성격과 규모는 존재하는 경제 기반에 부합해야 한다. 모든 공세적 조치는 물적 자산의 특정한 소모와 연관된다. 전략과 전투장비 재고량, 구체적으로 탄약 및 이들의 보충 가능성을 고려해야 한다. 프랑스 전선의 정체는 1914년 11월부터 시작하여 독일뿐만 아니라 영국-프랑스의 포탄 소모를 상당히 잘 설명해 준다. 1916년 팔켄하인의 베흐덩 공격은 평온한 겨울 동안에 충만시킨 독일 창고에는 부족함이 없다는(무사함을 알리는) 신호였다. 루덴도르프는 항상 저장창고의 재고를 자기 주도권을 조절하는 청우계를 보듯이 확인했다. 1915년 여름 러시아군의 궁핍은 러시아 지휘관들이 전선에서 활동은 후방지원 능력과 균형을 이루어야 한다는 것을 제대로 이해하지 못했다는 것이다.

미래의 전쟁은 양측이 경제동원을 완료하고 후방부가 군 보급 소요를 충분히 충족시킬 준비가 완료된 후에는 근본적으로 성격이 변할 것이라고 예상된다. 이 전쟁은 첫 달에 종료하지 못하면 아마도 세계대전처럼 초기에 전략과 전술의 두 가지 다른 모습(높은 기동성, 물적 자산의 아주 적은 소비와 부대 역량의 충분한 발현)을 보일 것이다. 제2기는 기술적 거대화, 새로운 제품의 광범위한 사용, 전쟁술의 물질적 구현, 공격정신의 상실, 후방에서 시작되고 전선의 일관성을 흔들고 와해시키는 기동으로 변할 것이다.

경제가 군사행동 성격을 통제하고 군사행동에 자신의 흔적을 새길 것이다. 이를 통제하지 않으면 재앙적인 결과를 낳을 것이나, 상부의 지령이 경제적 수준에 적응한다면 확실히 유익할 것이다. 이러한 관점에서 전술의 무자각적인 구체화를 허용해서는 안 된다. 이론적인 보병과 "실제적인 보병" 간의 차이에서 발생하는 쟁점이 첫 번째 경고이다.

이 문제는 적과의 물질적 경쟁 전술이 후방의 소모와 섬멸뿐만 아니라 부대 사기의 와해를 위협할 것이다. 내전은 특히 최소의 물적 손실로 임무를 아주 흥미롭고 유연하게 해결하는 아주 귀중한 기동의 예이다.

간혹 공식화와 관료화를 시도하는 물적 자산의 소모 기준은 실제로는 아주 모호하고 커다란 변동이 있다. 러시아 보병의 소총당 1일 탄 소모량이 1866년 전쟁 전체 기간에 70발에서 몇몇 부대에서 늘어난 러일전쟁간에는 300발로 증가했을 뿐이며, 두 경우에 소총 화력의 실제적인 효과는 거의 동일했다. 자동화된 무기에 대한 욕망은 사람의 식욕보다 더 줄어들 수 있다. 자동화에 대한 욕망은 침묵할 수 있는 기계이고 식욕은 하루도 사라지지 않는 유기체이다. 전쟁에서 장비가 비교할 수 없이 높은 비율로 손실되고 고의적으로 진지에 유기되고, 필요한 경우에 제대로 사용되기보다 전투간 불필요하게 소모된다. 간부의 기강, 의식, 불굴의 정신 그리고 합목적적인 지휘부가 장비 소모를 줄이는 데 기적을 만들 수 있다.

물질적 소모를 대단히 멸시하는 사람에게 돌아오는 승리에 관한 사고인 낭비 관념을 근절하는 것이 대단히 중요하다. 승리에 대한 의지의 부재는 무엇보다 부대의 과장된 물자 요구로 나타난다. 1915년 여름 독일군 보병은 러시아를 침공할 때 생기가 없어졌다. 독일군 보병은 철로에서 아주 많이 이격되고 포탄 보급이 어렵다는 것을 알았으면서도, 러시아군 진지를 공격하기 위해 많은 포탄을 요구했다. 1915년 러시아군이 겪었던 장비 위기는 무엇보다 정치적 위기였다. 장비가 부족하다는 핑계가 인식의 위기를 자주 감춘다.

IV.

최종 군사목표 달성을 위한 작전의 결합

1. 군사행동 수행의 형태

서언. 전쟁에서 사건들의 혼란스런 무질서만을 보게 되면 대체로 전략술(또는 전략학)을 부정할 것이다. 군사행동 과정에서 전쟁목표를 달성하기 위해 거쳐야 하는 특정한 경로가 검토되기 시작할 때 전략적 사고는 시작된다. 이 경로 주변에서 거의 100년 동안 전략에 관한 연구가 진행되었다. 이의 시작은 로이드의 저작이며 끝은 레르(Leer)의 저작이다. 이 경로는 군이 전진하는 중요한 비포장도로를 추상적으로 표현하는 기하학적 선 같은 것이다. 레르는 이 작전적인 선에서 목표와 방향에 관한 기본적인 작전 개념을 보았다. 작전선이 통과한 구역은 군사력을 선형 기지(교통로)와 결합시키는 공간적인 경로이며, 작전적인 선이 통과하지 않는 구역은 작전의 사상, 개념이다. 작전선의 점들은 최종목표를 달성하기 위한 경로에 있는 단계(중간목표)의 특성을 띤다. 레르에게 작전선은 군사행동의 모든 의미, 현상의 처음과 끝을 아우른다. 그의 관념에서 작전은 전쟁과 거의 하나로 합쳐진다.

우리는 레르가 주로 염두에 두었던 작전술에 관한 연구에 동의할 수 없다. 레르의 중간 군사목표는 목표들이 하나의 작전적인 선(목표들의 선)으로 귀결되는 기하학적인 점으로 표현되었다. 왜냐하면 레르의 관점은 이들이 동일하게 해당 구획에서 적을 섬멸하는 것이기 때문이다. 노력의 어떠한 분할도 이 기하학적인 방법으로 설명할 수 없다. 기하학적인 방법은 방어가 추구하는 목표를 완전하게 표현하지 못한다. 게다가 방어가 어떤 목표도 추구하지 않는다고 확증할 수도 없다. 물론 수천 킬로미터에 걸쳐 넓게 전개한 현대 전선군의 공격, 엄청나게 넓은 구역에서 펼쳐지는 대규모 작전에서 전투는 폭에 대한 어떤 척도도 없는 기하학적인 선이나 어떤 척도도 없는 지점으로 아주 좋지 않게 표현된다. 명료하지 않다.

전략에 관한 이러한 방법을 우리는 전혀 적용할 수 없다. 왜냐하면 여기에서 각 작전은 하나의 주요 작전과 결합되지 않고 서로 새로운 작전적 전개로 나누어지기 때문이다. 각 작전목표는 분산되고 논리적이지만, 최종적인 군사목표 달성에 이르는 경로에서는 기하학적인 단계가 아니기 때문이다. 이에 관해 우리는 행동전략선[1], 각 작전목표가 최종 승리에 이르는 하나의 경로로 통합되고, 선이라고 명칭을 부여하는 권리를 얻기 위해 기하학적인 모양으로 아주 큰 굴절과 단절을 나타내는 논리를 이야기할 것이다. 기하학적인 관점에서 군사행동은 오늘날에는 연속성을 상실했다. 레르의 관점을 견지하면 우리는 세계대전을 혼돈으로 인정해야 했다. 그러나 군사행동의 발전은 논리적인 연속성을 유지했고, 여기에서 군사적 연속성을 찾아내고 기록하는 것도 우리 과제이다. 우리는 군사행동을 지도하는 전략술의 핵심을 전쟁목표 달성을 위해 구성된 작전 결합의 논리에 귀착시킬 것이다.

군사행동은 다양한 형태(섬멸과 소모, 방어와 공격, 기동전과 진지전)를 취할 수 있다. 이 각각의 형태는 행동전략선에 주로 영향을 미친다. 따라서 이 형태를 규명하는 것부터 기술하겠다. 더 나아가 통로의 작용이 전략 형태에

---

[1] [역자 주] 전략선은 작전지역의 결정적인 지점을 서로 연결하거나 결정적인 지점과 작전정면을 연결하는 중요한 선을 말한다. 즉, 부대가 결정적인 지점에 도달하기 위해 또는 주 작전선에서 일시적인 이탈을 요하는 기동을 수행하기 위해 따르는 선이다(J. D. Hittle, *Jomini's Art of War*).

미치는 중요한 영향을 확인할 것이다. 그 다음, 전략적 활동이 그 분류에 포함하는 제한된 목표를 가진 현대 작전들이 나타내는 것을 가볍게 살필 것이다. 마지막으로 행동전략선 개념에 속하는 쟁점들을 검토할 것이다.

섬멸. 우리는 전쟁의 정치 목표를 언급하면서 정치적 지도는 전략가와 주의 깊은 토론 후에 무력전선의 행동을 섬멸 또는 소모라는 방향을 제시할 임무를 지닌다고 결론지었다. 이 형태 간의 모순은 방어와 공격 간의 모순보다 더 심오하며 중요하고 중대한 결과이다.

우리나 적이 나폴레옹이나 몰트케의 예처럼 전쟁을 섬멸적인 타격으로 종결지으려 한다면, 전략의 임무는 특유의 모습으로 단순화된다. 특별히 섬멸전략을 염두에 둔 전략 저작들이 작전술에 관한 핵심적인 논문으로 변했다. 레르는 『전략』이라는 제목의 자신의 저작 표지에 "군사행동 구역의 전술"이라는 부제목으로 자의적으로 게재했다. 옛 학풍의 전략가들이 나폴레옹의 원정을 '결론적으로 전체 전역은 주요 전구의 한 작전으로 자주 통합된다. 전략적인 문제들은 어렵지 않고 주요 전구의 결심일 뿐이다. 주요 전구와 차요 전구 간의 부대 편성은 주요 전구의 이익[2]을 결정적으로 우선시하는 원칙에 따라 이루어지고, 주요 전구에 단일 작전목표를 설정하는 것은 합당하다. 왜냐하면 섬멸전략에서 목표는 전구에 전개된 적 병력을 격멸하는 데 귀결되기 때문'이라고 분석한 것은 합당하다. 나폴레옹 원정에 대한 연구는 대부분 전략술이 아니라 작전술 연구로 귀결되었다. 조미니가 전략적인 문제를 전술적인 문제보다 쉽다고 생각한 것은 당연하다. 위에서 언급된 것 때문에 나폴레옹의 전략적 업적이라고 인정하지 않는 것은 아니다. 그러나 당시의 전쟁수행 방법에서 전략적 업적은 정치에 매몰되었다. 1805년 · 1806년 · 1807년 · 1809년 전쟁을 각 전쟁 목표의 확실한 설정, 군사행동을 시작할 확실한 순간 그리고 필요한 순간에 각 전역을, 특히 능숙한 완수를 전체적인 관점에서 대륙으로 진출하는

2) 물론 섬멸 사상은 차요 전구의 지도자들을 수동적이게 만든다. 이는 전략과 정치에서도 확실하다.

적에 맞서 영국이 대응하는 거대한 작전으로 간주할 수 있다. 물론 나폴레옹 시대의 섬멸작전은 곧장 대단원에 이르지 않았다. 예를 들면, 1796년~1797년과 1812년 · 1813년 전쟁이 그러했다. 이러한 경우에 나폴레옹은 전략적인 문제를 해결해야 했다. 그러나 나폴레옹 전쟁의 사학자들은 지금까지도 그의 개별적인 작전의 역사가들로 남아 있고, 몇몇 정치사만이 그의 전략술을 이해할 수 있는 관점을 제공한다.

작전의 3가지 기본요소(전투력, 시간과 공간)는 섬멸전략에서 항상 시간과 공간의 획득은 수단이며 적 부대 집단의 격멸이 목표이다. 모두가 주요 작전의 이익에 예속되며, 목표에서는 모든 것이 결정적인 요소에 좌우된다. 이 결정적인 요소는 섬멸전략에서는 모든 기동을 설정하는 나침반의 화살표이다. 섬멸은 단순한 하나의 선일 뿐이며, 하나하나의 올바른 결심만이 존재한다. 핵심적으로 말하면 군사지도자는 선택권이 없다. 왜냐하면 그의 몫은 상황이 그에게 강요하는 결심을 이해하는 것이기 때문이다. 섬멸 사상은 모든 부차적인 이익과 방면, 모든 지형 목표를 격멸해야 한다고 강요한다. 군사행동의 전개 시에 휴지(잠깐의 정지)는 섬멸 이념에 대치된다. 아스퍼른(Aspern)과 바그람(Wagram) 전역 사이 6주간이나 계속된 휴지는 나폴레옹이 성공하지 못한 다뉴브강 도하를 준비하면서 저지른 경솔함의 결과였다. 섬멸전략은 목표, 시간, 공간 그리고 행동의 단일성이라는 특성이 있다. 섬멸전략의 형태는 그 형태, 단순성과 균형성에서 실제로는 고전적이다. 섬멸 이론가들은 17세기 전략을 얇은 펜싱이라며 비웃었다. 실제로 전략적 찌르기와 듀렌느(Turenne) 방어를 비교하여 나폴레옹과 몰트케의 공격은 한 번의 타격으로 두개골을 때려 부수는 화살을 상기시킨다.

섬멸전략은 또 다른 전제조건인 굉장하고 비상한 승리를 요구한다. 지형 요소는 적 병력이 유명무실해졌을 때 섬멸적인 공격 목표가 될 수 있다. 섬멸적인 공격은 적 병력의 완전한 와해, 완전한 격멸, 지향된 부분들 간의 모든 연결의 절단, 중요 병참선의 탈취, 즉 국가 전체가 아니라 무력에 아주 중요한 것을 겨냥해야 한다.

섬멸 형태의 전역은 공격하는 군들을 물질적으로 불리한 여건으로 몰아넣고 측방과 후방 보호에 유리하게 물질적 여건을 약화시키고 일련의 특출한 작전적 성공을 달성하는 방법만으로 마지막에 실패를 방지하는 야전군들에 대한 보급 노력이 요구된다. 섬멸에 성공하기 위해서는 수십만 명의 포로, 모든 군의 각개격파, 수천 점의 포 · 창고 · 짐마차 탈취가 필요하다. 이러한 성공은 최종적으로 완전히 비교가 안 되는 불균형이 만들어질 때만이 가능하다. 이러한 성공은 갈리시아에서도, "국경 전역"에서도, 1920년 '붉은 군대'의 공격에서도 없었다. 어디서나 우리에게서 일상적인 승리를 얻고 공격부대보다 약간 많은 피해를 입은 적이 후퇴한 사례가 있다. 이것으로는 아주 불충분하다.

섬멸에서 비상한 승리의 필요성은 작전 형태를 선택할 때 특별히 요구되는 사항이다. 적 주력을 포위하거나 바다, 중립 국경지대로 밀착시켜야 한다. 이러한 목표 설정은 결국 위험과 관계된다. 만약 현존 수단이 이러한 설정에 적합하지 않다면 일반적으로 섬멸을 취소해야 한다. 몰트케가 1870년 파리로 향하는 경로에서 바젠느군과 맥마흔군을 철저하게 격멸하지 못했다면 파리 근교에서 독일 상황은 아주 나빴을 것이다. 스당 작전(당비에 Damvillier 부근에 집결)을 시작할 때 맥마흔이 메스로 향하는 길을 평행으로 차단하려는 조잡한 목표를 추구했던 1870년 8월 25일 몰트케의 첫 결심에 동의해서는 안 된다. 섬멸전략은 적을 완전히 격멸할 모든 가능성을 포착해야 한다. 몰트케는 맥마흔이 서쪽으로 후퇴하는 통로를 차단하기 위해 주력부대를 보냈다.

1914년 갈리시아 작전에서 알렉세예프 장군의 작전지도에 상당한 의구심이 생긴다. 전략은 갈리시아 작전을 위해 양익으로 우회하여 모든 오스트리아군을 포위하는 원대한 목표를 추구했다. 알렉세예프 장군은 모든 관심을 위험 최소화에 두고 측익을 후미 제대로 두기 위해 중앙으로 밀집시키려 했다. 이런 방법으로 굉장한 성공을 거두고 오스트리아군을 동갈리시아에서 격퇴했다. 그러나 이를 적용할 때에 베를린이나 빈으로 진격하는 희망은 배제되었다.

섬멸전략으로 적을 완전히 격멸한 칸내 작전 사상을 저술한 슐리펜이 정말 옳았다. 그의 섬멸 사상은 독일이 프랑스를 침공할 때 우회하는 우익에 병력을 최대로 집중한 것이 특징이다. 러시아에 대비하여 남겨두었던 독일군 부대의 증원에 관한 1912년 오스트리아의 간청에 대한 답으로 슐리펜은 러시아에 대비하여 하나의 전투 사단이나 예비사단도 남기지 않고 후비군만 남기는 계획을 수립했다. 모든 야전 부대를 결정적인 지점에서 충분한 우세를 점하기 위해 서쪽에 두었다. 오스트리아-헝가리의 운명은 그의 개념에 따라 부크강이 아니라 센강에서 결말이 났다.

그러나 후에 슐리펜도, 소 몰트케도 자기 논리를 고집하지 않았다. 그들은 오스트리아군을 러시아군 공격으로 전환시켜 러시아가 독일 침공을 방해하는 데 관심을 기울였다. 그래서 그들은 오스트리아군 참모본부에 세르비아 전선에 노력을 낭비할 가치가 없다고 주장하고 모든 병력을 러시아에 대항하라고 반복했다. 왜냐하면 러시아군의 운명은 세르비아군의 운명과 같았기 때문이다. 이러한 제안을 통해 독일군 참모본부는 러시아에 적용하라고 오스트리아에 제안했고, 프랑스 및 러시아와 관계에 대항하여 독일을 위해 편성했던 세르비아에는 2개 전선의 전쟁계획을 수립했다. 그러나 동시에 2개의 섬멸 계획을 수행하는 것은 불가능하다. 오스트리아-헝가리의 49개 사단의 공격은 마른의 독일군 80개 사단의 결정적인 지점에 상당히 가까운 부크에 제2의 결정적적인 지점을 만들어야 했다. 동프러시아에서 오스트리아의 지원 요구는 특정한 무게가 있었다. 소 몰트케는 동부 전선의 증강된 절대 무게를 고려해야 했다. 그는 여기에 14개 야전 및 예비 사단을 할당하고 오스트리아를 속여 여기에서 5개 사단을 빼내려 했다. 그러나 굼빈넨 전역 때문에 이들을 동부 전선으로 복귀시켜야 했다. 슐리펜 계획은 독일 단독으로 수행하는 전쟁 범위에서만 섬멸적이었고 전쟁에 참가하는 오스트리아-헝가리와는 전혀 협조하지 않았다. 섬멸 논리는 독일의 공격 우익을 강화하기 위해, 프랑스가 붕괴할 때까지 러시아 전선에서 오스트리아의 공격을 억제하고 오스트리아-헝가리 군단들의 일부로 로렌느 전선을 점령하는 것이 요구되었다.

형성된 상황에서 섬멸적인 공격은 하나의 거대한 작전으로 결합되는 긴밀한 내부적인 관계에 있는, 일련의 순차적인 작전이다. 다음 작전을 위한 출발위치는 끝난 작전의 달성된 목표에 연유한다. 지금은 섬멸전략을 일련의 목표들이 하나의 직선적이고 논리적인 선인 일관된 방향을 지닌 순차적인 작전들로 간주된다. 몰트케는 1870년 바젠느군을 격멸하기 위해 첫 작전을 수행했고 이를 메스에서 포위했다. 그는 지체 없이 최종목표인 파리를 향해 전진했다. 도중에 3배나 되는 독일군 및 벨기에 국경 사이에서 맥마흔군의 무분별한 기동이 밝혀졌다. 몰트케의 두 번째 작전으로 스당 부근에서 바젠느군을 격멸했다. 세 번째 작전으로 몰트케는 파리를 굶어 죽도록 봉쇄했다. 파리에 사격을 가하고 공격할 것을 요구한 비스마르크가 옳았다. 파리 공격은 정치적인 상황이 전쟁에 제시하는 섬멸적인 성격에 부합했다.

1914년 갈리시아에서 오스트리아에 승리한 섬멸전략 형태 때문에 러시아가 모라비아와 실레지아를 직접 공격하려 했다. 한편 우리는 병력이 충분히 우세하지 않았고, 독일 제9군이 우리 우익을 우회할 우려 때문에 오스트리아군 추격을 포기해야 했고 산(San)강 하구에서 바르샤바까지의 비슬라에 새로운 전개를 해야 했다. 이를 위해 당연히 제9군, 제4군, 제5군을 후방으로 이동시켜야 했다. 새로운 전개는 섬멸 기조에서 급격한 후퇴이다. 이는 펜싱의 시작이다. 섬멸은 바로 펜싱을 피하는 것이고 이를 위해 하나의 수단인 적의 활동 중심지로 공격을 상시적이고 격렬하게 전개하는 것이다. 이때 우리 주먹(타격력)은 적이 우리 행동에 따라 자신들의 행동을 신속하게 지향하는 것보다 더 집중되고 규모가 크다. 즉, 옛날 말로 "우리는 적에게 작전적 법칙을 다시 써줄 것이다."

'붉은 군대'의 1920년 다뉴브에서 비슬라까지 공격은 섬멸 방식이 대부분이었다. 우익에 타격력을 집중하고 이를 수백 킬로미터를 직선으로 진출시키는 것은 실제로 폴란드의 모든 작전적 대응조치와 관계되고 베레지나에서 부크강이 포함된 지점까지의 유리한 계선에서 저지하려는 폴란드의 모든 시도를 깨뜨렸다. 펜싱, 즉 세계대전 시기의 소모는 사라졌다. 한 번의 타격으로 전쟁을 결말지었던 나폴레옹의 화살이 붉은 색으로 칠해진 것처럼 부활했다. 그러나 비슬라로 향하는 '붉은 군대'의 통로에서는, 독일군의 마른(강)으로 향하는 통로에서처럼, 굉장한 승리는 거두지 못했다. 공격의 마지막 부분에 지형지물이 영향을 미치기 시작했다. 단찌히 협곡에서 '붉은 군대'는 폴란드군 병참선보다 폴란드 전체의 중요한 교통로를 절단하려 했다. '붉은 군대'는 폴란드 전선 지역의 물질적 능력을 무시하고 베르사유 조약이 체결될 때 전투에 돌입했다. 이는 특히 섬멸 상황에서는 이미 불가사의이다.

섬멸은 신속성과 직진성뿐만 아니라 둔중함으로 구성된다. 비슬라로 진격할 때 '붉은 군대'는 실제보다, 곧 징후로 나타날 정도로 수적으로 약화되고 보급원에서 멀어졌다. 콘스탄티노플 근처에서 발생한 유사한 상황에서 1829년 디비츠(Dibich)는 적시에 강화조약을 맺었다. 1797년 나폴레옹은 빈 근처의 약간 좋은 위치에서 혁명적인 프랑스로 인해 바라던 강화조약을 맺었다. 우리는 성과를 과대평가했고 공격을 계속했다. 외국에서 우리의 벨로스톡－브레스트 선에서 예상되는 성공의 절정은 멀리 뒤에 있었고 일보 전진 때마다 우리 상황은 악화되었다.

전략에서 섬멸이 적을 격멸하는 주요 작전에 부여하는 의미는 전략적 사고의 관점을 심각하게 축소시킨다. 작전 종료 후 언젠가 우리는 완전히 새로운 상황에 직면할 것이다. 근본적으로 작전의 굉장한 사건들은 상황을 변화시키고 모든 가치를 과대평가하게 만든다. 적과 전투적 교전 결과에 유일하고 특별한 의미를 주는 섬멸전에서, 상황은 어지럽게 변화하는 만화경(萬華鏡)의 성격을 띨 것이다. 결정적 작전의 자존심 상하는 하나는 완전히 새롭고 가능성이 없다고 생각하는 예상하지 않은 그림이 만들어진다는 것이다. 섬멸전략에서 작전 다음날은 오리무중이다. 1806년 나폴레옹과 1870년 몰트케처럼 아주 우세한 병력을 할당할 때만이 섬멸전략은 "결정적인 지점"이라는 나침반 화살표에 따라 방향을 유지하는 최종목표를 시야에서 놓치지 않는다. 대체로 작전의 "결정적인 지점"은 섬멸전략에서 완전히 지배적이고, 이런 명령 위반은 위험한 편향이거나 "선입견"으로 간주된다.

섬멸을 어렵게 하는 지배적인 상황은 시대성에 의해 나타난다. 첫째는 현대의 장거리 작전 능력 부재, 그리고 다음 장에서 기술할 5일 이동체계로 불가피한 복귀이다. 후방의 철로 보수를 위해 전선군 이동을 잠시 멈추고 작전을 부분으로 나누어야 한다. 요청된 휴지 때문에 투쟁은 진지전으로 전환된다. 둘째는 상황이 전쟁 시작이 전략적 노력을 극대화하는 우리의 호기가 아니라는 것이다. 군사적 경제적 동원은 동원되어 장비를 갖춘 병력의 제2 · 제3 제대를 제공한다. 대 몰트케군에게 즉흥적으로 대응하여 1870년 프랑스의 전혀 준비되지 않은 동원 제2제파는 상급부대에서 취급했어야 했다. 프랑스 상비군은 1개월 사이에 격멸되었고, 제2제파는 4개월 동안 매달려야 했다. 우리가 보기엔, 이 경험은 소모전에 대비한 투쟁처럼 독일의 2개 전선에 대비한 미래 전쟁에 대한 몰트케의 관점이 기저에 깔려 있었다. 1800년 마렝고(Marengo) 작전으로 나폴레옹은 이탈리아 전부를 얻었고, 1806년 예나 작전으로 비슬라를 포함한 프러시아 전체를 유린할 수 있었다. 우리의 상황에서, 나폴레옹은 정부가 소집한 새로운 병력에 대항하는 순차적인 작전을 점점 더 어렵게 수행해야 했다.

작전의 합목적성. 섬멸전략에서 결정적 작전의 중요성 증대로 작전은 전쟁 수행의 한 방법으로 그려지지 않고 최종 군사목표를 흐리게 하고 독립적인 의미를 지닌 중요성을 띤다. 작전의 합목적성에 관한 문제는 부차적인 계획으로 밀려난다. 작전적 그리고 전술적 판단이 우세하다. 적을 언제 어디서 격파할 것인가에 상관없이, 타격은 격멸의 성격을 띠었다. 부대의 전술적 행동을 최소저항선에 지향하는 것이 중요하다. 그래서 섬멸전략 관점에서 루덴도르프가 1918년 3월 결정적인 타격을 위해 전략적으로 덜 중요한 프랑스군과 영국군의 접촉점인 아미앵(Amiens) 방향을 선정한 것을 비난할 필요는 없다. 섬멸전에서 방향은 타격 강도(규모)와 비교하면 부차적이다. 독일군 지휘의 실수는 위험을 줄이고 연결된 전선을 유지하고 적 부대를 장악한 구역을 무시하고 전방으로 이동간에 발생하는 단층 피로그(단일 성격의 작전)에 자기부대가 아주 기묘하게 뒤섞이는 것을 회피하려고 노력한 것이다. 독일군은 최종적인 결과로 작전지역에서 얽힌 양측 부대와 장비들이 승자의 통제하에 들어오도록 작전 면적을 엄청나게 늘리려 했다. 반대로 그 후 부분적으로 시위적인 성격을 지닌 새로운 전개와 관련된 다른 구역에서 루덴도르프의 공격 시도는 섬멸전략과 심하게 배치되었다. 소모는 적의 의지와는 연관성이 희박한 펜싱이다. 그리고 1918년 독일군이 처한 상황은 섬멸 형태로 공세적인 시도를 정당화할 만큼 소모전에서 적극성을 발휘하는 것은 적절하지 않았다.

레르가 섬멸 사상에 심어 놓은 모든 사고가 심각한 논리적인 실수를 저지르고 작전에 월계관을 씌운 전역의 합목적성 문제를 제기한 작전들(예전의 주요 전역)의 합목적성 논의에서처럼, 그 어디에도 섬멸전략과 소모전략 간의 경계를 그렇게 명료하게 설정할 필요성을 언급한 것이 없다. 물론 나폴레옹에게는 이런 문제도 이런 의문도 없었다. 왜냐하면 주요 전역은 그가 추구했던 이상이었고 염원하는 목표였기 때문이다. 레르는 자신의 섬멸 형태를 파괴하는 사고(思考)의 보강에 소모전 이론가들의 사상과 전역은 "부조화성의 흔해빠진 도피처"이고 "전투는 우둔한 장군들의 수단"이라는 모리츠 삭소니(Moritz Saxony)의 의견, 그리고 모험을 하는 것보다 예상되는 성과가 높을 때에만 이에 관여할 필요가 있다는 프리드리히 대왕의 놀라운 의견에 의존해야 했다. 레르[3]는 16세기 중반의 군사지도자였던 게르츠 알바가 프랑스와 전투를 요구한 그의 보좌관의 격정을 가라앉힐 목적으로 신중함과 냉철함으로 전환하기 위해 한 말을 인용한다. 프랑스 군사지도자의 찢어진 카프탄(옷자락이 긴 농민 외투-역자 주)을 수선하는 데 왕국 전체의 운명을 걸어서는 안 된다. 게르츠 알바는 그렇게 후퇴하고 전투에서 자기 짐마차만을 잃는 모험을 한다. 승리도 피를

[3] *Стратегия часть* I, С. 336~337 그리고 부록 7(제5판), 1893, С. 156~157.

흘려야 달성된다. 전역은 ①중요한 요새를 되찾기 위해 ②적이 결정적인 우세를 보일 수 있는 증원부대를 이동시킬 때 ③전쟁 초기에 동맹국과 잠재적인 적에게 정치적인 인상을 주기 위해 ④사기가 완전히 붕괴되어 적이 전혀 저항할 수 없을 때 ⑤우리가 죽음 아니면 승리만이 남은 꼼짝 못하는 상태에 있을 때 목을 조여야 한다.

모리츠, 프리드리히, 알바의 논문은 아주 흥미롭다. 그러나 섬멸전략에 전혀 부합하지 않다. 전략 이론은 섬멸과 소모 간의 변증법적 차이를 확인하여 작전의 합목적성에 의미를 부여할 수 있다.[4]

소모. 소모라는 용어는 섬멸의 범위 너머에 있는 다양한 전략적 방법의 뉘앙스가 아주 다양하다는 것을 좋지 않게 표현한 것이다. 그래서 프리드리히 대왕의 작품인 "감자 전쟁"(바바리아 계승 전쟁) 및 1757년 전쟁(7년 전쟁의 2년차)은 소모전의 범주에 속한다. 왜냐하면 최종적인 전쟁 목표를 향해 결정적으로 나아가는 것을 포함하지 않았고 여기에 빈을 원정할 생각이 없었기 때문이다. 그러나 한 전역은 전혀 피를 흘리지 않은 기동으로 진행되었다. 그러나 다른 4개 주요 전역(프라하, 콜린, 로스바흐, 로이텐(Leuthen))이 있다. 소모전은 이것이 나타내는 다양한 형태가 특징이다.[5] 소모전의 한 가지 형태는 프러시아 참모본부가 프리드리히 대왕이 나폴레옹의 섬멸 방법을 예견했다고 믿게 하는 (사실 논리적 일관성이 전혀 없지만) 섬멸전략과 아주 근접해 있다. 정반대는 "평화도 아니고 전쟁도 아니고."라는 절대 인정하지 않으며 강화조약 체결을 거부하고 무력전선에서 행동 능력으로 위협하는 형태일 것이다. 이런 극

4) 세계대전 시 소모전략으로 전환을 참모본부들의 실책과 경솔함 때문이라고 간주하는 근시안적인 비판이 있다. 물론 이런 비판은 모든 "물질적 인식"이 결여된 것이다. 세계대전에서 소모전 형태가 역사적 필연이라고 생각한다.

5) 섬멸과 소모의 범주가 두 대척점(백색과 흑색이 아니라, 백색과 비백색)이 아니라는 비판이 옳다고 생각한다. 그러나 여기에 어떤 철학적 또는 논리적 잘못도 없어 보인다. 변화하는 무력투쟁 노력은 소모의 점진적 이행의 연속이 특징이며, 섬멸 자체의 경계에 도달한다. 이 범주에서만 전략의 몇 가지 기본이 절대적이다. 다른 투쟁의 점진적 이행에서 이들은 조건부이며 간혹 완전한 허위이다.

단적인 형태 사이에는 중간 형태의 완전한 단계가 있다. 섬멸전략은 유일하며 매번 단 하나의 올바른 해결책만을 가정한다. 소모전략의 무력전선에서 투쟁 노력은 다양할 것이며 노력 수준에 따라 특유의 합리적인 해결책이 있다. 해당 상황이 요구하는 긴장 수준의 이해는 아주 심도 깊은 경제적 정치적 여건을 알아야만 가능하다. 정치적 영향의 폭은 대단히 넓다. 전략은 유연성이 커야 한다.

소모전략은 작전목표로서 적 병력 격멸을 원칙적으로 절대 부정하지 않는다. 이때 이 전략은 무력전선 임무의 일부일 뿐이며 전체 임무가 아니다. 지형목표와 섬멸이 제외된 차요 작전의 의미는 수배나 커졌다. 주요 작전과 차요 작전 간의 전력 배분은 아주 어려운 전략적 문제이다. "결정적인 지점"은 섬멸전에서 매번 해결책의 근거를 쉽게 부여하고 소모전략에는 없는 나침반의 화살표이다.[6] 노력 방향뿐만 아니라 노력의 분할도 생각해야 한다.

프랑스의 전략적 사고는 세계전쟁간 이러한 문제를 좋지 않게 연구했다. 프랑스의 전략적 사고는 슐리펜 계획의 붕괴 후에 프랑스 전선이 중요하고 결정적인 전선이었고 전쟁이 소모전 영역으로 전환되었음에도 불구하고, 모든 것이 이 전선을 대상으로 해야 한다는 오해 상태에 머물렀다. 프랑스는 독일을 예전부터 노력을 낭비해야 하는 중요한 적이라고 확신했다. 게다가 섬멸전 관점에서 오스트리아-헝가리는 부차적인 적이라면, 소모전 관점에서 이는 독일보다 더 중요했다. 섬멸이 독일군의 주요 병력을 격멸하는 데 최소저항 작전선을 찾았어야 했다면, 소모전략은 중부 강대국들의 연맹에서 최소저항 전략선을 찾아야 했다. 러시아군이 오스트리아군에 가한 파괴 후에, 이러한 선은 오스트리아-헝가리를 관통했다. 독일의 중심을 러시아 전선으로 전환한 1915년에야 영국과 프랑스는 세르비아를 지원하기 위해 발칸 전선에 병참선을 개

[6] 그러나 아래에 제시하는 것처럼 섬멸에서 소모로 전환하는 것을 필연의 제국에서 빠져나와 전횡의 국가로 들어가는 것처럼 간주하는 것은 실수다.

설하는 조치들을 취했다. 다뉴브에 약 50만 명에 이르는 영국－프랑스군을 전개하여 불가리아가 중립을 지키도록 강요했고, 루마니아를 출정케 하고 터키와 연결되는 독일의 모든 병참선을 차단하고 이탈리아군이 국경 산악을 거쳐 좁고 험한 길에서 빠져나오게 하고 폴란드에서 지탱하고, 오스트리아－헝가리의 붕괴를 강력하게 가속화할 수 있는 러시아 전선의 부담을 줄였다. 세계대전 기간은 극단적으로 2년이나 축소되었다.

리가－샤벨리 지역의 운명에서 소모전략을 동반한 주요 지역과 부차적인 지역의 관계가 작은 규모로 변한다는 것을 알 수 있다. 첫 시기에 섬멸의 관점에서 생각한 만큼, 이 지역에 아주 크지 않은 의미를 공평하게 부여하고 의용군 같은 부대의 도움으로 이를 관찰하는 것으로는 제한되었다. 그러나 1914년~1915년 겨울에 우리 전선이 사라졌고 지역의 의미는 당연히 커졌다. 독일군의 제10군 우익으로 우회, 쿠를란트(Courland)로 부단한 확장, 빌뉴스－스벤차니 작전 등 일련의 적대적인 활동이 이 지역에 쏟아졌다.

섬멸전략처럼 소모전략은 물질적 우위의 추구와 이를 위한 투쟁이며 이는 결정적인 구역에 우세한 병력을 전개하려는 노력에만 한정되지 않았다. "결정적인" 지점이 대체로 존재할 수 있는 여건을 만들 필요가 있다. 적 중심부에 단기간의 섬멸적인 타격보다 아주 많은 자산의 소모를 요하는 소모전략의 힘겨운 길은 전쟁이 한 가지 방법으로 끝나지 않을 때에만 일반적으로 적용된다. 소모전략의 작전은 결국 적에게 성공적인 저항 여건을 박탈하는, 물질적 우위를 전개하는 단계처럼 최종적인 군사목표를 달성하는 직접적인 단계가 아니다.

프랑스는 결정적인 타격을 말하는 것을 좋아하고, 이를 1918년 11월 14일 로렌느에 계획했으나 강화조약이 체결되어 이의 수행을 취소해야 했다. 우리는 세계대전 말에서 이의 구현을 아주 비관적으로 본다.

이 결정적인 공격은 1918년 초에 루덴도르프에 의해 1918년 후반 프랑스에서 무산되었다. 프랑스와 포쉬에게 큰 행운은 위협 단계에서 타격이 시행되지 않았다는 것이다. 1918년 독일군 전략의 임무는 이런 결정적인 타격을 기다리지 않고 차단하기 위한 것으로 그려진다. 그 후에 대독연합은 자연히 강화조약과 평화에 관한 문제에서는 아주 온화했다.

결론적으로 프랑스의 배타적 애국주의 사고는 대독연합의 승리를 포쉬의 프랑스 전구에서 성공으로 마무리하였다. 여기에는 독일군의 반작용이 크게 작용했다. 역사적으로 뿌리 깊은 오스트리아-헝가리의 붕괴가 최종적인 승리를 안겨주었다. 세계대전에서 승리의 직접적인 논리선(論理線)은 러시아의 갈리시아 승리에서 시작되었고, 발칸 전선에서 세르비아와 대독연합군의 승리로 종결되었다.

프랑스의 거의 소모된 40개 사단이 아주 잘 구축된 진지에서 많은 병력과 교전하였다. 프랑스군은 붕괴되기 시작하고 자르강을 도하할 수 없는 상황인데, 독일군은 대응할 물질적 수단이 충분했다. 우리는 세계대전을 절대 수행될 수 없는 타격을 핑계거리로 간주할 이유가 있다고 생각하지 않는다.

실제로 소모전략 범위에서 모든 작전은 무엇보다 제한된 목표를 갖는 것이 특징이다. 전쟁은 결정적인 타격이 아니라 무력, 정치 및 경제 전선에서 마지막에 이러한 타격이 가능한 전진기지를 얻기 위한 투쟁으로 진행된다. 그러나 이런 투쟁 과정에서 모든 귀중한 것들이 완전히 재평가된다. 엄청난 병력과 장비를 소모할 때, 투쟁이 무승부가 되는 주요 전구는 지배적인 의미를 점차적으로 상실한다. 섬멸전략의 전투마(戰鬪馬)인 결정적인 지점은 귀하지만 무익한 작은 방울로 변한다. 반대로, 정치적 그리고 경제적 이익을 구현하는 지리적 지점들이 압도적인 의미를 갖게 된다. 작전적 전술적 문제는 전략에 더욱 종속되고 기술적인 역할을 한다. 섬멸 논리(파리-베를린) 대신에 소모 논리(파리-살로니카-빈-베를린)가 우세하다. 1918년 11월 14일 대독연합은 로렌느 전선이 아니라 포쉬가 인정한 것처럼 다뉴브의 결정적인 위치를 점령했다.

복싱 선수는 타격에서 아래턱을 방호하는 데 노력을 집중한다. 왜냐하면 이러한 타격은 의식을 잃고 쓰러지게 만들기 때문이다. 결정적인 타격에 대한 방호가 투쟁의 첫 번째 법칙이다. 적을 녹아웃(knock-out)[7]시키는 부단한 갈망을 사라지게 하는 섬멸전략은 적의 이동을 저지하고 적이 우리 의지에 따라 움직이도록 강요한다. 소모전략이 가하는 제한된 타격은 적을 비교할 수 없을 정도로 저지한다. 각 작전은 최종목표와 직접적인 관계를 맺으며 제대로 복종하지 않는 적의 의지인 가장자리를 잘라내는 것이다. 각 가장자리 자르기는 특수한 작전적 전개를 요구한다. 적은 이 작전적 전개 게임에서 자신의 목표를 추구할 충분한 능력이 있다.[8] 나폴레옹의 "작전선"은 전쟁의 사건들이 전개되는 근처의 단일 축이었다. 나폴레옹의 작전적 갈망은 위대한 섬멸자의 의지에 따라야 했다. 소모전략에서 모순이 상당할 수 있다. 1915년 독일군 주력부대가 프랑스 전선에 고착된 상황에서 루덴도르프가 프리발트 지방에서는 부단히 증강하였고 러시아군은 카르파티아 산맥에서 헝가리 평원으로 나아가는 출구를 장악하는 사건 전개를 생각할 수 있었다.

섬멸전략에서 행동의 통합은 꼭 필요하다. 세계대전 첫 주에 프랑스가 독일군의 섬멸적인 노력을 저지했다면, 논쟁의 여지없이 러시아는 어떤 고려도 하지 않고 프랑스의 부담을 줄이기 위해 동프러시아로 침공했을 것이다. 그러나 섬멸 사상이 의미가 없어지면 작전을 하나에 예속시키는 것은 아주 특수한 상황에서만 허용될 것이다. 제한된 목표의 추구가 각 작전적 가장자리 자르기의 독립성을 특정한 수준에서 유지시킨다. 적이 자기 예비대를 순차적으로 사용하는 것을 어렵게 하려면 여러 전구에서 적극성이 나타나는 시기는 대체로 겹쳐야 한다. 그러나 프랑스는 소모를 의도한 솜므 작전을 충분히 성공적으로

[7] 복싱은 결정적인 타격을 받고 상대가 정해진 시간 내에 일어서지 못한다는 뜻이다.

[8] 소 몰트케는 1914년 8월 국경전역 후에 섬멸은 이미 무산되었다고 생각했다. 프랑스군은 모든 전선에서 독일군에 전혀 고착되지 않았고, 우익에서 중앙과 좌익으로 군단들을 수송함으로써 새로운 작전적 전개를 수행할 능력을 갖게 되었다. 적의 바로 이 새로운 작전적 전개 능력이 섬멸 논리를 방해한다.

계속할 수 있었기 때문에 우리의 1916년 3월 나로츠(Naroch) 호수 근처의 공격을 베흐덩 방어와 연계시키거나 브루실로프(Brusilov) 작전을 계속할 필요가 전혀 없었다. 하나로 통합하는 대신에 소모전에서는 각 작전이 자체적으로 특정하고 실제적인 성과를 달성할 수 있도록 해야 한다.

소모전 상황에서 주요 작전은 우리의 사고를 전쟁의 다음 전개와 완전히 분리하는 암막처럼 구성되지 않는다. 군사동원 그리고 경제동원 제파들은 소모전략에 완전히 포함되나, 정신적으로는 섬멸전략과는 관계가 없다. 소모는 임박한 커다란 작전의 준비보다 더 먼 목표들을 추구한다. 소모전에서 결정적인 결과를 얻지 못하는 작전 수행 자체는 빈번히 이러한 작전은 해결해야 할 차후 임무에 예속되고 차후 임무와 일치해야 한다는 선입견에 사로잡힌다. 소모전에서 전략적 문제는 폭넓고 깊게 수행되기 때문에 상당히 어려워진다. 올바른 결정을 하기 위해 전략가에게는 작전의 가장 중요한 방향을 진지하게 평가하는 것으로 불충분하며, 전쟁의 전체적인 전망을 정확히 파악해야 한다. 이러한 전망에서 나오는 결심의 예로는 영국군의 새로운 편성에 관해 4년을 예정한 키치너 계획과 전쟁 초기에 영국의 프랑스에 대한 제한된 지원이다.

섬멸전략에서는 작전예비만이 중요한 역할을 한다. 즉, 예비를 결정적인 순간에 결정적인 작전구역에 급히 투입할 수 있다. 주요 작전을 결정적인 역할로 인정하는 섬멸은 작전이 제시하는 시간과 공간에서 결전에 참여하지 않는 어떠한 전략예비도 인정하지 않는다. 소모전략은 이러한 예비대(1914년 아시아 군단들, 백만 명의 부대 집단, 동원의 차후 제파, 식민지 인원들, 동맹군의 지체된 출현)를 고려하고, 이들과 함께 행동 노선을 일치시켜야 한다.

섬멸전략은 최종 군사목표를 달성함으로써 작전을 종결한다. 소모전에서는 간혹 공격자가 자신의 제한된 최종 군사목표를 달성하고 전쟁은 계속되는 상황이 만들어진다. 왜냐하면 정치 그리고 경제 전선이 아직 종결되지 않았기 때문이다. 러일전쟁이 그러했다. 일본의 최종 군사목표는 러시아 태평양 함대를 격멸하고 함대 기지인 포트 아서를 점령하고 남만주에서 러시아군을 몰아내는 것이었다. 묵덴에서 러시아군이 격파되는 순간 이 목표는 달성되었다. 그러나 전쟁은 반년 더 계속되었다. 러시아의 생활 중심지는 일본의 타격 범위 밖에 있었고 일본은 러시아에서 혁명 운동의 발전을 기다려야 했다. 이와 유사한 상황이 크림 전쟁 마지막 반년이다. 1855년 9월 9일 러시아군이 세바스토폴을 소탕했다. 이 순간에 동맹국들은 자신들의 최종 군사목표인 우리 흑해 함대와 그 기지를 격멸했다. 그러나 파리회의는 1856년 2월 13일에야 개최되었다. 정치 및 경제 전선의 사건들에서도 전쟁의 이러한 단계는 아주 많은 것이 무력전선에서는 쓰시마 같은 재앙이지만 아주 작은 조치들(1855년 킨부른(Kinburn, 우크라이나의 흑해의 반도－역자 주) 공격, 1905년 사할린 정벌)로 단절되는 진지전적 교착상태였다.

전략적 방어와 공격. 각 작전은 방어적인 그리고 공격적인 순간들의 필연적인 결합이다. 그럼에도 불구하고, 우리는 전략이 적극적인 또는 수세적인 작전 목표를 추구하는지에 따라 공격 작전과 방어 작전으로 구분한다. 적극적인 목표를 추구하는 것은 전략적 공격이며, 수세적인 목표를 추구하는 것은 전략적 방어의 특성을 띤다.

우리는 무력전선에서 모든 지체가 적극적인 목표를 추구하는 쌍방에게 손해라는 주장에 동의하지 않는다. 정치적 공격 목표는 전략적 방어와 연관될 수 있다. 투쟁은 경제 및 정치 전선에서 동시에 이루어진다. 거기에 시간이 작동한다면 우리에게 유리하다. 즉, 이익과 손해의 균형이 우리 이익이 되고 무력전선은 제자리에 있으면서 병력비에서는 점차적으로 유리하게 변한다. 전쟁이 러시아가 샤밀의 다게스탄을 봉쇄한 것과 영국이 나폴레옹 1세의 프랑스와 빌헬름 2세의 독일을 봉쇄한 것처럼 봉쇄의 특성을 지닌다면, 무력전선은 여기에 작용하는 시간 때문에 승리하는 것이다. 수세적인 목표를 가진 일련의 작전에서 형성되는 전략적 방어가 전체적으로 적극적인 최종목표를 추구할 수 있다. 대독연합이 독일에 맞서 적극적인 최종목표를 추구하기 시작한 때는 무력전선이 전방으로 나아갔던 1918년 7월과 관계된 것이 아니다. 이런 적극적인 최종목표 추구는 몇 년 동안 전선의 전방으로 이전이 거의 일어나지 않았지만 군사행동 개시와 함께 시작되었다. 독일에 좋은 기회와 병력의 손실을 강요한 폴란드에서 철수할 때인 1915년 러시아의 5개월간의 방어 작전이 프랑스에서 대규모 성과를 거두고 소모의 관점에서 독일을 최종적으로 격파한 사건들에는 중대한 요소였다.

수세적인 목표의 추구, 즉 전체적으로나 부분적으로 현존 상황 유지를 위한 투쟁은 적극적인 목표를 추구하는 탈취와 진격 투쟁보다 병력과 장비의 최소한의 소모를 요구한다. 보유하고 있는 것을 유지하는 것이 새로운 것을 탈취하는 것보다 쉽다. 당연히 약한 자가 방어로 전환한다.

이러한 주장은 정치에서 그리고 전쟁술에서, 현존 위치에서 쌍방이 특정한 저항력과 방어능력이 있는 상황에서는 논쟁의 여지가 없다. 파도가 해변의 몽돌들을 서로 탁마하듯이 역사적 투쟁은 천성적으로 무질서한 국가 조직을 둥글게 만들고 아주 구불구불한 경계를 정돈하고 방어능력에 요구되는 견고함을 증대시킨다.

그러나 간혹 이 전제조건이 존재하지 않는다. 베르사유 조약은 유럽 지도에 기묘한 외형을 부여했다. 계급투쟁은 이 지도에 다양한 이익과 집단으로 층을 이루는 피로그를 만들었다. 이러한 상황에서 현존 상황을 유지하는 수세적인 목표 추구는 전쟁 수행의 강한 형태가 아니라 유약한 것이다. 전력 우세는 간혹 공격이 아니라 방어에 필요하다. 그때에는 방어가 모든 개념을 잃게 된다. 1866년 독일 전구에서 상황이 그러했다. 몰트케는 이 전구를 보헤미아 전구와 비교하여 부차적인 것으로 간주하고 독일 평균 전력의 3배에 대항하여 3개 사단만을 여기에 두었다. 베스트팔렌 평화조약과 빈 조약 결과인 독일의 분열과 프러시아 지주의 농지가 뒤섞인 상황에서 프러시아로서는 방어가 공격보다 훨씬 어려운 과업이었다. 프러시아가 적 전력이 우세했음에도 불구하고 공격을 성공적으로 수행했다. 이러한 상황은 내전에서 자주 발생했다. 내전은 아주 넓은 지역에서 발생했고 일정한 전선이 점차적으로 형성되었다. 그러나 계급투쟁 기간에 이 명확한 전선이 사태의 모든 핵심을 나타내지는 않는다. 각자의 후방에는 적의 준비된 기지를 의미하는 오아시스가 있다. '붉은 군대'는 볼가에서 우랄 방향으로 공격하나 자신의 기지에서 멀어지지 않았다. 여기에는 공격의 중요한 단점이 있고 새롭고 아주 풍요로운 식량 생산지, 계급적 경제적 동력이 근접해 있었다. 정치적으로 상황이 옳다면 왜 방어를 생각하는가? 자기 후방에서 무장봉기를 진압하려고? 1871년 파리 코뮌 와해는 공격의 필요성, 지방과의 관계 형성이 예상된다는 것으로 전혀 설명되지 않는다. 프랑스 전체에 대항한 파리는 하나의 진지(거점)이지 어떤 면에서도 방어능력이 아니다.

리쉐류(Lichelieu) 시대부터 100년 동안 프랑스 대외정책의 사고는 유럽에 분할, 영지의 혼재 그리고 방어능력 부재의 상황을 만드는 것이었다. 베르사유 '강화'조약으로 나타난 프랑스 정책의 작동 결과, 독일, 폴란드, 체코슬로바키아 등 모든 중부 유럽은 방어와 진지전을 배제하는 상황에 놓였다. 프랑스 가신들은 능숙하게 군국주의의 바퀴를 돌려야 하는 다람쥐의 위치에 올라앉았다. 프랑스 정치술은 확고하지 않은 상황의 의도적인 창출이다. 이것이 이러한 창출이 영구적이지 못한 이유이다. 독일로서는 방어능력이 없는 상황을 만든 베르사유 조약이 설정한 이상이 독일을 공세적인 작전 준비를 물리적으로 불가능하게 만들었다. 폴란드는 독일의 타격과 관련하여 우선권을 보장하는 단찌히 회랑지대를 선물로 받은 것을 프랑스에 감사할 필요가 있다고 생각할 수 있었다.

통상 군사행동의 방어 모양은 특정한 영토적 손실과 관계된다. 이 모양은 마지막 순간까지 결심을 연기하려고 애쓴다. 방어의 성공을 위해서는 영토 상실 가능성을 염두에 두어야 한다. 그리고 시간이 우리에게 유리하게 작용하도록 해야 한다. 이러한 상황은 곧 수개월의 시간적 낭비를 수십 평방킬로미터의 영토적 손실로 전환할 수 있고, 결심 지연으로 엄청난 거리에 분산시킨 자신의 새로운 자산을 이용할 수 있는 대국에서 제대로 이행될 것이다. 방어 측면에서 작은 국가들은 독립적이지 못하고 외부 지원에 희망이 있는 만큼만 존재할 수 있다. 그러나 광활한 영토가 방어의 성공을 보장하진 않는다. 적의 공격과 관련된 물질적 손실을 견딜 능력을 지니고 시간이 아군에게 유리하고 적에게 불리하게 작동하게 하기 위해서는 결연한 정부와 확고한 내부 상황이 필요하다. 전쟁 지도는 아주 확고하고 지리적 중요지점들을 포기하고 위기의 순간에 필요한 전투력을 낭비하지 않게 할 필요가 있다.

전략적 공격은 전력의 많은 피해가 요구되고 기지에서 멀어져야 하며 대규모 전력을 기지가 있는 병참선 조직과 방호에 할당해야 한다. 장기간 공격의 전제조건은 새로운 전력의 부단한 유입이다. 공격의 피할 수 없는 지출항목인 전방에 기지가 없는 일반적인 여건에서 공격 전개는 공격자를 약화시킨다. 그래서 공격을 이론적으로 무한하다고 간주한다면 공격의 성공은 공격 전개의 최고 정점이 있어야 하고, 그 다음에 물질적 약화를 초래하는 종말이 나타난다는 것을 인식해야 한다. 만약 우리의 평화를 보장하는 최종목표를 무사히 달성하려면, 현존 자산이 부족할 때 아주 능숙한 전략적 공격은 재앙이 된다.

공격의 이러한 특징에서 공격자에게는 우리의 성공이 고지 아래에 이르지 않는 선에서 중단하고, 이 계선에서 멀지 않은 곳에 자신의 최종 군사목표를 선정할 필요가 있다. 정치가는 전쟁의 최종적인 정치적 목표를 설정하고 전략가의 조언을 주의 깊게 들어야 한다. 왜냐하면 정치 목표에서 최종적인 군사 목표가 명백하게 나오기 때문이다.

공격의 이러한 특징을 기반으로 방어의 기본적인 전략 개념이 구성되어야 한다. 공격 전개 성공의 끝을 둘 범위가 어디인가? 이 개념은 전략, 작전술 그리고 전술에서 지배적이다. 적이 우리의 최전방 부대를 당혹케 했고 우리 전투대형 종심으로 파고들었다. 전술가는 전투력 손실을 조금도 없게 하기 위해서는 적이 어디에 언제 예비대를 전개할 것인지를 곧장 상세히 알고, 적을 저지하고 반격으로 전환해야 한다. 전단이 붕괴되지 않았더라도 전개한 전선군이 큰 위험에 처했다면, 이는 작전지휘에 중대한 문제이다. 방어 전쟁을 수행해야 한다면 역시 전략가의 사고는 우선적으로 전쟁의 흐름을 급히 바꿀 수 있고 위기를 초래할 수 있는 계선에 시간적으로 또 공간적으로 집중해야 하고 수세적인 목표에서 적극적인 목표로 전환해야 한다. 이러한 예로는 1810년 토레스－베드라스(Tores-Vedras, 멕시코 중부－역자 주), 1912년 차탈차(Catalca, 터키 이스탐불의 지방－역자 주), 1914년 마른, 1920년 비슬라가 있다.

정점을 향해 차례로 쓰러뜨린 공격은 아주 빠르고 모험적인 성격을 낳고, 향후 공격전개는 적의 수세적인 목표 추구에서 매우 큰 범위의 적극적인 목표 추구로 전환에 관한 더욱 완전한 준비이다. 남서전선군의 카르파티아 모험은 러시아 전선에서 오스트리아－독일의 대단한 5개월간의 공격으로 전환에 대비하여 1915년 봄에 아주 실제적으로 준비했다. 러시아의 마지막 예비와 전쟁물자가 소진되었다. 남서전선군 후방과 측방이 마켄젠(Mackensen)의 준비된 타격에 아주 깊숙이 노출되었다. 팔켄하인 장군은 더 좋은 준비를 바랄 수 없다고 인식하고 1915년 4월 13일 오스트리아 참모총장에게 오스트리아군이 카르파티아에서 독일군의 타격을 예상한 러시아군에 완고한 저항이 아니라, 다뉴브강 돌파가 쉬울 것이라는 편지를 썼다. 러시아군의 공격이 예정된 전선의 남쪽 고지로 더 깊이 들어가는 것보다 "수확을 위한 그의 계획"이 더 나았다.[9] 오스트리아군이 아주 놀라운 성공을 능숙하고 유연하게 이루었다. 러시아 야전군들은 헝가리군을 그의 영토로 후퇴기동을 강요하는 엄청난 노력을 통해 함정에서 구출되었다. 반대로, 산맥에 부딪혀 되돌아오는 데 성공하지 못하고 거기에서 격멸된 코르닐로프(Kornilov) 사단의 운명이 전 러시아군에 전파되었다.

물론 1918년 7월 포쉬의 현란한 공격은 루덴도르프가 독일군 부대 집단을 샤토티에리 근처 마른으로 진출시키는 데 실패하여 만들어진 것이다. 1920년 8월 중순의 서부전선군의 기동(비슬라강 하류로 공격)은 폴란드군 반격에 대한 이상적인 준비였다. 여기에서 공격이 모험으로 전환되고 적의 반격에 대한

[9] Фалькенгайн, *Верховное командование*(최고사령부), С. 83.

준비로 방향을 전환하기 시작하는 경계를 적시에 평가하는 것이 특히 중요하다. 이는 실패에 대한 적의 정치적 경제적 저항 능력, 장기간의 방어 작전과 퇴각 후에 야전군들의 전투태세 유지 능력, 향후 군사 · 경제동원으로 아군과 적에게 제공될 부대를 고려해야 하는 아주 광범위한 문제이다. 섬멸전에서 공격의 정점과 최종 방어선은 주로 공간 계선에 의해 결정된다. 나폴레옹군은 프랑스 국경에서 2천 킬로미터 떨어진 모스크바에 도착하여 격멸되었다. 소모전에서 이 계선은 어느 정도 시간 범주로 전환되었다. 전쟁 4년차 기간에 중부강국들의 전투력은 급격히 약화되기 시작했다.

공격자는 단순한 전방이동이 공격자를 약화시킬 뿐이며, 전과확대를 할 수 있는 정점까지 거리가 줄어드는 제한적인 이점이 있다는 것을 기억해야 한다. 국경 전역 후 독일군 부대들이 눈에 띄는 전술적 성공 없이 마른까지 가는 거리만큼 손실이 늘었다.[10]

전략적 방어는 위기의 순간까지 자기 노력을 치밀하게 분할해야 한다. 한편으로는 아군의 영토적 손실을 제한하고 적이 승전 페레이드처럼 이동하지 못하게 하고, 재편성을 하고 수천 톤의 전투물자를 전선으로 수송하고 작전적으로 어려운 계선을 통과하는 일련의 대규모 작전 과업을 수행해야 한다. 다른 한편으로는 적과 접촉에서 벗어날 것만을 생각해야 할 정도로 저하된 군의 전투력을 특정한 수준으로 유지해야 한다. 그리고 마지막 급변 가능성에 대비해야 한다. 전투 없이 물러나서는 안 되고 전투에 끌려들어가서도 안 되는 아주 어려운 과제는 아주 우수한 군에만 적합하다.

진지전과 기동전. 쌍방이 작전을 위해 적극적인 목표를 추구한다면 극단적으로 기동적이고 조우전이 자주 발생할 것이다. 적극적인 목표를 추구하기 용이한 1918년~1920년의 내전은 특이한 기동전이었다. 쌍방이 제1 계획으로 수세적인 작전목표를 추구하면 군사행동은 적극적인 성격을 띤다. 동맹이 전쟁

10) 위의 책, 'расширение базиса войны'에 관한 문제.

을 수행할 때는 수세적인 목표가 빈번히 아주 넓은 공간을 점한다. 왜냐하면 강화조약 체결 시에 자신의 이익으로 간주하도록 강요하기 위해, 각 동맹국의 이기주의적인 이익을 위해 다른 동맹국에게는 적을 타격하는 영예를 제시하고, 자신은 보유한 것들을 주의를 기울여 보호하고 마지막까지 자기 전투력을 축적하려 하기 때문이다. 그래서 동맹 전쟁은 두 국가의 단일한 분쟁보다 적극적인 특성을 적용한다. 프랑스와 영국은 1914년 가을에 이 간명한 진실을 알았고, 러시아는 1916년 가을에야 이에 관해 생각하기 시작했기 때문에 아주 불리한 위치에 놓였다.

쌍방이 수세적인 목표를 추구하는 동안에는 진지전적 교착상태가 지배적이다. 전선에서는 병력 손실과 물자 소모가 줄어, 다음 동원 단계에 아주 유리한 방법이다. 그래서 쌍방의 준비가 아주 불충분하면, 특히 물자가 충분히 준비되지 않으면 십중팔구 적이 진지전 형태를 취할 것으로 예상된다. 아주 중요한 진지전에 편중하는 것은 전쟁 직전까지 쌍방이 준비가 적었던 1861년~1865년의 미국 남북전쟁에서 두드러졌다. 러시아-투르크 전쟁의 1877년 가을 불가리아 전구에서 터키는 적극적인 목표를 추구할 능력이 없었고 러시아가 발칸을 침공함으로써 병력이 부족했기 때문에 심대한 진지전 경향을 보였다. 전역(戰域)에 러시아의 새로운 군단들의 축차적인 파견은 현대의 연속적인 동원 제파에 가까웠다. 러일전쟁간에는 시간적으로 수세적인 목표를 추구할 수밖에 없는 쌍방이 보급에 어려움이 있었고 전력이 고갈되었기 때문에 샤허강에서 진지전 전선이 형성되었다. 진지전 전선은 적대적인 군 중 하나가 이동이 제한되는 해안 상륙으로 수송되는 경우에 쉽게 만들어진다(1854년~1855년 세바스토폴, 1919년 아르한겔스크).

작은 국가는 진지전에 덜 적합하다. 실제로 그들이 점령해야 할 전선은 자기 자산으로 저항해야 할 영토보다 아주 작은 범위로 줄어든다. 두 국가 윤곽이 같을 때 한 국가의 전선이 8배 짧다면 영토는 64배 작다. 그리고 진지전 전선이 한 번의 추격 거리를 유지하기 위해서는 후방부가 평온하게 활동할 수 있는 1천 평방킬로미터 이상이 되어야 한다. 모든 이 수치는 상대적이다. 왜냐하면 영토의 경제적 여건이 중요한 의미를 지니기 때문이다. 한편 만리장성 축성은 거대한 중국에 필요하고 소형수뢰정은 장갑화하면 안 된다.

후퇴의 매력적인 힘은 기동전에서 아주 커진다. 부대가 적이 소탕하는 지역으로 흩어지지 않게 하려는 지휘관의 강한 의지와 의식이 필요하다. 진지전 투쟁에서 쌍방은 상대방 정면에 맞대려고 한다. 실제로는 쌍방의 전위부대 사이에 아무것도 없는 공간을 허용하지 않는다. 손실에서 나오는 지형의 중요성을 과대평가하는 것은 몇 백 킬로미터를 이동한 대가를 어떻게든 치러야 하고, 전선이 근접하게 만든다. 수동적인 목표를 추구하는 진지전의 핵심에는 공격을 준비하는 양측의 환상이 자리한다. 그래서 진지 전선은 많은 경우에 방어를 위해 유리한 배치가 아닌 공격을 위한 공격출발진지 같은 전술적 성격을 띤다. 전방으로 몇 킬로미터를 전진할 가능성이 있으며 더욱 좋은 진지들이 버려진다. 부대가 사격을 받으며 낮은 지역의 물이 찬 참호에 몇 년을 서 있다. 이러한 참호는 건강에 좋고 마르고 약간 솟아오른 지역의 2~3km 전방에도 있다. 진지전 투쟁은 장비들이 넓게 배치되고 지휘는 엄격하게 중앙집권화되고 전쟁은 그렇게 물자 형태를 취하고 언뜻 보기에 과학적인 방법으로 조직되나, 실제로는 불가항력적인 현상의 넓은 평원이다. 환상에서 벗어나고 분별력 있는 최고사령부는 불가항력적인 과정을 통제하고 큰 성과를 얻을 것이다. 체계적으로 자기 부대를 유리한 구역에 집결시키고 적을 수백 킬로미터 길이에 아주 불편한 모양으로 전개토록 강요할 수 있다.

기동을 거부할 때는 다양한 구역의 의미를 과대평가하게 된다. 엄호되는 지역의 지리적 가치가 제1 계획에 반영된다. 부유한 산업중심지, 교통요지, 측방 기동에 가치가 있는 간선에 근접하기 때문에 구역을 확고하게 점령하게 된다. 지리적으로 중요한 지형지물이 없는 황량한 지형은 약하게 엄호된다. 그러나 이 차이는 그렇게 크지 않을 것이며, 나름대로 가치가 있다. 1914년 프랑스와 벨기에의 진지전 전선의 아주 중요한 구역은 영국해협에 인접한 곳이었다. 왜냐하면 프랑스 북쪽 해안을 장악하면 영국에 대한 잠수함 봉쇄를 계획하는 독일에 커다란 이점이 있기 때문이다. 전쟁 전까지 프랑스 참모본부가 구체적으로 연구했던 로렌느와 보주(Vosges, 독일인접 프랑스 지방－역자 주) 전선은 부차적인 구역이었다. 왜냐하면 여기에는 프랑스에 중요한 교통로나 낭시를 제외하고는 산업도시가 없었기 때문이다.

자신의 의지와는 상관없이 진지전 투쟁에 익숙해지는 것은 쉬우나, 여기에서 빠져나오는 데는 큰 어려움이 수반된다. 세계대전 동안에 그 누구도 성공하지 못했다. 진지전 전선의 범위가 한정된다면, 개방된 측방을 우회하는 방법으로 아주 유리한 결과를 얻을 수 있을 것이다. 프랑스는 세계대전 시작과 함께 프랑스－독일 국경에 진지전 전선을 구축할 요소들을 평시에 준비했다. 벨기에를 통한 이 전선의 우회가 슐리펜 계획의 기본적인 생각이었다. 러시아 제10군은 동프러시아를 침공할 때 1915년 초에 진지전 전선을 점령했으나 발트해까지 우익을 전개하지 못했다. 이 때문에 루덴도르프가 러시아 제10군의 중앙을 아우구스토프 숲에서 포위할 수 있게 된, 러시아 우익을 우회하는 유리한 기동 가능성이 나타났다. 측방에서 이러한 기동을 위협하는 모든 진지전 전선의 재앙 우려 때문에 전구의 모든 곳에 진지전 전선을 구축하고 이의 측방은 바다 또는 자신의 중립을 군사적으로 방호할 수 있는 중립국 등 신뢰할 만한 장애물에 근접하게 만든다.

1914년 마른에 이은 “바다로 질주” 작전의 핵심도 이러했다. 우리는 여기에서 쌍방이 적 측방을 우회하는 적극적인 목표를 추구하는 것을 볼 수 없고 어떤 가능한 우회에 대비한 대기동이라는 소극적인 목표를 추구하는 것을 보게 된다. “바다로 질주”는 전략적 방어에 기반을 두었지, 공격에 기반을 둔 것이 아니다.

진지전 투쟁 과정에서 만들어지거나 원상태로 돌아가, 무언가를 추격하는 것으로 전환하든 적극적인 목표는 두 종류가 있다. 즉, 진지전의 범주에서 벗어나지 않고 적을 압박할 것이나, 그때도 1916년 베흐덩 및 솜므, 1917년 플렁드흐(Flandres) 같은 진지전이 될 것이다. 다른 하나는 진지전을 중단하고 기동전으로 전환하는 것이다. 모든 전구를 차단하는 진지전 전선에서 후자는 3가지 방법으로 달성된다. 돌파(1916년 브루실로프 공격, 1917년 3월 니벨르 공격 등 세계대전 시의 시도들), 중립을 파괴하거나 새로운 동맹국 연합을 공격하는 방법으로 달성되는 우회(1916년 8월 루마니아), 끝으로 전체적인 전진을 달성할 목표를 지닌 후퇴이다. 마지막 방법은 후퇴한 전력에 기반을 둔다. 한쪽이 방어능력이 없는 파괴된 전선을 만들기 위해서는 몇몇 구역에서 후퇴할 수 있다. 몇몇 구역은 완전히 비울 수 있으나, 공격으로 전환할 준비가 된 강력한 예비대가 저지할 수 있다. 적의 이동은 이런 공격 준비 기능을 수행하게 된다. 세계대전 기간에 유사한 제안이 수차례 있었다. 그러나 책임있는 전략가들의 호응을 얻지 못했다. 아마도 철도에 의해 분할된 풍요로운 지역에서 이러한 사고는 단순한 이론이지 구현될 수 없는 제안이었다.[11] 후퇴는 아주 중요한 경제 및 교통(보급로) 면에서 희생을 야기한다. 그러나 벨라루시-폴란드 전역에서 이러한 기동을 위해 아주 좋은 가능성이 발견되었다.

미래 전쟁에서는 진지전 전선의 몇몇 구역이 작전적 전개 기간인 아주 초기부터 계획될 수 있다는 것을 고려해야 한다. 국경선이 몇 백 킬로미터만 뻗어있고 견고한 지형적인 선과 접해 있다면 전쟁 초기에 연결된 진지전 전선이 발생할 것으로 예상된다. 전쟁 수행에 요구되는 대량의 물자, 산업동원과 후속하는 군사동원 제파의 성과를 기다릴 필요성 때문에, 미래에는 적극적인 군사목표를 추구하는 것을, 프랑스-독일의 충돌에서처럼 일시적으로 중단시킬 수는 있을 것이다. 기동전은 서부 전구 전체를 일시에 탈취할 수는 없다. 물론 진지전 투쟁은 1914년~1915년 겨울에 러시아 전선에서 형성되었고 진지구역

[11] 1917년 3월 루덴도르프의 유명한 지그프리드 선으로 철수는 반대되는(전선을 펼치고 진지전을 강화하는) 목표를 추구했다. 소 몰트케는 지휘를 팔켄하인에게 인계한 후 프랑스에서 진지전으로 전환을 허용할 수 없다고 생각하고, 프랑스군이 추격으로 전환할 때 프랑스를 공격하기 위해 후퇴기동을 명령했다.

사이에서 상당한 기동이 이루어지고, 게다가 어디에도 진지전 전선이 서로 겹치지 않았던 것처럼(예를 들면, 나레브와 프러시아 국경 사이에 프라스니쉬스키(Prasnyshskii) 대대를 위한 상당한 공간) 좀 더 약한 형태를 취할 수 있다. 진지전에 대한 준비는 해야 한다. 특정한 상황에서 진지전 전선이 발생하는 것을 막을 수는 없다. 적이 진지전 전선을 형성하려는 시도를 극복하고 대규모 기동으로 전환하는 능력도 준비해야 한다.

2. 병참선

전략은 병참선에 관한 연구이다. 보충과 보급을 통한 군 전투력 유지는 전선에서 활동하는 부대가 만족스런 병참선에 의해 국내 영역과 연결되게 작전이 이루어질 때 가능하다. 빌리젠이 모든 전략을 병참선에 관한 연구라고 정의할 만큼 마지막 환경이 중요하다. 병참 분야에서 자군의 요구를 충족시키는 능력을 유지하고 적의 이 능력을 박탈하는 것이 이에 대한 전략가의 주요 임무이다. 사실, 병참선 없이 전술적인 문제들은 검토할 수 있으나 전략적인 요소는 병참선과 연계해야만 시작할 수 있다.

섬멸과 소모, 공격과 방어, 기동전과 진지전 분석은 군사행동 수행간 부여될 수 있는 목표에 대한 여러 관점으로 귀착된다. 다양하게 생각할 수 있는 결심을 충분히 이용할 수 있다. 병참선 문제를 분석하기 시작해야만 끝없이 넘쳐나는 환상에서 현실의 단단한 기반으로 전환할 수 있다.

병력과 장비를 보유하는 것으로 불충분하다. 필요한 장소와 시간에 그들이 있어야 한다. 경제에서 무역[12]이 수요가 나타나는 곳과 시간에 물품을 제공하

[12] 이는 괴테가 삼위일체 개념, 즉 전쟁, 무역 그리고 정치적 개입에 관해 이야기하고 클라우제비츠가 전쟁술을 정의하면서 이를 학문과 기술에 연관시키지 않고 무역에 비교한 것으로 적절한 표현이다.

여 물품에 무한히 귀중한 특성을 부여한다면, 전쟁 시에는 합당한 전략적 지도로 병참선이 부대와 예비물자에 무한한 가치를 부여하게 된다.

1812년 나폴레옹군을 덮친 재앙은 러시아의 겨울이 아니라 나쁜 비포장도로를 통해 수백 킬로미터 깊이 들어간 대군, 가난하고 인구가 적은 지역에서 보급을 할 수 없었기 때문이다.

1813년 전역에 대한 여러 세대 역사가들의 접근 태도가 흥미롭다. 초기 역사가들은 나폴레옹의 실패를 그의 작전 능력이 부족한 탓이라고 했다. 그래서 실패를 나폴레옹이 이용하고 내부 작전선에 따라 성공적인 행동 능력을 증대시킨 병력 규모로 설명하기 시작했다. 다음 세대들은 1813년 나폴레옹군의 젊은이들, 러시아의 눈밭에서 그리고 스페인의 벽촌에서 사망하고 프랑스의 베터랑 연대에 뒤섞인 신병들을 원인으로 설명하기 시작했다. 물론 전역 100주년 즈음에 나폴레옹의 병참선 분석이 포함된 설명이 두드러졌다. 작센은 아주 부유한 나라였으나, 나폴레옹은 40만 대병력과 함께 10주 동안 아주 좁은 공간에서 발만 구르고 있었다. 부유한 나라가 벨라루시의 황무지에서 굶주리는 상황이 발생했다. 엘바강에서 라인강까지의 비포장 후방 병참선이 병력이 증가된 군에 보급을 할 수 없었다. 라이프치히 전역의 결정적인 순간에 프랑스군이 2분의 1로 감소하고 포병 탄약이 급격하게 부족해진 것은 당연하다.[13)]

17세기 중반에 짐마차 수송에 기반을 두고 군은 작전기지 창고에서 125㎞ 이하 거리로 이격을 허락한 5일 이동식 병참제도가 생겨났다. 프랑스 혁명군과 나폴레옹군이 활동하던 전구의 풍요, 혁명군이 지방 자원을 이용할 수 있는 놀라운 편리성, 작전전개의 신속성, 전투용 탄약 솜 소모의 비과도성이 19세기 초에 전략술은 병참선과 별개라는 환상을 만들었다. 우리는 1812년과 1813년

13) 물론 모든 이유가 진실의 일부라도 증명할 수 있다. 우리는 슈타인이 지도하고 독일 민족주의 정서의 각성에 기초하여 러시아를 선동하는 데 성공한 것을 새로운 이유로 제시한다. 이 선동은 나폴레옹군에서 많은 독일인의 복무기피뿐만 아니라, 모든 부대에서 태만을 야기했다. 나폴레옹이 이전에는 전쟁기지의 확대에서 병력을 얻었다면, 지금은 혁명전쟁의 쇠퇴와 민족적인 선전선동의 성공으로 기지 확대가 나폴레옹에 반대하는 방향으로 변했다.

의 사례에서 증가된 병력과 증가된 저항하에서 병참선과 단절이 결정적인 모습이라는 것을 알고 있다.

병참선 문제는 다양한 범위에서 살펴볼 수 있다. 기지가 있는 국가 내부 지역을 포함하는 전선군의 독자적인 병참망이 있는 것이 특징인, 군사행동에 에워싸인 영역을 군사행동 전구라 부른다. 본 장에서는 이러한 개별 전구 범위에서 병참의 영향을 언급하겠다. 그러나 병참은 모든 무력전선의 활동 범위에서 여러 전역 사이를 예비대가 측방 기동을 할 다소간의 가능성 내에서도 검토할 수 있다. 이러한 문제는 동맹군 투쟁(세계대전 시에 대독연합)에서, 2개 전선(세계대전 시 독일, 독일 및 소련에 동시에 대응한 폴란드) 그리고 1개 전선의 전쟁에서 나타난다. 만약 한 개 전선의 전쟁이 장기간 지속된다면 심각한 장애물로 인해 분리되고 2개의 독자적인 군사행동 전구(벨라루시와 우크라이나 전구, 폴레시에 북쪽과 남쪽)가 나타난다. 우리는 이 장에서 행동전략선에 관한 문제에 집중할 것이다. 물론 교통로는 국가 전체 범위에서 검토할 수 있다. 즉, 다다넬즈를 통과하는 러시아의 병참선 단절과 세계대전 시의 북빙양 출구로서 아르한겔스크와 무르만스크 도로, 당시 독일의 봉쇄, 영국이 해양 병참선을 장악해야 했던 필요성, 폴란드의 관점에서 단찌히 회랑 등을 예로 들 수 있다. 그러나 우리는 국가 전체 범위에서 검토된 교통로를 경제전선에서 투쟁 문제와 연계시킬 것이다. 경제 전문가들은 이를 판단했고 무력전선에 합당한 목표를 제시한다. 전략은 이들과 제시된 다른 지형 목표를 무력전선의 투쟁 여건과 한데 묶어서 동시에 다룬다.

20세기 전략에서 병참선. 병참선의 의미는 전쟁에서 운용되는 자원의 규모와 비례하여 증대되고 있다. 몰트케 때까지 비포장도로망의 그렇게 길지 않은 거리 그리고 많지 않은 규모일 때, 다양한 작전목표 추진 시에 철로 의존도는 낮았다. 그 50년 후에 대형 요새의 포위로 전쟁사령부가 수십 개의 광폭궤도가 필요한, 포위된 포병 장비-화물 이송에 관한 문제에 봉착하게 되었다. 병참선 여건은 몰트케로 하여금 파리 포격을 3개월이나 연기하게 했다. 모든 대규모 작전 준비로서 대규모 요새의 봉쇄보다 병참선의 엄청난 준비를 요구할 정도로 지금의 전쟁은 규모가 크다.

세계대전간 철도 병참선이 차단될 가능성에 대한 환상은 결정적으로 사라졌다. 5일 이동체계가 부활하였다. 새로운 체계에서 이동을 위해 후방에 설치된, 기지에 있는 부동 병참창고만이 전방 철도역 노선들로 대체되었다.[14] 그때쯤에 복구된 프랑스 철도로는 빈약한 비정기적인 이동만이 가능했다. 자동차가 언제든지 사라질 수 있는 거리를 이동하여, 연료량 때문에 제한되는 거리만 이격이 가능하듯이, 현대의 군들은 전방 철도역 노선들의 사슬[15]에 속박되어 있다. 다음 저작에서 우리는 5일뿐만 아니라 3일 이동체계를 보게 될 것이다. 내전 시에 또다시 병참선은 중요성을 일시적으로 상실했다. 중앙이 가난하고 물량이 많지 않았고 지방 자산들을 광범위하게 이용했기 때문이다. 또한 상당 수준에서 적에게 탈취한 무기로 교전했기 때문이다. 그러나 1920년 전역은 후방과의 철도 병참선에 의존하지 않는 군대의 일시적인 성공을 다시 보여주었다.

병참망은 아주 구체적인 사실이다. 한 방향에서 수백 톤의 화물 수송은 극단적인 노력이 있어야 가능하다. 다른 방향에서는 1일 약 1만 6천 톤(간선 철도의 기관차 약 40량)을 수송해야 한다. 전쟁 준비 시에 전략가는 주요 방향을 이해하고 이에 합당한 통로를 개설해야 한다. 군사행동 수행간에는 수송능력에 적합하게 작전을 지향해야 한다.

작전적 도약의 범주를 한정하는 병참선은 전쟁이 섬멸 궤도로 들어서는 데 아주 어려운 장애를 나타낸다. 대규모 작전은 병참선의 요구에 따라 인위적으

14) 이 중요한 문제에 관해 우리는 제3권(1926)의 트리안다필로프의 논문 "**Размах операции современных армий**", ***Война и Революция кн. 3***(전쟁과 혁명 제3권), 1926의 세부 사항을 인용할 수 있다.

15) 이 사슬은 80㎞ 이상의 거리에서 작업효율이 빠르게 낮아지는 짐마차와 자동차 수송수단이다. 적용되는 다량의 수단, 불량한 비포장 도로, 화물차나 짐마차 때문에 불충분한 보급, 현 운하의 수량, 철로의 신속한 복구 능력, 더 적은 자산을 필요로 하는 적의 약한 저항이 이 사슬을 늘린다.

로 두세 개 적게 나누어져야 한다. 세계대전 초 독일군은 예나강에 도달한 후에 멈춰야 했고 병참선을 조정하는 데 1주일이 걸렸다. 적이 숨 돌릴 기회와 연관이 있지만 자신의 후방부에 숨 돌릴 기회를 주어야 한다. 러시아 사령부도 1914년 11월 초 이반고로드－바르샤바 작전을 종료한 후에 비슬라의 최초 위치에서 약 5일 행군거리를 이동하여 이런 짧은 휴식을 취했다. 독일군에 의해 파괴된 후방의 철로와 도로를 복구하는 데는 1주일 이상이 소요되었다. 공격 재개는 필요하지 않았다. 왜냐하면 주도권이 독일군(로쯔 작전)으로 넘어갔기 때문이다. 작전의 강요된 휴지－중단 상황에서 이전 방향으로 공격을 계속하려면 대체로 병력의 상당한 우세를 생각해야 한다.

병참선의 중요성이 증대되어 소모전의 한 형태를 적용하는 것이 아주 보편적이다. 전선의 부단성, 병참선과 측방기동 중심지의 유지를 고려하면서 강요된 일시적인 방어로 전환과 병참선의 중요성 증대는 전쟁의 진지전적 성격을 키우고 진지전에서 기동전으로 전환을 어렵게 한다.

병참선 여건 분석은 전략(술)에 아주 중요한 지표를 제공한다. 전략가의 착상은 후방에 충분한 관심을 기울여야 한다. 공격의 주요 방향은 중요한 현존 병참선의 간선 동맥과 합치되어야 공격 템포가 적에 의해 파괴된 철로의 복구 속도를 능가할 것이다. 병참선은 전략가가 자군 후방 분석에서 벗어날 때도 시야에서 놓쳐서는 안 되며 전방과 적을 주시해야 한다. 적이 중요한 요충지와 측방 기동로를 잃게 하는 타격만이 심대한 의미를 낳고, 적 부대에 보급 동맥을 탈취해야만 적 부대를 격멸할 수 있다.

무력전선의 효율적인 작동. 부대의 효율적인 작동은 부대의 병참선 상태에 의해 아주 포괄적으로 결정된다. 작전술은 부대를 전술적으로 유리한 위치에 두어야 한다. 전략술은 아군 작전을 적에 비교하여 가능한 한 유리한 교통 여건에 두어야 한다. 이 유리점은 전술보다 아주 현실적이고 의미가 크다. 만약 병참선이 제대로 작동하지 않는다면 작전은 질식하게 된다.

독일군의 공식적인 통계에 따르면, 굼빈넨 근처에서 레넨캄프의 3개 군단과의 결정적이지 못한 하루 전역에서 독일군은 1만 4,700명의 손실을 입었으나, 러시아 중부군을 완전히 격멸하고 양익을 완전히 격파한 삼소노프군 5개 군단에 대한 7일간의 작전에서는 9천 명[16]을 잃었다. 삼소노프보다 레넨캄프의 능력이 뛰어난 상황에서 힌덴부르크와 루덴도르프가 러시아 전선에 도착한 때에 제2군에 비해 편성이 훨씬 나은 제1군 레넨캄프군의 효율이 비교할 수 없을 정도로 좋다고 할 수 있는가? 이 질문에 대한 답은 '전혀 아니다'이다. 독일군 부대들은 레넨캄프와 전투에서보다 삼소노프와 전투에서 더 서툴게 싸웠다. 굼빈넨 근처에서의 공황과 패배를 기억하는 제17군단은 러시아 제6군단 제4사단과 충돌했고 포격을 가하고 오랫동안 인접부대에 지원요청을 하는 데 머물렀다. 프러시아군 정예 제2사단은 온종일 켁스홀름(Keksholm) 근위연대를 극복하지 못했고 공세적인 돌파는 크게 실패했다. 프러시아 제41사단은 전체적인 성공 순간에 황당한 공황에 빠졌다. 루덴도르프가 마지막에는 실무자처럼 나섰으나, 이 작전에서 그의 의지와 기술은 아주 적게 발휘되었다. 문제는 제2군보다 레넨캄프군의 병참선이 상당히 더 좋았다는 것이다. 베르즈볼로프(Werzbolow) 간선, 반원형의 수발크 철로, 후방의 촘촘한 도로망, 레넨캄프 양익이 자유롭게 된 동프러시아의 끝자락에 작전지역의 위치, 이 모든 것이 레넨캄프에게 아주 좋은 병참선 여건을 제공했다. 삼소노프에게는 좌익 끝단에서 나오는 단 하나의 빈약한 철도 지선이 있었고 후방에는 도로가 없었다. 또한 기지와 분리되어 있었고 항상 강력한 타격을 동반할 수 있는 비슬라 하류 방향으로 좌익이 치우쳐 있고, 우익은 유동적인 상태에 있었다. 병참선 면에서는 상황이 더욱 좋지 않았다. 여기에 제2군사령관의 심리상태에 균형을 잃게 하는 군의 병참선을 구하기 위한 마지막 순간을 놓치고 니덴부르크에서 북쪽으로 이동을 강요한 일련의 교전이 있었다는 것을 추가로 언급할 필요가 있다.

---

16) 이 숫자는 약간 축소된 것으로 보인다. 작전간에 수많은 지원자들이 독일군 부대에 들어왔고 부대 인원이 늘어났다. 이러한 형태로 독일군 병력수는 아마도 손실 부분만 감지된 것 같다. 그러나 이는 전체적으로 신빙성이 있다.

오스트리아 공식소식통(빈 기록국)은 주로 내부관구 부대들로 편성된 러시아 제4군 및 제5군과 비교하여 루즈스키(Ruzskii)와 브루실로프군으로 편성된 키예프군관구 부대들의 전투능력을 명확히 나타낸다. 원칙적으로 이 주장을 부정하지 않는다. 그러나 우리는 교통로 면에서는 루즈스키군과 브루실로프군이 레넨캄프군만큼이나 유리한 여건에 있었고 삼소노프군은 제4군과 제5군과 비슷하게 좀 나쁜 병참선을 가졌다는 것에 주의를 기울인다.

마른 작전에서 클루크 장군이 마누히군을 곧장 완전히 격파하지 못했다면, 이는 무엇보다도 마누히 부대의 파리 전방에 구축된 병참선의 아주 유리한 위치와 클루크 병참선의 믿을 수 없는 상태를 핑계될 것이다.

러시아 전선에 대한 1915년 춘계 공격 전개를 보장하기 위해 팔켄하인은 마켄젠군을 다뉴브강 대안인 오스트리아 전선군이 철도 병참선의 지원을 받는 구역에 집결시켰으나, 러시아군에게는 아직 재정비되지 않은 철로가 있었고 여기에서 카르파티아에 있는 러시아군 병참선 측방과 후방에 이르는 지름길이 있었다. 1916년 초에 팔켄하인은 베흐덩 구역을 공격하기 위해 교통로에서 프랑스보다 독일이 월등하게 우위를 점하는 곳을 선택했다. 왜냐하면 베흐덩에 이르는 2개의 간선으로 이동은 차단되었고 프랑스군은 협궤철로 하나만 보유했기 때문이다.

부대의 유용한 활동은 부대가 정면공격을 전개하는 완강함뿐만 아니라, 적의 병참선에 가하고 적의 저항능력을 신속하게 저하시키는 제압에 의해 결정된다. 가끔 두 조건을 올바르게 이행할 수 있다. 그 때에 결과는 거의 사전에 결정된다. 통상 적 병참선 제압은 자신의 병참선이 악화되는 희생을 감수해야 한다. 사라카미쉬(Sarakamysh, 현 터키 동북지방-역자 주) 근처에서 러시아 카프카즈군 병참선을 제압하려던 터키군은 혹독한 겨울에 얼음으로 덥힌 산악 오솔길을 따라 장거리 행군을 해야 했고, 무기력해진 대규모 병력이 포로가 되거나 러시아 후방 병참 지역에서 얼어 죽었다. 그래서 1914년 8월 러시아의 제2군, 제4군, 제5군의 전개를 비난해서는 안 된다. 비록 그들이 병참선 여건 때문에 제1군, 제3군, 제8군보다 활발하게 활동하지는 못했지만, 그 대신 이 행동은 적이 느낄 수 있는 방향으로 전환되었다. 제2군의 존재가 독일군의 완강함을 저하시켰다고 굼빈넨 전역 말미에 알려졌다. 제4군과 (제9군으로 증강된) 제5군이 갈리시아 작전의 최종적인 해결에 기여했다. 작전적 전과확대는, 자기 병참선에서 완전히 차단되고 적 후방으로 나아가 정면이 뒤바뀐 상태에서 작전을 수행하는 부대들을 집결시킨다. 러시아 국경을 따라 삼소노프의 후방에, 프러시아를 바라보고 러시아를 등지고 약 42km 길이로 전개한 프러시아 제1군단은 삼소노프군을 자기 그물로 잡아챘다. 아우구스토프 숲과 그로드노 사이에서 그로드노를 등지고 나아간 프러시아 2개 사단은 러시아 제10군의 중앙을 포착했다. 결정적인 순간에 어떤 병참선도 없이 휴대한 물자로 결투를 벌이는 지휘관과 부대를 육성해야 한다.

부대의 전투행동을 연구하면 어떤 전술적인 탁월함과 결함이 쌍방에게 장소에 관한 정보를 제공했는지 생각하는 습관을 갖게 된다. 부대의 전략적 행동 연구에 매진하면서 병참선 여건에 주의를 먼저 기울이고 이런 여건에서 나오는 결과를 정확히 이해하는 것을 익혀야 한다. 작전 범위와 목표는 작전을 통해 무산시키려 한 적의 병참선 탈취를 기준으로 판단해야 한다. 우리는 슐리펜 계획을 대단하다고 인정한다. 왜냐하면 그는 로렌느 지방과 독일 국경지역에 전개된 프랑스군의 모든 병참선을 종심 깊게 탈취하려고 의도했기 때문이다. 1915년 루덴도르프는 러시아 전선 코브노-민스크 방면에서 섬멸작전을 위해 이러한 규모를 계획했다. 북서부, 볼로고예-세들레츠와 알렉산드로프 간선 철로, 즉 폴레시에 북쪽으로 연결된 모든 간선을 탈취해야 했던 작전을 계획한 것이다. 진지전 기간에 프랑스 전선에서 그리고 마지막에, 독일군은 베흐덩과 네덜란드 사이의 마스(Maas)강 구역에서 합류하는 그들의 병참선 상황이 아주 위험했고 베흐덩 전방에 독일군의 집결은 주의가 필요했다. 전략가로서 알렉세예프의 부족함은 그가 갈리시아 전투 막바지의 유리한 상황을 포함하여, 한 번도 적의 병참선을 목표로 하지 않았다는 데에서 알 수 있다. 내전의 몇몇 작전은, 이를테면 1920년 전반기에 폴란드에 대항한 키예프 작전과 같은 해 가을 브란겔에 대응한 작전은 적의 병참선을 완전히 탈취하는 개념 측면에서 커다란 전략적 의미를 지닌다.

병참선 문제가 전략 전체에 스며드는 깊이, 전략가가 자신의 병참선을 방호하려는 걱정과 적 병참선과 관련된다는 예상이 모두 적의 격멸에 관한 전략가의 사고이다. 자체 방호와 적 격멸 요구 사이에서 병참선에 관한 문제에 생기는 모순된 특성을 살펴보자.

알렉산더 마케도니아의 논리. 모든 공격은 본래 기지에서 멀어지게 하고 병참선을 신장시키고 공격을 받게 만든다. 적은 반대로 자기 종심으로 후퇴하면서 자기 병참선이 유리한 상황에 이르게 만든다. 여기에서 공격 집단의 임무는 가능한 한 이러한 불리점을 최소화하고 공격 위협을 고조시키는 것이다(측방 공격 및 타격, 기묘한 방면으로 철수).

각 작전의 중요한 전제조건은 적과 비교하여 우리 부대를 유리한 병참선 여건(편리성과 안전)에 두는 것이다. 그래서 우리가 공중누각을 건축하지 않고 중간목표 달성을 통해 논리적으로 최종목표에 도달하려면, 다음 작전의 병참선에 유리한 여건을 만드는 데에서 최종목표를 주로 찾을 필요가 있다. 병참선 사상은 작전들 간을 하나의 완전체(행동의 전략선)로 묶는 논리적 고리를 만든다.

알렉산더 마케도니아는 일찍이 병참선 관점에서 아시아를 깊이 침략하는 과제를 탁월하게 해결했다. 그는 처음에 정적들(테베, Thebe)을 제압함으로써 자신의 기지인 그리스를 내부에서 지원했다. 그 다음 그는 발칸반도의 야만족들을 정복하여 그리스를 외부에서 지원했다. 위험에서 벗어난 자신의 후방을 다다넬스 해협 지역에서 아시아 대륙으로 전환했다. 그러나 소아시아의 그리스 도시들은 그리스에서 도주한 정치적 이민자들인 그의 적의 피난처가 되어 그는 편안하지 않았다. 왜냐하면 이 이민자들은 그리스를 쉽게 동요시킬 수 있기 때문이다. 이를 해결하지만 알렉산더 마케도니아는 자신의 꿈인 페르시아 내부 원정을 보류한다. 아시아 함대는 그의 후방인 지중해에서 아직 우세했다. 이를 제거해야 했다. 이를 위한 하나의 방법은 함대가 기반을 둔 모든 아시아 해안을 탈취하는 것이었다. 이리하여 알렉산더는 페르시아와 이의 부유한 아프리카 지방인 이집트와의 관계를 파기했다. 알렉산더는 큰 노력을 들이지 않고 이집트를 점령했다.[17] 그제야 그는 아시아－아프리카라는 새롭고 넓은 후방을 확보하고 티그리스강 쪽으로 이동하여 페르시아에 결정적인 타격을 가했다. 그 꿈은 구현되었고 병참선 문제를 완전히 해결했다.

아마도 미시적으로는 각 전쟁에서 자신의 창의성을 현실적인 토대로 전환하기 위해 알렉산더 마케도니아가 수행했던 논리적인 방법을 반복할 필요가 있다.

보이르슈의 후비군단 작전인 칼리쉬와 첸스토호프에서 이반고로드 위쪽 비슬라에 대한 공격 목표는 오스트리아－헝가리의 중요한 집결 동맥인 크라코프－르보프 철도 간선을 북쪽에서 엄호하는 것이었다. 레넨캄프(굼빈넨)에 대항한 독일군 작전은 오스트리아에 약속한 나레브강을 경유하여 러시아 제4군 및 제5군의 병참선을 타격하는 동안에 독일군 병참선을 동쪽에서 보호하는 목표를 추진하였다. 이 작전은 성공하지 못했다. 독일군은 위험을 무릅쓰고 삼소노프를 타격했다. 그러나 레넨캄프를 후방에 둔 독일군 사령부는 나레브강과 세들레츠강에서 타격을 결정하지 못했다. 러시아군을 네만강으로 격퇴하고 자기 병참선에 대한 압박을 해소하기 위해 작전을 개시했다. 이 작전은 성공했으나 독일군이 병참선 분야에서 나레브강에 대한 공격이라는 전제(前提)를 달성하려는 시점에, 오스트리아군이 동갈리시아에서 이미 패하여 나레브 작전은 의미가 없어졌다. 동프러시아의 안정을 되찾은 독일군은 이제 주역으로서 임무

17) 우리는 알렉산더가 이집트를 탈취하는 데 시간을 소비했다는 것을 인정한다. 페르시아는 인도와 지중해 사이에서 대상무역을 하면서 살았다. 지중해 연안을 잃고 페르시아 왕국 생존의 경제 기반을 박탈당하며, 모든 도심의 이익을 잃고 페르시아가 와해되었다. 알렉산더는 시간을 낭비하지 않았고 이의 붕괴 과정에서 시간을 획득했다.

해결에 착수한다. 또다시 산강을 공격하는 오스트리아 병참선을 북쪽에서 엄호하는 이 임무는 보이르슈가 8월에 수행했다. 이 작전 실패 후 독일군은 로쯔 공격을 위해 러시아 병참선의 위험한 상황을 이용했다.

폴란드에서 우리의 병참선은 동프러시아와 갈리시아를 둘러싼 상황 때문에 어려운 위치에 놓였다. 프랑스가 고수하고 있는 독일 내부로 지체 없이 침공하는 것[18]을 생각할 수 없었을 뿐만 아니라, 대규모 군을 동원한 비슬라강 좌안에 대한 모든 작전은 아주 모험적이었다. 게다가 서부로 공격 전개는 동프러시아와 갈리시아를 점령할 필요가 있었고, 단찌히에서 프세미슬까지 비슬라강과 산강을 따라 우리 전선군을 전개해야 했다. 이러한 상황은 실제로 독일군에게는 위협적이었다. 그러나 병참선은 오른쪽은 발트해에 의해 엄호되었고 왼쪽은 카르파티아에 의해 엄호되었다. 여기에서 오더(Oder) 축선에서 2개의 작전적 질주를 통해 달성하는 것을 고려할 수도 있었다.

우리 부대에 대한 약간 높은 평가와 프랑스군의 강한 주장 때문에 우리 총참모부는 갈리시아와 동프러시아 작전을 동시에 수행하게 하였다. 우세한 병력으로 갈리시아 공격을 수행하는 것이 당연히 좀 더 유리했을 것이고(만약 프랑스가 우리의 지원 없이 얼마동안 지탱할 희망을 주었다면), 프러시아가 나레브를 공격하게 하거나 오스트리아를 직접 지원하기 위해 동프러시아를 자발적으로 포기하게 했을 것이다.

1차 동프러시아 침공 실패 후, 1914년 8월 병참선 여건은 이 작전을 반복할 것을 요구했다. 이반고로드-바르샤바 작전의 종결이 병참선 여건에 아주 적절한 시기였다. 실레지아로 철수하는 제9군의 추격은 기병만이 할 수 있었다. "땅벌 집"을 없애기 위해서는 1914년 11월 초에 러시아군 50개 사단 이상을 출병시켜야 했다. 이 작전이 부대와 물자 측면에서 불가능했다면, 다른 모든 것

[18] 당시 프랑스 전략은 러시아의 1916년 루마니아 공격과 1918년 "케렌스키의 연설"에서 주장한 것처럼 경솔한 자신의 제안 결과에 의존한 것이 명백하다. 프랑스 전략의 기조가 변하지 않았다면, 프랑스의 동맹국들과 속국들은 조심스러웠어야 했다.

을 취소하고 겨울 동안 대기하는 배치로 전환해야 했다.

로쯔 작전은 러시아로서는 실패한 것이다. 왜냐하면 이 작전은 비슬라강 좌안이 아니라 러시아 전략에 큰 실수가 있었던 비슬라강 우안에서 진행되었기 때문이다.[19] 삼소노프와 레넨캄프의 실패로 동프러시아 전역은 인기가 없어졌다. 러시아 전략은 로쯔 작전계획을 수행하지 않고 동프러시아 원정으로 전환했다. 그 결과, 동프러시아의 타격에 벨로스톡에서 로쯔에 이르는 전 구간의 러시아군 측방이 노출되었다. 러시아 병참선은 허공에 떠 있었다. 사건 경과는 그러했고 러시아군 공격은 성공할 수 없었다.

호그(Hogue)함에서(자신의 함선 불태우기－역자 주). 섬멸적인 타격을 가할 전제조건이 없고 이를 만들기 위해 노력해야 하는 한, 아시아 원정 시작 이전에 적용되었던 알렉산더 마케도니아의 논리는 완전한 것이었다. 그러나 이 논리는 섬멸작전 발전 시기에는 전혀 합당하지 않고, 이를 안보의 기본 그리고 작전선의 편의성이 변하지 않고 영원한 법칙에 도입한 조미니와 레르는 옳지 않았다. 이들 저작의 해당 장은 그들의 연구가 구축한 섬멸 이념과 모순된다. 이들은 나폴레옹 원정을 연구하면서 모든 섬멸 개념의 실현과 깊이 연관된 엄청난 위험을 이해하지 못했다. "성공과 위험은 분리되지 않고 항상 동반한다. 이것이 전쟁의 역학적인 법칙이다. 당연히 성공을 확대하려면 위험도 커진다. 이러한 증대는 우리 상황의 요구사항과 특수성에 부합하는지가 중요할 뿐이다."라고 클라우제비츠는 썼다.[20] 위험을 전체적으로 논해서는 안 되며 이 경우에 위험은 적합한가를 사전에 검토해야 한다. 위험이 적당하지 않을 때만 우리는 원정을 이야기할 수 있다. 에르막 티모페비츠(Ermak Timofeebiz)는 정

[19] 18세기에 로이드는 "러시아는 독일 문제에 개입하려는 어떤 노력도 나타내지 않았다. 러시아는 부차적인 세력으로서 여기에 참여할 수 있고 1년의 단지 몇 달만 독일에 영향을 줄 수 있다. 러시아가 비슬라강에서 서쪽으로 어떤 전쟁을 수행하는 것은 완전히 불가능하다."라고 주장했다(*Стратегия в трудах военных классиков, T. I*(군사학 회보－전략 제1권), C. 52). 동프러시아에서 독일의 군사력이 제거되지 않는 한, 20세기 상황에서도 이는 옳다.

[20] 1827년 7월 27일 K. Redar(레다르)에게 보낸 편지.

복자였지만 모험가는 아니었다.

쿠바의 스페인 총독 벨라스케스(Velasquez)는 1519년 멕시코에 금이 풍부하다는 소문을 듣고 산티아고 데 쿠바(Santiago de Cuba)에 10문의 포가 장착된 10척의 함선으로 구성된 원정대를 집결시켰다. 말 16필과 110명의 수병이 포함된 병력 508명을 벨라스케스의 특출한 부하인 페르디난드 코르테스(Ferdinand Cortez)가 지휘했다. 그러나 코르테스의 횡포 때문에 벨라스케스는 그에게 원정대 지휘권을 박탈하고 연안으로 떠나라는 명령을 내렸다. 명령을 받은 코르테스는 닻을 올리라고 명령하고 멕시코 연안으로 출항하여 베라크루즈(Vera Cruz)만에 하선했다. 그곳에서 그의 부하들은 코르테스가 법적 위임 없이 자신들을 지휘하고 있다는 것을 알고 반란을 일으켰다. 코르테스는 반란을 진압했다. 멕시코 내부, 수도로 가기로 결심한 코르테스는 수백 킬로미터에 이르는 후방 병참선 보장을 확신할 수 없었다. 베라크루즈만의 함선들을 그들이 경비할 수 없었고 그의 분견대에 붕괴를 가져온 코르테스의 권위를 비난하는 기지에 대한 회상의 대상일 뿐이었다. 코르테스는 함선을 불태우고 인디언의 나라 아즈텍 깊숙이 이동했다. 1주일 후에 수도에 도착한 그는 몬테주마(Montezuma)왕을 포로로 하고 아즈텍을 착취하기 시작했다. 1년이 지나 벨라스케스는 새로운 원정대(포 12문을 장착한 함선 18척, 보병 900명, 기마병 85명)를 모아서 코르테스를 폐위시키고 체포하기 위해 멕시코로 출정시켰다. 코르테스는 140명을 수도에 남기고 정예요원들과 함께 새로운 원정대와 싸우기 위해 이동했다. 엄청난 수적 우세에도 불구하고 원정대를 습격하여 격파하고 잔여 인원은 자기 부대에 합류시켰다. 혹독한 착취가 야기한 모든 폭동에도 불구하고 코르테스는 상황의 지배자로 남았고 스페인왕에게 원정 군주제를 탄원하고 피소환자로서 스페인으로 떠났다.

스페인어 conquista(콘퀴스타)는 정복이고 conquistador(콘퀴스타도르)는 정복자이다. 정복자 에르난 코르테스의 위험을 무릅쓴 놀라운 수완은 섬멸사상 수행을 요구하는, 역사가 커다란 임무를 부여한 모든 전략가의 재능이다. 한니발이 스페인에서 출발하여 피레네와 알프스 산맥, 론(Rhone), 적대적인 야만민족들이 사는 나라를 거쳐 강력한 로마가 조직한 이탈리아로 향하면서 자기 함선들을 불태우지 않았는가? 적 함대가 바다를 장악하고 있는 한, 다른 방도가 없었다. 한니발은 병참선을 절단했다. 왜냐하면 코르테스가 인디언들보다 우세했듯이, 그는 로마인들보다 전술적인 우위를 점하고 있었기 때문이다. 1706년 외젠 사보이(Eugene Savoy)는 극단적인 상황에 처해서 자신의 병참선을 절단하고, 포(Faux)강 우안으로 프랑스군을 우회하여 투린으로 나아가 방향이 뒤바뀐 전선의 전역(戰役)에 돌입하여 한 번의 타격으로 롬바르디아에서 프랑스군을 소탕했다. 이런 극단적인 행동들은 매번 성공할 수는 없다. 다음 해에 칼 7세의 우크라이나 원정을 우리는 비판하고 모험이라 부를 것이다. 스웨덴이 폴따바에서 패했기 때문이 아니라 북부전쟁에서 일들이 꽤 좋게 진행된 칼 7세가 위험한 방법으로 공격할 상황은 아니었기 때문이다.

나폴레옹은 정복자의 심장을 지녔으나 조미니와 레르가 묘사한, 실패한 쇠퇴 때에 (불씨를 살리는) 볏짚을 넣는 열정이 없었다.

대륙에서 혁명의 적들이 강화조약을 체결했던 당시에 프랑스와 전쟁을 계속했던 영국의 위력을 꺾기 위해 나폴레옹은 인도를 정벌하고 영국 경제력의 원천을 타격하기로 결정했다. 해군 전력비에서 해양을 통해 인도에 도착하는 것은 불가능했다. 나폴레옹은 지중해를 통과하여 이집트에 상륙하고 알렉산더 마케도니아 통로로 나아가기로 결심했다.

3만 2,300명의 병력으로 구성된 군이 툴롱, 마르셀, 게누아, 즈비타-베키아, 코르시카 등 여러 항구에서 13척의 군함과 20척의 작은 함선의 호위를 받는 232척의 배에 승선했다. 1798년 5월 19일 원정대는 출항했고 6월 12일 몰타를 함락하고 7월 1일 밤 이집트 알렉산드리아 근처에 하선하기 시작했다. 프랑스 원정군을 발견한 넬슨의 영국 함대는 그 3일 전에야 알렉산드리아에서 출항하여 지중해에서 나폴레옹 원정군과 우연히 격돌하였다. 8월 12일 넬슨은 아부키(Abu Qir)만[21] 전투에 복귀하여 나폴레옹 함선들을 격파했다. 원정대 제2파

(툴롱에서 출발한 6천 명)는 바다를 경유한 이동에 실패했다. 나폴레옹은 아메리카에서 코르테스와 같은 상황에서 아프리카 해안에 도착했다. 나폴레옹군은 의기소침해졌다. 그러나 나폴레옹의 명령은 그가 코르테스의 수준에 있음을 증명하였다. 그는 "우리는 위대한 사업을 수행해야 한다. 우리는 이를 해낼 것이다. 우리는 대제국을 건설해야 하고 그렇게 할 것이다. 우리가 장악하지 못한 바다는 우리를 조국과 분리시켜 놓았다. 그러나 우리를 아프리카 및 아시아와 분리시킬 바다는 없다. 우리는 대군이며 여기에서 우리의 대열을 보충할 남자들을 많이 찾을 것이다. 우리는 탄약을 많이 보유하고 있고 부족하지 않을 것이다. 필요하다면 샹피(Champy)와 콩테(Conte)가 이를 제작할 것이다." 라고 말했다. 이집트는 중간기지 역할을 담당했다. 프랑스군은 15개월 사이에 보충되어야 했고 원정에 필요한 낙타와 말을 구하고, 나폴레옹의 기병친위대를 해체하여 나일강에 자신의 국가 조직을 만들고 인도로 움직이기 시작해야 했다. 프랑스군에 대항하여 터키군이 등장하자 시리아에 대한 원정을 서두르게 되었다. 이 원정의 실패, 프랑스에서 무르익은 집정관 권력을 다른 권력으로 바꿀 필요성, 이탈리아에서 수보로프의 승리가 운명의 아주 결정적인 모험과 문제들만큼이나 이집트 원정 전개에서 나폴레옹의 관념을 벗어나게 했다. 직접 이집트 해안에 상륙이 가능하기 위해서는 많은 유리한 사건들이 나폴레옹에게 미소를 보냈어야 했다!

나폴레옹의 구상에는 영국의 착취에 대항하여 인도에서 폭동을 조직한 인도의 애국자 티포-사이브(Tippo-Sahib)가 큰 역할을 하는 것이었다. 한니발의 구상에는 로마에 정복당한, 포강 계곡에 사는 갈리아인이 로마에 대항하여 일제히 봉기하고 카르타고 군사지도자를 돕는다는 약속만이 크게 자리하고 있었다. 1920년 전역에서는 폴란드 프롤레타리아에 커다란 희망을 걸고 있었다. 향후 기지에 거는 기대의 약간의 근거는 병참선에 가해질 위험을 어느 정도 충

21) [역자 주] 현 이집트 알렉산드리아 동쪽에 위치한 만(灣).

족한다는 근거이다. 역사적 경험은 전혀 위안이 되지 않는다. 그러나 혁명전쟁은 빈번히 이러한 기대와 관계되며 전략적 위험을 초래한다.

섬멸전에서 병참선. 병참선과 기껏해야 며칠 동안 격리되고 작전적 범위에서 약간 작은 모험은 섬멸전략과 깊은 관련이 있다. 반전된 전선 상황에서 전역을 계획하는 것은 자신이 전술적으로 우위에 있다고 믿었던 아주 뛰어난 전역(1800년, 1805년, 1806년, 1807년)에서 나폴레옹이 고집스럽게 추구했던 목표였다. 우리와 적이 일시적으로 병참선을 상실하고 패배자가 승자의 포로가 된 전투에 돌입할 가능성을 의심한다면, 이 경우에는 특별한 승리만으로 살아남는 섬멸전략을 거부해야 한다.

섬멸은 적 부대가 절단되고 부대의 일부가 우회기동을 시도한다고 평가되는 상황을 필요로 한다. 1812년 프풀(Pful)의 계획에서 실수는 바로 나폴레옹의 러시아 침공이 섬멸 성격을 띤다는 첫 부분을 이해하지 못하고 이 침공이 러시아군의 한쪽 군들에 의해 드리싸 근처 요새 진지에서 저지되었다며 다른 군들이 나폴레옹의 병참선으로 진출했다는 데 있다. 나폴레옹은 러시아의 양 군을 포위하고 격멸할 수 있는 충분한 병력을 보유하고 있었다.

우리가 섬멸적인 타격을 전개하게 되면 우리 병참선은 약간 위험한 상황에 놓이게 된다. 만약 적이 목을 점령하면, 적이 우리 등을 타격할 가능성은 조금 낮다. 독일이 프랑스를 침공할 때 국경 전역에서 마른 전역 시작 때까지 독일군 전선의 오른쪽이 노출된 것은 놀랍다. 독일군 우익 3개 군의 모든 병참선은 부대가 빠져나가는 바람에 감기가 들 정도였다. 프랑스군 1개 기병사단이 이곳을 습격하였다. 그래서? 무엇 때문에? 거의 적 후방에 매달린 마누히군이 아미앵에서 파리의 적 측방으로 집결했는가?

답은 독일군이 섬멸에 매진했다는 것이다. 독일군의 강력한 타격집단이 빠른 속도로 움직여 프랑스군을 눌러 부수고 포위하면서 우회하고 로렌느에 구축된 전선에서 이들을 분리시키고 메스에서 베흐덩 남쪽으로 직선 병참선을 개방하려고 위협할 때, 프랑스군 사령부는 독일군의 타격 규모 때문에 공포에 휩싸였을 때, 클루크 우익은 무사한 위치에 있었다. 질주하는 기병은 병력을 살상할 수 있을 뿐이다. 이들은 펜싱 방법을 이용할 수 없다. 이들이 전개하는 습격은 무엇보다 적의 타격에서 자신을 방호하는 것이다.

독일군 우익의 위험한 상황은 그 당시 전선군 전진이 약간 지체된 것으로 이야기되었고 파리는 포위 지역에서 빠졌다. 이는 독일군이나 프랑스군 사령부가 동시에 알고 있었다. 몰트케는 우익의 2개 군을 정지시키고 파리 정면으로 전환하고 이들에게 방어명령을 부여하려 했다.

과감하고 강렬한 기동으로 마누히 정면으로 이동한 클루크는 오른쪽이 위험하다는 생각에 동의하고 독일군 병참선에 대한 위협을 과대평가했다. 프랑스에서 모두가 파리를 지향하고 공격하는 갈리피(Galliepi) 계획에 합류했다. 새로운 논리[22]는 모두의 생각을 사로잡았고 섬멸만이 빠져나갔다. "바다로 질주"는 이것의 그 다음 실례(實例)였다.

3. 제한된 목표의 작전

작전의 진화. 작전수행 방법을 익히는 것은 전략의 임무가 아니라, 작전술의 임무이다. 이 책에서 작전의 밑그림에 몇 쪽 할애하지만, 작전술 이론의 예민한 문제를 보충하려는 것은 아니다. 군사행동 수행에서 최종목표를 달성하기 위한 작전 집단으로서 자신의 임무를 설정하는 전략은 작전목표 설정에 관여할 뿐만 아니라, 달성 방법에 관한 특정한 요구를 제시한다. 전쟁술의 모든 부분이 서로 연관되어 있다. 전술은 작전적 단계를 이루는 수단을 강구한다. 전략은 방법(경로)을 지시한다.

22) 많은 비평가들(예를 들면, 삐에르프(Pierfe))이 마른 작전 과정에서 결정된 소모전 논리의 관점에서 마른 전역을 준비할 때, 조프르의 행위를 비난하는 경향이 있다. 이는 전혀 옳지 않은 것으로 보인다. 비평가들은 자신들의 몰이해를 드러내고 있을 뿐이다.

전쟁술[23]에서 작전은 전략이 제시한 목표 중 하나를 달성하기 위한 다양한 활동의 합으로 이해된다. 시간과 장소가 통합된 몇몇 작전은 전역(戰役)을 구성하고 1년 동안의 전역 총체를 연간 전역(поход)[24]라고 칭한다. 하나 또는 몇 개의 투쟁은 양측이 강요 활동 계획이 해결됐다고 인정하는 최종 상태로 귀결되고 휴전을 한다. 작전적 전개는 독립적인 작전이 아니며 모든 작전의 핵심적인 요소이다.

이처럼 우리는 작전을 핵심 그리고 준비 작전으로 분류하는 것을 부정한다. 준비 작전은 예전에는 동원이라는 의미가 포함되었다. 그러나 동원은 직접적인 군사행동이 아니며 후방사업 활동의 하나이다. 이런 활동에까지 작전적 용어를 확장하는 것은 우리에겐 불편하다. 우리는 "행군－기동"이라는 용어는 폐지된 것으로 생각하고 폐기한다.

19세기 말까지 작전은 두 부분으로 명확하게 나뉘었다. 즉, 결정적인 충돌 시기에 아군 부대를 유리한 위치에 둘 목적을 가진 기동 및 전역이다.

물론 나폴레옹 전쟁 경험을 인용한 일반적인 이론은 제4단계 추격도 포함한다. 승리를 확대(전과확대)하는 행동에 필수적인 이 현란한 단어가 이론에 사용되고 있지 않은가! 추격(쟁취한 성공을 대규모로 확대)의 의도를 거부하고 섬멸 논리의 범주에 머무르긴 어렵다. 특히 나폴레옹에서 세계대전까지 우리는 전쟁사에서 좁은 전술적 범주에서 나온 한 번의 추격도 발견하지 못했다. 1853년~1856년, 1859년, 1861년~1865년, 1866년, 1870년, 1877년~1878년, 1899년~1903년, 1904년~1905년, 1914년~1918년 전쟁에서는 추격 사례가 없다. 우리는 실제로 존재하는 개념만으로 행동하려 하기 때문에, 추격을 설명하지 않

23) 라틴어 "opera"는 "노동, 봉사"를, "operari"는 "행동하다, 작동하다"라는 의미가 있다. 문헌학적으로 'операция'는 활동, 행동을 의미한다.

24) [역자 주] 러시아어 поход 는 '왔다 갔다 하다, 여기저기 돌아다니다'라는 의미이다. 그러나 현대에는 군사용어로는 원정(遠征)의 의미로 사용된다. 스베친이 이 용어를 1년이라는 장기간의 전쟁을 나타내기 위해 사용한 것으로 이해된다.

는다. 여기에서 우리는 이론이 실제보다는 바람직한 것을 강조하고, 전략적 추격이 현대의 상식에 뿌리를 내렸다는 것에서 연유한 오해를 많이 접한다.

제한된 추격 개념이 과거가 남긴 화려한 문체를 뚫고 독자적인 의미를 지니기 시작했다.

우리가 지난 세기의 전쟁사에서 뭔가를 찾으려 한다면, 러시아-투르크 전쟁 말 며칠, 즉 투르크인이 세이노프(Sheinov)에게 항복한 후에 러시아군의 움직임으로, 불가리아가 거의 의도적으로 자신의 전선을 개방한 발칸 전선에서의 세계대전 마지막 몇 주 또는 최종적으로 1918년~1920년 내전 기간에 백군이 완전히 격멸된 시기로 돌아가야 한다. 추격은 적대국가의 완전한 붕괴, 정치적 파산 분위기에서만 그리고 무력 분쟁의 해소 전 마지막 순간에만 가능해 보인다. 현대 국가들의 증대된 힘, 엄청난 자원, 새로운 동원 제대들, 철도를 이용한 기동, 전화, 이 모든 것이 작금의 추격을 방해한다. 무력전선에서 전과확대는 적이 정치적으로 아직 해체되지 않았을 때, 작전적 범주에서만 가능하다. 추격은 군사적 정치적 승리를 나타낸다.

나폴레옹 시대에 기동은 간혹 수십일 이상(1806년) 이루어졌다. 나폴레옹의 기동 규모 때문에 나폴레옹 전역 연구에서 자체 용어를 만든 프랑스에서는 아직도 작전을 "기동"이라고 부른다.

철도 출현과 함께 몰트케 시대에는, 초기 작전을 위한 기동은 초기의 작전적 전개 모습으로 철도를 이용하여 자주 이루어지기 시작했다. 쌍방은 서로 멀지 않은 곳에서 하차했고 행군대형으로 이루어진 기동의 일부는 초기 작전에서 약간 줄었다. 차후 작전(스당 작전)은 나폴레옹 식으로 수행되었다.

지금은 상당 수준 철로에 의존하는 특수한 작전적 전개가 각 작전에 선행한다. 철도역에서 상당한 거리로 이격이 어렵기 때문에 이 작전적 전개는 작전목표를 달성할 수 있는 곳에서 최대로 가까이 두는 것이 중요하다. 이처럼 초기 단계에서 현대의 모든 작전은 몰트케의 초기 작전과 아주 비슷하다. 그러나 종국적인 단계에서 작전은 몰트케의 작전과는 전혀 다르다. 왜냐하면 주요 전역, 대규모 전투(역사적인 과거의 아주 구체적인 현상들)는 현대의 실제적인 활동에는 없기 때문이다. 이러한 용어들이 여전히 사용된다면, 이 형태의 구체성에 대한 개념 비유의 편애를 말하는 사회적 관례 또는 표현일 뿐이다.[25] 지금은 핵심전역이 작전의 상당 부분으로 번져서 모호해졌다.

19세기 전역은 광범위한 공간에서 짧은 기간에 쌍방이 서로 아주 근접한 상태에서 진행된 일련의 전투들로 이루어졌다. 전역의 전체 기간은 개별 전투 기간을 상당히 초과했다. 클라우제비츠는 전략적인 관점에서, 시간적 그리고 공간적 관점에서 전역을 생각할 수 있었다. 클라우제비츠의 전략은 포를 쏘기 시작한 순간부터 모든 지휘를 전술에 넘기고 전역이 끝날 때까지 휴식을 취했다. 전역이 진행되는 동안 부대는 교체되지 않았고 재편성되거나 보충되지 않았고 휴식을 취하지 않았다. 이 외에도 전술 예비만이 전역 수행에 참가할 수 있었다. 모든 이러한 여건들이 몰트케 시대에도 자신의 활동을 보전했다. 그러나 러일 전쟁을 시작으로 상황이 변했다.

즉, 충돌 정면이 넓어지기 시작했다. 전투 발생지점은 세분화되고 상당한 거리로 분산되었다. 나폴레옹 시대에는 적 전투서열 종심으로 2~3km 이동하여 적을 완전히 와해시켰다면, 현재는 60~70km의 종심 이동도 그러한 결과를 항상 얻는 것은 아니다. (1914년 8월 갈리시아 작전, 1918년 3월 독일의 공격 등) 적의 저항을 분쇄하기 위해서는 전투들의 완전한 배합과 연속, 몇 번의 성공적

---

25) "갈리시아 전투", "마른 전역", "탄넨베르크 전역" 이는 문학적인 표현이다. 이러한 것 덕분에 승리자는 자신의 승리로 대중에게 인기를 얻었다. 내전에서 합당하고 구체적인 현상을 찾고 있으나, 이를 찾지 못하고 있는 내전의 몇몇 젊은 역사가가 낙담한 것은 충분히 이해가 된다. 비슷한 현상들이 19세기에 이미 역사적 과거가 되었다. 승자는 성공한 작전의 감동적인 이름을 절대 잊게 해서는 안 된다. 나폴레옹은 보로지노 전역을 "모스크바 전역"이라고 불렀다. 모스크바강이 아무도 전투를 치르지 않은 러시아 우측으로 흘렀다. 루덴도르프는 삼소노프 작전을 전투가 벌어졌던 곳에서 몇 십 킬로미터 떨어지고 작전적인 의미가 전혀 없었지만, 슬라브인 포로들이 게르마니아인들의 동쪽으로 강습을 저지한 1410년 주요 전투로 유명해진 농촌 이름을 따서 "탄넨베르크 전역"이라고 불렀다. 다른 사람들도 프랑스 지주들이 당시에 보굴마(Bogulma) 철도회사를 "볼고-보굴마철도회사"로 명칭 변경을 주장하는 생각을 했다. 볼가는 프랑스의 지리 개념에 있었으나, 보굴마는 그렇지 않았다. 내전 기간에 이 중요한 선동적인 세부 항목들이 자주 누락되었고 최고사령부의 보도들이 주민에게 지리 지식의 필요성만 많이 만들어냈다.

인 전투이행이 필요하다. 이러한 교전의 총기간은 시간 단위가 아니라 주 단위로 변한다. 주요 교전이 시간적으로는 부대가 가끔 모든 에너지를 소진하는 개별적인 전술적 교전 기간과는 아무런 상관이 없다. 교전이 전개되는 동안 부대를 교체하고 휴식을 주고 병력과 물자를 보충해야 할 필요가 있다. 부대를 재편성하고 원거리에서 새로운 예비대를 수송하고 새로운 철도기동으로 초기 전개를 보강하고 수정할 수 있다. 현대 전투의 영역이 확장된 만큼 하나의 타격은 많은 타격으로 세분화되고 하나의 전투적 충돌은 간혹 완전한 이행으로 분리된다. 행군, 전투, 휴식, 공격, 방어, 정찰, 경계, 보급, 보충, 이 모든 개별 행동이 현대의 작전 내용을 구성하며 서로 교체된다. 예전에는 전역, 휴식 그리고 행군 사이를 명확하게 나눌 수 있었다.

양에서 질로 전환되고 있다. 전역은 예전에는 개별 전투로 나누었던 가까스로 눈에 띄는 틈이 있었다. 전역이 시공간적으로 커짐에 따라 전체 작전에서만 결부되는 개별적인 조각으로 나누어졌다.

예전에는 작전이 기동과 전역으로 나누어졌다면, 지금은 다른 경계선을 설정해야 한다. 현재는 일부는 철로를 따라, 일부는 전투의 소용돌이에서 작전목표를 달성하기 위해 개별 전투를 구성하며 기동한다. 기동이 부분적으로는 작전적 전개에서 돌아왔고, 부분적으로는 개별 전투들 사이에 층을 이루었다.

현대전에서 섬멸 수행을 극단적으로 방해하는 상황은 우리가 현대 작전의 제한된 목표를 강조할 때를 염두에 둔 것이다. 공격자가 방어자보다 철도망의 모든 능력이 도움을 주는 후방과 일반적으로 좋지 않게 연계된다는 것에 주의를 기울여보자. 작전을 계획할 때 작전 초기의 적 능력뿐만 아니라 작전 기간에 적 능력의 증가 가능성을 고려해야 한다. 당시의 공격자는 지금은 아주 불리하지만, 지속적인 동원과 후방에서 군사력의 새로운 제대를 신속하게 편성하는 시대에는 미래의 방어자도 같은 척도로 대조해봐야 한다. 1870년 몰트케는 50만 명의 병력으로 25만 명의 프랑스를 침공했다. 현대 상황에서 병력수에서 2배 우세한 것은, 자주 접하지는 않지만, 충분하지 않을 수 있다. 50년 후에도 반복한 것처럼, 대 몰트케의 공격은 한 달 후에 이미 프랑스의 우세한 병력에 숨이 막혔다. 이를 통해 단기간에 결정하고 2주를 예상한 공격작전은 6주 작전을 위해 필요한 것보다 아주 적은 병력 우위로 만족할 것이다. 1920년 서부전선에서 우리의 수적 우세가 네만강과 부크강에 도달하는 데 충분했다. 비슬라강에서는 이미 전력비가 우리에게 유리하지 않았다.

기습. 작전 수행술은 물질적으로 적보다 우위를 점하기 위한 투쟁술이다. 작전이 수행되는 모든 전선에서 이런 물질적 우세를 생각할 필요는 없다. 작전의 다양한 시기에 결정적인 의미는 여러 구역에서 이루어지는 전투에 속한다. 방어자와 대체로 비슷한 전력(부대 수뿐만 아니라 질, 지휘부와 장비를 의미함)을 가진 공격자는 아주 어려운 전술적 상황에서 행동해야 하기 때문에 승리를 생각할 수 없다. 이 때 공격은 압도적으로 우세한 병력을 은밀하게 결정적인 방면에 집결시키고 이 전력으로 그 방면에서 모든 전력을 사용할 준비가 안 된 적을 습격하는 정도의 우선권을 제공한다. 위에서 말한 것처럼 작전은 한 가지 전투들의 연속이 아니라, 이 순차적인 연속의 총체로 구성된다. 첫 번째 심대한 제압으로 적에게 우리 의지를 드러내고, 적은 공격의 결정적인 구역에서 우리와 맞서는 데 충분한 물질적 힘으로 대항하기 위해 모든 역량을 운용할 것이다. 따라서 작전을 성공적으로 전개하기 위해서는 무엇보다도 간단없이 단숨에 수행해야 한다. 보충 병력과 물자 도착을 기다려야 해서 작전을 중단해야 한다면, 도달한 계선에서 종결하는 작전을 해야 한다. 잠깐의 휴지 후에 작전을 재개하는 시도는 강하게 증강된 저항에 부딪힐 것이다. 만약 적이 계속 저항할 수 있는 자원을 보유하고 있다면, 이의 성공 기회는 상당히 줄어들 것이다.

은밀하게 준비된 작전은 최대로 신속하게 전개해야 한다. 러시아-폴란드 전선에서 발생한 최소의 인공 시설물이 있는 여건에서 철로를 복구하고 다시 연결해야 하는 것에 달려 있는 전체적인 전략적 공격의 느린 템포가 하루에 10㎞를 넘지 못한다면, 이러한 기준을 작전수행간의 행군 속도에 적용한 것은 완전한 실수였다. 여기에서 부대는 하루에 40km를 행군할 준비를 갖추어야 하고, 게다가 이동 중간에 휴식은 자주 있진 않을 것이며 전투 행동들이 발생할 것이다.

전쟁술에서 기습을 배제할 수 없다. 군사적 묘책(妙策), 간계(奸計)는 모든 작전술을 관통하며 이의 중요한 요소이다. 전술에서 이런 것은 전투상황에서 전투력, 전투력의 조직적이고 합리적인 사용에 관한 개념이다. 다만 작전적 수수께끼는 적이 제때에 풀 수 없는 성공을 담고 있다. 전쟁술의 이러한 요구는 쉽게 결말이 나지 않는 진지전 상황에서 모든 정찰과 첩보수집의 새로운 방법에 대응하여 전투력을 보존하는 것이다. 게다가 몇 개월을 예상하고 현장에서 조직적으로 유린하고, 우리가 받는 피해보다 더 심각한 손실을 적에게 가하는 것과 비교하여 공간 획득은 부차적인 역할을 수행한다. "물자 전역"이라 불리는 진지전에서 그리고 이런 특별한 상황에서 모든 물적 자원을 집중시키는 기습 및 작전을 시작하는 기습(1916년 초 베흐덩)은 승리에 커다란 의미를 지닌다. 프랑스는 1915년~1916년에 심각한 작전적 실수를 했다. 현대의 정찰 수단(항공 촬영, 첩자, 포로 신문)으로는 준비에 수주일이 걸리는 작전을 비밀로 유지할 수 없고, 전선에 진지구축 그리고 철도로 이동, 후방의 비포장 도로, 많은 포대의 장기간에 걸친 시사(試射) 때문에 노출된다. 프랑스는 작전술에 속하는 방법으로 전술을 수행했다. 이들의 1915년 샹파뉴 가을 작전과 1916년 솜므 여름 작전은 완전히 노출된 상태에서 준비되었고 작전 시작 여러 주 전에 독일이 알고 있었다. 작전술은 완전히 구태의연했다. 전술은 엄청난 규모로 발달했고 하나의 전술적 수단으로 대규모 성과를 얻을 수 없었다. 러시아는, 특히 1916년 봄에 브루실로프 공격을 준비하면서 다른 방법을 택했다. 우리의 방법에서 얻은 완전무결한 결론이 1917년 말과 1918년 초의 독일에 작전방법을 제공했다. 이러한 결론의 핵심은 이런 면에서 작전술의 부흥이었다. 기습은 진지전 상황에서 달성되어야 했다. 이러한 요구를 충족시키지 못한 전술과 기교는 낡은 것이라 여겨졌고 폐기되어야 했다. 적 진지의 참호 돌출부로 접근하는 것을 은폐할 수 없다. 2,000보 전방에서 보병의 공격을 시작해야 할지라도 이를 거부해야 한다. 전술적 기습의 요구는 작전적 기습에 비해 부차적인 것이다. 포병의 시사를 은폐해서는 안 된다. 이를 없애라. 당연히 시사 없이 포병이 집중사격을 하는 방법을 고안해야 한다. 그들이 요구하는 수단이나 야간에 비포장도로로 이동하는 것으로 전환한 힘든 보급업무 수행이든 상관없이, 공중 정찰에 대응하여 위장 방법을 구체화해야 한다. 올바른 방향으로 사고의 전환이 전선의 사태 흐름을 바로 변화시킨다.

작전과 국지전투. 나폴레옹 시대의 유물로 살았던 활동가들은 작전을 대문자로 썼다. 세계대전 기간에 루덴도르프는 이런 작전을 꿈꾸었다. 이를테면 루덴도르프는 1915년 여름 중간에 빌뉴스-민스크 공격을 작전이라고 인정했으나, “케렌스키의 공격”은 작전이라고 인정하지 않았다. 루덴도르프에 따르면 이 돌파가 작전으로 발전하려면, 흑해까지 전개해야 했다. 이때 남서전선군 대부분과 루마니아 전선군을 절단하고 포로로 해야 했다. 프랑스인에게도 이런 사고의 흐름이 있다. 프랑스인들은 1918년 11월 14일로 예정되고 그들의 망상으로는 벨기에에서 독일군 대부분을 절단하고 포위해야 했던, 평화협상으로 수행되지 않은 로렌느 공격만을 작전으로 인정한다.

우리는 시대적 개념에 따라 작전을 단지 소문자로 표현하고 서론의 제목에서 이의 제한된 목표를 강조한다. 그럼에도 불구하고 우리는 군사행동의 결말에 이르는 과정의 중간목표를 달성하는 작전과 국지전투 사이에 특정한 선을 두어야 한다고 생각한다.

작전은 최종적인 작전목표를 달성하기 위한 전체적인 노력에서 벗어날 수 없다. 왜냐하면 한 작전의 결과가 무력전선에서 전략에 의해 투쟁의 다음 단계로 이동하는 전제조건이기 때문이다. 전쟁의 차후 진행에 영향을 미치지 않는 행동은 아주 국지적인 행동이다. 만약 이 행동이 상당한 규모(예를 들면, 1905년 여름 일본의 사할린 정벌, 세계대전 시 영국의 식민지 쟁탈 등)에 달한다면, 이를 국지작전이라고 부르는 데 우리는 동의한다. 유리한 외교-경제 부문의 강화조약을 체결할 때, 이러한 활동은 빈번히 점령을 목표로 추구한다.

모든 활동에는 비용이 든다. 활동하기 좋은 조직은 비용을 줄이는 과제를 추진한다. 국지전투는 무력전선에서 투쟁의 양면적인 비용이다. 무력분쟁에서 덜 체계적일수록 그 비용은 더 많이 든다. 조직이 없이 수행되는 빨치산 투쟁은 무력투쟁에서 적에게 여러 비용을 증가시키는 데 유용하나 취약하다. 물론 다양한 비용 증가는 모든 조치를 무산시킬 수 있다. 우리는 빨치산 투쟁을 저평가한다는 비난을 피하기 위해 이 의견을 낸다.

우리가 적극적인 목표를 달성하기 위해 노력하기 때문에 작전은 국지전투보다 부대 역량의 효율적인 지출 방법이 비교할 수 없을 정도로 중대하다. 최종적인 군사목표에 이르는 과정에 있다고 느끼면, 부대는 작전적 합리성과 조잡함의 차이에 관해 아주 명료하게 이해하고 전례 없이 자진하여 희생한다. 국지전투를 악용하는 사령부(세계대전 시에 러시아 사령부는 자주 그러했다)는 작전적 능력의 결핍에 대한 근거를 스스로 제시했다. 국지전투를 작전 출발지점을 준비하는 수단으로 보는 것은 아주 위험하다. 이는 국지적인 규모에 전혀 달성될 수 없거나 상상할 수 없는 희생을 요구할 수도 있다. 작전적 수준에서는 부수적으로 달성될 수 있고 아주 낮은 비용으로 회피할 수도 있다.

물론 충분히 준비된 국지전투는 적의 진지전적 교착상태의 이점을 약간 빼앗을 수 있다. 화력은 적이 참호를 구축하는 것, 특히 전방지대에 장애물을 설치하는 것을 약간 어렵게 할 수 있다. 개별 공격은 적의 중요한 관측소, 참호 구역 같은 곳을 파괴할 수 있고 적에게 정면의 병력 밀도를 높이도록 강요할 수 있다. 일련의 야간 습격 그리고 소총수의 정확한 사격은 적에게 많은 피해를 입히고 전방 참호 근무를 힘들게 할 수 있다. 그러나 이러한 진지전의 적극성은 작전술이나 전략이라기보다는 진지전 전술에 관한 문제이다.

물적 전역. 물적 전역은 광범위하게 격렬해지고 기술 장비와 탄약 손실만큼이나 인명 손실을 요하지 않는 국지전투들이다.[26] 우리가 작전을 기습적으로 시작하고 해당 전선에 이르는 병참선에 대한 우선권을 가지며 우리가 장비 면에서 전체적으로 우세해야 하기 때문에, 물적 전역 이전의 부대전개는 중요한 물적 능력의 전환을 보장해야 한다. 운용되는 자산의 육중함으로 인해 물적 전역에서 교통이 중요한 역할을 한다. 1916년 여름까지 베흐덩 근처 프랑스 전선에 이르는 철도 간선이 없어서 독일군이 초기의 물적 우세를 프랑스가 철로를 부설하는 데 소요된 3개월 동안 유지할 수 있었다.

1917년 3월 루덴도르프가 적이 전선구역 후방의 불리한 여건에서 전투를 벌이도록 강요하는 중요지형지물과 결합하기 위해 솜므에서 지그프리드 진지로 후퇴하여 회피했던 것처럼, 적이 전역에 대한 우리의 물적 준비를 비약적으로 피할 수는 없었다.

이러한 지형지물은 축적된 전설과 전통에 귀중한 요새나 도시(베흐덩)가 될 수 있다. 중요한 철도 요지나 측방으로 발달된 간선, 중요한 산업 중심지, 함대 기지인 항구(1854년~1855년 세바스토폴, 1917년 플렁드흐 해변의 잠수함 기지), 적 전선 후방에 대규모 보급품 창고 구축(1918년 독일은 화물열차 수십만 량을 보유함), 이들은 전선을 연결하는 고리로 간주될 수 있다. 물적 전역 형태의 작전은 기술적 우위를 최대로 축적하고 전투를 장기간 지탱하기 위한 병력을 유지하기 위해 통상 좁은 전선에서 이루어진다.

이러한 물적 작전의 목표는 아주 좁다. 즉, 최소의 병력 손실로 적에게 최대의 손실을 가하고 적이 예비대와 물적 자원을 그들에게 불리한 상황에서 소비하도록 강요하는 것이다. 세계대전간에 이러한 형태의 작전(베흐덩, 1917년 플렁드흐 전역)이 1916년과 1917년 전투 수행의 아주 중요한 부분이며, 각각 30만~50만 명 정도의 병력을 4개월~6개월간 점유했다. 이것이 적 병력의 위치적인 피로의 전형이다. 기습이 적용되는 물적 전역의 시작 단계는 작전적 성격을 지닌다. 그 후 간혹 몇 주간 지속되고, 새로운 물적 보충 목적을 지닌 휴식

26) 1916년 솜므 전역에서 포쉬는 하루에 2천 명 분의 예산을 절약하며 수행했다.

이 주어진다. 단숨에 물적 전역이 이루어지지 않는다. 그래서 이는 바로 작전적 성격을 상실하고 전술과 경제력의 부산물이 되기 시작한다. 기동, 기만, 묘책, 은폐 속도 우위가 장소를 생산과 수송에 유리한 작업, 사단 전투구역을 신예부대가 점령하는 더욱 잦은 교대에 양보한다. 물적 자원과 예비대를 전장에 자동으로 보급하는 것은 컨베이어 벨트의 기계적 작업 성격을 띤다.[27] 진지가 구축된 전선의 진지에서 기동전으로 전환하는 목표를 추구하지 않는 모든 대규모 작전은 어느 정도 물적 전역 형태에 가깝다.

병력 절약. 작전은 단번에 모든 전투를 긴밀하게 하나로 통합한다. 전투는 전술적으로 작전목표가 세분화된 일련의 임무를 해결하는 작전 구성요소이다.

병력 절약의 요구가 올바르게 이행되는 것이 작전과 개별 전투의 관계를 긴밀하게 하는 것, 전투들을 연달아 신속하게 전개하는 것, 유용한 강습이 일치되고 완전하게 하는 것보다 더 좋다. 부대는 매번 아주 비경제적으로 소모된다. 만약 부여된 임무가 전투력을 초과하고 과로하게 만들고 작전목표를 달성하기 위해 부대가 충분하고 맹렬하게 운용되지 않으면, 절약 요구는 정확히 지켜지지 않을 것이다. 왜냐하면 부대 운용의 맹렬함의 저하는 수적 저하와 같기 때문이다. 물론 작전 개념은 가능한 한 경제적이어야 한다. 부대의 불필요한 희생과 노력을 피해야 한다. 특히 부대를 부차적인 구역에 할당할 때 절약이 필요하다. 왜냐하면 절약만이 결정적인 구역에 충분한 전투력을 보유할 수 있기 때문이다.

작전적 방어와 공격. 작전에서 추구하는 적극적인 목표와 이러한 목표를 달성하기 위해 기습을 이용하려는 노력은 광범위하게 발전하는 우리 병력과 장

---

27) 컨베이어 벨트(noria 노리아, 아랍어에서 기원)－송풍기는 관계수로에 물을 퍼서 올리던 바가지가 달린 무한 연결고리가 있는 바퀴를 이르는 말이다. 현재는 필요한 물자를 작업대에 보급하는 끝이 없는 고리로 연결된 기구를 노리아라고 부른다. 노리아는 큰 통으로 흙을 퍼서 바지선에 적재하는 준설기에 설치하여 운용한다. 노리아는 탄약고에서 탄약을 화기에 보급하는 탑형 설치대에서 작동한다. 물적 전역에서는 사단들이, 자동으로 작동하는 끝이 없는 것처럼 보이는 고리와 연결된 것처럼, 전선으로 집결하고 정비와 휴식을 위해 후방으로 물러난다.

비의 전개로 귀착된다. 반대로 군사행동 경과에 따라 더욱 중요한 방향에 노력을 집중할 가능성을 유지하기 위해 수세적인 목표를 추구하는 것은 전개를 끝내도록 압박한다. 앞의 경우에 부대 집단은 전선으로 전진하고, 뒤의 경우에는 종심에 배치된다. 작전적 공격이나 방어는 공격이나 방어 전투 비율이 많고 적음이 아니라, 전개(공격)나 전개 지체(방어)가 적을 능가하는가에 따라 결정된다. 공격이 전장의 모든 방법 중 첫 번째이다. 완전한 전개를 지체 없이 이용할 필요가 있다. 반대의 경우, 적이 우리 부대 집단의 아주 취약한 지점(예를 들면, 측방)에 타격을 지향할 것이다. 결정적인 순간에 중단되는 단호하지 못하고 갈팡질팡하는 공격은 적에게 아주 유리한 기회를 제공할 것이다. 삼소노프군이 프러시아 동부를 공격할 때 그러했다. 우리는 독일군의 전개를 경고했고, 핵심적으로 러시아 군단들의 보급 여건 그리고 레넨캄프가 기다려야 하는 필요성, 제1군단의 믈라바 북쪽 근교에서 방어의 강화는 수세적인 목표와 전투대형 종심에 단계화된 합당한 조치를 취하는 것을 추구하는 것으로 일시적인 전환이 필요했다. 이를 인식하지 못했다. 그래서 삼소노프 작전은 공격 부대 집단의 방어와 같은 특성이었다. 이러한 방어는 어떠한 방법을 통해서라도 피해야 한다. 이와 똑같이 로쯔 작전도 유사한 예이다. 우리는 실레지아와 포즈난 침공 (적극적인) 목표를 연구했다. 처음으로 전개되었지만 보급문제를 해결해야 하기 때문에 특정한 시간에 우리 부대 집단은 공격을 1주일 동안 멈추고 공격 대형을 유지했다.

여기에서 루덴도르프에게는 우리 측방을 공격하고 작전적 수준에서 일종의 로이텐[28]을 재연할 수 있는 아주 좋은 기회였다. 1918년 6월 루덴도르프의 첫 번째 패배는 독일군이 마른에 대한 공격에 실패하고 공격 대형을 계속 유지했기 때문이다.

---

28) 1757년 1.5배나 되는 오스트리아 병력에 맞선 프리드리히 2세의 승리는 프러시아군 전체가 측방을 공격하여 얻은 것이다.

이처럼 작전이 아주 이상한 모습으로 전술적 방어와 공격을 묶기는 하지만, 우리는 작전적 방어와 잔전적 공격 사이에 엄밀한 경계를 긋고 공방 논리를 하나로 혼동하지 말아야 할 필요성을 확인했다. 공격이 없을 때는 공격적인 태세를 취할 필요가 없다. 왜냐하면 태세는 방어의 기본적인 요구사항이고, 그 다음에 혹독한 보복을 가할 수 있기 때문이다.

그렇기 때문에 작전 사이의 휴지 기간 그리고 작전 준비간에는 방어적인 논리를 유지하고 합당한 모습으로 전투력을 편성해야 한다. 작전이 시작되는 순간까지 모든 공격적인 전개는 방어의 요구에 적합해야 한다. 현존 부대 편성에서 작전이 요구하는 전개로 전환은 아주 구체적으로 고안해야 한다. 결심을 할 때, 작전적 전개를 신속하고 은밀하고 성공적으로 수행할 가능성을 주의 깊게 생각하여 헤아려야 한다는 것이다. 전쟁계획에 관한 장에서 기술한 전개의 은폐에 관한 생각은 최초 전개와 관계될 뿐만 아니라, 각 작전의 준비 기간에까지 범위를 넓혀야 한다.

준비기간에 전선 방어능력의 변화를 판단하고 작전 개시 시점의 합리적인 선택을 위해, 전략가는 계획에 정해진 부대와 물자를 작전적 전개 지역에 순차적으로 축적하는 일람표를 보유해야 한다. 작전을 위한 부대와 후방지원 준비는 백분율로 나타내는 것이 바람직하다. 이러한 준비 작업은 주로 최초 작전 전개 계획간에 사전에 수행되었다. 물론 지금은 이러한 전개의 모든 준비 활동은 다른 전개 계획으로도 범위를 넓혀야 한다.

방어의 전술적 해석은 수세적 행동, 점령한 계선에서 적을 격퇴하는 개념에 이르게 된다. 전술에서 방어의 능동성은 공세활동으로 전환을 의미한다. 즉, 방어의 본질적인 특성을 상실하게 된다. 그래서 방어와 공격에 대한 이런 전술적인 개념을 작전술에까지 확장해서는 안 된다.

작전적 공격은 정해진 방면에서 모든 장애를 극복하려고 타격을 계획한 적보다 앞선 전개, 이의 수행을 의미한다. 공격하는 방면에서 선두부대 앞에 부대를 너무 넓게 전개하거나 타격 방향에 연속적인 계선을 많이 점령하는, 전개가 지연되는 방어는 아주 비효율적으로 작동한다. 적이 준비를 잘 갖춘 상황에서 무력을 한꺼번에 소모하는 방어적 기동은 참혹하다. 모든 공격에는 측방이 있다. 그리고 공격은 방어 집단, 공병 준비(공격로 개설, 위장, 장애물 설치 등-역자 주), 강하고 약한 구역의 조합, 정해진 방면에서 우회나 돌파는 공격 측방에 경각심을 갖도록 계획해야 한다. 아주 드물게, 공격자는 아주 바람직한 계선에 의해 측방엄호를 받을 수 있다. 방어 시에 기동은 주로 측방 역습이다. 지향된 노력이 목표를 달성하지 못했다 하더라도 적의 공격전개 여건을 불리한 쪽으로 변화시킨다. 적의 공격은 저지되거나 마음에 내키지 않고 준비되지 않은 다른 방향으로 전환하게 된다. 방어부대 측방에서 활동하는 부대를 완전히 격멸해야 의도한 대로 공격을 계속할 수 있다. 루덴도르프는 실레지아에서 러시아의 공격 위협을 토른-칼리쉬에서 로쯔를 타격하는 것으로 응수했다. 러시아는 방어로 전환하여 바르샤바-로쯔(브르제지니 Brzeziny)를 약하게 타격하는 것으로 대응할 수 있었다. 이는 측방 타격이었고 독일군을 어려운 상황으로 몰았다.

방어간 대기동으로 대응할 가능성이 없는 상황에서는 전투력을 다 소모하지 않고 적의 공격을 지체시키는 아주 경제적인 방법이 현대의 전술적 방법들이 둔탁하다는 것을 이용하는 기습적인 타격이다. 기습적 타격은 전술적 그리고 작전적 범위에서 수행할 수 있다. 공격의 전술적 준비, 우리의 배치와 돌출부에 대한 정찰, 포병 계획, 접적이동은 많은 시간을 필요로 한다. 반나절 이동거리로 후퇴하여 일정한 시간을 절약할 수 있고 적에게 전술적 준비를 반복하도록 강요할 수 있다. 그러나 구축된 전선을 공격하기 위한 작전 준비는 더욱 많은 시간이 필요하다. 왜냐하면 가까운 후방으로 보급로 개설과 화차 수십량의 전투물자 집결이 필요하기 때문이다. 2일~3일 이동거리로 후퇴하여 적이 작전 준비를 반복하고 망가진 길을 보수하고 그 길을 따라 화물차와 자동차, 수만-수십만 톤의 전투물자의 이동을 강요할 수 있다. 결국 작전적 전술적 기습 타격은 적이 물적 준비를 완료하기 이전에 실시해야 성공할 수 있다.

작전계획. 아주 우세한 전력을 보유한 경우에는 계획을 수립하기 쉽다. 이렇게 우세할 때는 계획을 더욱 구체적으로 발전시킬 수 있다. 작전목표가 제시되고 형태가 결정되고 작전을 위한 최초위치 점령이 구상된 계획은 일정에 얽매이지 않고 특정한 관점에서 작전전개 단계를 미리 생각할 수 있다. 특히 작전전개 단계는 여러 개별적인 지원계획을 수립할 때 필요하다. 후방업무를 합리적으로 조직하는 데는 시간, 공간 그리고 기간이 관계되는 필요한 보급로 구축과 소요품 수송 수단의 양, 보급품과 보충물자의 양, 부상자 후송, 점령지 안정화 등을 결정하는 대략적인 몇 가지 기준이 필요하다. 여기에는 작전전개에 특수한 기술 장비(예를 들어, 큰 강을 도하하거나 반영구 진지나 요새를 극복하기 위한 설비)나 특수한 부대 보급품(산악을 넘어야 하는 대열의 군수품 수송을 위한 말에 싣는 고리짝) 또는 특수요원들의 참가(겨울철 적설지에 필요한 썰매, 커다란 중심 조직을 위한 정치요원), 특별한 물자(굶주리는 대도시의 탈취) 등이 포함될 수 있다. 이를 위한 계획은 사전에 모든 소요를 계산하고 이를 충족시킬 수 있는 수준으로 준비해야 한다.

대규모 교전 이전에 작전의 차후 행동은 향후 전개보다 아주 구체적으로 예측할 수 있다. 그러나 이러한 최초 준비 행동의 구체적인 부분으로 너무 깊이 빠져드는 유혹을 억제해야 한다. 게다가 행동 방식은 특정한 범위 내에서만 언급해야 한다. 왜냐하면 여기에 집착하면 작전 준비와 전개가 지체되고 추동력이 억제되고 유리한 상황을 이용하기 어려워지기 때문이다. 경험에 따르면, 준비 작업에 너무 많이 빠져들면 통상 작전전개 속도가 느려진다. 1916년 브루실로프 공격, 1920년 서부전선군의 7월 공격을 구상할 때 잉크를 그렇게 많이 사용하지 않았다. 바르샤바 작전 기간에 준비와 보급에 대한 부족한 반작용으로 '붉은 군대'를 반대편으로 투입하지 말았어야 했다. 현명한 계획은 상황에 따라 그렇게 많은 것을 하는 것이 아니며, 동시에 세부항목이 많아지지 않고 수행간에 부딪힐 수 있는 다양한 방안에 과도하게 몰두하는 것이 아니다. 계획은 부분적으로 병력과 장비의 아주 세밀한 계산, 병력과 장비의 집중 상황의 분석, 필요한 도하정 계산 등으로 구성될 것이다. 부분적으로는 개략적이고 근접한 예측이 될 수 있다.

"요행"을 완전히 받아들일 수는 없으나, 사태 전개 과정에 우발적으로 영향을 미친다. 훌륭한 의도의 실행이 언제나 성공하는 것은 아니다. 계획은 유연해야 하고 수행을 특정한 일정에 맞추려는 생각을 버려야 한다. 수행할 때는 어떤 순간에 모든 유리한 우연과 적의 실수를 이용할 준비가 사전에 되어 있어야 한다. 이러한 준비 없이는 특별한 결과를 얻을 수 있다고 생각하지 말아야 한다.[29] 작전술은 융통성 없는 결심을 인정하지 않는다. 1805년 울름 전역에서 나폴레옹은 하루나 이틀마다 초기 의도를 많이 보충했다. 또한 몰트케는 1870년 스당 작전 과정에 개입했다. 다른 상황이나 목표에 이르는 지름길이 보이거나, 의도와 비교하여 더욱 큰 결과를 얻을 수 있을 때는 초기에 설정한 작전형태를 파기하는 것을 망설여서는 안 된다. (1914년 8월 15일 루덴도르프는 제8군단을 포위할 생각을 했다. 그런데 실제로는 그날 저녁에 다른 쪽 가장자리에 삼소노프군의 3개 군단 전체를 포위할 수 있었다) 이것이 작전의 실질적인 지휘의 역할을 이해한 것이며 인간의 예측력에 대한 평가에서 지녀야 할 겸손이다. 실제로 발생할 경우를 제외하고 모든 것을 예측하며, 길고 말이 많고 구체적인 제안을 하지 않도록 작전계획 수립자를 억제하고 그를 보호해야 한다. 전쟁사와 전쟁술을 연구하면, 성공하는 계획을 수립하는 능력을 향상시킬 수 있다.

계획은 작전목표에 근접한 첫 번째 단계와 전선군(또는 군) 작전을 주도하는 주요 부대에 부분적인 임무를 할당하고, 이 단계에서 완수할 총체적인 임무를 설정해야 한다. 공격 시에 계획은 주요 노력을 집중해야 하는 주요방향을

[29] 로마 집정관 2명 중 현명한 폴 에밀리우스(Paul Emilius)는 칸나 전투에서 전사했다. 패배에 대한 책임이 있는 테렌티우스 바론(Terentius Baron)은 전장에서 도주했고, 그 후에 건강하게 지내며 많은 후손을 남겼다고 이미 오래 전에 언급했다. 작전을 현명하게 지휘한 지휘관들은 자기 상대방의 얼굴에서 테렌티우스 바론의 이상적인 후손 한 명을 발견한다고 생각할 수 있다. 이러한 유감스런 군사지도자 부류는 사라지지 않는다.

정확히 식별해야 한다. 방어 시에는 모든 활동이 시간획득에 귀착되지 않고 위기 때까지 투쟁을 이끌어가는 열망을 포함한다면, 이 또한 계획의 기본 임무는 적에게 결정적으로 저항하고 작전의 전체적인 전개를 아군에 유리하게 전환할 계선(지대)을 제시하는 데 귀착되어야 한다.

부여된 작전목표를 달성하는 계획의 중요한 문제는 작전이 지니도록 노력해야 하는 작전 형태, 부대와 물적 자산의 작전적 전개와 물자 준비의 완료가 포함된 최초위치 점령과 관계된다.

작전 형태. 작전 형태(작전적 포위, 돌파, 우회, 측방 타격)는 우리가 선택하는 것이 아니라, 병력과 장비 비율, 보유한 부대 집단, 주요 도로의 능력, 전구와 주요 계선의 형상에 의해 암시된다. 모든 전구로 연장된 전선 형성에 현대적으로 매진할 때, 돌파는 빈번히 다른 작전 형태를 완성하기 위한 부가적인 방법일 뿐이다. 그래서 제1군단의 우측방 돌파는, 차후 전개와 제6군단에 대항하는 정면에서 독일군의 성공과 연결하여 삼소노프군의 중앙과 이의 양측익을 절단하고 중앙을 포위할 수 있게 되었다. 1917년 여름 테르노폴(Tarnopol) 돌파는 독일이 측방타격 전개를 추구했다. 이는 남서전선군 및 루마니아 전선군에 감행되었고 러시아와 루마니아의 잔여 부대를 흑해로 압박할 수 있었다. 러시아군이 후퇴하며 시행한 철로의 파괴와 오스트리아군의 수차례의 실패로 독일군 사령부가 측방타격 규모를 줄일 수밖에 없었다.

작전 형태는 사령부의 질적 수준과 조화되어야 한다. 지휘관들의 활동을 일치시킬 능력에 의존할 정도로만 각 집단의 독자적인 행동에 의존할 수 있다. (2개 군이 서로 다른 방향에서 프러시아 동부에 침입할 때 진린스키, 삼소노프, 레넨캄프) 작전 형태는 운용되는 부대의 특성에 부합해야 한다. 군의 주력이 운용하는 기술 자산이 많은 경우(예를 들면, 프랑스군), 작전 형태가 장기간 지속을 요구하고 결정적인 지점들을 최전방 철도역에서 상당히 먼 거리로 옮겨야 한다면 좋지 않다. 군이 방어적인 성격을 띠고(1916년~1918년 영국군) 단기간 직접적인 공격을 수행할 능력만 있을 경우, 작전이 조우전이 지배적인 어려운 기동에 기반을 두었다면 좋지 않을 것이다. 또는 우리의 포병과 기병이 우세할 경우, 작전이 숲 지역 등에서 이루어진다면 좋지 않다.

작전 형태는 가능한 한 우군 부대가 유리한 작전적 위치에 놓일 수 있도록 선택해야 한다. 적이 준비된 진지와 요새화된 계선의 완전한 체계를 갖추고 있다면[30], 적 측방을 공격하는 것이 아니라 우회하여 적이 재편성을 하고 새롭고 준비되지 않은 계선에 전개하고 전술적으로 불리한 상황에서 전투에 돌입하도록 강요하는 것이 유리하다.

동시에 작전 형태는 최대로 단순해야 한다. 전투 및 기동이 작전에 부가하는 모든 특성을 수용할 수는 없다. 이러한 첨가물이 지휘를 극히 어렵게 할 뿐만 아니라, 작전목표 달성에 절대적으로 필요하지는 않은 불필요한 모든 기동과 전투는 우리를 목표에서 잘못된 길로 이끄는 아주 큰 위험을 숨기기 때문이다. 대규모 전위대, 추진 진지 전투, 무력시위, 전과확대 차원의 국지전투는 우리에게 커다란 해를 끼친다. 작전에서는 어떠한 과도함도 없어야 한다. 작전은 목표지향의 화신(化神)이어야 한다. 작전 형태는 노선이 분명 · 명확 · 정연해야 한다는 면에서 로코코 양식의 파마머리가 아니라 그리스 신전 외형의 단정한 직선형을 상기시켜야 한다.

이런 관점에서 결정적인 결과를 달성하려고 계획된 최종 계선이 우리 전방과 일치한다면, 방어는 의외로 승리한다. 그리고 이런 방법으로 목표에서 완전히 멀어지게 하는 일련의 후위부대 전투를 회피한다. 작전적 방어의 이상은 적이 추진선을 습격하기 위해 접근하는 것을 기다리는 것이다(오스테리츠). 간혹 적의 타격방향을 사전에 식별하고 측방에 충분한 병력을 적시에 집결시킬 수 있다. (1914년 11월 초 로쯔 공격 전 독일군, 1918년 7월 중순 프랑스군 전개) 그러나 이러한 행동방법은 적의 의도를 깊이 연구해야 하고 적의 의도를

30) 1916년 여름 루츠키 돌파 작전을 전개할 때, 핀란드 제2사단 부대들과 제101사단은 모두 스티르(Styr)로 알려진 강습도하(전투를 통한 도하)를 수차례 성공했다. 이는 작전을 수행하는 아주 좋은 방법은 아니다.

적시에 알아내는 선견지명에 도달한 깊은 연구가 필요하다. 프랑스는 제17번 계획에 따라 오스테리츠를 준비했으나 벨기에를 경유하여 타격하는 적의 병력과 범위를 제대로 평가하지 않았다. 대부분 이러한 계선은 역습을 준비할 시간을 얻고 역습에 유리한 상황(돌파하는 적 부대가 나타내는 자루모양의 돌파구)을 조성하기 위해 종심으로 전환시켜야 한다. 절단 계선과 진지는 측방 타격이 가능해야 하고 목표에서 적의 주의를 분산시켜야 한다.

작전전개. 작전전개는 계획한 목표와 작전 형태를 정확히 충족해야 한다. 작전이 적극적인 목표를 추구한다면 병력은 공격간에 사용해야 하는 도로에 맞게 편성되어야 한다. 전선 구역은 우리의 결심에 부합하는 병력 대열을 다시 만들 수 있도록 준비되어야 한다. 현대 작전의 길지 않은 타격 범위 때문에 출발진지는 적 가까이에 선정해야 한다. 그래서 공세작전을 준비하는 기간에 방어의 동인(動因)을 첫 번째 계획에 반영해야 한다. 핵심이 방어라면 주요 방향에서 최소의 공간 손실로 적을 격퇴하기 위해 주요 부대들을 최대로 신속하게 집결시킬 수 있도록 병력을 편성해야 한다. 동시에 차요 방향에서는 사태(전투)가 주요방향에 영향을 미치지 않게 해야 한다. 방어는 선입견에 사로잡힌 결심을 제외하고는 공격출발진지에서 종결되지 않은 전개를 완료하는 데 수일이 필요하다. 방향 선택은 방어에 달려 있지 않다. 적을 주의깊게 관측하고 축성을 광범위하게 이용하고 종심깊게 단계화한 부대(전투) 편성, 부분적으로 철로별로 집결된 작전예비, 측방기동에 쏟는 심대한 고심, 이것이 우리가 알고 있는 것처럼 함양하고 준비하는 공격 국면인 작전적 방어가 의존하는 중요한 자산이다. 반격 계획을 추구하는 것이 작전적 방어 전개와 준비 작업의 주요 사상이 되어야 한다. 간혹 열은 차장선으로 연결되고 측방(1914년 8월 작은 규모의 스날리프팡(Snaliupepen))을 함께 방어하는 2개 이상의 건실한 집단을 편성하는 것이 유리하다. 잘 발달된 측방 도로망은 측방 기동을 적시에 할 수 있는 여건이다.

작전적 전개 밀도는 아주 다양하다. 1914년 프랑스-벨기에 국경에 대한 독일의 초기 전개는 로렌느 지역에 2천~3천 명/km이었고 우측방에는 2만 명/km 정도였다. 뒤의 숫자는 확실히 비정상적이었고 전구의 형상(네덜란드 국경의 돌출) 때문에 작전 개시 전에 전개를 완료할 수 없었다. 전선의 타격 방향에는 세계대전의 기술 여건에서 4분의 1(5천 명) 정도로 낮은 밀도로 충분했다. 이 지역에서 작전 진행은 부채꼴로 확장할 필요가 없었다. 1914년 세계대전 시 러시아 전선에서 전개 밀도는 2천~4천 명/km이었다. 진지전 시에는 보병이 순차적으로 교대하는 작전을 전개할 필요성 때문에 전개 밀도는 1~1.5km당 사단 미만(포병까지 계산하여 6천~8천 명/km)이었다. 내전에서 차요(부차적인) 구역의 전개 밀도는 50명/km으로 낮았으나 "격돌하는" 구역에서는 1천 명/km 가까이 되었다.

물론 주요 구역에 부대의 집중은 유용한 결과를 얻으려고 예정한 곳의 특성에 따르는 것이 특히 바람직하다. 그러나 이를 위해서는 특정한 조건이 필요하다는 것을 잊어서는 안 된다. 전선의 일부 지방에 견고한 장애물과 축성된 시설이 존재하면, 여기에는 부대 밀도가 희박할 가능성이 많다. 적의 약점과 수동성은 교전을 수행하기 쉽게 한다. 1915년 초여름에 루덴도르프는 자신의 전선에 39.5개 보병사단과 8.5개 기병사단을 배치했다. 왜냐하면 전선 전체가 구축되진 않았고 독일군보다 20%가 더 많지만 장비를 충분히 갖추지 못하고 탄약이 충분하지 못한 러시아군의 적극성 때문이었다.

루덴도르프는 자신의 37.5개 사단이 그들이 위치한 구역에 고착될 것이며 공격을 위해 선택한 구역에서 2개 사단만이 자유로울 수 있다고 생각했다. 기동은 전체 병력의 50%만이 가능했다.[31]

공격은 주로 평행한 길을 따라 이루어진다. 작전전개 정면이 적과 교전이 예상되는 전선보다 넓다면 이는 진격로를 몇몇 집중된 방향에 부여하고 더 많

[31] **Фалькенгайн**, *Верховное командование*(최고사령부), С. 110. 루덴도르프는 최고사령부의 요구에 응하지 않고 몇몇 기동부대를 줄였다. 그러나 규모는 변화하지 않았다. 왜냐하면 팔켄하인이 이에 항의하지 않았기 때문이다.

은 철로, 비포장도로, 촌락을 이용할 수 있고 후방부를 더욱 유리한 형태로 편성할 수 있다. 공격출발진지에서 적과 교전까지, 현대 작전의 특성인 단거리 행군임에도 불구하고 전선의 전체적인 평행 위치에서는 타격구역의 이점은 적에게 가까울수록 축소되고, 차요 구역에서는 넓히기 위해 타격부대들의 정면은 경계선과 비스듬한 방향을 이루게 될 것이다. 이와 같이 타격구역은 통로를 최대로 부여받고, 게다가 적이 우리의 타격 방향을 탐지하는 것은 더욱 어려워질 것이다.

작전 준비의 시작. 현대의 강요된 여건 때문에 작전들 간의 휴식일은 아무것도 하지 않는 기간이 아니다. 이 중간 기간에는 다음 작전 준비가 이루어지고 작전과 비슷한 상황이 이루어진다. 하나의 작전을 종료하고 후속 작전을 명확하게 이해해야 한다. 전략은 새로운 작전을 위한 부대 재편의 관점에서 성공적인 작전 후에 부대의 전진과 실패한 작전 후의 후퇴를 검토해야 한다. 물론 새로운 작전목표는 종료된 작전 결과와 조화되어야 한다. 우리가 적을 추격하는 또는 적이 우리를 추격하는 행동은 한쪽의 저항이 최종적으로 없어지기 때문에 새로운 작전적 전개와 전개 엄호 요소일 뿐이다. 이에 따른 새로운 작전계획은 추격이나 공격 중지 또는 후퇴 명령을 수행하는 것이 된다. 이때에 향후 작전 개념은 빈번히 아주 포괄적인 형태가 된다. 그러나 장기작전계획을 수립하는 것을 지체해서는 안 되며, 부대의 무의미한 이동과 후방부에 대한 불충분한 지침 때문에 시간을 낭비하는 것을 피해야 한다. 1914년 국경전역 후에 로렌느의 요새화된 전선을 봉쇄하던 오른쪽 측익을 유지하고 파리 동쪽으로 향하던 왼쪽 측익의 프랑스군 후퇴는 마른 작전 요소의 상당 부분을 포함하고 있었다. 다음 작전을 위한 출발 위치는 하나의 작전을 마친 병력들의 집결선이었다. 출발 위치는 모든 행동을 안내하며, 무엇보다 전략가는 출발 위치를 알아야 한다.

적극적인 목표 추구를 취소한다면, 지체 없이 방어작전 준비를 시작해야 한다. 지금은 부대를 종심 깊게 제대화된 전술 및 작전 예비로 차출하고 대기동을 위한 구축된 진지 체계와 물적 준비를 강화해야 한다.

작전 기간은 병력소모가 빠른 템포로 이루어진다는 특징이 있다. 휴지와 준비 기간은 이를 축적하는 기간이어야 한다. 손실된 물자를 보충해야 할 뿐만 아니라 온갖 수단을 동원하여 부대 병력을 절약해야 한다. 이동은 아주 제한된 범위에서 이루어져야 한다. 수송수단은 부대를 투입할 때 시간을 절약하기 위해서뿐만 아니라 부대에 편의를 최대로 제공하기 위해 이용해야 한다. 부대 배치 여건을 개선하기 위해 병영시설을 치열하게 건축해야 한다. 부대의 물질적 충족을 고민하는 것은 부대의 사기와 사령부의 권위 향상을 고민하는 것이다. 부대에 제공되는 안락함과 질서, 장병들에 대한 군수지원적 배려에 따라 군은 지휘의 체계성과 선견지명이 평가된다. 중병을 앓고 회복한 사람의 심리처럼, 며칠 동안 산병선에 묶여 있거나 습한 참호에서 몇 주간을 지낸 장병들의 심리는 모든 소소한 물질적 사항에도 민감하게 반응한다.

4. 수행 전략선

전쟁의 최종목표와 작전목표. 전쟁지도 기관이 무력전선의 행동을 위해 설정한 전쟁의 정치 목표에서 육군과 해군의 노력을 지향하여 달성해야 할 최종적인 군사목표가 나온다. 투쟁이 단번에 최종 군사목표를 달성할 수 있는 특별한 상황에서 이루어진다면, 전략에는 약간의 과업만 남는다. 작전이라 불리는 이러한 한 번의 수행은 작전술 과업이다. 전략의 역할은 최종목표가 한 번의 작전으로 달성되지 않고 목표에 이르는 통로에 몇 개의 단계를 예정해야 할 때 명확하게 기술된다. 전쟁으로 탈취한 경계는 넓고 하나로 형성되지 않으며, 몇 개의 군사행동 구역과 이 구역에서 개별적인 작전들을 수행해야 한다. 동시에 수행되는 이 작전들은 작전에 의해 달성된 부분적인 목표들이 최종 군사목표를 달성하는 최단 통로에 단계를 형성하도록 조화시켜야 한다. 전략 지시는 작전이 추구해야 할 표지판이다.[32] 환경 변화에 따라 어떤 표지판은 다른 것으로 바뀌어야 한다. 작전으로 하나의 목표가 달성되었을 경우에는 처음에 작전 준비를 안내했던 다음 목표가 나와야 하고, 그 다음 작전적 타격이 나와야 한다.

물론 우리는 전략가의 이 과업의 진실이 아닌 단순함에 속아서는 안 된다. 전쟁에서 반대로 이루어지는 적의 의지, 여러 형태로 이루어지는 마찰, 기지와 군에서 치열한 과정의 자연스런 진전을 취급해야 한다. 이러한 상황에서 최종 군사목표에 이르는 아주 짧고 알맞고 논리적인 통로를 찾는 것은 절대 쉽지 않다. 어떤 목표 설정의 유리함과 총명함은 아주 복잡하고 전체 실타래가 서로 뒤얽힌 조건에 좌우된다. 군사행동 구역에서 밝혀지는 쌍방 부대 집단은 전략가가 따라야 할 고려사항의 일부일 뿐이다. 전략가가 현재를 지도하기 위해서는 전쟁 전망을 근접하게라도 포착하고 가까운 미래의 임무를 예측해야 한다. 전략가의 사고는 작전의 구체적인 사항에서 벗어나야 하며 적의 기지와 후방종심에서 진행되는 중요한 과정을 포착해야 한다. 교전국들 생활의 발전 성격을 전체적으로 파악해야만 전략가는 미래의 장막을 약간 들어올리고 비교적 믿을 만하게 전선군과 야전군에 임무를 부여할 수 있다. 1914년 러시아 최고사령부가 처했던 후방 종심, 기지와 격리된 상황이 특히 중대한 실수로 생각된다. 바라노비치에 있는 최고사령부보다 후방의 맥박을 좀 더 느꼈고 전선의 사건들에 대한 아주 단절된 정보를 가진 전쟁성이 페트로그라드에 위치한 것에는 작전적 목표를 추구하는 아주 좋은 위치였는지 의구심이 생긴다.

우리의 산업동원 성공을 독일의 능력과 비교하는 것이 1914년 말에 우리의 적극성을 허용할 수 있는 한계를 올바르게 정하는 데 도움이 된다. 작전목표의 잘못된 설정은 반년 동안 1915년 5월 재앙을 준비하는 시작이었다. 1917년

---

32) 작전술은 완전히 법칙 같은 위치를 점하는 양동작전을 취급한다. 그러나 전략적 양동은 엄청난 규모로 이루어지는 실수를 동반한다.

러시아를 완전히 격파하려는 자신의 전략을 가진 루덴도르프는 아래 사항에 따라 옳거나 틀렸다. 즉, "힌덴부르크의 계획"에 따라 독일 산업 전개의 성공 여부, 독일 후방부의 견고성과 러시아 혁명 슬로건에 동정 정도, 1917년 5월에 시작된 프랑스군 내의 혁명운동이 멈추거나 발전하고, 미국의 잠수함 작전과 군 편성의 성공 여부, 오스트리아－헝가리 및 불가리아와 터키에 저장됐던 에너지의 양에 따라 달라진다. 이에 따라 훌륭한 작전 전문가 또는 형편없는 전략가가 될 수 있다. 루덴도르프는 작전을 조직하고 지도하는 데 탁월한 기교를 보였다. 그러나 그는 작전목표를 설정하는 데 서툴렀고 작전 활동을 파악하지 않았다.

전략가는 어떤 부분적인 목표를 추구하면서 목표 달성의 모든 결과와 사건의 향후 흐름에 영향을 주는 활동들을 고려해야 한다. 팔켄하인은 가능한 한 러시아 전선에서 독일군의 활동량을 제한하려 했다. 이는 옳았다. 그러나 1915년 봄 그는 루덴도르프가 쿠를란트에서 무력시위를 하는 것을 허용했다. 독일 지주들은 독일군 부대를 무뚝뚝하게 대하지 못했다. 이런 연유에서 프리발트 영주들의 운명은 독일군과 아주 밀접하게 연관되었다. 독일군의 철수로 쿠를란트의 모든 독일 문화가 파괴되었다. 자연히 루덴도르프는 다음 목표를 리가 점령 및 러시아로 공격 전개를 연관시키기 시작했다. 러시아에서 독일의 위치가 아주 악화되었다. 차르 정부는 민족적인 모순성을 이용하여 라트비아 부대를 편성할 수 있었다. 팔켄하인은 쿠를란트 점령과 그에게 적대적이고 루덴도르프가 지도하는 쿠를란트 점령에서 기인한 전략의 새로운 방향에 대한 끝없는 갈등 때문에 쿠를란트에서 쉽게 얻은 명예가 훼손되었다. 1915년 여름 동안 두 개의 전략적 과정의 투쟁에서 독일군은 러시아 전선에서 크게 성공하진 못했다.

조미니[33]는 1799년 동맹의 활동을 다룬 다음의 교훈적인 예를 들었다. 러시

---

33) Jomini, *Précis de l'art de la guerre*(전쟁술), p. 179.

아군은 3개 부대 집단을 진출시켰다. 즉, 수보로프군은 이탈리아에, 림스키-코르사코프(Rimsky-Korsakov) 군단은 스위스에 파견했고, 영국군과 함께 네덜란드 원정에 착수했다. 네덜란드에는 이 원정대를 분발시키는 영국의 중요한 이익이 놓여 있었다. 혁명 전까지 오스트리아에 속했고 오스트리아에 커다란 관심거리였던 벨기에가 인접해 있었다. 성공적으로 작전을 수행하지 못한 러시아군이 네덜란드에 출현한 것 때문에 오스트리아군은 벨기에 국경 지역에 전개해야 했다. 사실 카를 대공의 군대는 스위스에서 만하임(Mannheim)으로 전개했다. 홀로 남아 있던 림스키-코르사코프는 취리히(Zürich) 근처에서 분쇄당했고, 수보로프는 이탈리아에서 승리 대신에 명예롭게 빠져나와서는 안 될 혹독한 상황이 스위스에는 없었다는 것을 증명했어야 했다. 네덜란드에서는 방해활동 때문에 림스키-코르사코프와 수보로프가 분리되었다.

작전의 연속. 세계대전 첫해에 독일은 러시아 전선에서 9회 이상의 작전을 수행했다. ①동프러시아에서 레넨캄프와 삼소노프에 대항했고 ②실레지아에서 이반고로드-바르샤바 작전을 위한 것이며, ③칼리쉬와 토른 사이에서였다. 또한 로쯔 작전을 위해 ④로쯔 후에 오스트리아-헝가리군의 직접 지원 하에 프랑스에서 폴란드로 대규모 수송과 관련된 새로운 전개, ⑤러시아 제10군을 타격하기 위한 아우구스토프 공격을 위해, 독일의 동원 제3제파의 준비와 관련하여 ⑥쿠를란트 공격을 위해 ⑦마켄젠을 돌파하기 위해 ⑧독일군이 르보프를 점령한 후 전개의 새로운 전환을 위해 마켄젠은 북쪽으로 공격방향을 바꾸고, 갈비츠(Gallwitz)는 나레브 선을 단절시키고 ⑨코브노-스벤차니-민스크 공격을 위해서였다. 1915년 9월 진지전 전선을 점령한 독일군은 전개를 최소 10번 수행하였다. 이 계산에는 대규모 철도 기동이 병행되었지만 한 지역에서 활동한 성격을 띠었기 때문에 재편성을 포함하지 않았다. 그래서 동프러시아에 최초 전개는 3개 집단으로 계산된다. ①레넨캄프에 대항하여(굼빈넨) ②삼소노프에 대항하여(탄넨베르크), 이때는 철로를 따라 프러시아 제1군단, 제3예비사단, 요새 예비대, 란트베어(Landwehr) 여단들이 수송되었다.

③레넨캄프에 대항하여 마주르호 전역에 프랑스에서 2개 군단과 1개 기병사단이 전환되었다.

독일군은 1년 사이에 작전전개의 중심을 메멜-칼리쉬-첸스토호프-카르파티아 산맥의 커다란 아치형의 여러 지역으로 9번 옮겼다. 이 전개의 하나도 러시아 전선에서 독일군의 최종 군사목표를 달성하는 데 충분하지 않았다. 최종목표에 이르는 통로에 놓인 부분적인 목표들은 각각 자체적으로 전개할 필요가 있다. 그래서 공간적으로 직접적이고 지형학적으로 연속적이지 않았던 개별적인 작전들을 통해 순차적으로 달성해야 했다.

섬멸은 최종목표를 달성하기 위해 작전적 공격출발진지 1개로 충분하다는 것을 인정하는 특징이 있다. 섬멸 작전은 공간적으로는 간단이 없고 최종목표를 추구하는 것에 거의 연결되어 있다. 병참선은 우리 측방과 후방에 나타났던 적 분견대를 격멸하여 아주 실제적인 위협으로부터 방호된다. 적이 추구하는 목표는 섬멸적인 타격을 가하는 측의 목표에 포함된다. 논리와 일관성은 아주 명확하다.

그러나 우리가 열거한 세계대전 첫해에 러시아 전선에서 발생한 9개의 다양한 작전적 전개는 자의적이고 혼란한 축적이 아니다. 소모전 사상 관점[34]에 놓여 있음에도 불구하고 이들은 서로 특정하게 상호 연관된다. 이 상호연관은 첫해 동안 러시아에 대항하는 작전들을 통해 추구했던 목표들을 대조하면 완전하게 이해된다. 소모전의 제한된 목표를 추구할 때, 작전의 연속성이 발생한다. 병참선에 관한 연구처럼, 전략의 정의 관점에서 전략을 연구하면 아군과 적의 병참선 연구에 몰두한 것처럼 아주 견고하고 실제적인 근거에 도달하고 다양한 목표를 추구할 때 명확성과 연속성을 배열하고 이를 포함시킬 수 있다.

소모전하에서도 전체적인 상황을 깊이 연구할수록 수많은 환상 지대가 더

34) 우리는 루덴도르프의 열정에 기만당하지 않을 것이다. 프리드리히 대왕은 소모전을 기반으로 했음에도 불구하고 1757년 무력 투쟁을 현란하게 전개했다.

사라진다. 많은 가능한 목표, 가능한 작전 중에서 선택은 분석 마지막에 꼭 필요한 단 하나의 유일한 것으로 줄어든다. 이런 사고력(思考力)이 첫 번째 작전을 통해 달성해야 하고 작전목표가 되는 다음 작전 조건을 찾아낼 것이다. 진정한 전략가에게는 고르게 움직이는, 순차적인 작전을 수행할 수 있는 구역 선정에 완전한 독단을 제공하는 전선이 드러나지 않는다. 적 무력전선의 모든 건축물을 파괴하는 최종목표를 위해 전략가는 자신의 활동에 순차성을 부여하고 해당 순간에 이 무력전선의 어떤 하나의 기반에 간계를 삽입해야 한다. 전략가의 모든 사고가 여기에 집중되고 이러한 작업을 위해 주어지는 추진력으로 그의 개성이 표현된다.

전략적 고조 곡선. 작전에서 순차성을 부여하고 작전의 순차적인 목표를 선정하고 목표의 크기를 결정할 때, 지금의 전략은 무력전선에서 피아 전력비만을 따르진 않는다. 이러한 비율이 변한다는 것을 염두에 둘 필요가 있다. 충원과 보급 가능성, 새로운 동원 제파, 다른 전선에서 전환을 고려해야 한다. 예전에는 전략이 집결을 위해 필요한 첫 동원과 시간에서만 시작했다. 지금은 경제동원이나 외부지원 가능성과 관계된, 가능성 있는 곡선적인 피아 무력의 향후 증강을 염두에 두어야 한다.

전쟁 첫해 러시아 무력전선에서 활동은 무엇보다 우리가 병력의 전략적 전개에서 오스트리아군을 앞서는 데 지향되었다.

우리는 현재 보유중인 병력으로 최초위치를 점령하는 작전적 전개와 무력전선의 힘이 최고점에 도달하는 전략적 전개 사이의 차이를 예견한다. 작전적 전개는 수일이 소요되고 전략적 전개는 몇 달이 걸린다.

세계대전 초에 프랑스는 독일군 80%를 고착시켰다. 우리는 40일 안에 프랑스를 유린한 군단들을 러시아 전선으로 급히 전환하려는 슐리펜과 소 몰트케의 포부를 알고 있었다. 독일군 참모본부의 이러한 잘못된 전망에 아주 커다란 의미를 부여했다. 프랑스의 실패한 전쟁 시작이 이를 증명했다. 프세미슬에서 단찌히까지 산강과 비슬라강의 흐름을 장악하고, 40일차쯤에 독일이 급하게 전환한 부대의 습격을 방어에 유리한 위치에서 부딪친 것이 러시아로서는 아주 바람직했다. 여기에서 동프러시아와 갈리시아 침공을 강행할 필요성이 생겼다. 실제로 우리는 동원 43일 만에 갈리시아 작전을 성공적으로 끝낼 수 있었다. 그러나 프러시아 영토의 비슬라강 우안의 점령은 완전히 실패했다.

대신에 프랑스에서 러시아 전선으로 독일군의 상당한 전환이 동원 120일차에 이루어졌다(기병과 5개 군단, 1914년 11월 말). 독일군은 이반고로드－바르샤바 작전을 외부에서 실병력 도착 없이 그리고 러시아 제2제파인 시베리아 군단들이 도착하던, 독일에는 좋지 않은 시기에 수행해야 했다. 작전 초기 3주간의 손실은 러시아 50만 명, 오스트리아 35만 명, 독일 5만 명으로 균형을 이루었다. 아시아 군단인 러시아 제2제파는 다시 편성된 군단들인 독일 제2제파보다 더 빨리 전선에 나타났다. 이는 독일의 이반고로드－바르샤바 작전의 부적절함과 프랑스 패배의 원인이었다.

독일 군단들의 서쪽에서 쌍방 사령부가 중시했던 러시아 전선으로 대량 전환은 1917년까지 계속된 것을 포함하여 독일의 향후 동원 제파를 약간 교체시켰다. 1915년 2월 독일의 동원 제3제파가 러시아군에 고통스런 타격을 가했다(아우구스토프 숲). 러시아군 사령부의 낭비와 독일 산업 조직의 우세가 빠르게 효과를 발휘하기 시작했다. 우리의 적극성은 우리의 수적 기술적 우위의 정점이 후방에 있고 러시아 전선의 적 병력 곡선이 빠르게 상승했다는 것을 중요시하지 않았다. 1914년 전략의 책무는 1915년을 예측하는 것이었다. 우리가 이반고로드－바르샤바 작전 후에 종결하거나 동프러시아 점령을 위해 노력 방향이 정해졌다면, 1916년 봄경에 우리는 20개 사단을 잉여로 보유하고 모든 군은 얼마간의 예비물자를 수중에 두었을 것이다.

전쟁 첫 달 말에 러시아의 90개 보병사단이 오스트리아－독일의 70개 사단과 대치했다. 게다가 후자는 독일군 정예사단 13개만 보유하고 있었다. 1915년 여름 대부분 미충원상태이고 병참창고가 텅 빈 러시아의 130개 사단은 오스트리아－독일의 135개 사단과 대치했다. 게다가 러시아 전선에 독일의 우수한 사단 상당수와 기병사단이 위치했고 러시아 전선에 대항하여 여름 전역 간에 보충병이 파견되고 독일군 사단 편제 인원의 150%에 달하는 독일의 모든 예비부대가 활동했다.

전선에서 작전은 쌍방의 병력 소모로 이어진다. 미국 남북전쟁에서 북군사령관 그란트 장군은 공격에 크게 실패한 후에 '북군의 손실이 1만 5천 명이고 남군 손실이 5천 명이었다면 승리는 북군에 있다. 왜냐하면 북군은 충원할 수 있지만 남군은 충원할 수 없기 때문'이라고 언급했다. 만약 아군과 적군에 병력이 충원될 가능성을 객관적으로 고려하지 않는다면, 우리는 실제로 병력 손실의 합목적성을 평가할 수 없다. 소비는 수입과 조화되어야 한다. 파산한 지주가 자기 수입의 억제자와 착복자를 불평하는 것처럼, 러시아 전략은 러시아 후방부가 제대로 지원하지 않는다는 불평으로 근시안과 손실을 정당화하려 했다. 러시아 총참모부와 군수품 주문에 관심이 있고 탐욕으로 그들에게 국가의 항복을 얻어내려는 강력한 부르주아 집단 연맹은 커다란 성공을 거두었다. …….

러시아를 몰락시키고 미국을 전쟁으로 내몰았던 이러한 병력비의 변화는 전략적 수행 노선에 영향을 주었다. 확실히, 프랑스는 혁명이 러시아 전선을 약화시키기 전에 독일을 제거하려 노력했어야 했다(니벨르 공격). 만약 이것이 불가능했다면 미국의 무장이 완료되지 않은 14개월 동안 저지했어야 했다(페탱과 포쉬의 계획). 독일은 러시아 혁명과 투쟁을 위한 시간을 낭비하지 않아야 했고 1917년 초여름에 프랑스 전선의 혼란이 시작되었을 것이다. 이 경우, 루덴도르프가 커다란 실수를 했다.

군사기구가 창설되지 않은 내전 상황에서 군사행동간에 전략적 긴장 곡선이 점차적으로 고조되었다. 그러나 유사한 현상이 치열한 활동에 수년을 할당한 전쟁과 준비에서 관찰되고 있다. 우리는 이 하나의 상황 때문에 내전 전략을 특수한 표제 안에 넣을 수 없다.

쌍방 무력의 발전 곡선의 굴곡, 각 곡선이 위로 향하고 정점에 도달하는 시기를 정확히 이해해야만, 전략가는 공격적 또는 방어적 행동 형태를 선택하고 전선군 역량을 나누고 최종 군사목표에 따라 작전목표, 중간목표를 충분히 근거 있게 제시할 수 있다.

작전 개시 시점. 전투를 수행하는 문제는 전술의 내용이다. 그러나 전투에 돌입하고 이탈하는 시기의 문제는 전술이 아니라 작전술과 관계된다. 작전 수행 문제는 작전술과 관계된다. 그러나 작전의 시점과 종결 시점을 정하는 것은 전략적 절차의 결심이다. 이와 똑같이 전쟁에 돌입하거나 전쟁에서 이탈하는 시기에 관한 문제는 전략이 아니라 정치 과업이다.

말할 필요도 없이, 작전 개시 시점은 정치적 요구와 조화되어야 한다. 러시아는 1917년 봄경에 보스포러스 작전을 준비했다. 그러나 2월 혁명이 바다를 경유한 이러한 타격 가능성을 앗아갔다. 혁명운동과 붕괴, 이어진 세계대전 종료는 서구의 부르주아 군이 러시아 사태에 개입하기에 아주 좋지 않은 순간이었다. 1919년 여름 막바지에 폴란드는 취약한 소련 서부전선군보다 엄청난 우위에 있었다. '붉은 군대' 주력은 남부와 동부에서 러시아 반혁명 백군과의 투쟁에 몰두해 있었다. 폴란드의 공격은 데니킨, 콜착과 유데니치가 이미 제거된 1920년보다 1919년 더욱 유리한 상황에서 전개할 수 있었다. 한편, 이러한 공격은 데니킨을 지원하는 성격을 지녔다. 게다가 민족주의적인 러시아와 폴란드 부르주아 간에 깊은 불화가 생겼다. 폴란드는 다음해에 '붉은 군대' 전선군과 결투를 벌이기 위해 자신의 민족적인 이익을 배타적으로 따르고 소비에트 기관과 '붉은 군대'의 힘을 과소평가하고 투쟁과 소비에트 권력 쇠약의 관찰자로 남기를 원했다. '붉은 군대'가 바르샤바에 접근할 때, 아마 브란겔은 적극적인 작전으로 전환할 필요가 없었을 것이다. '붉은 군대'의 바르샤바 점령으로 크림에서 백군 기병 간부들의 활동이 시작되었고 그들은 그 때 자기 옹호자들의 진지한 지지를 고려하는 세계적으로 프롤레타리아와 부르주아 전선의 무력 투쟁에 관한 문제를 제기했다. 반대로 '붉은 군대'의 비슬라에서 베레지나로 철수는 브란겔군이 일시적으로 안정되고 최근 몇년 동안 그들에게 드리운 위협에서 벗어난 유럽 부르주아 사회에 브란겔군의 필요성을 감소시켰다. 소련

-폴란드 전쟁에서 브란겔군이 작전을 성공적으로 전개할수록 몇 달 내에 크림에서 브란겔의 통치권을 제거하는 것을 의미하는 소련-폴란드 전선에서 강화조약은 더 빨리 체결됐을 것이다. 아마, 브란겔은 이런 판단을 못했을 것이다. 그러나 폴란드 문제에 관심이 많았던 프랑스의 명령 때문에, 브란겔 개인적인 관점에서 아주 좋지 않은 시기에 부하들이 작전을 시작하게 되었다.

작전 개시 시점은 전체적인 군사적 상황과 일치해야 한다. 1916년 8월 루마니아 출정과 트란실바니아 공격은 2개월이 늦었다. 왜냐하면 러시아 전선의 쇠퇴와 영국-프랑스 전선에서 열정의 저하가 일치했기 때문이다. 루덴도르프가 꿈꾸었던 주요 작전인 스벤차니 돌파는 1개월이 늦었다. 왜냐하면 러시아군 부대들이 폴란드에서 간신히 빠져나왔고 독일군은 이미 지쳤고 프랑스군은 샹파뉴에서 1915년 가을 공격 준비를 마쳤기 때문이다.

작전 개시 시점은 전개 종료와 일치해야 한다. 작전에 필요한 모든 수단들이 휘하에 있고 작전 개시 전에 필요한 재편성이 완료되고 작전 수행간에 병참선 준비를 위한 수송에서 벗어나면, 작전은 특정하게 확고해지고 번개같이 빠르게 수행되고 최소의 희생으로 최대의 성과에 달성한다. 마치 공장이 최소의 비용으로 최대의 가동률로 중단 없이 생산하기 위해 사전 집결 시에 원자재와 노동력이 필요하고 노동력에 생산설비가 필요한 상황에서처럼, 이런 상황에서 작전간의 부대 임무가 부여된다.

한편, 이 시점은 병력비가 가장 유리한 시점과 일치해야 한다. 작전적 전개 완료를 기다리는 것이 아군보다 적이 더 많이 증강하거나 전체적인 군사적 상황이 요구하는 것보다 많은 시간을 적에게 준다면, 전개가 끝나기를 기다리지 말고 작전을 시작해야 한다. 레넨캄프와 삼소노프의 동프러시아 공격은 프랑스 전선 상황이 요구했기 때문에 독일군에 대항하여 전개하도록 되어 있던 병력의 절반으로 시작되었다. 콘라드는 갈리시아 작전 말에 예상했던 49.5개 사단 중에서 오스트리아-헝가리군 33개 사단을 비슬라강와 부크강 사이의 결정적인 방면으로 진출시켰다. 이러한 결심은 러시아군이 동원 20일까지 35개 사단을 이동시킬 수 있고, 그 10일 후에 60개 사단으로 늘어날 것이라는 그의 작전계획 전망에서 어느 정도 기인하였다.[35] 실제로 러시아군은 20일차에 약 34개 사단을 보유했고 작전이 끝나기 직전 43일차에 51개 보병사단에 달했을 뿐이다. 러시아군이 동원과 오스트리아 군단이 다뉴브로 이동하는 행군으로 5일을 벌었기 때문에 사실 갈리시아 작전 전기간 동안 보병사단은 균형을 이루었다(오스트리아군 804.5개 대대 대 러시아군 823.5개 대대, 오스트리아 포 2,140문 대 러시아군의 우수한 포 3,060문 그리고 오스트리아 기병부대 690개 대 러시아군 기병부대 및 '100인 부대' 690개). 그러나 오스트리아 참모본부는 자신들이 러시아군 전방에 집결하는 데 10일 정도 앞서 있고 러시아군이 집결하기 전에 서둘러 타격해야 한다고 판단했다. 콘라드는 실제로 병력비에서 러시아 제4군과 제5군보다 훨씬 우위를 점했던 좌익 2개 군을 집결시키자마자 작전을 개시했다.

동프러시아에서 러시아군의 공격 실패와 갈리시아에서 온 오스트리아-헝가리군이 전개 완료 전에 수행된 작전 개시 이유를 아주 까다롭게 검토했다. 후자의 불합리는 작전수행에 흔적을 남겼다. 무기력과 우유부단한 성격이 이동하는 증원부대의 꼬리를 기다리는 것에 익숙하게 한다. 실제로는 전략적 전개인 전개의 불합리를 의식한 것은 1904년 만주에서 러시아군의 작전을 압박하였다. 전략적 전개의 상시적인 지체와 병력을 조금씩 보내는 것이 러시아군이 세계대전을 수행한 전형이었다.

반대로, 우리가 보기에 독일군에는 준비와 실행에 대한 업무의 명확한 구분이 있다. 루덴도르프는 단 한번 이 원칙에서 벗어나, 우리의 관점에서 커다란 실수를 했다. 이는 로쯔 작전의 시작에 관한 것이다. 대규모 작전적 노력의 순간은 작전의 위기와 일치하고 늦지 않아야 한다. 로쯔 작전의 시점은 영국-

[35] 오스트리아 작전의 관점에서조차도 이러한 증가는 정확히 70%로 간주할 수 없다. 왜냐하면 모든 기병과 야전 보병사단 대부분이 앞의 수량에 포함되었고, 향후 증가는 주로 제2제대 사단들로 이루어졌기 때문이다. 오스트리아의 많은 제1제대 사단들이 다뉴브 방향에서 이동해야 했다.

프랑스 전선으로 공격을 취소하고 플렁드흐 작전을 중지한 순간과 일치했다. 먼저 러시아 전선에 보병사단 7개와 기병사단 2개를 투입할 수 있었다. 측방 타격은 1914년 11월 11일에서 22일까지 11개 보병사단으로 직접 실시했다. 11월 23일 로쯔 후방으로 돌파한 독일군 부대는 북쪽으로 이미 탈출했어야 했다. 11월 말 독일의 전선부대 집단은 심한 압박을 받았다. 이 시기에 서쪽에서 증원군이 이동하기 시작했고 이를 독일군의 단절된 모든 전선에 분산 배치했다. 독일군 사단 11개가 아니라 18개가 타격했다면 러시아 제2군과 제5군의 대부분을 여지없이 격멸했을 것이고 전선의 독일군 부대들은 일련의 중대한 위험에 처하지 않았을 것이다.[36]

왜 독일군 예비대는 작전적 위험에 빠지지 않았는가? 팔켄하인과 루덴도르프는 좀 더 이른 이동에 관해 상의하지 않았다. 물론 이를 서부에서 동부로 2주 먼저 이동시킨 것은 잘한 것이다. 이러한 수송에 장애가 되는 객관적인 원인은 없었다. 그러나 예비대가 2주 늦었다면 왜 작전 개시를 2주 연기하지 않았겠는가? 러시아 전선 전방에 머물던 오스트리아군과 독일 후비군이 로쯔 작전간에 러시아 전선에 대한 강력한 공격이 불가능하다고 보고했다. 그러나 그들은 성공적으로 활동했으나 방어적이었다. 러시아군은 4일 후에야 공격을 시작할 계획이었다. 러시아의 작전전개에는 1주가 가용했고 측방 타격을 위한 여건은 호전되었다. 실레지아 일부 지역도 위험했으나 잠깐이었다. 루덴도르프의 실수 배경은 적극성의 왜곡된 이해였다고 생각된다. 그는 적당한 시기가 아니었지만, 먼저 공격하기를 원했다. 삼소노프의 공격이 아주 명확해진 직후에 삼소노프에 대항하여 독일군은 작전적 전개를 시작했고 이를 통해 좋은 기회를 포착했다. 적을 앞서는 데 매진하고 과도하게 서둘러서, 준비되지 않은 많은 작전이 실패한 원인이다.

36) 우리는 이러한 관점을 1919년에도 기술하였다. "Итоги германской стратегии", *Военное Дело, № 20(40)*(군사 업무 제20호).

1920년 서부전선군의 5월 공격에 대한 우리의 의견은 이렇다.

이는 전개 완료 후에야 작전을 개시하려는 희망을 이야기하는 것이다. 그러나 국가의 모든 전력의 집결을 의미한다면 우리가 오해한 것이다. 여기에서 해당 작전을 하도록 지정된 부대, 국가의 동원 완료가 아니라 특정한 동원 제파를 염두에 둔 것이 분명하다. 그래서 모든 병력과 장비가 화차에서 하역되기를 기다릴 필요가 전혀 없다. 이 병력의 일부는 철도 기동을 위한 작전예비로서 철로 위에 둘 수 있다. 상대해야 할 적 병력을 계산할 때 현재 전선에 있는 적의 합계로 한정할 필요가 없고, 작전 동안에 철로로 전선에 수송될 부대를 고려할 필요가 있다. 오스트리아 참모본부의 전쟁계획에는 러시아군이 20일에 35개 사단을 보유할 것이나 30일에는 60개 사단을 보유할 것이라는 중요한 실수가 있었다. 그래서 20일에 공격해야 했다. 정말로 오스트리아군은 이런 대규모 작전을 10일 빨리 완수하리라고 기대할 수 없었다. 당연히 이들이 '20일에 공격한다면 러시아군이 30일까지 수송할 모든 부대, 즉 60개 사단과 부딪칠 것이다. 30일에 공격을 시작한다면 더욱 강력한 전선군 및 좀 약한 예비대와 부딪힐 것이다. 왜냐하면 러시아군 대부분이 첫 달에 수송이 완료될 것이기 때문이다.'라고 판단했을 것이다.

한편, 이 시점에 작전을 시작할 장비는 100% 전개를 완료했기 때문에 이를 작전에 곧장 투입해야 할 요소로 언급할 필요가 전혀 없다. 프랑스가 15일에 작전적 전개를 마칠 수 있다는 상황 때문에 프랑스 참모본부는 16일에 독일을 공격할 필요성에 대한 결론을 내릴 필요가 전혀 없었다.

독일의 첫 공격이 프랑스에 가해질 것이란 유력한 근거에도 불구하고, 프랑스는 러시아와 프랑스를 강제하는 군사협정을 맺으려는 노력도, 독일에 맞선 공격은 독일이 최소한의 부대만 남겨진 측만 해야 하고 다른 측은 방어를 하고 시간을 벌고 결말을 지연시킬 수단을 모두 이용할 수 있다는 합의를 이루려는 어떠한 노력도 하지 않았다. 20세기 프랑스 전략가들의 생각은 1813년 가을 전역을 위한 트라흐텐베르크(Trachtenberg) 계획 작성자의 사고보다 낮은 수준인 것으로 생각된다. 트라흐텐베르크 계획에는 3방향에서 나폴레옹을 공격할 때(어쩔 수 없을 때) 나폴레옹이 직접 자신의 부대 근처에서 움직이는 방향에서 동맹군의 방어와 공격뿐만 아니라 다른 방향을 따라 프랑스 엄호부대의 체계적인 공격도 반영했다.

과감한 성격이 패배할 확률은 세계대전간에 프랑스군의 공격에서 증가했다. 이 외에도 전략적 관점에서 프랑스군의 공격이 과정의 과감성뿐만 아니라 속도를 높였다. 동맹 전체의 이익은 결심을 가능한 한 연기할 것을 요구했다. 프랑스군의 공격은 러시아군이 독일군 군단들이 프랑스에서 비슬라로 복귀하는 40일 동안을 이미 대비하고 기다리게 했다. 계획을 수립할 때 프랑스 전선에서 작전이 최소한 2개월이 지체되는 것을 예측한 것은 아주 바람직한 것이었다. 러시아 전략 지시의 나머지 3주는 프러시아에 대한 침착하고 체계적인 공격을 계획하고, 의심의 여지없이 프랑스의 부담을 곧바로 덜어주었던, 작전을 포머라니아(Pomerania)[37]와 서(西)갈리시아로 확장할 수 있게 했다. 만약 독일군의 프랑스에 대한 섬멸적인 타격이 군사행동 첫 달에 성공하지 못했다면 이 타격은 전혀 이루어지지 않았을 것이다. 러시아 전선은 그 후에 독일의 엄청나게 많은 병력과 관심에 사로잡혔을 것이기 때문이다.

동맹군의 전략적 관점에서 프랑스가 국경전역을 마지막까지 완료하지 않고 마른 전역으로 전환을 결심한 것은 아주 유리한 순간이었다. 이로 인해 15일이라는 시간을 벌었고 독일군은 동프러시아로 급히 전환한 2개 군단과 1개 기병사단이 줄었다.

공격에 돌입하기 위해 유리한 순간을 기다리는 것은 방어집단을 유지하는 것과 관계된다. 공격을 위한 작전적 전개는 마지막 순간에는 종료되어야 한다.

작전이 아측 수행 노선의 중요한 변곡점이라면, 예컨대 작전이 전략적 방어에서 공격으로 전환을 나타낸다면 작전 개시 지점을 정하는 것이 특히 중요하

37) [역자 주] 비슬라강을 중심으로 동서 약 300㎞, 남북 약 100㎞의 초승달 모양의 발트해 연안 지대.

다. 1918년 포쉬는 이러한 변곡점을 예상했으나 날짜를 정확하게 정하지 못했다. 그는 이를 5월 초로 옮겼다가 6월로 옮겼다. 독일군의 적극성은 영국-프랑스의 준비를 혼란시켰고 반격 돌입을 7월로 연기하게 만들었다. 내전을 일으키고 그때까지 비밀스런 성격을 유지하던 첫 대규모 작전으로 생각할 수 있는 봉기 시점을 선택하는 것도 중요하다. "봉기는 격화되는 혁명의 역사에서 국민 전위대의 적극성이 가장 높고, 적 대열과 약하고 양분되고 미온적인 혁명 동지들의 대열에 부침이 강한 전환점에 기초해야 한다."(레닌전집 제16집 2권, 136쪽)는 레닌의 생각을 빈번히 인용한다. 이러한 주장에는 혁명세력의 전개 완료를 기다리는 것, 시점을 적대적인 세력과 기회주의 세력이 드러내는 전체 상황에 일치시킬 필요성에 관한 생각이 담겨 있다.

작전의 단절. 작전계획은 맹렬한 저항, 많은 장애와 마찰에 부딪히는 환경에서 수행해야 한다. 사전에 정확하게 기술된 목표를 완고하고 거침없이 추구하는 것이 전략에는 적합하지 않다. 작전수행은 항상 절충의 성격을 띤다. 새로운 정보는 작전목표의 완전히 새로운 해석을 낳는다. 루덴도르프는 삼소노프 작전에서 알렌슈타인 남쪽 인근 구역에 위치한 러시아 제8군단을 포위하는데 진력하였다. 이 목표를 달성하지 못했다. 왜냐하면 제8군단이 제15군단을 따라 도주했기 때문이다. 그러나 독일군은 처음에 의도했던 것보다 훨씬 큰 포위망을 형성했다. 6개월 후인 1915년 2월에 루덴도르프는 순차적인 동원 부대인 4개의 새로운 군단의 지원을 받으며 동프러시아에 좌측의 부분적으로 개방된 초병선을 설치한 러시아 제10군을 격멸한다는 목표를 설정하였다. 제10군은 프세미슬 요새를 구하기 위해 모든 병력을 집결시킨 오스트리아-헝가리군을 실제로 지원하는 보브르 고지를 경유하여 그로드노-벨로스톡을 돌파하는 임무가 부여되어 있었다. 이 목표는 보유한 자산 능력을 초과했다. 당시 전쟁으로서는 개념이 대단히 광범위하고 화려했고 약간 만족할 수 있었다. 독일에 유리한 사건 전개에도 불구하고 아우구스토프 숲에 포위된 러시아의 몇몇 중앙 사단들이 독일군에게 약 10일을 허비하게 만들었다. 러시아군은 충분한 예비대를 집결시켰고 보브르 습지는 녹기 시작했다. 아직 추운 계절에 사람이 없는 지역에 집결한 독일군 부대들은 심한 고통을 받고 있었고 병참선은 만족할만하게 작동하지 않았다. 러시아군이 시작한 나레브 반격작전을 성공시켜 모든 독일군 증강을 무산시켰다. 이런 상황에서 루덴도르프는 러시아군이 전구에 대한 작전 준비가 되어 있었고 전선군을 아우구스토프–수발키 선으로 확장하여 작전 준비를 시작했고, 보브르와 네만 전방에 부대를 배치하는 것이 불리하기 때문에 그의 광범위한 목표를 취소했다.

작전 수준에서 강요된 섬멸의 극단적으로 불리한 측면을 언급하겠다. 중요한 중간목표 달성의 실패뿐만 아니라 첫 시도의 실패는 이의 반복적인 실행을 극단적으로 어렵게 만든다. 지친 독일군 부대들은 오소베츠–그로드노 축선에서 접근할 수 없는 장애물을 발견했다. 독일군은 보브르의 모든 축선에 철근콘크리트 진지들이 있는 것으로 추정하였다. 5개월이 경과한 1915년 7월 벨로스톡–그로드노 전선 타격은 갈리시아의 마켄젠 방면으로 전개와 연관되어 아주 중요해 보였다. 그러나 루덴도르프가 전술적으로 수행이 불가능하다고 판단했기 때문에 독일군은 이를 취소했다. 동일하게, 1914년 마른 전역 순간에 독일군의 로렌느 전선 돌파 실패로 이 전선은 세계대전 내내 유지되었다. 동프러시아에서 러시아군의 첫 공격 실패는 이러한 작전의 반복적인 시도가 무익하다는 것을 보여주었다.

잘 준비된 모든 작전은 유리한 여건에서 시작되고 커다란 승리의 첫 발을 딛는 타격이다. 적이 아직 저항을 계속할 힘이 있기 때문에 타격은 일정 기간을 거쳐 새로운 병력과 장비를 집결시킨다. 공격은 점차적으로 기습과 준비에 기인한 유리함을 상실한다. 초기의 진출은 병참선 여건을 어렵게 한다. 작전은 점점 느려지고 전방으로 진출과 함께 어려움이 증가한다. 방어하는 측의 손실은 공격자의 손실에 비해 유리해진다. 대등한 전력을 단순하게 정면으로 밀어붙이는 것은 아주 불리한 작전체계이다. 만약 작전이 적시에 중지되지 않으면 공격자는 전혀 손을 쓸 수 없는 상태에 빠지고, 방어자의 반격으로 재앙적인 결과를 초래할 것이다(1915년 4월 카르파티아에서 우리의 공격, 베흐덩 공격의 마지막 달).

전략은 공격작전을 임종(공세종말점-역자 주)까지 오래 끌게 해서는 안 된다. 조그마한 성공에 휩쓸리지 않고 적시에 공격을 중지할 수 있는 훌륭한 지휘 솜씨가 필요하다. 부대가 전술적인 우위를 잃는 순간에 이르자마자, 전략은 작전을 계속하는 것이 합목적적인지, 간혹 탈취한 영토의 일부를 포기할지도 모르지만 해당 전선에서 멈출 것인지를 검토해야 한다. 커다란 희생을 통해서라도 달성할 수 있는 설정된 목표가 중요하다면 전술적으로 불리한 상황에서도 작전을 계속해야 하는 것은 당연하다. 고집으로 변하는 집요함과 완고함은 전쟁술에서는 절대적인 미덕은 아니다. 이마를 벽에 부딪치지 않으려면 작전적 유연성이 필요하다. 세계대전 시에 러시아 최고사령부에는 이러한 유연성이 없었다. 최고사령부는 부대를 닦달했고, 그래서 내몰린 부대가 최고사령부의 운명이 되었다. 다시 말하면, 독일군은 더욱 아끼던 싱싱하고 강력한 전위대로 작전을 수행하던 때에, 러시아군 작전은 경기마의 조급한 템포로 진행되었다.

만약 적이 우세한 전력을 전개하지 못하고 우리가 중대한 상황에서 방어를 수행해야 한다면, 전략의 임무는 우리에게 유리한 결과를 적시에 얻지 못할 것을 인식하고 다가오는 위기 전에 투쟁을 중지하는 것이다. 여기에서 완고함은 적합하지 않다. 루덴도르프의 아주 성공적인 결심 중 하나는 이반고로드-바르샤바 작전을 적시에 급히 중지시킨 것이다. 독일군이 실레지아에서 1914년 10월 17일 철수를 시작하지 않고 2일~3일만 늦었더라도 11월 11일 로쯔 작전은 불가능했고, 독일군은 괴멸하고 독일군 전투력은 상당히 그리고 장기간 저하됐을 것이다.

독일군에게 나쁜 변화로 받아들였던 작전에서 이탈은 이 경우에는 루덴도르프가 작전이 유리하게 급변하는 것을 기다리지 말았어야 했다는 것을 증명했다. 이후의 일들은 더욱 길고 더욱 심하게 악화되었다. 전략가는 작전에서 이탈하라는 명령을 내리기 전에 작전의 향후 전망을 헤아려야 한다. 물론 우리가 요구하는 유연성이 위기 및 위험한 상황을 원칙적으로 회피하라는 의미는 전혀 아니다. 이러한 회피 없이 어떠한 대규모 성공도 생각할 수 없다. 승리를 보장할 수 없는 상황에서 물러나는 것을 요구하는 용기는 승리의 이익에 따른 모험은 충분히 수용할 만하다.

예전에는 추격이, 전역의 일부였던 전투 후에 이루어지고 최종적인 전역이 발생한 전장에서 시작되었다면, 지금은 작전 자체에 포함된다. 전 작전과정에서 포위와 격멸에서 벗어난 부대들은 부분적으로 철도의 도움으로 이탈하고 신속하게 재편성하고 보충한다. 적대국가의 저항이 최종적으로 꺾이지 않는 한, 추격을 꼭 해야 하는 것이 아니라 새로운 작전을 준비하는 것이 필요하다.

공격작전의 단절은 방어로 전환을 의미한다. 방어자는 작전에서 휴지를 통해 많은 것을 얻는다. 1915년 초여름에 러시아군은 독일군의 작전을 중단시키는 데 수차례나 성공했다. 즉, 작전적 방어의 목표를 달성했다. 그러나 우리 무기와 탄약 보급의 위기 상황과 적의 엄청난 물적 우세 때문에 투입한 노력의 성과가 전혀 없었다. 적은 자신의 손실과 병참창고를 쉽게 보충했고 특별한 노력 없이 작전을 다시 시작했다. 우리의 군사행동 방법은 우리 무력을 극도로 소모하게 만들었다. 시간획득을 위해 더욱 경제적인 방법인 기습적인 타격에 의지하는 것이 유리하다.

내선(內線)에서 행동. 작전술에서 내선에서 행동은 노력의 중심을 다양한 방향에서 공격하는 적 부대에 순차적으로 옮기고 적을 각개격파하는 행동을 의미한다. 이런 행동방식을 적용하는 측은 내부에 위치해야 한다. 즉, 여러 방향에서 타격을 받을 가능성을 감수해야 하고 또 이러한 행동은 아주 위험하다. 후방부 전개를 위한 공간은 아주 비좁다. 후방부가 확장되고 여러 작전 방면의 야전군 행동을 협조할 수 있는 통신수단의 현대화에 따라 내선에서 작전수행은 아주 어렵고, 쉽게 작전적 포위에 이르게 된다. 작전수행은 적 지휘관(삼소노프, 레넨캄프와 질린스키)이 완전한 협조가 이루어지지 않았을 때만 성공할 수 있다. 1916년 늦은 가을 팔켄하인은 북서쪽에서, 마켄젠은 남쪽에서, 루마니아는 발라히아 타격 방향에서 내선 작전적 행동이 아주 곤혹스러웠다. 크림에서 빠져나온 브란겔은 그의 주변에 '붉은 군대'가 반원형을 형성하지 못한 때까지만 내선작전을 성공적으로 수행했고 그 후에 브란겔군은 완전히 붕괴되었다.

전략적인 수준에서 검토되는 내선에서 행동은 노력의 중심을 한 전구에서 다른 전구로 순차적인 전환이다. 이러한 행동의 성공 조건은 이 전구들을 연결하는 철도 간선이 존재하는 것이다. 세계대전간 프랑스, 러시아, 세르비아, 이탈리아를 순차적으로 타격할 능력을 보유한 중부 강국들은 이러한 여건에 있었다. 방어를 위해 병력을 최소로 하고 강력한 전략예비를 편성하고 진지전이 발생하는 것이 내선에서 전략적인 행동에 유리한 여건이다. 각 투쟁 구역의 제3의 병력이 상황을 유리하게 변환시킨다. 내전에서 소비에트 러시아는 유리한 내부적 위치에 있었다. 모스크바는 철도의 중요 교차점이었다. 적은 사방팔방에서 공격했다. 우리들 사이의 측방 병참선이 없거나(콜착과 데니킨, 백군의 아르한겔스크 전선군) 이 병참선들이 과업을 협조하는 데 사용되지 않았다(폴란드군과 데니킨, 폴란드군과 유데니치). 그래서 '붉은 군대'가 우세한 부대에 각 전선에서 순차적으로 대항할 수 있었다.

전략적 수준에서 내선 행동이 작전적 후방부를 압박하지 않고, 병참선을 잃고 포위될 위험에 처하지 않게 한다. 이와 동시에 이 행동은 작전적 내선의 유리한 여건을 유지한다.[38] 간혹 전쟁으로 탈취한 경계선이 아주 넓고 여기에 2개 전구가 있을 경우에, 하나의 적과 싸우면서 전략적 내선 행동을 적용할 수 있다. 그렇게 1920년 폴란드군은 처음에 노력의 중심을 폴레시에에서 남쪽을 지향했고, 그 다음에 우리가 폴레시에에서 북쪽으로 탈취한 주도권 때문에 부

[38] 오스트리아와 프랑스에 대항한 프러시아의 투쟁에서 내선의 전략적 이용에 관한 대 몰트케의 제안. A. Свечин, *История военного искусства, Т. Ш*(전쟁술의 역사 제3권), С. 142~135.

대를 북쪽으로 투입해야 했다. 바르샤바 작전 시기는 루블린 방향에서 타격을 조직할 수 있게 한, 남쪽에서 폴란드의 새로운 병력을 투입한 것이 특징이다.

내선에서 전략적 활동은 적을 타격하는 순서의 문제를 제기한다. 이 문제 일부는 전략가를 아주 힘들게 한다. 이를 해결하는 데 필히 고려해야 하진 않지만, 정치적인 요구가 특히 중요하다. 대 몰트케와 슐리펜이 전쟁에서 독일군의 러시아와 프랑스에 대항한 최초 타격방향에 관한 문제의 아주 모순된 결심을 상기하는 것으로 충분하다. 이 문제는 1915년~1917년 동안 독일군 사령부로서는 중요했다. 우리 관점에서 보면, 팔켄하인뿐만 아니라 루덴도르프도 이 문제에 대한 만족할 만한 해결책을 찾지 못했다.

간혹 여러 전선에서 작전의 순차성에 관한 문제 해결은 전략보다는 정치권력과 더 명확하게 관계된다. 1919년 '붉은 군대'의 첫 기습의 목표는 콜착이나 데니킨을 선택하는 문제였다. 이 중에서 누가 정치적으로 더 위협적인가? 훨씬 강력한 권위자로 생각되지만 거주지역인 시베리아에 거의 의존하지 않는 콜착인가. 아니면 풍요롭고 식량이 많은 남부의 코사크인과는 좋은 관계였지만 흑토지대에서 무성하게 성장하는 지주들을 증오했고 남부에서는 민족주의적 독립적 반정부적 무정부적인 성향을 지닌 데니킨인가.[39]

그러나 전략은 중간목표의 달성을 요구한다. 게다가 1918년 동부지역 작전은 우랄에 도달하지 못했다. 모든 병력과 장비가 동쪽으로 향했을 때, 1919년 봄 남부 지역의 작전은 쿠반(Kuban, 러시아 크라스노다르스크주의 소도시-역자 주)에 도달하지 못했다. 아마도 1919년 콜착에게 대항한 여름 작전도 우랄을 완전히 장악하지 못할 커다란 위험이 있었을 것이다. 왜냐하면 전쟁 본부는 데니킨의 공격으로 광범위한 지역이 황폐해진 남부전선군에 유리하게 동

39) 우리가 보기엔, 정치적으로는 콜착이 더 강하고 그의 배경 붕괴는 아주 열정적인 동원과 크라스노프(Krasnov)와 데네킨의 군사적 실패로 이전에 발생했던 전선에서 패배 때문이었다. 그렇긴 하나 우리에겐 이러한 문제를 해결할 수 있는 충분한 능력이 없다. 현실적으로 데니킨에 대한 첫 타격은 경제적 요구와 독일군 철수 후에 남은 우크라이나 주민들을 신속히 통제하려는 열망 때문이었다.

부전선군을 약화시키기 시작했기 때문이다. 우리는 데네킨에 대한 저돌적인 공격을 2개월 전에 시작한 '붉은 군대'가 아무런 성과를 얻지 못하고 분명히 강력한 저항에 부딪혔다고 생각한다. 계급투쟁 상황에서 데니킨의 지역 확장은 강력해진 것이 아니라 약화되었다.

우리가 포위되어 있고 여러 전선에서 싸우고 있다면, 동맹의 본거지로 이동하는 가장 중요한 적에게 향하기 위해 섬멸전략이 요구된다. 우리가 자신의 후방부와 측방을 안전하게 하고 이를 통해 주요 전구로 공격하기 위한 유리한 여건을 조성하기 위해서는 소모전략이 요구된다.

그래서 세계대전간 콘라드는 러시아 전선에 중요한 활동을 개시하기 전에 세르비아를 제거하려 했다. 그러나 독일군의 맹렬한 대응행동 때문에 그는 이를 실현하지 못했다. 1920년 폴란드는 브란겔보다 더 심각한 적이었다. 섬멸 관점에서 보면 주요 노력을 바르샤바에 대한 대응에 두는 것이 옳았다. 실제로 '붉은 군대'에서 아무런 증원이 없어서 브란겔 자신이 폴란드의 소비에트화(공산화), 유럽 전역으로 혁명의 확산을 중지했는가? 결정적인 지점인 바르샤바는 크림의 운명을 결정지었다. 만약 섬멸을 위한 여건이 없었고 결정적인 지점이 환상이었다면 이 모든 판단은 아주 큰 실수이다. 크림을 제거하고 반란군의 중요한 근거지를 제거하는 것은 안정된 병참선을 보유하고 유럽 지역에 대한 대규모 공격을 시작하는 것이다. 전략은 전쟁을 그렇게 독립적으로 분별할 수 없다. 결국 바르샤바 작전은 피수드스키가 아니라 브란겔이 승리했다. 폴란드의 루블린 타격 가능성은 남부전선군의 관심이 양분된 토대에서 만들어졌다. 이때에 폴란드에서 브란겔은 비슬라를 맹렬히 공격하는 것보다 지형목표를 추구했다. 크림과 바르샤바는 작전목표로 설정되었다. 당연한 것과는 반대로 불리한 결과에 도달했다.

몇 개의 적극적인 목표의 동시 추구. 2개의 동시적인 공격작전은 성공한 경우가 매우 드물다. 중부 강대국들은 세계대전 초에 프랑스를 타격하기 위해 보유 전력의 약 55%를 이곳에 이용했고, 40%는 부크강과 비슬라강 사이의 갈리시아에서 공격작전을 위해 러시아에 대비하였다. 5%는 세르비아에 대항하여 공격적으로 활동했다. 설정된 적극적인 목표들을 어떤 전구에서도 달성하지 못했다.

하나의 대규모 작전에 모든 자산을 집중하면 당연히 많은 병력을 절약할 수 있다. 수십 번의 작은 타격을 견딜 능력이 있는 적 부대집단이 하나의 대규모 타격으로 괴멸될 수 있다. 특정한 상황에서 최소한의 성과라도 얻기 위해서는 특정한 대규모 작전, 달리 말하면 전선군들의 탄력성이 필요하다. 저항이 모든 것을 최초 상태로 되돌리게 한다. 가능한 한 최대 속도로 최종 목표로 매진할 필요가 있다. 힘의 우세는 항상 결정적인 방법으로 사용하는 것이 바람직하다. 과도한 조심성은 전술, 작전술, 전략에서는 미덕이 아니다.

그러나 간혹 정치적 여건 때문에 2개의 적극적인 목표를 추구하게 된다. 프랑스의 군사적인 개입 때문에 1914년 8월 러시아가 동프러시아를 침공하였다. 이와 동시에 갈리시아를 점령한 러시아군 전개 집단은 야전군들이 공격으로 전환하는 데만 이용되었을지 모른다. 공격작전은 오스트리아에 대항하여 병참선 여건상 키예프군관구 내에서 전개할 수 있었던 제3군, 제8군을 이용할 수 있었다. 러시아 부대들은 프러시아 공격의 대가로 30개 사단이 심대한 패배를 당했으나, 동시에 갈리시아에서 50개 사단이 승리했다. 1919년 가을 정치적으로 유리한 상황 덕분에 '붉은 군대'가 데니킨을 공격하고 시베리아에서 공격을 대대적으로 전개했다. 이 2개의 조치는 승리로 종결되었다. 1866년 몰트케는 19개 사단을 오스트리아에 대항하여 주로 보헤미아(Bohemian, 프라하 주변 지역－역자 주) 전역에 집중시키고 3개 사단(실제로는 증강된 후방예비)만을 독일정부의 추가적인 요구에 따라 독일 전역에 남겼다. 그러나 아주 넓은 적극적인 목표들은 부차적인 전구의 경계가 뒤섞인 지역과 이곳에서 기인한 방어능력이 없다고 판단된 양 전구에 형성된 상황에서 동시에 추구했다.

각 전구 사이에 또는 병참선이 전혀 없거나(세계대전 시 러시아 · 세르비아 및 프랑스, 내전 시 백군 전선군들) 측방 병참선이 한 전구에 전개된 부대들이 견고하게 결부될 정도로 취약하기(프랑스와 이탈리아, 벨라루시와 우크라이나의 소비에트 전구) 때문에 간혹 하나의 큰 작전이 실제로는 수행되지 않을 수 있다. 동맹군 전쟁에서 병참선 부족이 하나의 작전을 위해 통합된 모든 수단을 방해하지는 않는다. 그러나 각 동맹국이 각자의 특별한 정치 목표를 추구하는 것은 방해가 된다. 바로 이러한 여건에서 1914년 8월 독일과 오스트리아-헝가리가 독자적으로 작전을 수행했다. 루마니아는 1916년 트란실바니아에서 루마니아 작전을 수행했고, 영국은 1917년 플렁드흐에서 영국 작전을 수행했다.

한 쪽이 내선에서 전략적인 행동 요령을 숙달하면, 상대방은 외선을 따라 행동해야 한다. 전략적 포위망이 클수록 포위하는 측에 덜 유리하다. 왜냐하면 전략적 포위를 작전적 포위로 전환할 기회가 사라지기 때문이다. 1914년 프랑스나 러시아 중 누군가에게 독일을 침공한 러시아와 프랑스군이 엘바강과 라인강 사이에서 상호 지원할 능력이 있다고 생각했다면, 이는 어린애 망상이다.

무력전선에서 이런 불리한 포위는 포위한 측이 경제와 정치 전선에서 얻는 우세로 보상된다. 제시된 상황의 여러 전선에서 추구하는 섬멸 시도는 불균형과 분열될 운명에 처한 것이다. 아주 위험한 작전에 대비하여 내부에 위치한 측은 자신의 노력을 집중시킬 것이며, 이러한 작전전개는 중지시킬 수 있다. 포위된 측이 정치-경제적으로 곧 쇠약해지는 상황을 이용할 필요가 있다. 모든 범위에서 전쟁은 전략적 긴장이 더욱 빨리 정점에 도달하게 한다. 전략적 긴장이 감소할 때, 적 전선군에 대규모 예비대가 없으면 심각한 반격 그리고 전체적으로 적극성에 대한 능력이 적어지고 수동적인 저항만 할 것이다. 이런 상황에서는 외선을 따르는 전략적 활동이 더욱 유리하고 상황이 공격으로 과감한 전환을 강제할 것이다.

자잘한 타격이 하나의 대규모 작전보다 더 경제적인 방법이 될 수 있다. 이는 대규모 집중이 과도하게 소비하는 시간과 노력의 손실을 피할 수 있기 때문이다. 추가적인 도로 · 창고 신축, 부대를 위한 건물의 건축, 집중과 위장을 위한 과업을 상당한 정도로 줄일 것이다. 몇 달의 시간, 수백 일의 노동시간이 절약되며 기습을 광범위하게 이용할 수 있다. 각 공격작전은 적이 전개를 위해 공격의 이점에 제대로 대비하지 못한 전반기에 유리하다. 작은 작전이 기습하기 좋은 (사실 그렇게 유리하진 않지만) 기간이 있다. 만약 적 예비대가 소모되었고 작은 작전들이 동시에 수행된다면 이 작전들은 기습적인 공격으로 탈취한 우세를 거의 대규모 작전만큼 장기적으로 유지할 수 있다. 포쉬의 1918년 후반기 공격은 이런 자잘한 성격을 띠었다. 적이 쇠약해지면 작전이 작아지게 된다.

내선을 따르는 전략 과업이 전략적 노력의 상승곡선을 탄다면 내선을 따르는 활동은 전략의 하강 곡선에 더 가까울 것이다. 적당한 반경으로 전략적 포위나 측방 포위가 발생하고(1914년 러시아의 전방 전구, 즉 동프러시아와 갈리시아 사이의 폴란드 지역, 자오선을 따라 약 300㎞) 전략적 포위에서 작전적 포위로 전환할 희망이 있다면, 또한 한 전구가 작전적으로 동원된 집단과 아주 긴밀하게 연결되어 있다면 하나의 작전을 2개로 분할하는 것이 옳다. 왜냐하면 분할은 더욱 큰 성과를 얻을 수 있기 때문이다.

1915년 여름 갈리시아, 즉 남쪽에서 헤움으로 지향된 마켄젠 작전은 북쪽 동프러시아에서 나레브를 거쳐 갈비츠의 작전이 전개될 때, 더 작은 어려움에 봉착하고 더 커다란 성과를 얻었을 것이 확실하다. 갈비츠 작전의 지연과 이의 충분하지 못한 전개 속도 때문에 봉쇄선 접합지점인 비슬라강 왼쪽 강안에서 후퇴하는 러시아군을 포착하는 것이 방해되었다. 이와 똑같이 프랑스에서 독일군 부대 집단은 넓고 볼록한 반원형을 형성했고, 즉, 좌익(릴Lille 지역)[40]에서는 동쪽을 지향하고, 우익(베흐덩 지역) 북쪽을 지향하는 두 개의 작전을 전개하면 대성공이 예상되었다.

중립적인 국경이나 해안의 광범위한 외형에 특별한 이점이 없다면 포위는

[40] [역자 주] 프랑스 아미앵 북동쪽 100㎞ 지역.

전체적으로 두 개 그리고 상호 더욱 협조된 작전이 필요하다.[41] 이러한 포위는 섬멸뿐만 아니라 소모의 목표가 된다. 대 몰트케는 2개 전선에 대한 전쟁계획을 수립하고 러시아 전선에서는 제한된 목표를 가진 타격을 계획했으나, 나레브, 나아가 세들레츠 타격은 오스트리아군의 갈리시아에서 세들레츠에 대한 행동과 함께, 비슬라에서 모든 러시아군을 곧장 포위하고 제거해야 했다. 팔켄하인은 루덴도르프의 일원으로 섬멸전략이 아주 큰 범위에서 수행되었던 민스크 포위가 염원이었던 1915년 이 구상을 구현했다.

알려진 바와 같이 소 몰트케는 마른 전역에 즈음하여 하나의 마른 전역 대신에 제2의 작전(로렌느)을 원했다[42]는 면에서 슐리펜 계획의 주요 모습을 수정했다. 성공하더라도 이는 작전적 수준에서 전략적 수준으로 전환된 삼소노프(몇 개 군단이 아니라 몇 개 군을 포로로 한)의 괴멸 같은 것이었다. 알려진 바와 같이 충분히 준비되지 않았고 맹렬하지 않게 지도된 로렌느 작전은 이루어지지 못했다. 그러나 여기에서 손실된 병력과 장비는 마른에 나타나지 못했다. 몰트케 구상의 구현은 독일의 침공에는 재앙을 초래한 것이다. 그러나 핵심적으로 말하면, 우리는 소 몰트케의 작전수행 형태에 반박을 못하고 있다. 스위스 국경 어딘가에서 프랑스군을 포위하는 슐리펜 계획의 후반부는, 계획이 아주 넓어졌고 독일군의 오른쪽으로 우회하는 우익이 점점 더 증대된 것만큼이나 불확실해지고 다듬어지지 않았고 의심스러워졌다. 계획 전반부의 전례 없는 성공 없이는 후반부는 전혀 성공하지 못했을 것으로 보인다. 국경 전역

41) 우리가 작전을 소문자로 쓰고 목표가 전략적 수준에서만 일치하는, 여러 전선에서 이루어지는 행동들을 하나의 작전으로 간주할 수 없다. 최종적인 작전적 포위는 순차적으로 또는 동시에 수행된 2개의 다른 작전의 결과일 것이다. 삼소노프 재앙은 하나의 작전 결과였다. 그러나 전방 전구에서 러시아 6개 야전군의 모든 병참선 탈취는 2개 작전으로 이루어졌다. 예를 들면 1914년 8월 오스트리아군의 루블린-헤움 공격의 측방과 후방을 보장하기 위한 오스트리아군의 러시아 제3군 및 제8군에 대한 행동 같은 보조적인 작전은, 핵심을 말하면, 중요한 작전의 일부이고 우리가 보기에는 이의 연구는 작전술과 연관된다.

42) 소 몰트케의 이런 결심은 로렌느 상황에 대한 잘못된 정보에 기인한 것이며, 이와 똑같이 군단들을 프랑스에서 동프러시아로 급히 파견하는 결심도 국경전역 결과에 대한 잘못된 정보에 기인했다고 생각된다.

의 절반의 성공 후에 슐리펜은 아마도 계획 후반부를 취소했을 것이다. 현대의 엄청나게 넓은 전선에서 포위하고 작전적으로는 완결될 수 없는 500km 이상을 전개하기 위해서는 한쪽 측익의 선회는 필수적이다. 적의 전선 전부 또는 일부를 (알맞다고 보고) 궁지로 몰아넣는 2개 작전의 동시 수행은 요구되는 작전수행 범위를 상당히 축소해야 그 작전 범위를 실행할 수 있다. 섬멸 옹호자들은 현재 이러한 형태의 작전에 매료되어 있다. 이런 형태와 관계된 커다란 난관을 잊어서는 안 된다.

작전의 분할. 두 개의 적극적인 목표를 동시에 추구할 필요가 없다면, 하나의 적극적인 목표를 달성하기 위한 일련의 노력과 함께 거의 항상 하나 또는 몇 개의 수세적인 목표를 달성하기 위해 병력과 장비를 사용해야 한다. 그래서 보유하고 있는 병력과 장비를 여러 작전에 할당하고 이들의 보충 능력을 분배해야 하는 아주 핵심적인 임무가 전략에 부여된다. 전략가는 분배 기능을 수행하는 국가 전체의 또는 동맹 전체의 병참부사관 역할을 해야 한다.

차요 전구를 주요 전구에 유리하게 기만하는 소모전략 방법은 소모전략에서 활동하는(참전) 부대를 줄여서 활동하지 않는(비참전) 부대를 늘리는 부정적인 결과만을 간혹 낳는다. 러시아 최고사령부는 페트로그라드와 모스크바로 향하는 통로가 폴레시에에서 북쪽으로 연결된다는 것에 기초하여 폴레시에 북쪽에 위치한 전구를 중요하게 생각했고 이에 따라 여기에 러시아군 대규모 집단을 편성했다. 1916년 3월 62만 명의 독일군에 대항하여 2배나 많은 122만 명의 러시아 보병과 기병 부대가 위치했다. 폴레시에 남쪽에는 44만 1천 명의 오스트리아-독일군에 대항하여 16% 많은 51만 2천 명의 러시아군을 배치했다. 1916년 우리의 가장 중요한 작전은 "브루실로프" 공격이었다. 이 작전은 우리의 수적 우세 없이 수행해야 했다. "브루실로프" 공격이 끝나가던 1916년 8월에도 폴레시에 남쪽의 참전 부대는 86만 3천 명이며 폴레시에 북쪽의 비참가 부대는 85만 3천 명으로 비슷했다. 대체로 섬멸에서 주요 그리고 차요 전구로 나누는 것이 명확한 만큼이나 소모전에서 이를 나누는 것은 뚜렷

하지 않고 앞뒤가 맞지 않다.[43]

방어 작전을 포함한 모든 작전은 부여된 목표에 적합한 자산이 뒷받침되어야 한다. 소모전략은 전략가가 수세적인 목표를 보장하기 위해 할당된 보유 자산들에 기초하여 최종 목표를 염두에 두고 적극적인 중간목표를 선정하는 성격을 띤다. 1914년과 1915년 루덴도르프는 러시아 전선에서 그렇게 행동했다. 이를 근거로 공격 임무보다 방어를 선호한다고 해석해서는 절대 안 된다. 1914년 11월 루덴도르프는 동프러시아를 방호하는 수세적인 목표를 특별히 압박했다. 로쯔 작전을 위해 제8군 병력의 일부를 고착하려고 그는 이 제8군에 동프러시아 영토를 온전히 방호하지 말고, 필요하면 동쪽 마주르호와 안게라프강 선으로 후퇴하라는 임무를 부여했다. 그러나 이런 변변찮은 수세적인 목표에 충분한 자산을 내어주었다. 그래서 러시아의 2차 동프러시아 침공 여건이 만들어졌다.

전략가가 작전술을 완전히 숙달하기 위해서는 각 작전을 필요한 자산으로 당연히 보장하는 것 같은 어려운 임무를 올바르게 결심하는 것이 요구된다. 작전술 애호가라면 도출되는 목표와 가용한 수단을 상응시킬 수 있다. 소모 노선에 따라 행동해야 하는 전략가는 작전술의 세부 사항들에 특히 능통해야 한다.

---

43) 이런 잘못된 분할은 소비에트－폴란드 전쟁의 현상을 평가하는 데 방해가 되었다고 생각된다. 1920년 5월 폴란드는 자신의 병력 절반을 폴레시에 북쪽 방어를 위해 할당하고, 절반으로 우크라이나 우안을 공격했다. 전략적 비판은 주요 전구와 차요 전구로 나누는 데 기초하여 폴란드 병력을 이러한 집단으로 평가하고 포쉬의 권위에 기대어 자기 결론의 근거로 삼았다. 그러나 폴란드군이 섬멸을 취소했기 때문에 모스크바로 진출은 그에게 불합리한 것이고 적극적인 목표는 그의 주요 전구인 우크라이나에 있었다. 알려진 바와 같이, 폴레시에의 '붉은 군대' 병력은 부됸니의 기병군만으로 지탱되었다. 모든 건실한 예비대와 보충병은 폴레시에 북쪽으로 보냈다. 비평에서 우리 사령부가 주요 전구와 차요 전구를 올바르게 평가했고 사령부의 공로로 생각하며, 폴란드군의 기동은 우리 부대 집단에 전혀 영향을 미치지 않은 상황을 강조했다. 우리에겐 이것이 다르게 그려진다. 남서전선군이 차요 구역임을 인정하고 병력을 합당하게 할당했음에도 불구하고, 6월에 이 전선군은 폴란드군 대부분을 포위할 수 있었다. 그러나 폴란드군이 약한 포위망에서 빠져나갔다. 우리의 전략을 인식하고 서부전선군의 이익이 남서전선군의 이익보다 우세하지 않았고 남서전선군이 적당하게 증강되었다면, 키예프에서 폴란드군 거의 대부분이 포위되거나 포로가 되었을 것이라고 추정할 수 있다. 스당은 실제로 우리의 향후 전략을 섬멸전 궤도로 전환하고 르보프를 경유할 가능성이 있는 비슬라로 진출하는 출발점이 될 수 있었다.

전략예비. 전략가는 작전들에 병력과 장비를 공간적으로뿐만 아니라 시간적으로 분배한다. 좋지 않은 병참선 여건에서 활동해야 한다면, 성공적인 작전을 포함한 모든 작전은 작전을 위해 전개된 병력과 장비의 일부는 되돌릴 수 없이 흡수하고 시간과 에너지의 유명한 소모자이다. 한 작전의 이러한 결정이 다음과 같이 영향을 미친다. 이반고로드-바르샤바 작전에서 러시아군의 훌륭한 행동으로 독일군은 보병 4만 명의 손실을 입었고 긴급한 충원이 필요했다. 이는 독일 최고사령부가 뷜로브 제2군을 적시에 충원하고 제2군의 도움으로 솜므를 맹렬하게 타격할 능력을 앗아갔다.[44] 솜므 공격은 필요했다. 왜냐하면 프랑스에서 독일 전선의 전체적인 안정하에서는 영국-프랑스군이 모든 야전군에서 독일군 사령부에 대비하여 예비대를 집중시키게 되어 독일군의 프랑스에 대한 개별적인 공격은 성공할 수 없다는 것이 확실했기 때문이다. 이 4만 명이 준비되고 충원된 보병부대들로 예비대를 구성했고 이들을 서쪽이 아니라 동쪽으로 보내는 것이 플렁드흐 전역 실패와 프랑스에서 진지전적 교착상태, 러시아군 부대 증강의 원인이 되었다. 후방부 활동의 결과이며 무력전선 밖에 보유중인 예비는 전략적이 아니라 국가 예비로 간주하는 것이 적절하다.

국가 예비는 편성이 완료되지 않고 완전한 전투능력을 갖추지 않았으나, 똑같이 보충되고 병참물자가 보급된 부대의 모습을 보일 것이다. 국가 예비의 완전 소모는 무력전선의 즉각적인 축소를 야기하고 최종적인 결말을 앞당길 것이다. 예를 들면, 1917년 독일은 전쟁 마지막 달의 사건들을 결정했던 병력 측면의 국가 예비를 소모했다. 그러나 국가 예비 외에 전쟁의 현대적 성격은 완전히 준비된 동원 부대와 아직 작전적 목표와 연계되지 않은 전략예비를 위한 자리가 남아 있다. 제기되는 작전적 목표를 달성하기 위한 것으로 생각되나, 아직 전개하지 않고 어떤 구역과도 연계되지 않은 모든 사단을 작전예비라고 부른다. 작전예비는 주로 철도로 기동할 것이다. 전략예비는 무력의 존재를

---

44) **Фалькенгайн**, *Верховное командование*(최고사령부), C. 40~41.

인정하는 것보다 더 하찮은 작전적 목표를 부여하게 되는 경우에 편성된다. 무력전선이 전체적으로 충돌하지 않는 한, 이는 당연히 자유로운 전략적 지방(脂肪)이다. 이는 후방 종심에 위치하고 중립적인 경계에 위치한 야전군의 군단 형태를 취할 수 있다. 그러나 필요한 전투 훈련을 시킬 목적으로 차요 구역에 배치하여 병력 밀도를 높였으나 차출하여 다른 방면에 운용할 수 있는 부대이다.

물론 전략예비 개념은 결정적인 지점에서 승리를 달성하기 위해 최대의 노력을 요구하는 섬멸 사상과는 근본적으로 모순된다. 그리고 이 개념은 논리적으로는 소모전의 범주에 속한다. 장기간의 투쟁은 전체적으로 전략예비 없이는 불가능하다. 전략예비가 없다는 것은 결국 영구적일 수 없는 최대의 작전적 노력을 가리킨다.

전체적으로, 국력을 최대로 발휘하는 순간 이전까지 무력전선의 행동은 장기적인 동원을 은폐하고 적의 동원을 방해하는 관점에서 볼 수 있다. 전쟁 기간에는 병력 축적 단계가 완전히 규칙적이다. 이 기간에 병력 축적의 관심은 하나의 부차적이고 적당한 중간목표를 달성하는 것이 이상적이다. 병력 축적의 이익이 부차적인 작전 수행에 희생된다면 국가가 전쟁에 제공하는 모든 것이 한 방울 한 방울 소모되고 커다란 성과를 달성할 가능성이 사라지게 될 것이다.

물론 전략예비를 보전하는 것은 간혹 심대한 실수이다. 세계대전 초에 러시아군 사령부는 독일-오스트리아군의 전략적 전개를 앞지르고 대규모 중간목표를 달성할 수 있다고 생각했다. 일부 병력(발트해와 흑해 연안의 제6군과 제7군)의 유지는 전개를 지연시켰고 1914년 8월 동프러시아와 갈리시아에서 러시아군의 불충분한 수적 우세를 결정지은 전략예비의 일시적인 할당이었다. 그러나 그 후에 러시아군 사령부는 최대로 달성된 중간목표들을 지향하는 위험한 길로 나아가기 시작했다. 로쯔 작전에서 시작하여 1915년 10월 진지전적 교착상태가 형성할 때까지 러시아 무력전선은 어떠한 전략예비도 없이 병력을

극단적으로 집중시켜 수행되었다. 이러한 결과 모든 실패는 처참했고 만회하기 어려웠다.[45]

필요한 순간에 사용되지 않은 전략예비는 소심함, 무작위 그리고 소극성의 증세일 뿐이며 국가가 무력전선에 부여한 과도한 부하를 보여주고 군사지도자의 창의적 용기, 전쟁의 과도한 지연, 놓쳐버린 유리한 순간들을 증명했다. 그러나 적당한 순간에 전쟁에 돌입한 전략예비는 전략가가 어려운 문제를 성공적으로 해결하고 사태(상황)를 주도하고 알 수 없는 격변과 과정에 매몰되지 않는다는 것을 증명한다.

진지전 전선의 구축은 최소 병력으로 소극적인 목표 달성을 가정하여 전략예비의 창출을 아주 용이하게 한다. 우리에게 실제로 상당히 광범위하게 그렇게 나타났다. 전략예비는 1916년 봄 전체 전선군 편성의 약 30%였다. 우리는 이를 동시에 실현하지 못했고, 이는 독일군 사령부가 1916년 여름 기간에 겪었던 어려움에도 강하게 나타났다.

독일은 프랑스에 진지전 전선을 형성되자마자, 1914년 11월 전선에 대규모 부대를 축적했다. 그러나 전선에서 제외된 정도에 따라 러시아 전선의 작전에 비로 지체 없이 전환되었고 이곳에서 사용되었다. 동원 제1제파 운명은 그러했다. 전략예비 창출은 독일이 러시아 전선에 진지전 전선을 구축한 후에나 가능했다. 독일의 1915년 늦은 가을 세르비아 원정과 1916년 베흐덩 작전은 독일이 전략예비를 유지하면서 군사행동을 수행한 것이 특징이다.[46] 1916년 여름 사건들로 인해 전략예비가 급격하게 감소했다. 루덴도르프는 자신이 최

[45] 이 문장을 기술한 사람은 1914년 말부터 러시아 총참모부가 적극적인 목표 추구를 거부해야 할 필요성과 전략예비의 축적에 찬성하는 발언을 했다.

[46] 전략예비 창출은 최고사령부를 "의심스러운 저항의 군사적 조치와 불투명한 군사적 임무 추구에 어떠한 참여"를 최고사령부가 거부한 데서 기인했다. 이는 "전쟁은 독일이 승리할 것이며, 만약 내외 세력의 과도한 긴장을 회피할 수 있다면"이라는 개념에서 연유했다. **Фалькенгайн**, *Верховное командование*(최고사령부), C. 143. 팔켄하인이 루덴도르프가 계획한 1915년 여름 민스크에 대한 섬멸적 타격을 거부한 것은 고도의 능숙함이었다. 왜냐하면 아주 바람직한 상황에서 전략예비를 편성할 수 있었기 때문이다.

고사령부에 보직되어 루마니아 원정을 조직하는 데 이를 최종적으로 소모했다. 루마니아에서 이룬 성공에도 불구하고 전략예비의 소모는 1917년 봄 전역(戰役)의 전개를 지연시키고 프랑스 전선에서 적극적인 목표를 추구하는 것을 취소하는 원인이 되었다. 러시아군의 전투력 저하와 프랑스군에서 혁명운동의 진행에 따라 나타난, 1917년 5월 프랑스에 특별히 심각한 타격을 가할 수 있었던 유리한 기회를 놓칠 수밖에 없었다.

러시아의 전쟁이탈로 루덴도르프는 1918년 초에 정예의 전략예비를 편성하고 외교를 위한 아주 정예화된 독일군 부대 집단을 배경으로 협상을 시작할 능력을 보유할 수 있었다. 그러나 루덴도르프는 잉여 병력과 장비에 적합하게 프랑스에서 추구하던, 미국 증원군의 도착 이전에 이른바 프랑스군을 섬멸하려는 목표를 최대로 확대하기로 결심했다. 루덴도르프는 잉여 사단들을 프랑스－영국 전선의 작전예비로 곧장 전환했다. 루덴도르프는 전략예비 개념에는 문외한이었다고 말할 수 있다. 소모전을 위해 실제 형성된 투쟁에서 작전의 강행은 재앙적인 결과로 귀결되었다.

적이 내선을 따라 행동하여 저항을 받을 수 있는 동맹군에게는 전략예비가 특히 중요하다. 1914년 가을 프랑스와 영국이 이를 제대로 터득했다. 러시아 전선군에 적극성을 강요하면서 양국은 프랑스 무력전선에서 질박하고 적극적인 목표를 추구하는 방법으로 자신의 군을 질적 그리고 양적으로 증강했다. 전략예비에 대한 관심이 많은 것은 영국 전략의 특성이다. 키치너의 계획은 무엇보다 병력 축적과 강력한 전략예비 편성이었다. 영국은 유럽 외의 전구에서 활동을 맹렬하게 전개했다. 왜냐하면 영국은 이 활동을 자신의 잉여 병력 일부를 순회공연에 일시적으로 파견하는 것이 이익이 된다는 단기간의 해외원정(동아프리카에서 영국은 실패했다)으로 간주했기 때문이다. 그러나 영국은 프랑스에서는 더욱 짧은 전선을 담당하고 대규모 전략예비를 유지하는 데 큰 관심을 기울였다. 상호협상에서 각 동맹국의 영향력은 전선에서 이루어진 노력이 아니라 자유로운 잉여 병력에 주로 달려 있다.

내전 기간에 콜착이나 데니킨는 작은 전략예비도 보유하지 못했다. 이들의 공격적인 조치에는 자신들이 보유한 전 병력이 할당되었고 게다가 이 한계를 벗어났다. 재앙은 그들에게 더욱 처참했다.

수행 전략선. 우리는 전략적 논리에 관한 몇 가지 문제를 다룰 것이다. 군사적 개혁의 필요성을 인식하고 당시에 필요한 수단을 이해하고 쌍방의 힘과 능력 그리고 미래 전쟁의 특성을 이해하는 전략가는 무력전선 활동의 최종목표에 도달을 강요하는 전략적인 문제 해결의 특정한 방법에 관심을 갖는다.[47] 일련의 중간목표와 이의 달성 순서를 정하고, 전략적 노력과 순간순간의 시도를 조정한다. 그리고 중요하지 않으면 현재의 관심을 미래의, 전략적 "내일"의 이익과 결합시킨다. 전략가는 자신의 결심에서 자유롭지 못하고 무력전선에서 전쟁 과업의 해결을 정치 · 경제 전선의 투쟁 사태의 흐름과 일치시킨다. 전략가가 해결해야 할 각각의 문제는 극히 간단하지만, 이에 대한 올바른 해답을 찾기 위해서는 전체적인 투쟁 환경을 대단히 넓고 심도 깊게 이해해야 한다. 이론은 여러 상황에 따라 가능한 해결책의 다양함을 강조할 뿐이다. 그러나 전략가는 각각의 문제에 각각의 올바른 해답을 제시하는 것에 한정될 수 없다. 하나의 전략적 문제의 해결은 다른 전략적 문제 해결책과 조화를 이룰 때만이 옳다. 우리는 국가의 전쟁 준비에 조화를 제1의 계획에 반영한다. 조화는 전쟁지도에서도 적지 않은 자리를 차지한다. 여기에서 조화의 증표만은 극히 예민하다. 일치, 즉 조화의 달성[48]이 전략의 핵심이며 전략에 관한 실제적인 활동을 기술적 영역으로 보게 한다.

최종 군사목표 달성을 위한 작전 집단으로 이해되는 무력전선의 전략 지도부 관점에서 보면, 요구되는 일치의 조화를 제시하는 행동전략선 선택이 기술

---

47) "전쟁 준비가 된 무력의 질에 따라 단기간에 적대국 국민들에게 바람직한 방향에서 영향을 미치는 행동 형태의 선택이 참모본부의 첫 번째 임무이다." 『영국의 야전교범 2권』 제2장 제4, 제6항.

48) 팔켄하인의 표현을 빌면, 전략가의 기본적인 임무는 하나의 총합으로서 세밀한 것들의 지칠 줄 모르는 보고이다. *Верховное командование*(최고사령부), С. 124.

(직관)의 중요한 임무이다. 이 큰 맥락에는 부단히 변하는 상황의 요구를 해석하는 열쇠가 있어야 한다. 큰 맥락은 무력전선에서 사건 이전에 실제적인 흐름을 예측할 수 없으나, 각 순간의 큰 맥락은 해당 전쟁 동안에 승리를 달성하기 위해 모두가 복종해야 하는 논리에 따라 군사적 사건에 반응할 수 있게 한다.

전쟁 사태의 실제적인 흐름을 예측할 수 없다는 것을 강조하고자 한다. 그래서 대개 독창성은 항상 앞을 정확히 예견하는 것으로 평가된다. 독창적인 지도자일수록 대중들이 그를 예언자로 생각한다. 이러한 생각은 아주 널리 퍼져 있고 무례한 비평가들도 이 생각을 자주 뒷받침한다. 본질적으로 비평가들은 군사지도자에게 미래에 대한 예측, 인간의 사고능력을 초과하는 통찰력을 요구한다. 나폴레옹은 간혹 이 경고를 지지하는 경향이 있었고, 모두가 천재라고 아첨한다. 실재는 예언도 예견도 장려하지 않는다. 전략에서 예언은 박식한 체하는 것이다. 천재는 전쟁이 실제로 어떻게 전개될지 예측할 능력이 없다. 그러나 그는 전쟁 현상을 평가하는 전망을 해야 한다. 군사지도자는 자신의 실무적인 진단을 할 필요가 있다. 물론 모든 군사지도자가 미래 전쟁의 성격을 통찰하려고 노력하나 그런 능력이 있는 것은 아니다. 전략적으로 평범한 사람은 아마 전형적인 것과 처방전을 따르는 것을 좋아할 것이다. 실재는 이런 풋내기 군사지도자를 심하게 실망시킨다. 전략 이론은 그를 염두에 둘 수 없다.

아마도 우리의 주장은 추상적이고 공기가 없는 공간에 매달린 것으로 보일 수 있다. 왜냐하면 전쟁 연구자들이 자신의 많은 저작에서 해당 전쟁에서 쌍방의 행동전략선에 몇 페이지를 할당하려 하지 않기 때문이다. 그러나 행동전략선은 실재이며 게다가 현명하지 않다. 그러나 몇몇 초지일관하고 성실한 전략가는 자신의 행동 노선, 상황 평가 태도를 견지한다. 하나의 절대적이고 유일하게 신뢰할만한 전략적 행동 노선에 기초하려는 현대 전쟁사는 역사학이 혼돈이라고 생각하는 군사적 사태들의 축적물에서 개념 및 관계를 설명하지 못한다. 어떤 전역의 "전략적 개관" 표제는 허술한 사칭, 조잡한 모조품, "금과 비슷하지만 황철광"으로 느껴진다. 전쟁사는 아직은 기록일 뿐이다.

정치적 행동 노선은 일반적으로 통용되는 개념이다. 군사적 공산주의나 새로운 경제 정책은 일치된 각자의 고유 논리를 지닌다. 당시의 경제적 상황에 적합한 논리적 맥락의 발견은 정치술의 위대한 임무이다. 또한 전략에서 각 무력전선은 자체적인 기조를 갖는다. 무력전선에서 행동은 쌍방의 기조에서 파생한 것이다. 이러한 기조의 심도 깊은 분석에는 전략적 행동에 속하는 노선을 도출하는 통찰이 자리한다. 전략은 정치의 일부이며 정치의 특정한 원근화법이고 이러한 바탕에서 만들어진다. 그래서 전략은 결국 정치에 예속된다. 행동의 전략 노선은 무력전선에서 행동들의 전체적인 정치적 노선을 객관화한 것이다.

핵심적으로 말하면, 우리의 모든 책들은 행동 전략 노선과 관계된 문제를 위한 것이다. 우리는 이론적으로 여러 측면에서 전략적 노선을 스케치하려 했다. 우리는 어떤 전역(轉役)의 전략적 분석 형태로만 더욱 구체적인 특징을 설명할 수 있었다.

V

V.

지휘

1. 전략 지도

참모본부. 지난 100년 동안 군사 지휘조직에서 프러시아가 우위를 점했다. 이에 따라 군의 최고 지휘직위에는 주로 독일 지배 왕조의 일원이었고 간혹 아주 젊고 부분적으로 많은 근무 경력을 지닌 장군들이던 귀족-봉건 계급에 둘러싸인 인물이 보직되었다. 이런 인물은 커다란 사회적 위신을 이용했으나 전략 또는 작전술 전문가로서 그의 봉건적 위신은 보잘것없었다. 핵심적으로 말하면, 프러시아 사령관은 모든 책임 있는 업무가 걸려 있는 자기 참모장을 보호할 뿐이었다.

세계대전 4년 반 동안 힌덴부르크는 루덴도르프의 모든 보고에 동의했고 루덴도르프가 제안한 계획들을 한 번도 수정한 적이 없다.

독일체제의 우위는 봉건 문벌주의의 외관을 유지하면서 중요한 업무는 나이나 직위는 고려하지 않고 능력있는 전문가에게 기대는 것이었다. 군은 "명예대장"(참모장)으로 공식적으로 임명되고 봉건적인 연장자에 순종적인 일원을 둔 젊은 장군이나 대령에게 위임되었다. 물론 이 제도의 장점은 봉건적 편견이 최종적으로 사라지는 것을 뜻하고 연공서열에 상관없이 능력 있는 젊은 지도자에게 지휘를 기꺼이 맡기는 것이다.

그래서 참모본부는 봉건주의의 유산이 아니라는 것이다. 문벌주의의 폐지와 함께 사령관과 참모장의 관계는 아주 일반화되었다. 그러나 전쟁의 현대적 여건에서 사령관은 서로 잘 이해하고 단결되고 모든 중요한 업무에 적합하며 완전히 신뢰받는, 선발된 보좌관들이 통합된 집단에 의지해야 한다.

이러한 집단은 전쟁 준비에 관한 수많은 업무를 처리하는 데 필요하다. 분량이 상당히 많고 다양하고 독자적인 노선을 지향하는 준비에 동의하고 조화를 이루는 것은, 하나의 상황에서 그리고 한 명의 지도자에게 군사적 관점을 단련하고 검증받아 신중하게 선발되고 군사력 건설의 근본적인 개선에 연대책임을 지고 협력하는 인물들의 집합체인 참모본부만이 할 수 있다. 군사 업무에는 다양한 전문가들이 필요하다. 참모본부의 전문성으로 하나의 완전히 개별적인 노력의 축적과 마찰의 제거, 높은 수준의 체계성을 달성해야 한다.

전쟁은 이렇게 조화를 이룬 전문성이 필요하다. 하나의 작동체인 시계의 부품인 톱니바퀴와 스프링은 생산하지 않고 시계의 조립에서 크게 인정받는 시계 공장에는 특수한 숙련공들이 있다. 전쟁은 훨씬 복잡한 기계장치이고 이를 결합할 때는 더욱 큰 기술이 발휘되어야 한다. 전역이 전개되는 작전의 현대적 형태는 한 사람이 지휘할 수 없다. 현대적인 작전 형태를 적용하려면 각자가 획일적인 사람이 아니고 최고의 군사적 지휘를 알고 있는 요원인 수십 수백 명의 신뢰받는 요원들이 필요하다. 아무리 많은 양의 전신선도 참모본부가 없으면 통신을 보장할 수 없다. 전보에는 한쪽은 필자를, 다른 쪽은 독자를 의미한다.

현재 의미하는 것처럼 무력투쟁에는 참모본부가 필요하다. 참모본부는 조직의 변덕이 아니며, 당연히 모든 군에서 생겨날 것이었다. 법령은 이를 없앨 권한이 없다. 그러나 이는 이 권한을 정리하고 참모본부에 더욱 현명한 조직적인 영역을 부여할 수 있다. 이 영역은 군의 모든 특성을 충족시켜야 한다.

우리는 참모본부의 필요성을 주장하지만, 참모본부가 전적으로 옳다는 관점을 고집하는 것과는 거리가 있다. 러시아를 포함한 모든 참모본부에는 많은 실수가 있었다. 그러나 이 실수와 싸워야 한다. 이를 위해서는 무엇보다 법률적인 인정이 필요하다.

1866년 프러시아군에 파견된 러시아군 대표였던 드라고미로프는 오스트리아 참모본부의 모습으로 전체 편제상의 부정적인 특성 및 단점을 의인화하여 심각한 위험을 다음과 같이 제시했다. "오스트리아 참모본부는 실제성은 전혀 없으면서 학문적으로는 아주 현학적인 것이 특징이다. 탁상공론적인 것은 만들 수 있지만, 목표를 부여하지 못한다. 작전명령과 작전지침을 아주 길게 구성하고 지휘관이 실제로 아무것도 생각하지 않고, 몇 분 내에 지휘관이 수행해야 할 어떤 단락을 상기하지 않아도 되도록 모든 것을 기술하기를 요구했다.

오스트리아 참모본부의 이런 방침의 원인은 '장교들의 정신은 이러한 지식을 쌓는 데 호의적이지 않은 군에서 이론통달자이기 때문에, 참모본부 장교들은 필요에 의해 고정된 직책을 수행한다. 그래서 십중팔구 이들 중에서 대략 절반은 실수로, 이를테면 전쟁사를 안다고 생각하기 때문에 야전 장교보다 자신이 불변의 우위에 있다고 믿는 이들이 많다. 이와 반대로 전투부대 장교들은 유사한 자만심에 격분하지 않을 수 없다. 왜냐하면 부대의 생사에 관한 이야기에 이르면 지식은 실무에서 실현될 수 없고, 우스꽝스런 실패로 귀결되기 때문이다. 이처럼 한쪽은 자신을 실재보다 크게 생각하고, 다른 쪽은 기여하는 것보다 그들을 경원시한다. 이러한 두 세력은 서로 협력하는 대신에, 서로 충분한 접점을 갖지 않고 공통의 이해 없이 서로를 붕괴시키고 파멸시킨다."[1)]

세계대전 시 오스트리아의 아주 현명한 정치가인 체르닌은 드라고미로프가 언급한 오스트리아 참모본부의 특성을 50년이 지난 지금도 믿는다며, "우리 참모본부는 아주 좋지 않았다. 아주 특이했다. 그러나 참모본부 장교들은 원칙만

1) М. Драгомиров, *Очерки австро-прусской войны в 1866 г.*(1866년 오스트리아－프러시아 전쟁 개관), Санкт Петербург : 1867, С. 78~69.

확인했을 뿐이다. 무엇보다 참모본부는 부대와 어떤 접촉도 없었다. 참모본부 패거리들은 후방에 머물면서 명령을 작성했다. 그들은 탄환이 비산하는 곳에 있는 병사들을 전혀 만나지 않았다. 전쟁 기간에 부대들은 참모본부를 증오하게 되었다. 독일군은 그렇지 않았다. 독일군 참모본부 장교들은 많은 것을 요구했다. 그리고 그들은 많은 것을 직접 제공했다. 무엇보다도 그들은 스스로 포화 속에 있었고 모범을 보였다."[2]라고 말했다. 실제로 참모본부 근무자는 발생한 귀찮은 일을 항상 부대와 함께 해결할 준비가 되어 있어야 하고, 책상에서 전역과 자신을 분리하는 바리케이드를 제거하지 않으면 안 된다. 동원 4일차에 리에주 공격에 대한 생각에 영감을 준 사람 중 한 명인 루덴도르프는 타격이 시작되었을 때 전투원들의 선두에 서서 요새의 측면을 돌파함으로써 군에서 자신의 권위를 유지했다.

협력적으로 일하는 참모본부가 있다면, 다른 장점들과 함께 간결한 명령으로 충분할 수 있다. 관계자들과 처음 만났을 때 작전개념 전달에는 많은 문장이 요구되고, 내려진 결심의 특성 외에도 전체적인 특징을 많이 생각해야 한다. 그러나 한 제대의 전체적인 관점이 깊을수록 다른 제대에 잘 알려지고 작전개념을 더욱 짧게 표현할수록, 짧음에도 불구하고 의견이 다른 경우는 더욱 적을 것이다. 전신선 양끝에 위치한 휴즈(Hughes)형 프린터처럼 전달되는 전보를 신속하고 이해하기 쉽게 인쇄하기 위해서는 기술자를 사전에 준비시켜야 하듯이, 양쪽의 통화 기관인 참모본부는 전략과 작전술에 경험이 있는 숙련자를 배치해야 한다.

참모본부는 하나의 언어로 말하고 하나의 사고를 특정하게 표현해야 한다.

물론 모든 참모본부가 하나의 관점을 유지하기 위해서는, 특히 우리 시대에는 전쟁술을 조급하게 발전시켜서는 안 된다. 완전히 일치된 교리, 작전적 그리고 전술적 문제들을 이해(설명)하는 데 차이를 없애려면 모든 노력을 장기

[2] Czernin, *Im Weltkriege*(세계대전에서), f. 28.

적인 발전에 쏟아야 가능했다. 교리의 이러한 일치는 세계대전 전에 프러시아 참모본부에서 달성되었다. 그러나 이는 주의력이 깊지 않은 관찰자에게만 그렇게 보였다. 독일인 자신들은 이러한 일치를 부정한다. 군사행동 과정은 여러 지도자(몰트케, 팔켄하인, 루덴도르프)가 어떤 군사적 상황에서 얼마나 다양한 결론을 내렸는지 보여주었다. 어떤 경우든, 전쟁 전 수년간에 걸친 의견교환으로 참모본부가 작전간의 토론을 짧게 줄이고 군사작전 지도의 비생산적인 비용을 감소시켰다.

프랑스에서는 군사교리의 단일화에 관한 관점이 과도하게 왜곡되었다. 전쟁 준비 기간에 의견을 달리하는 이들을 핍박하여 새로운 전략적 작전적 사상으로 전환이 아주 느렸고, 프랑스 전쟁술의 전체적인 퇴보를 야기했다. 세계대전 간에 어떻게 작전을 확실하게 지원할 것인가에 관한 관점을 통일해야 한다는 극단적 사상의 대표적인 인물이 프랑스의 니벨르였다. 섬멸적인 돌파 수행 방안을 고안한 그는 무엇보다 작전 성공에 대한 확신을 요구했고 조금이라도 의구심을 갖는 지휘관들을 직위해제했다. 예를 들면, 자신의 공격구역에는 관측소가 중요하지 않다고 보고한 군단 포병지휘관을 해임했다. 이로 인해 공공연한 무사안일주의가 높은 수준에 달했다. 그는 달성할 수 있는 승리를 극찬했다. 그러나 영향력 있는 정치가에게는 군이 성공할 가능성이 없는 작전을 하지 않도록 해달라고 요청하는 비밀편지를 보냈다. 팡르베 수상이 특별히 소집한 회의에서도 니벨르에게 이러한 의구심을 제기할 용감한 민간인이 없었다.

편협한 이기주의를 극복하는 데 참모본부 역할이 특히 중요하다. 전쟁에서 이기주의는 간혹 아주 강하게 느껴진다. 인접해 있는 2개 연대 또는 군단 또는 전선군은 간혹 하나의 총체가 아니며 일종의 연합이다. 고급 지휘관들의 이기주의, 그들의 분리주의적 경향은 모든 시대와 체제에서 대단했다. 고급 간부들은 '붉은 군대' 요원들과 비교할 수 없을 정도로 훈련시키기 힘들다. 참모본부는 해당 지역 이익이나 전통과 연관되지 않고, 무력전선에서 전체적으로 승리한다는 이상과 관련된 단일체이다. 참모본부 임무는 이러한 공동 목표를 향해 나아가게 하고 공공연한 편중을 없애는 것이다.

최고사령부의 위치. 17 · 18세기에는 상비군이 아니라 중앙정부에서 전쟁을 지도했다. 군사령관은 전략 부분에서 중앙에 예속된 인물이었다. 전신이 없음에도 불구하고 주요 전역의 시작과 작전전개 방향에 관해 중앙의 결심을 받기 위해 문서전령이 아주 자주 왕래하였다. 이러한 지휘는 소모전의 요구에 부합했다. 실제로 작전에는 제한된 목표만 부여되었다. 전쟁 전체에 대한 정치적 지도의 중요성은 크다. 긴박한 전쟁 상황에서 국가의 수단을 일치시켜야 한다. 7년 전쟁 후반기에 오스트리아-헝가리는 경제적인 관점에서 군대를 줄이기 시작했다. 중앙정부는 달성 가능한 노력, 저장창고의 보충 능력, 부대의 봉급 지급 그리고 새로운 보충을 위한 징집 능력의 한계를 안고 있었다.

19세기, 나폴레옹과 몰트케 시대에 전쟁 지도가 상비군으로 전환된 전쟁 기간에 섬멸작전이 몇 번 있었다. 후방부는 전쟁 준비 기간에만 활동했다. 군사행동 시작과 함께 후방부의 모든 생활과 활동은 뒤로 물러났다. 주로 전쟁을 위해 사전에 마련해둔 병력과 장비로 전쟁을 수행했다. 전쟁 지역에는 중요한 지점이 만들어졌다. 국가 운명이 이 지점의 사태 결과에 좌우되었다. 이런 상황에서 당연히 짧은 섬멸적인 공세 지도의 모든 중심은 상비군 및 전역의 가장 중요한 구역으로 전환되었다. 포쉬는 그하블로뜨 생 쁘히바(Gravelotte St. Privat, 메스 서쪽 10km) 전역 동안에 몰트케가 전역의 결정적인 지점으로부터 12km 떨어진 좌측방에 있었다고 비난했다. 1870년 프러시아 전쟁성장관은 후방부의 하급 직무를 실천하면서 최고사령부 참모부와 동행했다.

20세기는 지휘를 포함한 많은 면에서 19세기보다는 21세기에 가깝다. 우리는 소모전략의 제한된 작전을 주로 수행하고 있다. 후방부와 이의 과업은 그 중요성이 대단히 커졌고 정치 그리고 경제 투쟁 전선은 이상할 정도로 고조되고 있다. 현대 여건에서는 전략적 지도를 중앙에 집중해야 할 것으로 보인다. 이렇게 할 때만이 무력전선에서 활동을 다른 전선과 조화시킬 수 있을 것이다. 말할 것도 없이, 전략 종사자에게는 이러한 자신의 활동, 평범한 생존 이익으로부터 분리되고 외딴 곳에 최고사령부가 배치되었을 때(예를 들면, 1914년 바라노비치) 달성되는 비밀보호 능력에 집중할 가능성을 갖기 위해 노력해야 한다. 세계대전 시에 팔켄하인은 전쟁성장관이 후방이나 참모본부에 위치해야 하는가를 토론했다. 우리는 참모본부 위치는 후방이라고 생각한다. 필요한 경우에 이렇게 하면 참모본부가 작전 지도에 압력을 가하고 임시 운용지점을 중요한 방면으로 이동시키는 것을 방해하지 않는다. 이런 장소는 아마도 전선군 참모부가 전개되어 있거나 자동차나 항공기의 정찰 범위 내의 전선이고, 열차 형태로는 더 전방일 수도 있다.

부대활동 파악. 지휘 능력은 사태파악에 기초를 둔다. 아는 자가 지휘한다. 참모본부는 참모부들의 지휘계통을 벗어나 전선군들과 직접 접촉할 수 있도록 노력해야 한다. 순차적으로 입수되는 수량적 연대기적 기하학적 자료 외에도, 실제 교전간에 무엇이 발생하는지, 교전의 본질은 무엇인지, 양측 부대의 장점은 무엇인지, 양측의 전술과 사기는 어떤지, 들어오는 정보들을 어떤 계수로 검토해야 하는지 명확하게 알아야 한다. 참모본부가 개별적 방문이 아니라 정찰요원들을 통해 빠르게 전선과 친근해질 수 있다. 전쟁의 새로운 형태를 익히는 것은 최고사령부의 필수적인 활동 영역의 하나이다. 전쟁 사태의 새로운 흐름을 이해하고 평가하는 것은 새로운 척도로 측정하는 것이다.

확실한 해결의 필수조건은 자기 부대의 합당하고 진지한 평가이다. 부대가 합리적인 요구사항을 제기하기 위해서는 무엇을 제공할 수 있는지 알아야 한다. 지휘관은 자기부대의 어떤 결함도 의도적으로 숨겨서는 안 되며 장점을 과장해서도 안 된다. 그럴 때만이 지휘관이 부대를 완전히 장악할 수 있다. 전쟁 기간에 부대의 장점은 부단히 변하기 때문에 지휘관은 부대들과 긴밀한 관계를 유지하고, 특히 전투에서 어디가 속도가 빠른지, 어디가 장점과 단점이 두드러지게 나타나는지 부대의 활동 모습을 정확히 관찰해야 한다.

나폴레옹은 통상 자정경에 군단이 전날 도달한 위치를 보고받았고, 다음날 명령을 하달할 수 있었다. 부대가 휴식하는 밤에 모든 보고가 참모본부에 도달하고, 이에 대한 군사지도자의 반응이 명령 형태로 부대에 도달할 수 있는 충분한 시간 간격이다. 나폴레옹은 간혹 맹목적인 편견으로 처리할 수밖에 없었다(이를테면, 1809년 주력부대로 아벤스베르크(Abensberg)에서 란츠후트(Landshut)에 대한 공격은 카를 대공의 주력부대로 수행한 것이 아니라, 그의 좌측 엄호부대가 수행한 것이었다). 현재 전신과 전화가 있음에도 불구하고, 밤은 지휘기구가 아주 복잡한 정보를 처리하고 결심하기에 충분한 시간이 아니다.

대규모 군사적 충돌 결과는 곧바로 밝혀지지 않는다. 쾨니히그래츠에서 승리의 의미를 3일차에야 몰트케와 프러시아가 인지했다. 오스트리아가 철수한 엘바강 때문에 프러시아는 오스트리아의 피해 현황을 알지 못했다. 전역 후 저녁에 몰트케는 노획한 무기 20점에 관한 내용의 전보를 베를린에 보냈다. 다음날 이 수량을 50점으로 늘렸다. 실제로 오스트리아는 174점의 무기를 탈취당했으나 이를 헤아리는 데는 상당한 시간이 걸렸다. 프러시아 진영에 머물던 우리 군사 대표자 드라고미로프는 승리자들 사이에는 전역이 끝난 저녁에 누가 승리했는가, 우리 아니면 그들? 이라는 질문이 이어졌다며, "구체적인 교전들은 패배자보다 승리자를 적지 않게 놀라게 한다."[3]라고 언급했다.

세계대전 중 굼빈넨에서 러시아의 절반의 성공으로 러시아와 독일의 참모부에 중대한 임무가 주어졌다. 독일군의 후퇴는 8월 20일 저녁에 시작되었고, 독일과 러시아 사령부는 이 교전 결과를 명확히 파악하지 못했다. 독일군 참모본부는 상황을 파악하기 위해 군단장들과 직접 통화했다. 8월 21일 저녁에야 독일은 러시아 후방 깊숙이 나아간 제1기병사단을 찾았고[4], 8월 22일에도 달아난 러시아 기병 전부를 찾지는 못했다. 레넨캄프군 앞에 적이 많이 남지 않았을 때인 8월 22일 "강력하게 정면충돌한" 삼소노프군의 희생으로 레넨캄

[3] **Драгомиров**, *Очерки австро-прусской войны в 1866 г.*(1866년 보오 전쟁 개관), С. 189~190.

[4] Reichsarchiv, *Der Weltkrieg T. II*(세계대전, 제2권), ff. 102~108.

프군에는 제2군단이 증강되었다.

전쟁을 지도하는 데 소 몰트케의 중대한 실수는 그가 군 참모부에 파견되고 달성한 결과를 개별적으로 보고하는 참모본부의 선발된 장교들을 통해 정보를 제공받는 직속기구를 편성하는 것을 주저한 것이다. 자기 보좌관들의 강력한 요청에 몰트케는 독일군 군사령관, 참모장들의 그러한 불신의 표출은 가치가 없다고 대답했다. 결과적으로 국경 전역 결과를 평가하면서 그는 공식적인 계급체계의 낙관적인 영향 아래에 있음을 깨달았다.

몰트케는 굼빈넨의 실패에 관해 혼란스런 보고를 받고, 서쪽에서 동프러시아로 증원군을 즉각 파견하는 것을 거부할 정도로 프랑스 전선에서 시행했던 작전의 결정적인 의미를 명확하게 알고 있었다. 8월 21일~23일 사이에 몰트케의 생각은 연안 경비를 위해 독일에 남았던 제9예비군단을 8월 22일에 프랑스 전선으로 이동시키라고 명령하고, 필요시에 제9예비군단을 후속시키기 위해 제33·제34후방경비여단을 연안에 두었다. 그러나 몰트케가 수천 명의 포로, 엄청난 양의 노획 무기, 프랑스군의 대량 피해에 관한 보고를 모든 군으로부터 받기 시작했던 8월 21일 그는 그들을 믿고 우익에서 2개 군단, 중앙과 좌익에서 각 2개 군단 총 6개 군단을 동프러시아로 급파하기로 결심하는 중대한 실수를 했다. 8월 24일 밤에 하달된 명령서에 따라 독일군 우익을 약화시키는 기병예비군단과 제11군단이 이동을 실제로 시작했다. 다른 부대의 전환은 중지되고 취소되었다.[5]

내전 시의 많은 사건들의 진정한 모습은 참모본부에 전혀 도달하지 않았다. 모든 참모본부가 충분히 객관적으로 작동하진 않았다. 1920년 8월 18일 서부전선군은 남쪽으로부터 폴란드의 공격 전개를 낙관적으로 보려했다. 제8사단장은 8월 16일 저녁에 "아마도 모지르(Mozyr) 집단의 부대들이 완전히 흩어졌으며", 다음날 아침 "주력 사단인 우리 사단은 사라졌다."라고 보고했다. 게다

5) 위의 책, 433~440쪽.

가 전선군은 8월 18일 "제8사단은 연대들이 가르볼린을 공격하고, 교대 때문에 아주 계획적이진 않게 노보-민스크로 철수했다. 제16군과 모지르 집단은 심하게 약화되었으며, 모지르 집단은 지쳐 있다."고 설명했다. 최고사령부는 이미 소진된 부대로 작전을 수행하고 있었다. 작전이 완전히 끝난 8월 23일 참모본부는 "적은 현재 위험한 작전을 전개하고 있으며 이제 적의 이 위험은 그들이 전진할 때마다 증가하고 있다. 이 상황은 우리가 적은 병력으로 어려움 없이 적에게 작전주도권을 탈취할 가능성을 제공하고 있다."라고 기록했다. 이런 지령의 판단에는 어떠한 사실적인 근거도 없었다.[6)]

사령부의 상황파악의 신속성이 대체로 작전지도 방법을 결정한다. 기동전에서는 사령부가 전선 상황을 파악하는 데 18~24시간이 소요된다. 특히, 중요한 통신선이 많이 고장난 때에는 파악이 지연된다.[7)] 진지전 상황에서는 12시간 후에는 충분히 정확하게 파악할 수 있다. 루덴도르프는 1918년 적이 돌파를 시작한 지 6~7시간이 경과한 후에 이에 대한 상황을 지휘계통으로 전화나 전신 교신을 통해 확인했다.

이 정보를 통해 기동전 상황에서 사령부는 통상적으로 사건 다음날이 아니라 3일 후에나 전선의 사건에 반응할 상태가 된다고 생각한다. 진지전에서 반응은 바로 당일에 나올 수 있다. 철도 장비들이 집적된 역 근처에 위치한 예비사단들은 전선에서 사건이 발생한 10~12시간 후에 벌써 새로운 임무에 따라 이동을 시작할 수 있다. 따라서 진지전 상황에서는 기동전과는 비교할 수 없을 정도로 지휘를 중앙집권화할 수 있다. 만약 기동전에서 모든 중요한 결심이 위에서 하달된다면, 그 결심은 필연적으로 대단히 늦어지고 빠르게 전개되

6) Б. Шапошников, *На Висле*(비슬라에서), С. 101, 183, 190.

7) 독일은 세계대전 전에는 통신망 구축 문제에 큰 관심을 기울이지 않았고 전신 이용을 간과했기 때문에, 마른 전역에서 참모본부는 제대로 상황파악을 하지 못했고 아주 임시방편적인 모습을 보였다. Reichsarchiv, *Der Wellkrieg T. IV*(세계대전 4권)에는 마른 전역 위기 시에 3개 군과 유선통신이 없었던 독일군 참모본부의 극단적인 상황이 기술되어 있다. 독일군 참모본부는 전선군 기능과 전선군 참모부 역할을 동시에 수행하였다. …….

는 상황에 부합하지 않게 된다. 전선에서 사건이 발생한 때부터 참모본부 명령이 실제로 수행될 때까지 3일~4일이 걸린다면, 당연히 참모본부는 장기적이고 근본적인 조치들에 대한 명령권만 갖으려 할 것이다. 그렇지 않은 조치들은 예하 기관의 재량으로 전환해야 한다.

확실히 참모본부의 상황파악과 목표지향적인 활동은 차분하고 순조롭고 착실한 템포로 이루어져야 한다. 흥분된 활동은 조직이나 지도 결함이 있다는 것을 증명하며, 이는 모든 예하조직에 확산된다.

적 의도 분석. 우군 부대 활동에 대한 정보가 과도하게 늦게, 충분히 정확하지 않은 모양으로 사령부에 들어오면, 적보다 적시에 파악하기 위해 극복해야 할 어려움에 직면한 것이다.

적 부대의 전개, 후방부와 통신 그리고 측방 투입에 운용하려는 적 예비대를 상세히 알아야 한다. 적의 전체적인 정치적 경제적 여건과 지휘관들의 성격을 숙지하면 적의 결심 논리가 구성되는 중요한 동기를 파악하는 데 도움이 된다. 이를테면 적이 교과서적으로 행동할 것이 확실하면, 우리의 기동에 아주 정석적인 조치로 대응할 것이다. 적은 우리의 논리가 아니라 다른 토대를 지닌 자신의 논리로 지도될 것이며 적의 사고 변증법을 꿰뚫어보는 것이 아주 중요하다. 적 부대를 연구하는 데 핵심은 중요한 순간에 적이 무엇을 할 것인지를 이해하는 것이다. 심리학자가 되어야 한다. 적 국민의 인종적 특징, 사회집단들 그리고 그들의 열망을 알고, 넓은 관점을 잃지 않으면서 작은 구체적인 것들을 예리하게 평가해야 한다. 그래야 적의 행동과 결심을 완전히 비교하여 생각할 수 있다. 전혀 움직이지 않는 적에 대한 작전은 수행하지 않아야 하며 이동할 때 격파해야 한다. 1866년 기친-요제프스타트(Gichin-Josephstadt) 지역에서 베네덱군은 몰트케가 그를 두 방향에서 공격하려 할 때 아직 올무츠 근처에 있었다. 맥마혼군의 스당 기동은 교과서적인 논리에서 아주 어려운 후퇴였다. 그러나 초기에 이를 몰트케의 병참 장군 포드블레스키(Podbleski) 그리고 프리드리히 엥겔스(Friedrich Engels) 두 사람이 동시에 알아차렸다. 나폴레옹은 군사적으로 성공하던 시기에는 임무를 공격적으로 결심했으나, 1813년 봄 전역은 대부분 신병들로 편성된 프랑스군 구성요소를 알고 엘바에서는 전략적 방어로 전환하는 것을 예감할 수 있었다. 부대가 막 편성되고 후방부를 보유하지 못했다면 (1870년 경베따군, 1918년 내전 시의 야전군들), 이 부대는 철로에 매달리고 철로 주변으로만 기동할 것이라고 예견할 수 있다. 세계대전 초기에 영국이 기동할 군대가 아니라, 진지전을 수행할 군대를 편성할 수 있다고 예견할 수 있었다.

모든 정찰활동을 다른 업무에서 자유로운 한 명의 책임하에 통합하는 것이 중요하다. 이 자리에는 지휘본부의 아주 유능한 인원을 등용해야 한다고 고집할 필요는 없다. 적 전략을 알아내는 것은 출중한 지적 능력이다. 정찰기관의 전문가적인 활동은 정찰 사업에 필요한 전략적 결론을 만들어내고 적절한 모양으로 정찰을 조직하기 위해 요구되는 수준에서 빈번히 일단락된다.

절대로 충분하고 확실할 수 없는 적에 관한 현존 정보로 해결할 수 있어야 한다. 전략정찰은 충분하지 못하고 뒤늦은 정보를 제공할 것이다. 중요한 정보는 확정적인 정보보다는 오히려 징후와 추측에 기초한다. 어렴풋할 때 작전의 승부가 나기 시작한다. 아주 확실한 정보만을 고려해야 한다는 분류학자의 조언은 클라우제비츠에게는 핵심을 이해하지 못한 것에 대한 조롱만 야기할 뿐이다. 이런 확실한 정보는 아주 드문 경우에만 있다. 그때에는 실무 활동이 아주 쉬워진다.

결심 수립. 전략적 결심은 주로 최종목표에 이르는 경로에 위치하며 동시에 최종목표를 달성하기 위해 존재하는 수단들에 부합하는 아주 짧은 논리적 고리인 중간목표 설정이다. 군사행동은 서정시와 웅변 또는 다른 것의 영향이 아니라, 특정한 물적 자산으로 수행된다. 목표가 보유하고 있는 물적 자산과 부합하지 않는다면, 우리의 개념에 들어 있는 이상은 "미사여구"로 변하고 효과 없는 주먹을 휘두르는 모습의 표현이 될 것이다. 작전에 월계관을 씌우는 작전적 승리를 가져올 수 있는, 적을 격퇴하는 타격이 효과가 있다. 예를 들면,

1914년 8월의 프랑스 작전계획(No.17)의 공격 이상은 이러한 "미사여구"였다. 8월 19일에서 23일간의 국경지역 전역에서 프랑스의 전략은 주먹을 휘둘렀을 뿐 자기 군대를 커다란 위험에 빠뜨렸다.

진정한 전략가는 현실에 기초할 뿐만 아니라 근본을 다룬다. 이 실제성은 전략가의 창조적 상상력을 키운다. 전략가의 창의성은 존재하는 실제적인 물질적 여건만을 이용한다. 그의 열망과 기대는 4차원에 존재하는 것이 아니라 현실에서 자란다.

예정된 작전목표는 완전히 이해되어야 한다. 방향 제시로 한정하고 몇 가지 설명을 요하는 목표의 불분명한 구성을 허용해서는 안 된다. 왜냐하면 이러한 구성은 작전 기간에 결심하는 데 흔들리고 확고한 지휘의 부정적인 결과로 이어지는 동요를 야기하기 때문이다.

올바른 결심은 상황을 충분히 고려한 후에 선택할 수 있다. 안톨 프랑스(Antole France)는 의심의 고통으로부터 자유로운 두 가지 직업(성직자와 병사)을 부러워한다고 말했다. 결단성과 명확성, 천부적인 열정, 아마도 특정한 교활성이 요구되고 인간의 이성적 능력의 높은 발현을 요구하지 않는 직선적인 전쟁술에 관한 관점은 구태의연하며 전통을 신성시한 오해이다. 18세기 모집병 군대에서는 실제로 군인에게 어떤 동요도 허용하지 않는 이념이 주도적이었다. 군인은 모든 질문에 신속하게 대답해야 했다. 샤른호르스트는 19세기 초에 프러시아군 복무를 시작하면서 장교들로부터 숙고하고 의식있는 답변을 듣지 못할 것이라고 푸념했다. 장교는 일의 핵심을 깊이 헤아리지 않고 최대로 빨리 대답을 내뱉으려고 애썼다. 이는 우리가 수보로프라는 인물로 실체화하는 "아무것도 모르는 자"를 박멸하고[8] 조소 섞인 격언으로 귀착되는 학파의

[8] 프리드리히 군인들과 수보로프 학교에 대한 우리의 평가는 가혹하진 않을 것이다. 세계대전의 부스럼이 아직 문명의 세계적인 중심지인 파리에 남아 있고 직관을 과장하고 인간 이성의 능력을 아주 회의적으로 평가한 베르그송의 철학이 소르본에 남아 있다. "이성은 접촉하는 모든 것을 냉철하고 가벼운 접촉으로 수축시킨다. 실제적이고 구체적이며 현실적인 것은 접촉하지 않는다. 이성은 이를 마비시키고 분석이라는 핑계로 빈약하게 만들 수 있다."

산물이다. 민간인들은 특정한 관대함으로 군사적 사고의 발현을 바라보았다. 뱌젬스키(Biazemskii)는 오를로프(Orlov)의 데카브리스트 측근들의 저술을 옹호하면서 뾰족한 펜에 높은 성과를 요구해서는 안 된다고 했다.[9] 심원한 이론가(예를 들면, 클라우제비츠)는 결심을 위해 엄청나게 많은 정보를 다루어야 하고, 결심에 있을 수 있는 모든 부정적인 결과를 예측해야 하기 때문에 실천에는 약하다고 했다. 이즈마일은 야간 공격으로만 탈취할 수 있었고, 우리 전사들은 주간에는 방벽 꼭대기에서 자신들이 이러한 절벽을 오른 것에 놀랄 뿐이었다.

이 토론을 이어가면, 내전의 몇몇 모험적인 작전은 자기 부대가 처하게 될 위험을 알지 못하고 야간에 활동하게 한 작전술을 지휘관들이 잘 알지 못한 덕분에 성공적으로 수행되었다는 것을 확인할 수 있다. 물론 이는 신뢰할 수 없다. 수보로프는 이즈마일 습격을 앞두고 전용 훈련 방벽을 축성하고 여기에서 주간에 부대 훈련을 시켰다. 게다가 야간에 이들을 습격에 내보냈다. 내전이 끝난 후에 전쟁에서 출중한 지휘관으로서 얻은 군인 계급은 새로운 성공을 거두는 데 그들에게 방해가 되지는 않으나 완전히 의식적인 결심에는 많은 정신적 노력이 필요하다. 핵심적으로 말하면, 모험이 따르는 일에 대한 과장된 조심성과 깊은 이해는 대체로 의미가 없다.

변증법은 전쟁술의 모순된 요구사항을 근본적으로 인정한다.

물론 올바르게 선택한 결심을 고수하기 위해서는 이론가가 되는 것으로는 불충분하다. 철학자는 어린애가 될 수 있다. 그러나 어린애 사고방식으로 전략 문제에 접근하면 안 된다. 불굴의 의지는 한번 정한 방침을 유지하는 것이 아니라, 궁극적인 목표를 단 1분도 놓지 않는 것이다.

강인한 성질이 없는 사람이 집요함을 발휘하려 할 때 특히 위험하다. 위에서 몰트케가 국경전역 결과에 대한 과장된 정보의 영향을 받고 1914년 8월 24

[9] Гершензон, *История молодой России*(신생 러시아의 역사), С. 22.

일 저녁에 부대를 프랑스 전선에서 동프러시아로 전환하는 결심을 한 것을 개략 묘사했다. 8월 27일 지정된 군단들(근위예비군단, 제11 · 제5군단)이 탑승할 역에 막 집결했다. 게다가 8월 26일과 27일 접수한 정보는 국경 전역의 대승을 확증하지 못했다. 동프러시아에서 삼소노프에 대항한 작전이 성공적으로 진행되고 있으며 러시아의 두세 군단이 이미 괴멸했고 다음날 대규모 승리가 예상된다는 루덴도르프의 첫 승전보가 도착했다. 참모본부의 몰트케 측근 장교인 도메스(Domes)와 타펜(Tapen)은 전환 취소 요청과 가능성을 보고했다. 그러나 몰트케는 전선에서 군단들을 빼내고 그 다음 이들을 복귀시키는 것이 가져올 부작용을 우려하여 제5군단만 전환을 취소하는 데 동의했다. 자신의 거부 이유를 말하며 몰트케는 유명한 속담 “ordre, contre-ordre, désorde 명령, 취소명령, 혼란”[10]을 반복했다. 마른의 운명은 그렇게 결정되었다.

변증법은 전략적 사고의 핵심을 구성하고 있기 때문에 전략적 사고의 습관에서 벗어날 수 없다. 구체적인 부분에서 헤매지 않으려면 폭 넓은 관점으로 자주 복귀할 필요가 있다. 전략가는 의구심과 처절한 싸움에서 자신의 해답을 키울 준비가 되어 있어야 한다. 큰 위험은 철면피에서 소심함으로, 항상 신속하고 정열적이나 숙성되지 않은 특성이 있는 결심으로 전환하는 것이다. 집회에서 만들어지는 감명과 충동은 전략에 아무런 의미가 없다.

적극성. 폭 넓은 사고는 모든 공중누각처럼 어떤 물적 자산을 필요로 하지 않는다. 그러나 인간은 자신의 힘으로는 아무것도 만들지 못하며, 조직하고 훈련할 수 있을 뿐이다. 그래서 인간은 설정된 목표에 부합하는 충분한 기반과 물자가 있어야 위대한 결과를 얻을 수 있다. 그러나 전략적 사고는 이런 절박한 주장과 일치할 정도로 항상 충분히 훈련된 것은 아니다. 포쉬(Fosch) 교수(비꼼–역자 주)는 약할수록 공격해야 한다고 공격의 당위성을 설교했다. 사실 1918년 대독연합 최고사령부가 수립한 것처럼, 그에게 전력이 우세하지 않

10) Reichsarchiv, *Der Weltkrieg, T. I* (세계대전 제1권), ff. 604, 609.

은 1918년 전반기에 그는 방어를 택했고 자신이 아주 우세하게 된 후반기에야 공격으로 전환했다.

목표 설정에서 나타나는 잦은 실수인 목표 달성을 위해 보유한 자원에 합당하지 않은 것은 적극성에 대한 허위적인 이상으로 어느 정도 설명된다. 방어는 명예로운 형용사 "비굴한"을 적게 얻었다. 세계대전 전에 모든 교육 과정은 한 목소리로 공격, 적극성, 점령, 주도권의 장점을 칭찬했다.[11] 그러나 진정한 적극성은 무엇보다 투쟁 상황에 대한 진지한 견해이다. 모든 것을 있는 그대로 보아야 하고 기만적인 예상을 하지 말아야 한다. 주도권은 특히 시간, 적 제압, 기선 장악으로 정의되는 좁은 의미로 취급될 수 있다. 이 경우에 우리는 주도권의 모든 특권은 기습에 성공함으로써 사라지며, 기습이 선제권 장악에서 나오기 때문에 나머지 경우에는 전략에서 주도권은 게임에서처럼 해롭다는 클라우제비츠의 말에 동의할 것이다. 그러나 주도권 장악은 적과의 투쟁에서 자기 의지를 더욱 깊게 안내하는 기술로 해석할 수 있다. 진정한 주도권은 적이 자기 자신에게 불리한 상황으로 빠져들게 하는 것이다. 누가 주도권을 향유하는가, 요새를 포위한 부대, 아니면 기습적인 공격을 수행하는 수비대? 전술적 주도권은 의심할 여지없이 수비대에 있다. 그러나 작전적 주도권은 당연히 포위하고 수비대가 기습적으로 공격하게 하고 괴멸에 이르게 하는 부대가

11) 프랑스가 이 부분에 열정을 쏟았다. 프랑스 17번 계획의 공중누각 꼭대기에 있는 그랑드메종(Grandmaison)의 생각에는 왜곡이 이미 극에 달했고 개념은 다른 의미가 되었다. 본래 이러한 지점에 도달하는 것이 인간의 천성이다. 이것이 세계대전 2344년 전에 있었던 펠로폰네소스 전쟁과 관련되고, 현대인이 "이 사고에는 속담이 사용되기 시작하지 않았고 예전처럼 다른 의미가 되었다. 경솔한 용맹이 직무상의 열정으로 불리기 시작했다. 사려 깊음은 소심함으로 불렸고, 이성은 무관심의 덮개라 불렸다. 아주 신중하게 행동하던 인물은 얼간이로 불렸다. 광포한 돌파 이동은 용기를 의미했고 절제는 회피의 고상한 핑계를 의미했다. 큰 소리로 질책당하고 매우 믿을 만하고 긍정적이라고 생각되던 사람은 미심쩍은 시민이 되었음을 의미했다. 단호한 방식으로 행동할 것을 주장하는 사람은 변절자, 공황을 조장하는 자로 불렸다."라고 쓴 비판이다. **Фукидид**(투키디데스), Ⅲ. C. 82. *Schwarz, Thucydide und sein Werk*(투키디데스와 그의 저서)의 수정에 따라 **Мищенко-Жебелев**(미센코-제벨레프)의 번역서, **Сабашниковы** : 1915, C. 225. Hans Delbrück, *Weltgeschichte T. Ⅰ*(세계사 제1권), 1924, 283쪽. 이러한 심리적 상황에서만, 독일이 벨기에를 우회하는 것에 대비해야 한다고 건의한 미쉘(Michel) 장군이 해임되고 조프르로 교체된 것이 이해가 된다.

보유하며, 뭔가를 잃은 부대는 작전적 전망이 없다. 핵심적으로 말하면, 이런 기습적인 공격이 1918년 서부전선에서 차단된 독일군 전력을 약화시키고 미국 증원군 도착을 기다리게 한 루덴도르프의 공격들이었다.

획득한 주도권을 유지하기 위해 위대한 군사지도자들은 심각한 실수를 저질렀다. 소 몰트케는 탈취한 주도권을 잃지 않기 위해 1914년 9월 초 여러 관점에서 바람직하지 않았던 앵(Ain)강에서 독일군 부대를 멈추지 않았다. 그리고 당시 아주 좋지 않다고 판단된 작전적 상황에서 마른강으로 이들을 보냈다. 루덴도르프는 1918년 초에 첫 두 번의 반성공적인 공격 후에, 멈추지도 방어로 전환하지도 않았고, 1918년 7월 아주 나쁜 전략적 작전적 상황에서 또 다시 "탈취한 주도권 유지"를 위해 "제2의 마른"을 계획했다. 그러나 제1, 제2 마른은 주도권을 유지하는 데 도움이 되지 않았다. 반대로 독일군 사령부의 주도권 유지 추구로 두 번째에는 프랑스가 제2의 우세를 달성하여 아주 유리한 상황에서 적극성을 발휘했다. 적을 섬멸하는 기적은 모든 전망을 망가뜨리고 극히 현실적인 불리점을 망각하고 파멸에 빠지게 하고, 선제(先制)만을 향유하게 한다.

핵심적으로 말하면, 모든 전진이 전략적 공격은 아니다. 빌리젠과 폰-데르 골츠는 적의 보급로 점령(우회 또는 종심 깊은 돌파)을 위협하는 것만을 전략적 공격이라고 인정했다. 1914년 9월 28일 독일 제9군은 갈리시아를 침공한 러시아군의 우익을 포위하기 위해 공격을 실레지아 위쪽에서 비슬라 북쪽으로 전환했다. 그러나 이미 10월 4일 루덴도르프에게는 비슬라 중류에 있는 러시아군이 바르샤바에서 산강 하구까지 전 전선에 걸쳐서 공격으로 전환할 우세한 전력으로 그의 포위에 대응할 준비를 갖추었다는 인상을 받았다. 독일 제9군의 전방으로 이동은 넓은 정면에 걸쳐 아주 급하게 계속되었으나, 이 전진의 목표는 러시아군에 타격을 가하는 것이 아니었고 비슬라 강안을 따라 유리한 방어 위치를 점령하는 것이었다.

방어에 유리한 지형 점령은 전적으로 작전적 공격으로 평가할 수 있다. 그러나 루덴도르프는 전략적 관점에서 비슬라 방향으로 전진을 계속하여 방어로 전환했다. 왜냐하면 적극적인 목표 추구에서 러시아군 우익을 타격하는 것으로 바뀌었고, 그는 오스트리아가 산강 공격을 전개하는 시기에 러시아군을 고착시키는 수세적인 목표로 전환했기 때문이다.

공격은 연역적으로 선택된 행동방법으로 그렇게 시작되었고, 우리 병력이 산개하고 적이 통과하고 적극성이 무기력해지고 공격적인 일격이 되고 전방의 어느 전선이 아주 의심스러운 층과 "공격출발 위치"로 복귀하는 것이 되었다.

최고사령부와 전술. 전술적 활동의 특성은 전투에서 형성되는 상황에 의해 정해진다. 전투간 규정(교범)과 지침서는 이들이 전투적 요구에 적합한 만큼만 법칙이다. 그러나 전쟁간 최고사령부가 아무것도 하지 않고 전술적 활동이 자연스럽게 전개될 것이라고 그냥 둘 수 있다는 결론을 내리는 것은 실수였다.

최고사령부는 우선 적과 아군의 전술적 행동의 특징, 이들의 강약점을 정확하게 인식해야 한다. 이는 전술적 충돌 결과에서 식별하고 적의 의도와 논리를 해석하고 작전술의 기교를 이해해야 한다. 무력전선에서 지휘의 중요한 과제의 하나는 아군 부대를 더욱 유리한 전술적 위치에 두는 것이며, 이것 없이는 임무가 달성할 수 없다. 예를 들면 1877년 러시아-투르크 전쟁에서 투르크의 강점은 축성된 진지를 신속하게 강화하는 것과 거점이며, 약점은 기동과 부분적인 역습에서 공격에 능하지 못하다는 것이었다. 여기에서 전략을 위해서는 오스만-파샤(Osman Pasha)의 플레벤 거점들의 측방 공격의 필요성이 아니라, 투르크 장군이 황무지로 나와 공격하고 기동하게 하는 병참선으로 과감한 기동을 당연히 추론했어야 했다.

그러나 최고사령부는 전장에서 이루어지는 전술적 활동에 맹목적으로 따르는 관점을 버리지 못했다. 부대와 지휘관의 훈련과 훈육, 장비보급의 다양한 기준, 다양한 혁신과 발명이 전투 활동의 중요한 부분이며 전장과 전술적 혁명에서 일어나는 것들에 지향되면서 전투 활동에 영향을 미치려 했다. 후방에서는 새로운 사단들이 편성되어 훈련하고, 전선에서 이미 복무하는 젊은 지휘자들의 훈련과 근로자들의 기술적 수준 향상을 위해 군사학교들이 운용된다. 전선군은 매달 5~20%가 신병들로 바뀐다. 전선에서 물자 부분은 사람만큼이나 빠르게 소모된다. 이러한 신병 보충, 재무장, 재교육 과정에는 지도가 필요하다. 아주 숙련된 전술 지휘관들의 경험을 평가하고 모든 부대에 전파해야 한다. 확실하고 귀중한 결과는 지혜의 작은 분배이며, 이를 모든 대중들이 이용할 수 있다. 이런 전술적 결과는 군사행동 수행술의 일부일 뿐이다. 그러므로 전략과 작전술의 요구와 합치되어야 한다. 러시아군에는 이런 전술적 활동이 평시에는 자체적으로 행해지지 않았다. 우리는 아주 특출한 작전적 상황에서 나온 프랑스의 전술적 경험의 개정판과 직접 번역한 것들을 이용했다. 이러한 외국 자료의 번역물은 도움이 되기보다는 부대를 혼란시켰다.

기동전이나 진지전에서 방어, 돌파나 탑승 전개 준비의 필요성, 특정 구역에서 적에게 지형을 양보하지 않고 치열한 방어의 필요성, 병력 절약과 지연전, 특히 과도하게 긴 전선에서 작전 수행의 필요성 등 전략의 특정한 요구는 전술훈련과 이를 조율하는 지침에 연유한 명령이다. 평시에 상황은 그렇게 명료하지 않다. 그러나 프랑스 전술은 아주 특정한, 보기에는 러시아 여건에 적용할 것이 거의 없는 작전적 견해에서 연유한다. 전시에 전술은 확실히 백과전서적인 것을 거부하고 전략에 요구되는 방식만 연습해야 한다. 이는 최고사령부가 판단해야 한다.

그러나 최고사령부의 전술적 요구가 중요한 만큼이나, 전술 전문가로서 고위직에 오르는 것을 경계한다. 왜냐하면 최고사령부의 기본적인 활동은 아주 특정한 성격을 띠기 때문이다.

은밀성. 클라우제비츠에 따르면, 공격의 주요 방법인 기습은 은밀성과 속도라는 두 개의 날개를 가진 독수리이다. 작전술과 관련된 준비는 작전전개의 신속성을 보장해야 한다. 그러나 적이 우리 의도를 간파했다면, 치밀한 작전적 위장, 부대 노력의 극한적인 집중도 어떤 결과를 가져오지 못한다.

실제적인 비밀자료와 전체 보유 비밀을 구분하지 않는 국가의 중요한 전략적 비밀은 파악하기 쉽다(예를 들면, 생활과 전술적 특성이 담긴 약 1,650만분의 1 축척 지도). 세계대전 전 오스트리아에서는 모든 것이 비밀로 간주되었고, 모든 군사비밀이 3루블 이상에 판매되었다. 오스트리아 크라우스(Krauss) 장군(사관학교장, 세계대전 시의 야전군 참모장)은 1909년 오스트리아-세르비아 관계가 위기를 맞았을 때, 빈(오스트리아 수도) 거리의 커피숍에서 장교들의 대화를 통해 세르비아에 대응한 전략적 전개를 알았다고 한다. 전쟁 기간에는 오히려 작전명령과 보고서에는 비밀을 지키기 위해 마을 이름, 발신지를 쓰지 않았고, "정지 장소"를 기재했다. 지금은 전쟁에 관한 오스트리아 고문서를 충분히 연구하기는 쉽지 않다! 대규모 참모부들은 완전하지 않은 이름을 나타냈다. 발칸 전선군 참모부의 암호화된 명칭은 "거점-왕자"였다. 세르비아인이 사는 도시인 발레보(Valievo)의 모든 집에 쓰인 비밀이 쓸모가 있고 몇 분 동안이나 이해하지 못할까? 중대한 임무 수령이 요청되었다 하더라도, 주의를 끄는 것을 방지하기 위해 중요한 오해를 설명하러 사령부의 사령관과 참모장을 방문하는 것이 금지되었다. 이 모든 것이 큰 마찰을 조장했다. 당시에 티롤에서 1916년 춘계 공격을 비밀리에 준비하면서 오스트리아는 티롤 오른편에 위치한 독립군단 본부 명칭인 "지역방위 본부"를 제11군 본부로 변경했다. 이 본부는 오스트리아-헝가리의 많은 국가 시설들과 함께 문서에 있었기 때문에 준비되는 작전이 바로 주의를 끌었다.[12)]

암호화된 명칭 사용은 "알베리히(Alberich) 사업" 그리고 "지그프리드 진지", "미하일로프의 공격"이며, 작전 준비간 독일군 본부도 이렇게 한 것은 물론 도움이 된다. 그러나 이러한 단어들은 오해를 일으키지 않도록 통상 군사용어로는 전혀 사용하지 않는 것에서 선택해야 한다(그리스 철학이나 고대러시아 서사시의 이름에서 선택하는 것이 좋다). 어떤 경우에도 작전 문서에서 갈등만 야기하는 이른바 관료사회의 통용어 "이중으로 교활한 사람"으로 우리 의도를

12) Alfred Krauss, *Die Ursachen unserer Niederlage*(패전의 원인), ff. 122, 141, 186.

나타내는 암호는 안 된다. 예컨대, 르보프 방향으로부터 자신을 보호하고 자기 기병부대를 좁은 정면에 집결하고 특별히 선정된 방향에서 이들을 분산시키지 않고 타격력을 약화시키지 않는 방법으로 행동하라는 기병군를 지칭하는 1920년 7월 23일자의 남서전선군에 보낸 지령이 있다. 샤포쉬니코프[13]의 설명에 따르면, "특정하게 선정된 방향에서"는 전선군 사령관이 알고 있었고 우리 본부 의도의 암호인 "루블린 방면에서"를 의미했다. 알고 있는 바와 같이, 기병군단은 적시에 루블린으로 나아가지 않았다. 만약 그곳으로 향하라는 명령을 교묘하게 흐릿한 모양을 하지 않고 흰 바탕에 검은 모양으로 했다면, 아마도 이는 약간 더 많은 효과를 나타냈을 것이다.

현대의 통신수단은 비밀을 누설할 위험이 크다. 차량으로 발송되는 서류는 파발마로 전달되는 것보다 적의 손에 자주 들어간다. 자동차는 도로와 관계되고 만나는 사람을 가리지 않고, 매복에 쉽게 봉착하고 아군 점령지역에서 적지역으로 질주해 나간다. 알려진 것처럼, 노보기오르기예브스크(Novogeorgievsk) 공병이 요새 계획을 휴대하고 자동차를 타고 노보기오르기예브스크를 공격했던 독일군 진영으로 가버렸다. 세계대전 기간에는 중요한 명령들이 자동차로 전달되는 경우가 많았다.

1914년 8월 24일 프랑스 제6군단 사단 기병대는 8월 25일 프러시아 제16군단이 프랑스 제6군단을 호갱(Hoguin) 부근에서 정면으로 공격할 것이며, 이 공격은 메스에서 진출하여 제6군단 우측방을 공격할 프러시아 제33예비사단이 지원할 것이라는 문서를 실은 독일 자동차를 강탈했다. 적의 의도를 완전히 파악한 프랑스 제6군단장 마누히 장군은 직접 프러시아 제33예비사단이 기동할 때 이의 측방을 점령할 길목을 준비했다. 그는 완전히 성공했다. 독일군은 심각한 피해를 입고 격퇴되었다. 이 승리로 마누히는 제6군사령관에

13) *На Висле*(비슬라에서), C. 92~93. 샤포쉬니코프의 설명을 용의주도한 것으로 생각해서는 안 된다. 이 사실은 향후 구체적으로 연구해야 한다.

임명되었다.[14]

무선 전신은 비교할 수 없을 정도로 위험이 많다. 수백 명의 관리들로 구성되는 조직에 드는 비용을 아까워하지 않는 국가는 많은 문장의 암호화된 긴급 전문도 24시간 내에 해독할 수 있다. 이것이 1914년 러시아군 간부들은 전사하고, 독일군 장군들의 평판을 높인 것이다.

1914년 8월 31일 아침 에펠탑에서 독일군 전보를 수신하여 해독했다. 독일군은 기병대에 베이(Vailly) 부근 우아즈강을 건너 랑에서 수아송 간 철도 방향인 복살롱으로 이동하라는 명령을 하달했다. 이 첩보는 제5군 사령관 렁흐작 장군에게 전달되었다. 렁흐작 장군은 발라브헤그(Vallabrègues) 근처에 있던 제38사단 1개 여단을 철로를 통해 복살롱 방향으로 이동시켰다. 그는 이 여단을 사단포병으로 증강하고, 이 여단을 지원하도록 아보노(Abono) 기병사단을 군의 우익에서 크라마르를 거쳐 내보냈다.[15] 말할 것도 없이, 독일군 기병대는 습격에 성공하지 못했다. 러시아군은 전쟁 첫 6개월 동안 적이 알고 있는 상황에서 싸웠다.

독일군 무선전신의 이러한 부주의가 몇 가지를 야기했다. 예컨대, 무선전신은 이중으로 암호화된 작전명령을 전달했고 지체 없이 에펠탑이 해독하여 적시에 러시아 총참모부와 제10군 참모부에 전달되어 아우구스토프 숲에서 러시아 제10군 중앙을 포위하려는 독일군 작전을 무산시켰다. 제10군사령관이 아주 당황했기 때문에 독일군은 무사했다. 그러나 세계대전간 러시아 무선전신은 모든 기록을 깼다. 참모부의 치밀하지 못하고 나태한 실무자가 간첩이나 변절자보다 더 위험하다. 그는 무선전신을 경솔하게 취급하고 중요한 비밀을 누설하고, 간혹 암호화하지도 않았다. 독일군의 모든 평범한 사람이 우리의 무선전신에 천재가 되었다. 우리의 무선전신은 삼소노프 군단의 배치와 장거리

[14] Grouard, *La conduite de la guerre jusqu'à la bataille de la Marne*(전쟁간 마른 전투까지의 개관), p. 54.

[15] Lanrezac, *Le plan de campagne française*(프랑스 전역 계획), p. 252.

행군을 독일군에 누설했을 뿐만 아니라 레넨캄프가 지원하러 오지 않으며 그들은 아무것도 하지 않고 있다고 알려주었다.[16)]

전략적 수준의 정보는 자기 명령서에 상급기관 명령의 모든 사항들을 기술하는 젊은 지휘관들의 서투른 습관 때문에 자주 누설된다. 1914년 10월 9일 그로이치(Groitsy) 전투에서 러시아 장교들에게 있던 명령서를 독일군이 탈취했다. 이 명령서에는 비슬라에 있던 러시아군 30개 군단을 전개하기 위한 바르샤바에서 산강 하구까지의 기동계획이 그려져 있었다. 이 정보는 군의 명령에 포함되지 않았어야 했고 전투에 돌입하는 전투부대 장교에게 제시하지 않았어야 했다. 모든 군인은 자신의 기동계획을 알아야 한다는 수보로프의 생각이 왜곡되고 있다. 군단장들은 전구의 전체적인 임무를 구두로 전달받을 수 있고, 이런 임무는 널리 알릴 필요가 없다. 군 기동계획은 작전의 작은 부분만을 포함하며 그 한도 내에서 설명되어야 한다.

폴란드도 이와 같은 실수를 했다. 1920년 8월 8일 폴란드 제3군 명령에는 북쪽의 러시아군 제거를 목표로 9일 후인 8월 17일에 루블린 지역에 폴란드의 새로운 군 집결을 완료할 의도가 담겨 있었다. 제3군이 수령한 베브르즈강 방향으로 공격할 8월 18일까지 러시아군을 지연시키고 새로운 군의 집결을 이렇게 엄호하라는 임무의 이유를 설명하기 위해 비슬라에 예정된 작전의 중요한 배경이 군 명령에 뒤섞여 있었다. 8월 9일의 이 명령은 블로다바에서 제12군에 피탈당했고 우리 총참모부가 8월 10일 이를 알게 되었다.[17)] 만약 지휘에 마찰이 없었다면 우리는 폴란드군의 6일간의 공격이 시작되기 전, 남은 기간에 폴란드군에 대응할 준비를 하거나 그 공격에서 벗어날 수 있었을 것이다.

---

16) 8월 25일 아침에 암호화되지 않고 러시아 제4군단에 전달된 제1군의 명령 Reichsarchiv, *Der Weltkrieg 1914-1918, T. II*(1914년~1918년 세계대전 제2권), ff. 136, 170. 이 전보를 수령한 힌덴부르크는 프러시아 제17군단으로 레넨캄프에 대응하려던 의도를 취소하고 이 부대를 삼소노프 우익으로 진출시켰다. 레넨캄프에 대항하는 데는 제1기병사단만을 남겨두었다.

17) Б. Шапошников, *На Висле*(비슬라에서), С. 80, 81, 96, 101, 172, 173.

공보 자료의 제공. 군사행동 전구의 사건들에 관해 신문사에 매일 통보하는 것이 전략적 지도의 중요한 기능 중 하나이다. 전쟁과 관련된 주민들의 커다란 관심을 받으며, 발생한 중요한 사건에 대해 침묵하려는 시도는 헛소문과 기괴한 추측들을 난무하게 만든다. 후방부의 차분하고 통제된 사업 요소 중 하나는 정확하게 이를 알리는 것이다. 전쟁 초기의 사건들에 대한 어떠한 정보도 제공하지 않은 오스트리아는 진행된 상황에 아주 불편함을 곧 느꼈다.

공보를 위한 자료는 무조건 진실해야 한다. 후방부에서는 전선과 아주 많은 접촉이 이루어진다. 후방부는 공보에서 나타나는 진실의 왜곡을 곧바로 알게 되고 무엇보다 최고사령부가 수행하고 자신의 힘겨운 임무를 다루는 데 필요한 신뢰에 큰 피해를 입게 된다.

우리에게 유리하게 왜곡된 전구 사건들의 해명은 극복해야 할 어려움을 주민들에게 감추고 군사목표 달성을 위한 노력의 집중을 저하시키는 중대한 손실을 낳는다. 이 외에도 총참모부가 명확히 알고 있는 사건들은 내일도 계속된다. 사건들은 논리가 있고 부대가 계속 성공하더라도, 그 결과 전선이 현지에 고착되거나 뒤로 물러난다면 총사령관이 비참한 결말에 이르게 할 뿐이다.

물론 공보는 공황과 의기소침의 씨를 뿌리고, 어떤 경우에는 우리의 추측을 이야기하고 새로운 작전 준비를 누설한다.

전쟁을 하는 쌍방의 공보는 전 세계 매체에 의해 복사되고 보도된다. 최고사령부는 정치-경제 전선의 투쟁에서 공보 자료들은 커다란 역할을 하며, 선동적인 연설과 사설 자료들은 "실시간"에 전면에 나타난다. 또한 공보문에서 조잡한 선동은 삼가야 한다.

공보는 전쟁에 대한 국민의 관심을 유지하는 데 중요한 역할을 하기 때문에 충분히 문학적으로 구성해야 하며 신문과 간행물의 군사적 관찰자가 흥미를 갖는 주제를 제공해야 하나, 우리가 잃거나 점령한 황량한 거주지역에 있는, 소식을 모르는 몇몇 대중에게 무미건조한 정보만 제공해서는 안 된다. 이와 동시에 공보는 간혹 부대활동과 개별 지휘관을 둘러싼 익명과 비밀의 덮개를 벗어야 한다. 작전이 이미 전개되었고 끝날 때가 가까우면, 적은 자신들과 싸우는 상대편 부대 대부분을 알게 된다. 각 사단과 연대의 업적을 밝히고 특출한 지휘자의 성을 밝히는 것이 최고사령부가 영웅적인 부대와 그 지휘관에게 줄 수 있는 가장 큰 상이다. 게다가 이 상은 다른 사람이 최선을 다할 수 있도록 하는 아주 중요한 자극이 된다.

활동의 익명성은 전투 활동의 성격에 대체로 부합하지 않다. 공훈이 이렇다고 즉각 인정해야 하지만, 축하연을 베풀 필요는 없다. 그래서 최고사령부는 자체 평가와 동시에 참모부별로 통신 기사, 보고서, 사진첩 등을 다양하게 제작해야 한다. 2주 후에 작성되는 전투 기록은 대체로 이미 비밀이 아니다. 최고사령부만이 이 기록에 비밀이 포함되지 않았음을 인정할 권한이 있고 군 검열의 장애물을 제거할 수 있다. 군사비밀 검열은 필요하나, 검열에 대한 관료적인 접근은 전쟁에 대한 국민의 관심을 약화시키고 군의 활동에서 모두를 익명성으로 얽어매 나태한 사람의 파렴치함을 조장하고 훌륭한 용사들의 열정을 저하시킨다.

후방부 활동 지침. 최고사령부는 전쟁의 새로운 소요에 적응하기 위해 엄청나게 노력하는 지도자이다. 아주 훌륭하게 준비된 군은 아마 필수적인 정원 규정대로 전쟁에 임하지 않을 것이다. 전쟁 소요는 현존하는 정원 규정과 법규에 맞추면 안 되며, 상황에 따라 법규를 수정해야 한다. 여기서 지휘활동은 세계대전간 러시아군이 경험했던 것처럼 새로운 정원 창출을 지향해야 할 뿐만 아니라, 활동이 없는 조직을 즉각 줄여야 한다. 그렇지 않으면 비전투원 비율이 대단히 증가한다. 그래서 진지전 전쟁은 새로운 조직 창설을 야기한다. 그러나 이와 동시에 적 영토로 종심깊은 공격에만 필요한 현존 수송수단과 조직 수를 상당히 줄일 수 있다. 이를 감축하지 않으면, 전쟁간 후방부에 비용이 많이 들고 확실히 식량과 노동력에 위기가 발생할 것이다.

경제동원은 평시에 개략적인 형태로 준비할 수 있다. 수립된 계획은 전쟁의 첫 시기를 포함할 수 있다. 전쟁만이 전쟁에 필요한 것을 보여줄 수 있다. 최고사령부는 산업의 과제가 최고사령부에 바람직하게 계획을 수립하고, 이러한 과제들이 시간적으로 맞추어야 할 기간을 제시해야 한다. 이런 계획은 최고사령부의 전략적 제안과 합치돼야 한다. 중(重)포와 경(輕)포의 비율, 전차에 기울이는 관심, 발트해에서 흑해 사이에 많은 철책을 설치하기 위한 철조망 소요량, 이 모든 것은 전략의 공격적 또는 방어적 의도에 따라 크게 달라진다. 군복용 옷감의 길이는 징집을 요구한 인원수에 기초한다. 이의 조달 기간은 예상되는 징집 지속성에 좌우된다. 도시에서 의무용으로 할당해야 할 건물 비율은 전선이 평온한지 아니면 치열한지에 따라 달라진다. 단기 속성 훈련을 위한 군사학교는 매달 간부 보충소요에 합당하게 훈련계획을 조절해야 한다.

전쟁계획을 수립할 때에도, 성과 없이 노력의 엄청난 비율이 낭비된다. 계획성 향상, 불필요한 소비자 제거, 모든 두뇌와 근육의 이용은 군사행동 수행과 범정부적 업무를 긴밀하게 연계시킬 때 가능하다. 전략가는 군사행동의 흐름을 통제하면서 해당 기지, 기지에 의존하는 무력전선 상황이 요구하는 기지의 노력과 설비에 관해 기지 최고사령부에 보고해야 한다. 전략가의 업무는 생산을 지도하는 것이 아니라, 생산 방향을 제시하는 주문이다. 최종적인 결정은 전쟁 통합지도부가 내린다.

2. 지휘 방법

명령과 지령. 상급자는 부하들에게 수행 상황을 지시하는 전투명령의 한정된 형태로 또는 최근 며칠간으로 한정하여 행동 목표를 부여하고 목표 달성 방법은 수행자가 상당히 자유롭게 선택하도록 하는 지령 형태로 자신의 결심을 하달한다.

간혹 "지령" 대신 러시아 용어 "지침(наставление, 나스타블렌예－역자 주)"를 사용한다. 그러나 이의 뜻은 다르다. 지침은 비교적 구속력이 있는 표식이고, 자주 구체적인 것까지 다루는 일련의 조언이다. 상황에 따라 수행자는 이 조언을 무시할 수도 있다. 지령이 지침과 꼭 혼합되는 것은 아니다. 어떤 경우에 목표에 대한 지령의 간략한 제시는 준의무적인 특성을 띠지는 않는다. 지령을 받은 지휘관이 지령이 그에게 부여한 수행의 자유를 악용하지 않도록 훈육되고 그에게 지시된 목표를 실제로 추구할 때, 지령은 지휘 수단으로 적용될 수 있다. 이때 자신의 특수하고 개별적인 임무를 추진하고 전체 과업에서 벗어나기 위한 핑계를 찾을 수 있다고 예상될 때는 지령을 통해 지휘해서는 안 된다.

지령에 의한 지휘는 아주 편리하나 부적합한 지휘관에게는 아주 위험하다. 군단장 이상의 고급 지휘관 선발 시에 제시해야 할 중요한 요구조건은 정확한 명령을 통해 그들의 모든 행동을 통제하지 않으면서 지휘하고 목표를 제시할 수 있는 사람을 선발하는 것이다. 전략적 관점에서 자질 평가의 중요한 항목은 해당 인물이 특정한 목표를 달성할 수 있느냐, 별도의 명령만을 수행할 수 있느냐이다.

알려진 바와 같이, 나폴레옹은 명령을 통해, 몰트케는 지령을 통해 지휘하는 것을 선호했다. 명령을 하달하는 시간과 지점이 어떤 지휘 형태를 택하느냐에 결정적인 영향을 미친다. 1806년 예나 전투에서 나폴레옹의 지휘와 1870년 그 그하블로뜨 셍 쁘히바 전역에서 몰트케의 지휘 간에는 커다란 차이가 있다. 나폴레옹은 전투 전에 부대에서 야숙을 했고 그의 천막을 자신이 특별한 관심을 기울이길 원하는 연대의 병영 안에 설치했다. 나폴레옹은 동틀 무렵 정찰 정보를 모두 검토한 후 마지막 순간에 조치를 취했다. 메스 근처의 프러시아왕과 몰트케의 숙소는 전장에서 30km 이격된 뽕따무송에 있었다. 1870년 8월 16일 막스-라-투흐 근처에서 충돌이 발생했다. 8월 17일 아침에 프러시아왕과 몰트케는 플라비니 근처 고지에 있는 관측소에 도착했다. 부대 집결만 이루어졌고, 전역은 다음날 이루어졌다. 몰트케는 8월 17일 낮 2시에 8월 18일 전역을 위한 작전명령을 하달하고 프러시아왕과 함께 30km 후방으로 이동했다. 다음날 있을 힘든 하루를 위해 휴식과 준비가 필요했다. 몰트케는 나폴레옹보다 12시간 전에 전형적인 명령을 내렸다. 당연히 그는 많이 알지 못했기 때문에 조건이 붙는 명령을 하달해야 했다. '만약 적이 메스 근처에 남아 있으면 이것을 하고, 벨기에 국경을 따라 후퇴하려고 하면 저것을 한다'는 식의 그들이 바라지 않는 방책들을 하달했다.[18]

현대에는 전신 통신에도 불구하고, 명령은 몰트케 시대보다 더 빨리 하달되어야 한다. 그러나 작전명령에서 다양한 방책의 발전을 위해 최선을 다해야 한다. 작전계획을 한 참모부에 전담시켜서는 안 된다. 명령하달 순간을 성공적으로 선택하는 것이 아주 중요하다. 아주 좋은 생각이 충분히 구체적이지 않을 때는 너무 이르고, 성과를 얻을 수 없을 때는 너무 늦다. 지시를 하달할 적절한 시기 선택의 중요성은 과도하게 평가될 수 없다. 나폴레옹에게는 아주 높은 수준의 이런 기술이 있었다. 그는 몇 가지 방책을 가지고 있었으나 누구와도 이를 공유하지 않았다. 적당한 순간에 그는 번개같이 그중 하나를 수행하기 시작했다.

지령이 지휘를 상당히 분산시킨다. 고급 지휘관들 때문에 원심력이 작용하지 않고 하나의 전쟁술로 이해하도록 육성되고 지엽적인 이해를 거부하도록 준비된 참모본부가 된다면 이는 해가 되지 않을 것이다.

소 몰트케는 그의 삼촌처럼 지령을 통해 지휘했다. 마른 전역에서 그의 실패로 이러한 지휘 방법의 신뢰도가 크게 떨어졌다. 그러나 몰트케의 실수는 그가 지휘하는 군에 너무 포괄적인 지시를 하달한 것이 아니라, 그가 지휘하는 군 간의, 특히 클루크와 뷜로브 간의 심각한 의견불일치를 야기하는 중요한 문제에 관한 자기 생각의 표출을 너무 자제했다는 것이다. 군사지도자는 전선의 위기 시에는 자제할 수가 없다. 지령은 침묵 형태나 책임회피 방법이 전혀 아니다.

경험한 바와 같이 참호전은 기동전과 비교하여 과도하게 중앙집권화하여

---

18) 이 문제에 대한 훌륭한 분석은 Fritz Hoenig, *24 Stunden Moltkescher Strategie am 18 August 1870*(1870년 8월 18일 몰트케 전략에서 24시간, 제3판), Leipzig : 1897에서 볼 수 있다.

지휘하게 된다. 그래서 4년간의 진지전 결과, 지시에 의한 지휘에 유리한, 세계대전 전에 완전히 진부한 전략 및 작전 지도 방법에 특정한 발전이 있었다. 무엇보다 명백한 것은 루덴도르프의 지휘 방법에 이런 노력이 나타났다는 것이다. 지시는 각 지휘관의 수행 영역에 장해가 되고, 실수를 했을 때 그들에게 허용되는 수정과 관계된다. 루덴도르프는 전선군뿐만 아니라 군의 모든 참모장과 통화하는 것을 좋아했다. 이러한 지휘 방법은 최고사령부 권한을 확장하고 각 지휘관이나 참모장의 권위와 중요성을 무너뜨렸다. 1917년과 1918년 프랑스 전선에 독일군 지휘관을 한 명도 임명하지 않은 것이 흥미롭다. 루덴도르프는 그들을 육체적인 임무 수행자로 두었다.

러시아 전선에서는 다른 현상이 발생했다. 러시아군 최고사령부는 학생들의 실수를 교정하는 선생 역할을 하면서 사령관과 참모장의 권위에 너무 친절했고 그 권위를 건드리지 않으려 했다. 레넨캄프가 머뭇거리면서 잘못된 방향인 쾨닉스베르크로 이동하는 것을 최고사령부가 이틀 동안 관찰하였다. 그러나 러시아 전략을 주도하던 병참감 다닐로프(Danilov) 장군은 지도하는 것을 망설였다. 수보로프도 "현장 가까이에 있는 사람이 가장 잘 판단한다."라고 말했었다. 최고사령부가 나섰으나 이미 늦어버렸고 삼소노프군은 격멸당했다. 남서부 및 북서부전선군의 이기적이고 분산된 이익 때문에 한 전선군은 오스트리아 전쟁을 수행하고 다른 전선군은 독일과 전쟁을 치렀다. 그 누구도 세계대전을 수행하지 않았고 최고사령부의 아주 유약한[19] 지령이 강력하고 주도적인 지휘관을 육성하지 못했으며, 지휘관들의 어떤 권위도 인정하지 않는 무정부상태를 만들었다.

물론 상급사령부가 작전적일 뿐만 아니라 전술적인 세부사항에 관여가 필

---

19) 이 유약함은 조직 결함의 결과이다. 최고사령관 니콜라이 니콜라이비츠는 참모장 야누스케비츠 장군과 동일하게, 실제로 전략을 전혀 다루지 않았다. 다닐로프의 전략적 노력에 대해 그들은 중립적이고 대부분 호의적인 태도를 보였다. 전선군 참모장들에 비해 근무경력이 일천한 다닐로프의 권위는 약했다. 토론이 벌어지고 상급 기관의 질책이 필요할 때, 니콜라이 니콜라이비츠는 이를 교묘하게 거부하고 전선군들과 화해할 것을 제안했다.

요한 경우가 있다. 1870년 8월 자르강 쪽으로 하나의 도로를 따라 그리고 (2개 군단이 하나의 도로를 사용해야 하는) 아주 많은 마찰이 있던 아주 좁은 정면에서 프러시아 제1군과 제2군이 추격할 때 몰트케는 2개 군의 행군을 직접 조직해야 했다. 1914년 8월 아주 거대한 독일군이 아헨(Aachen, 네덜란드 남단에 인접한 독일 지방－역자 주)에 이르는, 이용할 수 있는 도로가 3개밖에 없었다. 부대들이 이 도시의 좁은 도로들을 통과하는 것을 조정통제하는 특별 통제관을 임명해야 했다. 또한 4일 밤낮으로 부대가 통과하고, 이때 도시의 좁은 길 때문에 후방부와 단절되는 부대에 식사를 제공해야 했다. 그래서 군 참모부가 통상 사단장이나 군단장이 해결하는 문제를 다루어야 했다.[20]

전선에서 명령을 따르지 않을 경우에 대 몰트케는 "……명령한다."로 시작하고 프러시아왕이 서명하는 현재의 명령 방법으로 전환했다. 1866년과 1870년 전쟁의 역사에서 이러한 드문 명령을 접할 때, 몰트케가 자기 지령의 권위를 무시하는 내부의 적(보겔 폰 팔켄슈타인 Vogel von Falkenstein, 쉬테인메즈 Steinmetz)을 극복해야 했다고 생각된다.

개인 주도권과 최고사령부의 불충분한 권위가 돌발적으로 나타난 결과, 1918년~1920년 내전은 역동성에도 불구하고, 세계대전의 참호전 기간처럼 지휘의 중앙집권화와 명령이 나타났다. 불충분한 권위는 1920년 최고사령부가 지령을 전선군의 동의를 얻기 위해 초안 형태로 전선군에 전달해야 했고 전선군의 동의를 얻은 후에야 실행되었다. 전문가는 자신의 지령에서 조언하고 충고했으나, 지령은 필요한 의지표현의 성격을 상실했고 다른 이의 의지가 나타나는 데에서만 복종이 시작된다.[21]

---

20) Ганс Куль, *Германский генеральный штаб*(독일군 참모본부), С. 201~202.

21) 8월 11일 발행된 남서전선군의 루블린 방향으로 이동에 관한 (이 이동을 시작하는 것은 한시도 지체할 수가 없었다) 4738호 최고사령관의 중요하고 현명한 지령은 "제시된 사항에 대한 당신의 결론을 부탁합니다."라는 문구로 끝을 맺었고 의지를 자극하는 것은 없었다. 이는 **Б. Шапошников**, *На Висле*(비슬라에서), С. 96, 97, 101, 102에서 인용했다.

세계대전과 내전 시에 러시아 최고사령부는 직접 통화를 널리 사용했다. 참모부 요원들의 전신 통화는 발생하는 오해를 없애기 위한 일반적인 현상이다. 그러나 군사지도자와 부하 간의 대화는 아주 성격이 다르다. 지휘관과 부하 간의 토론, 상급자가 하급자 또는 그 반대의 설득이 우리에게는 적합하지 않다. 어떠한 설명, 경고, 충고, 비교, 요청도 지령과 명령 실행을 훼손할 뿐이다. 특히 대단한 권위를 지닌 지휘관만이 대화를 통해 자기 부하들의 임무수행에 격렬한 에너지와 기력에 영향을 미칠 수 있다. 전체적으로 지휘의 권위는 부하들이 전신으로 보고를 한다면 유용하고, 지휘관은 자신의 동의나 부동의, 만족과 불만족을 지시의 명령적인 형태로 약화된 대답으로 표현한다. 명확하고 용의주도하고 엄격한 전신 답변에는 그렇게 많은 시간이 필요하지 않다.

결론적으로 여기에서 상황은 지휘, 즉 인간 심리의 조절과 인식의 문제를 요구한다. 한 부하는 자유를 요구하고 여기에 가치를 부여한다. 다른 부하는 명확한 이유를 통해 이끌어야 한다. 세 번째 부하인 대단하고 꼭 필요한 사람은 방자하게 군다. 그는 설복시켜야 한다. 진정한 조직은 없어도 되는 사람이 없는 데서 시작된다. 그러나 진정한 지휘는 어떤 모반도 두세 시간 내에 제거할 수 있고, 동조자는 없으나 군기가 있는 데에서 시작된다.

사람들은 고집이 세다. 이 중에는 훌륭한 군사 지휘관도 있다. 그는 상급지휘부의 높은 권위를 상당히 쉽게 이용할 수 있다. 특히 독일군에서 소 몰트케와 팔켄하인은 충분한 권위를 활용하지 않았고 독일은 이러한 단점 때문에 톡톡한 대가를 치렀다.

'붉은 군대'를 조직할 때 다양한 권위가 지휘요원들뿐만 아니라 정치 행정가를 선발하는 데도 조건으로 작용했다. 전선군과 야전군의 순종적인 혁명군사위원회에 높은 전문성을 지닌 정치가가 있으면, 상급기관의 권위가 크게 손상될 것이다.

아는 바와 같이, 명령은 간혹 수행뿐만 아니라 책임회피를 위해 작성된다. 이 놀라운 지휘 형태는 이 명령에 서명한 이의 권위를 해친다. 이런 행태의 출현은 지휘요원들의 붕괴 과정과 인간의 소심함과 사적인 이익 때문에 국익을 배반한다는 것을 증명한다. 이러한 명령은 제국주의 전쟁의 사례만으로도 알 수 있다.

너무 많은 지령과 명령은 그들이 통제하는 주의력을 붕괴시키고, 지령과 명령 자체의 권위를 파괴한다. 1920년 8월 11일부터 12일간 남서전선군에 지령 3개(4738호, 4752호, 4766호)[22]가 도착했다. 이 중에서 4766호가 제일 먼저 도착했다. 그러나 어느 것도 실행되지 않았다. 전략가는 미사여구만 늘어놓는 형태의 반복을 거부해야 한다. 변경하거나 추가하지 않을 향후 수일에 대한 지령을 하달하는 능력은 전략적 사고의 성숙과는 다르다. 하달되는 명령문은 무력전선에 있는 에너지의 폭발장치로 볼 필요가 있다. 알려진 바와 같이 성냥은 점화하면 안정되게 타지만, 우르릉거리는 수은 캡슐에 의해 발화되는 면화약은 강력한 폭발로, 부대와 모든 폭발물 고유의 다양한 모습으로 파괴력을 제공한다. 명령 하달의 한 방법은 무성의한 수행을 불러오고 다른 방법은 격렬한 폭발의 원인이 된다. 개략적인 원칙을 정해서는 안 된다. 왜냐하면 상황과 개인의 특수성은 매번 특수한 폭발형태의 적용을 요구하기 때문이다.

개인 주도권. 1920년 이미 완전히 제거되지 않은 유격전 경향이 '붉은 군대'에서 이의 반작용으로 엄격한 전투명령 경향을 야기했어야 했다. 그러나 약은 간혹 치료하도록 한 병(病)보다는 생체에 더 큰 해가 된다. 명령을 무력전선에서 군의 유용한 활동에는 쓸데없는 역할로 저하시키며 명령을 고루하고 획일적으로 수행하는 것은 아주 위험하다. '붉은 군대'는 대부분 내전에서 자신의 승리를 통해 개인 주도권을 강대하고 용맹하게 발휘했다. 임무는 개인 주도권을 숙달시키기 위한 것이지, 여기에서 주도권 발휘의 조짐을 제거하는 것이 아니다.

혁명이 시작되었을 때, 혁명을 실행하는 개인 주도권을 과도할 정도로 걱정했다. 그러나 특별한 경우에, 특수한 혁명적인 기치가 없을 때 주도권은 조심

[22] Б. Шапошников, *На Висле*(비슬라에서), С. 97.

스럽고 치밀하게 보급해야 할 필요가 있는 깨지기 쉬운 현상이다. 아주 근사한 기계장치의 관료주의적인 장난감인 1806년 프러시아는 예나 작전만으로 쉽게 분쇄되었다. 이는 바로 주도권을 발휘할 수 없었기 때문이었으며 슈타인의 첫 개혁이 국가에 주도권을 육성하는 데 지향되었다. 그는 1807년 그의 회보에서 "관리는 군주의 손에 놀아나는 무언의 기계적인 수단, 명령을 수행하고 이 때 실행에 자신의 의지나 개인적인 관점을 쏟아 넣지 않는 기계가 되는 것을 그만 두어야 한다. 지금부터 관리들은 결심에 자신의 착안 사항을 포함시켜 주도적으로 문제를 해결할 것을 요구한다. 나는 그들에게 구체적으로 제시하지 않을 것이며 그들이 중앙 정부에 조언을 요청하는 것을 금할 것이다. 나는 무능하고 소심한 이들을 처벌하고 용감하고 능숙한 이들에게 상을 줄 것이다."라고 했다.

민간사회에 주도권을 크게 육성한 바탕 위에서만 군에 주도권이 존재할 수 있다. 주도권은 독립적이고 실패한 자신의 행동에 대해 참을성 있고 관대한 관계를 요구한다. 주도권은 규정으로 관심을 갖게 해야 한다.[23] 주도권은 지휘의 모든 성격이 주도권을 발휘하게 해야 한다. 주도권은 명령이 아니라 지령을 요구한다.

목표를 달성하는 수단의 다양성, 불일치는 업무에 해가 되지 않는다. 이상한 악은 상급 지휘관이 지시한 목표를 비난하는 것이다. 지휘의 불행을 초래하는 무정부상태로 이끄는 이러한 현상에는 모든 수단과 방법을 동원하여 대응해야 한다. 그래서 오래된 이론상 수단의 선택은 항상 임무를 수령한 지휘관에게 있기 때문에, 세계대전 경험에서 자유로운 기치 아래 나타난 "건의권"

23) 야전규범은 슈타인이 아니라 요커(Joker)의 관점을 자주 옹호한다. 주도권의 억제를 위한 규정화 시도는 부르봉 왕조의 복무규정이다. 1818년 프랑스 내무규정에 반영된 명령에는 "만약 부대가 규정에 똑같이 정한 원칙과 체제에 속한다면 명령의 위엄을 신뢰하기 때문에 명령을 수행할 것이다. 규정은 모든 구체적인 것들을 예측하고 정해야 하고 뭔가 효율적으로 해결되어야 하며, 막연해서는 안 된다. 한 부대에서 다른 부대로 이동하는 장교는 내무근무 규정에서 어떤 차이도 발견해서는 안 되며 현재의 규정을 인정해야 한다."라고 했다. 이러한 이상은 뭔가 효율적으로 해결되고 막연하지 않게 해야 하고 지금도 없어져서는 안 된다.

은 활동의 전체적인 목표를 지휘관에게 제안하는 부하들의 권리에 속하게 되었다. 이러한 추론은 지혜의 놀라운 기만에서 자랄 수 있다. 어떤 목표든 위에서 제시될 수 있다. 왜냐하면 목표 설정은 비교적 넓은 정치적 군사적 안목에서 나와야 하기 때문이다. 개인 주도권 체제에서 목표의 제안은 조직적이라는 모든 전제조건을 번복한다. 이러한 체제에 관한 사고는 모든 사고하는 군인을 주도권과 지령의 적으로 변화시킨다.

주도권에는 재치와 심리학이 요구된다. 일의 전체적인 성공이 아니라 개인 공적을 추구하며 거기에 존재하는 도덕적 책임에 관한 개념을 제대로 알지 못하는 평론가들, 천성적으로 파괴하는 데 익숙한 모험가들, 성실하고 헌신적인 노동자에게는 전략가에게 친숙한 사고방식과 행동 방법을 발전시킬 모든 가능성을 열어놓을 필요가 있다.

실제적인 영향을 미치는 방법. 최고사령부는 예하 조직에 내리는 명령 외에도 군사행동의 경과에 더욱 물질적인 영향을 미치는 몇 가지 능력을 지니고 있다.

전략 및 작전 예비가 영향을 미치는 기본적인 수단이다. 상급 지휘부 통제에 있는 새로운 병력의 투입 능력은 지시의 권위를 상당히 높인다. 러시아 최고사령부는 발트해와 흑해 연안에 잔류하던 사단들을 보유하거나 최고사령부에 아시아 군단들을 예속시켜 통제력을 향상시킨 바 있다. 독일 최고사령부는 새로운 동원 제대에 전략 제파를 모았다. 신들의 황혼은 후방부가 예비대 창출을 멈출 때 시작된다. 전선군과 야전군들은 과도하지 않은, 그러나 없어도 일시적으로 해결되는 예비대를 얻을 수 있어야 한다. 이러한 일은 커다란 마찰을 동반한다. 방어를 위해 전선군의 광범위하고 일반적인 정면을 설정하여 사고력을 준비시킨 야전규정에 따라 최고사령부가 이 임무를 쉽게 할 수 있다.

지방 이익이 국가 이익보다 우위에 있는 러시아의 상황에서는 세계대전 동안 부대 편성은 중요하지 않은 결과로 나타났다. 분명한 것은 최고사령부가 부대들을 자신의 예비로 끌어들이면서 무엇보다 전선군이나 야전군의 예비로 있는 부대들에 눈독을 들인다. 전선군은 그런 목적으로 적과 접촉하고 있는 사단의 부대를 후방지원부대로 전환하는 방법으로 자체 예비대를 편성했다. 그래서 자기 정예부대를 소중하게 여기는 몇몇 지휘관들은 이 부대들이 진지의 일부 구역을 점령케 하고 전투력이 약한 부대를 최고사령부가 접근할 수 있는 후방에 두어 정예부대를 확보하려 했다. 독일군은 사단을 진지점령(약한) 사단과 타격(우수한) 사단으로 나누고, 타격사단을 주요방향에 투입하려고 후방에 집결시켜 두었다. 우리는 그와 반대로 행동했고 전투력이 아주 낮은 부대를 이용하여 빈번히 재편성하여 이들에게 아주 중요한 임무를 부여했다.

예비대 외에 조직된 전투부대 형태의 국가 예비대가 있었고 속성과정을 마친 수천 명의 장교, 보충을 위한 수십만 명, 무기와 식량, 의복, 수송수단의 모습으로 예비가 있었다. 물적 자산과 충원의 분배 통제가 또한 상급 지휘부의 권위를 높인다. 이와 동시에 최고사령부는 실현하려는 목표에 따라 국가의 제한된 물적 자산을 더욱 합리적으로 이용할 능력이 있다. 이 모든 것은 세계대전 초기에 좋지 않게 해석되었다. 1914년 야전지휘에 관한 규정에 따라 러시아 최고사령부는 충원과 물적 자산에 관한 명령에서 완전히 배제되었다. 각 전선군은 자체 후방지원부대를 보유하고 자신에게 필요한 것을 전쟁성에 독자적으로 요구했다. 러시아 최고사령부의 전략적 지도는 물질적 기반이 없었고 힘이 극히 약했다. 다른 측면에서는 2개 전선군이 서로 경쟁적이며 전선에서 국가 자산의 경제적 소모에는 주의하지 않고 전쟁성이 관리하는 희귀한 병참물자인 아주 귀중한 것들을 자기 전선군의 창고로 옮기려는 소비자였다. 전쟁 두 달째의 첫 탄약 위기는 이러한 경쟁에서 기인한 것으로 보인다.

물론 후방지원국이 제공하는 물적 자산 관리의 집중이 최고사령부가 전선군들이 자신에게 종속된다는 것을 강조하기 위해서만 필요한 것이 아니었다. 최고사령부는 전선지역에서 군사행동이 양측 부대들이 의존하는 두 기지에서 파생하고 자연히 군사행동 지도는 무엇보다 기지 이익의 직위에 없어서는 안 되는, 기지가 제공하는 자원 관리에 관한 완전한 권한에 근거한다는 관점을 유지해야 한다.

우리는 전선군과 야전군 간의 경계선 변경을 실제적인 영향력 행사의 수단으로 생각한다. 실제로 간혹 전투행동 기간에는 다른 제대를 지원하기 위해 한 제대에서 부대를 삭제하는 것이 거의 불가능하다. 그러나 인접부대 구역을 줄이고 은폐된 역량이 있는 전선군이나 야전군에 더 넓은 구역에 대한 책임을 할당하여 이러한 목표를 달성할 수 있다. 지휘능력이 약한 러시아 최고사령부는 자주 이런 방법을 사용해야 했다. 1914년 10월 최고사령부는 바르샤바를 방호하고 여기에서 독일군을 타격하기 위한 예비대를 전선군에서 받을 수가 없었다. 바르샤바를 순번제로 한 전선군에서 다른 전선군 책임으로 전환하여 최고사령부는 전선군들이 할당할 수 있는 모든 유용한 전력을 바르샤바 방향에 두도록 했다. 이러한 방법의 결점은 매번 구축된 통신망의 급격한 변경과 순조롭게 진행된 작전적 영역의 붕괴, 후방지원 업무량과 방침의 급격한 변환이다. 이는 의지와 예비대가 부족한 사령부를 지도하는 수단이다. 이는 모든 군사기구의 유용한 업무를 이해하는 것을 뜻하며, 특별히 필요하지 않으면 적용해서는 안 된다.

결국 통제는 필요하다. 각 지휘관은 명령을 하달하면 이의 수행을 통제해야 한다. 수행을 관찰하는 것은 명령을 실현하고 실제적인 힘을 부여하는 것이다. 상위 지휘직책은 아주 책임감 있고 공로가 많은 이들이 차지하지만, 여기서 명령은 바람에 날아가는 말(言語)의 추상적인 성격을 띠어서는 안 된다. 명령은 직책에 도달하고 이해되고 수행되도록 관찰해야 한다. 하루 이틀 사이에 수행하도록 지시된 명령으로 지령을 대체하는 것은 옥죄는 통제 형태이다. 예하부대의 모든 중요한 작전명령 복사본을 요구하여 얻는 것은 전략적 통제의 일반적인 형태이다. 매력적인 정보는 전쟁에 관한 적의 공식적인 보도가 제공한다. 우리의 보고가 적대적인 사건에 자주 침묵하려 할 때, 적의 보도가 적 포로, 야포, 전리품 획득에 관해 부단히 알려준다. 심문과 조사는 특별한 경우(삼소노프 재앙에 대한 판텔예프(Panteleev)의 심문)에만 용인할 수 있다. 왜냐하면 전략적 작전적 문제에 상급기관의 공식적인 견해의 개입은 무력전선의 모든 담당자에게 아주 귀중한 책임감을 저하시키기 때문이다. 통제 형태가 전략 업무의 성공을 위해 필요한 신뢰 분위기를 해쳐서는 안 된다.

조직의 융합. 한 전역에서 활동하는 육군을 예전에 동맹군 전쟁에서 만났던 부분적인 (야전)군으로 나누는 것은 1866년 몰트케가 성공적으로 적용했다. 그 후부터 이것이 전체적으로 확산되었다. 1914년 전략적 전개 시에 러시아군에는 새로운 작전지도 제대인 전선군이 출현했다. 이러한 제대 없이 독일군이 프랑스를 침공할 때 지휘에 상당한 어려움을 겪었다. 세계대전간 편제 제대로서 전선군 지휘부가 광범위하게 확산되었다. 우리는 또한 이를 내전기간 내내 유지하였다.

6년 동안(1914년~1920년) 전선군의 실제적인 존재에 몇 가지 의구심이 생긴다. 전선군의 짧은 역사는 조직적인 성과가 눈에 띄지 않는다. 러시아에서 최초의 기동전은 2개 전선군의 끝없는 마찰로 점철되었다. 진지전 시기에 우리는 3개 전선군을 보유했었다. 이들의 활동도 협조가 잘 되지 않았다. 루덴도르프는 1917~1918년 프랑스에서 새로운 조직이 만들어낸 지휘의 어려움에 대해 푸념했다. 내전 기간에 각 전선군이 각각의 적(북부, 동부, 남부전선군)에 대항하여 모든 활동을 독립적인 전구에 통합했을 때는 전선군이 의심의 여지없이 적절했다. 그러나 한 개의 적(폴란드)에 대항하여 2개 전선군의 활동을 조율해야 했을 때는 이러한 임무를 달성하지 못했다.[24] 각 전선군은 최고사령부가

[24] 특별히 언급하면, 1920년 폴란드에 대항하여 작전을 수행했던 부대는 2개 전선군이 아니라 1.5개의 전선군이었다. 왜냐하면 남서전선군은 동시에 볼린스카야(Volinskaya, 우크라이나 코벨 지방 –역자 주)에서 폴란드군과 크림에서 빠져나온 브란겔에 대응했기 때문이다. 남서전선군 행동은 2마리 토끼를 추적하는 불일치된 상황에 놓였다. 물론 1개 전선군 사령부는 2개 전구를 담당할 수 없고, 이 경우에는 2개의 전쟁이 된다. 이는 상급 지휘부의 임무이다. 남서전선군을 둘로 나누어 완전히 다른 제대를 편성해야 했다. 아마도 1920년 크지 않은 규모에서 전선군 조직이 전혀 없이 수행하고 2개의 별도의 군을 보유하는 것이 더욱 유리했다. 그러나 1920년 상황에서, 권한을 위임하기 위해 이 조직은 전선군이라고 별칭을 붙일 필요가 있었다. 내전 시의 군은 그 규모에서는 군단일 뿐이었다.

극복할 수 없는 대단히 많은 세력과 나태에 젖어 있었다. 철수해야 하는 임무를 앞두고 이들의 행동을 다른 작전목표와 결합하는 것은 아주 어려운 일이었다. 이는 마지막 순간에 폴란드군과 대치하던 남서전선군의 2개 군을 예하 5개 군(모지르 집단 포함) 때문에 육중해진 서부전선군 편성으로 전환하는 노력 후로 연기했어야 했다. 게다가 내전간 '붉은 군대'에는 작전지휘의 잉여 제대인 군단은 없었다.

여분의 제대는 확실한 재앙이다. 전선군 제대의 탄생은 군이 과도하게 많은 경우에는 각각 독자적인 종심 후방부를 편성할 수 없기 때문이다. 병력 1백만 명을 초과하는 야전군은 없고 오직 하나의 적만 있는 경우에는 하나의 전선군으로 충분하다. 이 전선군 참모부는 핵심적으로 모든 활동병력의 작전지휘 조직이며, 이와 동시에 수도에 남아 있는 최고사령부와 전쟁성의 기능을 수행하는 예하 부대가 될 것이다. 만약 주적(主敵) 외에도 제2의 적이 있는 경우, 전선군 제대 없이 해낼 수 있는 2개의 적에 대응하는 독립적인 군을 창설하는 것이 유리하다.

클라우제비츠는 각 제대에 속하는 조직단위의 최소량은 셋이 되어야 하며, 두 개의 예속 제대에서는 전술적 작전적 지도가 아주 어려워진다고 말한다. 1914년 러시아 최고사령부가 이를 뼈저리게 체험했다. 2개 전선군으로 분할을 허용해서는 안 된다. 왜냐하면 이는 최고사령관의 권위에 대한 중대한 음모를 대표하기 때문이다. 전선군으로 나눌 절박한 필요성이 있다면, 극단적인 방법으로 이를 3개로 나누어야 한다. 자연히 2개의 한 쪽은 허물어진다. 전선군 목표로서 빈, 베를린, 르보프 그리고 바르샤바는 완전히 고립된다. 1915년 봄 독일의 러시아 공격은 마켄젠군 집단(독일 제11군과 오스트리아 제4군)과 힌덴부르크-루덴도르프군 집단(제8군, 제9군, 제10군 및 네만군, 갈비츠 집단군-후에 제12군)으로 시작했다. 보이르슈 집단군과 남부군은 오스트리아-헝가리 사령부의 지휘를 받았다. 이처럼, 팔켄하인은 오스트리아 사령부를 직속에 두고, 팔켄하인-마켄젠 그리고 힌덴부르크-루덴도르프 부대집단을 두었다. 힌덴부르크-루덴도르프 사령부는 5개 군으로 편성되었다. 이런 상황에서 지휘를 위해 치열한 토의를 해야 했고 러시아 최고사령부는 2개 전선군을 지휘해야 했다. 힌덴부르크의 인기와 성공을 달성한 왕이 루덴도르프의 최대 버팀목이 되었다. 결과적으로 더욱 좋은 상황을 조성하기 위해 팔켄하인은 루덴도르프에게 바르샤바에 대응하여 비슬라강 왼쪽 강안에 있던 제9군을 회수하여 이를 보이르슈 집단과 통합하여 제3의 전선군을 편성해야 했다. 지휘하기 편하게 하기 위해 전체에 대한 특정한 비율을 찾아야 한다. 그렇지 않으면 과도하게 강한 자극을 받게 된다. 그에게 자신의 의지를 강요하기 위해서는 루덴도르프의 작전적 권한을 줄일 필요가 있었다. 팔켄하인 조치의 특성은 바바리아 전선군의 레오폴트(Leopold)의 새로운 전선의 병참 분야는 루덴도르프의 감독하에 두었다는 것이다.[25]

전선군을 경량화하고 상급부대가 이를 더욱 쉽게 지휘하기 위해서는 이의 후방지역을 과도하게 넓히지 않는 것이 중요하다. 총독 관할구역 편성을 피해야 한다. 독일군에 항복한 바르샤바 총독부는 전선군 관할에서 제거되었다. 루덴도르프는 폴란드 왕위에서 해임되었고 독일인들이 우리 전선군을 칭하는 것과 같은 리투아니아 공후로 만족해야 했다.

마찰. 조직의 모든 결점이 군사행동 관리간에 마찰을 증가시킨다. 즉, 부대와 사령부에 비효율적으로 요구되는 노력의 양은 내부의 어려움을 동반하는 곳을 극복하는 데 요구되는 것이다. 이런 비효율적인 비용을 줄이기 위해 지휘는 우선 예하 지휘관들과 이들의 전쟁술에 관한 시각, 그들의 기질, 예하부대와 부대 숙련도를 알아야 한다. 어려운 상태에 대한 보고서는 서명한 사람이 "혼란을 통제하는" 또는 굳건하고 전체 이익에 충실한 전사인지 또는 경험있고 용맹한지, 아니면 자신의 시각에서 지엽적인 이익에만 흥미를 갖고 이기

25) Людендорф(루덴도르프), *Мои воспоминания о войне 1914-18 гг. Т.* I(1914년~1918년 전쟁에 대한 나의 회상 1권), С. 124.

적으로 일반예비대 일부를 자기 재량권에 두려고 낚아채고 축적하는 지휘관인지 등 군에서 특징짓는 그들의 인성에 따라 바라보고 아주 다양하게 이해해야 한다. 이러한 지휘관 각자에게 특수한 어조로 지시할 필요가 있다. 지휘에서 개성은 각각의 언어가 각자의 몫을 받는다는 것을 말한다. 지휘가 안정되고 관계자들이 서로 알게 되면, 지휘임무는 더욱 유연하게 해결되고 많은 껄끄러움이 완전히 없어진다. 반대로 사령관 교체는 새로운 고질적인 적응 기간을 야기한다. 지금은 17세기처럼 최고 군사지휘관을 탄환으로 쓰러뜨릴 수 없다. 지휘관 교체 그리고 적 지휘관 교체를 강요하는 패배를 자신의 성공으로 교체하게 만든 각 지휘관은 자신의 공적으로 평가할 수 있다. 이것은 승리의 전리품이다.

전쟁 초기에 마찰이 특히 크다. 부대는 그들의 출정 상황에 익숙하지 않고 지휘관들은 자기 역할을 수행할 상태가 아니며, 소집된 상급 참모부는 과업이 할당되지 않았고 후방지원 지휘부는 구성되기 시작했을 뿐이다. 모든 군사기구는 내부 힘의 대부분을 마찰을 일으키는 곳을 개선하고 정리하게 하는 데 소비하면서 삐걱거리며 활동한다. 이런 마찰 분위기에서 전쟁은 시작되었고 삼소노프의 재앙도 순식간에 발생했다. 전쟁 발발 한달 후, 손실로 인한 간부들의 약화에도 불구하고 이 재앙은 거의 불가능했거나 적에게 많은 추가적인 노력과 여분의 1주일을 강요당했다. 지휘관과 부대에는 필요한 능숙함이 나타났다.

기동전의 어려운 상황에서 지역방위부대의 마찰이 클 것이며 이를 해소하는 데는 상당한 시간이 걸릴 것이다. 그러나 새로운 부대에 선발된 지휘계층이 충분한 병력을 가진 전투부대들의 임무가 정해지지 않고 정규군이 자신의 귀중한 경험을 반영하지 않는다면, 후속 동원 제대들의 마찰은 특히 위협적일 것이다. 그러나 마찰은 소아병이 아니라 노인병이다.

마찰은 최고사령관 권위의 약화와 함께 커진다. 실패가 이러한 권위를 파괴한다. 하달되는 명령이 군에서 논쟁거리가 될 때 이러한 사건의 불행한 과정을 생각할 수 있다. 교체가 바람직하지 않은 만큼이나 지휘권 교체는 지휘권 붕괴를 막을 수 있는 유일한 방법이다. 그러나 불충분한 권위는 그 바탕에 전투적 행운뿐만 아니라 불행도 동반한다. 권위는 개성과 관계되고 존중하는 정도, 권위의 역사 그리고 완전한 언행일치, 소소한 직업적인 업무의 성취나 안정에 관한 합치, 불굴의 의지와 심오한 지식 그리고 정직한 성격에 대한 존경과 결부된다.

마찰을 극복하기 위해 최고사령부는 성공적으로 구성되어야 한다. 최고사령부는 제대로 조직되어야 하고 특유의 정찰 및 정보 기구를 보유해야 하며 자체 능력에 예하부대의 정찰보고가 연계되어야 한다. 끝으로, 이는 전술적 기술적 요구 수준에도 머물러야 하며 부대들과 연락을 유지할 수 있어야 한다.

지엽적인 이익, 전체의 필요에 반하는 이기적인 요구들의 모순은 마찰의 아주 작은 요인이다. 범국가적인 인식을 높이고 아주 권위 있게 지휘하여 전략적 분열주의를 뿌리 뽑아야 한다.

찾아보기

ㄱ

ㄴ

ㅅ

ㅎ

1

3

7

역자 후기

역자는 그동안 손무, 조미니, 클라우제비츠, 리델 하트 그리고 롬멜 등의 저서를 통해 외국의 전쟁술과 전략, 전술에 관한 사고와 지혜를 접해왔다. 그러나 전략과 전술을 연결하는 이론과 실제인 작전술에 관한 원론적인 설명은 제대로 접하지 못했다.

작전술을 역사상 처음으로 설명한 이가 러시아의 스베친이며, 이 설명을 글로 옮긴 것이 『Стратегия(전략)』이다. 초판은 1923년에, 두 번째 판은 1927년에 출판되었다. 이 책은 1차 세계대전 · 러시아 내전에 참전한 스베친이 소련군 총참모대학에서 전쟁사를 연구하고 전략학을 강의하고 토론한 산물이다. 또한 190개 소주제를 다섯 부분으로 나누어 전략과 작전술의 이론과 실제를 파노라마처럼 보여준다. 여기에는 전략과 정치, 전쟁 준비, 작전수행 등에 관한 사례 분석, 이의 발전 방향까지 포함되어 있다. 이를 분석하고 설명하면서 알렉산더와 징기스칸의 전쟁, 나폴레옹 전쟁, 보오전쟁, 보불전쟁, 미국 남북전쟁, 크림전쟁, 러일전쟁, 제1차 세계대전, 러시아 내전 등을 사례로 들었다. 그리고 나폴레옹과 대 몰트케, 조미니와 클라우제비츠의 사고도 비판적으로 수용하였다. 특히 관심을 끄는 것은 작전술의 정의, 작전술의 역할과 기능, 섬멸전과 소모전, 동원의 영속성, 병참선, 수행 전략선에 대한 관점이다. 또한 전쟁수행 과정에 대한 객관적인 상황에 중점을 둔 그의 창의적이고 비판적인 사고도 생생한 울림이다.

출판된 지 90년이, 미국에서 번역된 지 25년이 지났다. 그동안 전쟁술에 관한 사고의 발전과 무기체계의 발달로 군사행동 수행 여건이 변하였다. 그러나 이 책은 지난 세기의 유물이 아니라, 시대를 앞선 사고와 지혜의 산물이다. 이는 오래되었지만, 여전히 참신하고 유용한 군사적 관점을 제공하기 때문이다. 이 책은 제목과는 달리 작전술의 초석이며 이의 고전으로 인정받고 있다. 그래서 전략적 사고를 자기화하고 작전술의 근본을 이해하려 하거나 국가방위를 고민하시는 분과 스베친의 시각과 관점을 공유하고자 이 책을 번역하였다. 또한 핵심 내용을 도드라지게 하고자, 번역본의 제목도 저자에게 커다란 무례를 범하면서 원 제목인 '전략' 대신에 "전략론 그리고 작전술"로 하였다.

끝으로, 프랑스어와 독일어 번역에 도움을 주신 국방어학원 동료 여러분께, 그리고 표지 도안과 원고 편집에 도움을 주신 도서출판 선인에 깊이 감사드린다.

2018년 7월

전갑기 씀